一场未完成的变革

南京国民政府时期的乡村地籍整理

李铁强　著

图书在版编目（CIP）数据

一场未完成的变革：南京国民政府时期的乡村地籍整理 / 李铁强著 . — 北京：商务印书馆，2022
ISBN 978-7-100-17608-8

Ⅰ. ①一… Ⅱ. ①李… Ⅲ. ①乡村—地籍管理—研究—中国—民国 Ⅳ. ① P273

中国版本图书馆 CIP 数据核字（2022）第 142583 号

一场未完成的变革
南京国民政府时期的乡村地籍整理
李铁强　著

商 务 印 书 馆 出 版
（北京王府井大街36号　邮政编码 100710）
商 务 印 书 馆 发 行
三河市尚艺印装有限公司印刷
ISBN 978-7-100-17608-8

2022 年 11 月第 1 版　　开本 710×1000 1/16
2022 年 11 月第 1 次印刷　　印张 32 1/2

定价：168.00 元

序

中国近代乡村史的研究已经洋洋大观，很多问题都已有深入的探讨。但仔细阅读这些文献，又总觉得意犹未尽。比如国家与乡村社会的关系，著述丰富，观点纷呈，有些显然是截然对立的。

歧见源于乡村问题的复杂性。近代中国正处于“千年未有之大变局”中，乡村社会也发生了深刻的变化。工业与城市部门的兴起，不仅改变了小农家庭生产要素的配置模式，也影响到乡村社会结构乃至伦理规范；民族国家的形成以及现代国家政权建设，使乡村社会被更深地嵌入到由官僚所主导的政权体系中。与这一过程相伴随的，是政治腐败、内部纷争与外国入侵。乡村社会不仅陷入“旧轨已破而新辙未立”的失序与混乱之中，经济上也日渐萧条。乡村问题引发广泛关切，并引致多种实践模式，但只有中国共产党领导的土地革命取得了成功。对这一过程的大致勾勒似乎没有什么问题，这一历史进程究竟受制于哪些因素，又见仁见智，莫衷一是。究其原因，首先，晚清以后，现代统计与档案制度逐步建立，学术或政治团体的调查研究也活跃起来，关于近代乡村社会的文献资料十分丰富，而每一项研究所能接触到的资料终归是有限的，这无疑会影响到研究者的认知。其次，研究者所采用的理论与方法不同，对这些资料的解读是会有差别的。最后，也可能是最为重要的，研究者所秉持的价值观不同，其所作的判断也可能迥然相异。

南京国民政府时期的乡村地籍整理，是国民政府土地政策的核心部分，旨在通过现代地籍制度的建立，加强政府对乡村社会的控制，并解决乡村土地问题。乡村地籍整理推行了二十余年，直到国民党政权败逃台湾。这为我们分析民国乡村问题提供了一个视角：在中央集权的政治体制下，以维护大地主、大资产阶级利益并持反动立场的新兴官僚集团为核心的国家治理体系，是否能形成有效的制度供给能力？这对乡村社会发展有何影响？

这一思路来自《华北村治——晚清和民国时期的国家与乡村》一书（以下简称《华北村治》）。《华北村治》是美籍华人学者、德克萨斯大学奥斯汀分校历史系教授李怀印先生所著，堪称中国近代乡村研究的经典之作。我根据这一思路写成的研究计划，获得国家社科基金的资助。在有了一个大致的初稿后，2017 年我又幸运地获得国家留学基金委员会的全额资助，赴美国德克萨斯大学奥斯汀分校访学一年。在李怀印先生的耳提面命下，我终于完成了本书的写作。

拙著在两方面进行了一点拓展。一是在研究思路上，不再是单一的文献归纳，而是遵循“假设一检验”这一逻辑理路，先根据相关理论，提出基本假设，而后通过对历史文献的梳理，对假设进行检验。二是基于民国时期的统计数据，应用计量研究方法，对几个重要问题进行探析。由于是第一次尝试，不免诚惶诚恐，盼广大同仁不吝赐教。

让我感到万分荣幸的是，李怀印先生同意推荐拙著到商务印书馆出版。业师曾业英先生已于中国社会科学院近代史所荣休，他不顾年迈，仔细阅读了全文之后，也同意担任推荐人，并写下详细的审稿意见。两位老师的审稿意见，为拙著在出版之前的最后修订指明了方向。在计量分析方面，华中师范大学经济与工商管理学院的涂正革教授、谌仁俊副教授给予了热诚的鼓励与帮助。在商务印书馆责任编辑鲍海燕的热忱襄助下，本书得以付梓。对前辈与同仁的辛勤付出，谨致衷诚谢意！另外，我还要由衷感谢华中师范大学历史与文化学院硕士研究生吴英杰同学在文献查阅方面所提供的协助！当然，文中的不足之处，由本人负全部责任。

李铁强

2019 年 4 月于武昌桂子山

目　录

导　言

一、选题的意义

传统意义上的地籍，指历代政府登记土地作为征收田赋根据的簿册，即为征收土地税而建立的土地清册。现代地籍是指由国家监管的、以土地权属为核心、以地块为基础的土地数量、质量、地价和用途等土地基本信息的集合。[①] 地籍管理工作包括权属调查、土地测量、信息登记、数据统计、建立档案和信息管理、利用等。[②]

加强地籍管理，是古往今来国家治理的重要方面。约在公元前 30 世纪，古埃及皇家登记的税收记录中，就有一部分是以土地测量为基础的。公元前 21 世纪，尼罗河洪水泛滥时就曾以测绳为工具测定和恢复田界。[③]1085 年，“征服者”威廉为了查清属于英国国王、教士和贵族的土地和财产，派人前往英国各地调查，这次调查如此的严格，以致不仅没有 1 海德土地，甚至“一头公牛、一头母牛、一头猪都没有被遗漏而记录在案”，这次调查确立了英国各级土地所有者对他的效忠，这便是“我的封臣的封臣，依然是我的封

① 詹长根、唐祥云、刘丽：《地籍测量学》，武汉大学出版社 2011 年版，第 1 页。

② 刘一民：《国民政府地籍整理 —— 以抗战时期四川为中心的研究》，上海三联书店 2011 年版，第 51 页。

③ 詹长根、唐祥云、刘丽：《地籍测量学》，第 9 页。

臣”，不同于法国“我的封臣的封臣，不是我的封臣”[①]。1086年，大体覆盖英格兰的地籍测量最后完成，一个著名的土地记录《末日审判书》在英格兰创立。1628年，瑞典为了税收目的，对土地进行了测量和评价，包括英亩数和生产能力，并绘制成图。1807年，法国为征收土地税而建立地籍。[②]

中国古代一直十分重视地籍管理。“田赋为政府正供，土地系国家要素，纳税虽属之人民，而仁政必首正经界，三代井田之制尚矣。余如汉之度田，唐之检田，宋之方田法”，“班班可考”。[③]明朝建立后，朱元璋为掌握全国的土地资料，进行了一次大规模的土地清丈，并编制黄册及鱼鳞图册。[④]黄册以户为主，开具旧管、新收、开除、实在的数目，为四柱式。鱼鳞图册以田地为主，所有原阪、坟、衍、沃瘠、沙卤的差别，一一具名。[⑤]明朝灭亡后，清朝并没有再次进行彻底的土地清丈，依然沿用明朝的地籍图册来进行赋税征收。沧海桑田，鱼鳞图册与黄册所载信息与实际情况已不尽相符。降至民国，屡经动荡之后，地籍更加混乱不堪。[⑥]

孙中山在其民生主义理论中，系统地阐述了他改革土地税的主张。他说：“我中华民国成立，今正当建设之时，财政为急。外国有一种单税法，最为可采，视地价之贵贱，为抽税之多少，办法亦最为简单。”[⑦]概而言之，

---

① 张建辉：《〈末日审判书〉的形成及现代翻译》，《黑龙江史志》2015年第3期；Julie Mumby, The Descent of Family Land in Later Anglo-Saxon England, *Historical Research*, Vol. 84, No. 225 (August 2011); Higham, N.J., The Domesday Survey: Context and Purpose, *History*, Feb93, Vol. 78, Issue 252, pp. 7-15.

② 詹长根、唐祥云、刘丽：《地籍测量学》，第9页。

③ 湖北省民政厅：《湖北土地清丈登记汇编》（1935年），序二。

④ 关于明朝黄册及鱼鳞图册，可以参见梁方仲：《明代粮长制度》，上海人民出版社1957年版；刘志伟：《梁方仲文集》，中山大学出版社2004年版；栾成显：《明代黄册制度起源考》，《中国社会经济史研究》1997年第4期；郑学檬：《中国赋役制度史》，上海人民出版社2000年版；赵冈：《简论鱼鳞图册》，见《农业经济史论集——产权、人口与农业生产》，中国农业出版社2001年版。

⑤ 刘世仁：《中国田赋问题》，商务印书馆1937年版，第109—110页。

⑥ 关吉玉、刘国明编纂：《田赋会要第三篇——国民政府田赋实况（上）》，正中书局1943年版，第45页。

⑦ 王先强：《中国地价税问题》，神州国光社1931年版，第46页。

孙中山的地价税理论包括以下几个方面的内容：第一，核定地价。地价是地价税唯一的根据，所以定地价是改良社会组织的根本，是免除贫富悬殊的始基。其方法就是由地主自行报价到政府，政府即以所报价格为其土地价格。第二，政府根据地主所报地价征税。第三，照价收买。孙中山指出："政府定了两种条例，一方面照价抽税，一方面照价收买。那么地主把十万元的地皮，只报一万元，他骗了政府九百元的税，自然是占便宜；如果政府照一万元的价钱，去收买那块地皮，他便要失去九万元的地，这就大大吃亏了。所以地主如果以多报少，他一定怕政府要照价收买，吃地价的亏。"① 显然，照价收买的办法，意在防止地主低报地价。第四，涨价归公。孙中山说："地价定了之后，我们更有一种法律规定，就是从定价那年以后，那块地皮的价格，再行高涨，各国都是要另外加税。但是，我们的办法，就要以后所加之价，完全归为公有。"②

从田赋到地价税，是中国农业税制的一次重大变革。首先，在征税计算依据上，地价税不是按照土地面积或者单位产出征收，而是按照土地的价格征收，属于从价税；再次，在征税标准上，地价税不是固定税额，而是按比例征收，且存在累进原则。孙中山的地价税思想首先受到以亨利·乔治为代表的 19 世纪晚期西方土地税改革思潮影响而产生，其后受到了德国土地改革家达马·熙克和单·威廉为代表的地价税制度思想的影响。但孙中山并没有完全照搬西方理论，而是提出了自己的见解。③ 通过"涨价完全归公""照价收买""地主自行报价"等政策主张，地价税被孙中山改造成解决中国复杂土地问题的一种简约机制。

政府要开征地价税，必须建立现代地籍管理系统。首先，要进行土地权属调查，土地产权是地籍管理的核心，无论是税收地籍、产权地籍，还是多

① 王先强：《中国地价税问题》，第 47 页。
② 王先强：《中国地价税问题》，第 47—48 页。
③ 王昉、熊金武：《民国时期地价税思想研究 ——中国传统经济思想现代化变迁的一个微观视角》，《复旦学报（社会科学版）》2012 年第 1 期，第 113—117 页。

用途地籍，地籍的核心是土地权利归属。[①] 其次，进行土地测量，即为获取和表达地籍信息，进行土地测绘。[②] 第三，土地产权登记，将土地产权依法律行为而取得、设定、丧失及变更者由登记机关加以登记，以公示或公信。[③]

国民党与国民政府中央，一直将地籍整理作为其土地政策的核心内容。一方面是为了增加国民政府财政收入，一方面是为了开征地价税并借此解决农村土地问题。南京国民政府时期，尽管内忧外患，但地籍整理一直在积极推进，只是效果不太理想。随着国民党政权败逃台湾，这一运动在持续二十余年后以失败而告终。

与之形成鲜明对比的，是中国共产党领导的土地革命的成功。1950 年新中国颁布了《土地改革法》和《城市郊区土地改革条例》，使广大农民取得了土地所有权。[④] 1952 年，在全国土地改革基本完成以后，开始了全国性的互助合作社运动，后来创办初级农业合作社。这实际上是一种类似于合伙的联合经营关系，即农民以土地入股，集体耕种，收益分红，但土地所有权仍然属于原所有人（合作社还不是土地所有权主体）。20 世纪 50 年代初期，土地改革运动基本完成，农民获得土地所有权。以后，随着农村集体化运动的兴起，经过初期农业合作社（1953 年开始）、高级农业合作社（1956 年开始）和人民公社（1958 年开始）几个阶段，农村的土地私有制迅速转变为集体所有制。在人民公社化初期，由于"一大二公"的做法，集体组织之间的所有权界限遭到了破坏，土地所有权关系一度十分混乱。1962 年中共中央发布《农村人民公社工作条例修正草案》，确立"三级所有，队为基础"的土地权属关系。[⑤]

1979 年以后，农村社会及农村土地所有权制度开始了新的变革。首先，在绝大多数地区，废除了过去的"政社合一"的人民公社体制，代之以单纯

① 谭峻、林增杰：《地籍管理》，中国人民大学出版社 2011 年版，第 4—5 页。
② 詹长根、唐祥云、刘丽：《地籍测量学》，第 4 页。
③ 谭峻、林增杰：《地籍管理》，第 5 页。
④ 蓝潮永：《关于重构农村土地产权制度的探讨》，厦门大学硕士学位论文，2010 年，第 3 页。
⑤ 吴广华：《集体土地权利制度探析》，《东方法眼》2009 年 3 月 10 日。

政权组织的乡（镇）和单纯社区自治组织的村（村以下分组）。其次，通过推行农村土地承包经营制，集体土地使用权逐渐与所有权分离，形成一种相对稳定的财产权，这是一个非常重要的制度变迁。[①]1993年7月2日第八届全国人民代表大会常务委员会第二次会议通过《中华人民共和国农业法》，其第十条规定："国家实行农村土地承包经营制度，依法保障农村土地承包关系的长期稳定，保护农民对承包土地的使用权。"2002年8月29日第九届全国人民代表大会常务委员会第二十九次会议通过《中华人民共和国农村土地承包法》，第十五条规定："家庭承包的承包方是本集体经济组织的农户。"第十六条规定，承包方"依法享有承包地使用、收益和土地承包经营权流转的权利，有权自主组织生产经营和处置产品；承包地被依法征收、征用、占用的，有权依法获得相应的补偿；法律、行政法规规定的其他权利。"农民的土地使用权以及土地承包经营权，明确地受到了法律的保护。

2013年全国两会给土地改革定下清晰的方向与目标：农村土地确权保障农民权益。鉴于此，要加快农村地籍调查工作，各地应以"权属合法、界址清楚、面积准确"为原则，查清农村每一宗土地的权属、界址、面积和用途（地类）等，按照统一的宗地编码模式，形成完善的地籍调查成果，为农村集体土地确权登记发证提供依据。同时，要注意做好变更地籍调查及变更登记，保持地籍成果的现实性。

历史不能简单比附。英国11世纪的《末日审判书》和3个世纪后明王朝的鱼鳞图册产生的历史背景、实施的技术方法及其社会经济影响都是十分不同的。同理，南京国民政府的地籍整理和当代中国农村的土地确权也不可同日而语。

但是，历史过程间又存在相似性乃至继承性。《末日审判书》和鱼鳞图册都是基于巩固封建专制集权的初衷，也在一定程度上实现了目标。南京国民政府时期的地籍整理，就其理想目标而言，是为了实现孙中山"平均地权"的

① 单胜道等：《农村集体土地产权及其制度创新》，中国建筑工业出版社2005年版，第1—3页。

民生主义理想。如果不考虑南京国民政府借此增加财政收入和对抗中共土地革命的策略计算，考虑到三民主义与中国特色社会主义的内在联系，地籍整理的理想目标和中共中央土地确权的政策主张似乎存在某种相似性与继承性。

南京国民政府时期的地籍整理距今已半个多世纪，中国社会已发生了翻天覆地的变化。政治制度的变迁、经济发展水平的提高及社会技术的进步，都是当时的中国人难以想象的。但是，我们不能忽视历史的连续性，“古人不见今时月，今月犹曾照古人”，站在今天回溯这一历史片段，还是富有启迪意义的。至少，对于历史发展的内在逻辑的探寻，会让我们更进一步明了社会制度变迁得以实现的各种前提条件。大体而言，由社会经济发展水平、技术与制度状况所型塑而成的路径依赖与历史演进过程中的各种偶然性因素一起，决定了历史变迁的结果。

二、文献综述

关于地籍制度的研究，在1927年南京国民政府成立后，曾一度十分活跃。1932年，中国地政学会会刊《地政月刊》出版，这是中国第一本地政研究的专业杂志，它与后来地政部机关刊物《地政通讯》、中国土地改革协会会刊《土地改革》一起成为民国时期比较有影响力的地政问题研究杂志。同年，中国地政学会会长萧铮在中央政治学校设立地政学院并任院长，招收研究生。这是中国现代地政教育的开端，产生了深远的影响。[①] 全面抗战爆发前，萧铮指导地政学院学员开展土地问题调查，范围几乎覆盖全中国，内容集中在土地利用、田赋与地籍整理等方面。这些调查报告于1977年结集出版，名为《民国二十年代中国大陆土地问题资料》，已成为研究民国时期土地问题的重要参考资料。[②]

---

① 刘一民：《国民政府地籍整理——以抗战时期四川为中心的研究》，第4—5页。

② 萧铮：《民国二十年代中国大陆土地问题资料》，台湾成文出版社1977年版。后文所引地政学院学员抗战前田赋与地籍整理的调查报告，皆出自这一文集。

全面抗战爆发后，地政学院于1940年被迫停办。但是，萧铮作为地政教育的倡导者和组织者，不怕困难和失败，又创办私立中国地政研究所并任所长，继续培养研究生。1943年中央政治学校大学部设立地政学系。1946年中央政治学校改为政治大学，仍保留地政学系，至1949年停办。地政教育为中国培养了大量的地政专门人才，国内现代地籍理论也在这一时期初具雏形。[①]

1949年国民党政权败退台湾，着手进行土地改革，萧铮等在这一轮改革中发挥了重要作用。其关于地政问题的探讨赓续进行，先后出版了《土地改革五十年》《中国地政关系史》，对其毕生所从事的地政工作及研究进行了回顾。他和李鸿毅主编的《地政大辞典》，不啻为一部“地政百科全书”。[②]

万国鼎从20世纪30年代开始从事中国古代土地制度研究，撰写《汉以前人口及土地利用》《金元田制》《明代屯田考》等文章，后结集成《中国田制史》出版。1932年他在资源委员会任职期间，对江苏、浙江、安徽、湖北、湖南、四川、江西等省的地籍整理问题进行考察，收集到大量第一手资料，并撰写了《全国土地调查报告纲要》。在中国地政学会成立后，万国鼎长期担任《地政月刊》的总编辑、中央政治学校地政学院地政系教授，撰写了大量的研究文章。[③]

此外，贾士毅、马寅初、陈登原、何汉文、刘世仁等从财政角度对地籍整理进行了阐发；[④]陈翰笙、薛暮桥、钱俊瑞、孙冶方、冯和法、千家驹等对

① 刘一民：《国民政府地籍整理 —— 以抗战时期四川为中心的研究》，第5页。

② 参见萧铮：《民族生存战争与土地政策》（中国地政学会1938年版），《平均地权与土地政策》（商务印书馆1943年版），《平均地权本义》（中国地政研究所1947年版）；马盈盈：《论万国鼎在地政研究方面的贡献》（南京农业大学硕士学位论文，2010年）。

③ 参见万国鼎：《中国田制史》（正中书局1937年版），《中国田赋鸟瞰及其改革前途》（《地政月刊》1936年4卷1—3期），《地税论》（1942年），《土地改良法》（商务印书馆1934年版）；马盈盈：《论万国鼎在地政研究方面的贡献》，南京农业大学硕士学位论文，2010年）。

④ 参见贾士毅：《中国现代赋税问题》，《民国财政史》（商务印书馆1928年版），《民国续财政史》（商务印书馆1934年版），《中国经济建设中之财政》（中国太平洋国际学会）；马寅初：《财政学与中国财政》（商务印书馆1948年版），《抗战与生产》（独立出版社1938年版）；陈登原：《中国田赋史》（商务印书馆1936年版）；何汉文：《中国国民经济概况》（神州国光社1937年版）。

农村土地分配问题进行了调查分析，此为地籍整理的重要政策目标；[①] 黄通等的著作，阐述了国民政府的土地政策；[②] 祝平、史尚宽、黄桂等人研究了土地行政问题；[③] 与万国鼎一样，谢无量等的研究集中于土地制度史方面；[④] 吴尚鹰、孟普庆、朱采真等人的著作详细叙述了国民政府的土地法规；[⑤] 卜凯（J. L. Buck）等通过其深入的调查，对土地利用问题进行了研究。[⑥]

一批地政专业期刊涌现。除《地政月刊》《地政通讯》《土地改革》外，还有《地学季刊》《地学集刊》《地政论文摘要（月刊）》《地政新闻索引》《人与地》《土地改革》《测量》《测验》《测量公报》《测量杂志》《垦讯》等，这些刊物的相关论文对地籍整理研究都是具有参考价值的。[⑦]

1949 年后，地政研究一度沉寂，20 世纪 80 年代后，才重新焕发生机。何炳棣对南宋至明清时期的地籍整理进行了详细考订，对民国时期的地籍整理也约略叙及，并对明清以来耕地面积的数据及其性质进行了分析。[⑧] 章

① 参见陈翰笙：《农村经济》（商务印书馆 1933 年版）；薛暮桥：《中国农村问题》（大众文化社 1936 年版），《中国农村经济常识》（新知书店 1937 年版）；钱俊瑞：《中国经济问题讲话》（新知书店 1938 年版）；孙冶方：《战时的农民运动》（黑白丛书社 1937 年版）；冯和法：《中国农村经济资料》（黎明书局 1935 年版），《农村社会学》（黎明书局 1934 年版）；千家驹：《中国农村经济论文集》（中华书局 1936 年版），《农村与都市》（中华书局 1935 年版），《中国乡村建设批判》（新知书店 1936 年版）。

② 参见黄通：《土地问题》（中华书局 1930 年版），《民生主义土地政策》（独立出版社 1939 年版），《土地金融问题》（商务印书馆 1943 年版）。

③ 参见祝平：《四川省土地整理业务概况》（明明印刷局 1941 年版），《四川省地政概况》（四川省地政局 1942 年），《四川省土地分类调查报告》（四川省土地陈报办事处 1939 年）；史尚宽：《立法程序及立法技术》（中央训练团 1943 年），《民法总则释义》（上海法学编译社 1946 年）；黄桂：《土地行政》（江西省地政局 1947 年），《航空测量之回顾与前瞻》（江西省地政局）。

④ 参见谢无量：《中国古代田制考》，商务印书馆 1934 年版。

⑤ 参见吴尚鹰：《土地问题与土地法》（商务印书馆 1935 年版），《平均地权》（中央文化教育馆 1939 年）；孟普庆：《中国土地法论》（南京救济院印刷厂 1933 年印）；朱采真：《土地法释义》（世界书局 1931 年版）。

⑥ 参见卜凯：《中国土地利用》（金陵大学农学院 1941 年），《中国农家经济》（商务印书馆 1936 年版），《中国目前应有之几种农业政策》（金陵大学农学院 1934 年），《芜湖一百零二农家之社会的及经济的调查》（1928 年）。

⑦ 刘一民：《国民政府地籍整理 —— 以抗战时期四川为中心的研究》，第 5—6 页。

⑧ 何炳棣：《南宋至今土地数字的考释和评价》（上、下），《中国社会科学》1985 年第 2、3 期。

有义依据文献资料对中国近代耕地面积进行了估计。[①] 李怀印所著《华北村治 —— 晚清和民国时期的国家与乡村》，利用河北获鹿县档案，对晚清至民国时期获鹿县“黑地清查”进行了探讨，分析了近代国家向乡村社会渗透以及乡村治理的变化。[②] 刘一民所著《国民政府地籍整理 —— 以抗战时期四川为中心的研究》，考察了南京国民政府时期四川省进行地籍整理的基本过程。江伟涛所著《南京国民政府时期的地籍测量及评估 —— 兼论民国各项调查资料中的土地数字》一文，以江苏省句容县为个案，对民国时期各项土地调查数字进行再评估。[③]

近年来，一批研究民国地籍问题的学位论文涌现。[④] 程郁华的博士学位论文《江苏省土地整理研究：1928—1938》论述了南京国民政府成立后到抗战爆发后江苏省地籍整理问题。崔光良的硕士学位论文《1927—1937 年安徽农村土地整理研究》论述了安徽土地整理的背景、土地整理的相关制度、安徽土地整理过程以及对安徽省土地整理的整体认识和评价。陈天勇的《近代以来地政工作的现代化发展》，对清末民初的地政变革探索做了较为详细的梳理。[⑤] 吴晓亮的硕士学位论文《晚清民国云南地籍整理与税费征收研究 —— 基于云南省博物馆馆藏契约文书的考察》，研究了晚清民国云南地籍整理与税费征收问题。[⑥]

第二阶段的研究虽然在声势上不如第一阶段，由于占有的资料更丰富，

---

① 章有义：《近代中国人口和耕地的再估计》，《中国经济史研究》1991 年第 1 期。

② 参见〔美〕李怀印：《华北村治 —— 晚清和民国时期的国家与乡村》，中华书局 2008 年版。

③ 江伟涛：《南京国民政府时期的地籍测量及评估 —— 兼论民国各项调查资料中的土地数字》，《中国历史地理论丛》2013 年第 28 卷第 2 辑。

④ 参见程郁华：《江苏省土地整理研究：1928—1938》，华东师范大学博士学位论文，2008 年。郭丹：《1927—1937 年国共土地政策比较》，东北师范大学硕士学位论文，2007 年。陈天勇：《近代以来地政工作的现代化发展》，厦门大学硕士学位论文，2009 年。马盈盈：《论万国鼎在地政研究方面的贡献》，南京农业大学硕士学位论文，2010 年。崔光良：《1927—1937 年安徽农村土地整理研究》，安徽大学硕士学位论文，2013 年。赵茜：《民国时期浙江地政研究（1927—1949）》，浙江大学硕士学位论文，2014 年。

⑤ 参见崔光良：《1927—1937 年安徽农村土地整理研究》，安徽大学硕士学位论文，2013 年。

⑥ 参见吴晓亮：《晚清民国云南地籍整理与税费征收研究 —— 基于云南省博物馆馆藏契约文书的考察》，云南大学硕士学位论文，2013 年。

视野更开阔，对问题的认识更为深入。另外，与第一阶段的研究相似，新时期的研究很大程度受到现实农村土地问题的触动，其服务于现实的倾向也是很明显的。

综上所述，在上述地籍和地政的学术研究中具有如下特征：第一，对国外土地学术研究成果进行了比较全面的介绍和借鉴。马寅初、陈翰笙、萧铮、祝平、吴尚鹰、孟普庆、钱俊瑞等人，都曾负笈西洋，系统地接受过西式教育。他们通过借鉴国外地政学的理论与方法来研究中国地政问题。第二，以史为鉴，对中国历史上的地政问题进行了深入分析。第三，阐明了孙中山民生主义与地籍整理之间的关系；同时，学术研究紧密联系实际，讨论了地籍整理实践中的各种具体问题。第四，地政研究积极服务于地政教学与人才培养，为地籍整理培养了大量专业技术人员。①

其不足之处在于：首先，1840年以后，中国开启了现代化历程，在传统的农业部门之外，兴起了一个城市部门，而且，这一新兴部门的出现，对农村社会的发展产生了深远的影响，但是，许多著述有意无意地忽略了这一事实，限制了研究的视野。其次，以往研究多着眼于国家和乡村社会的相互关系，忽略了对官员、士绅和农民个体行为特征的分析。第三，在研究视角上，从政治史、社会史的角度所做的研究较多，缺乏对问题的经济学分析；在研究方法上，定性的论述较多，缺乏定量考察。

三、结构安排

著作的主体部分分为七章：

第一章，根据马克思主义政治经济学、新制度经济学、发展经济学等相关理论，梳理了产权理论、国家理论、制度变迁理论、农民理性假说、两部门经济理论的基本思想，为研究的展开建立起一个分析框架。

① 刘一民：《国民政府地籍整理 —— 以抗战时期四川为中心的研究》，第6页。

第二章，考察近代以来中国经济与社会的结构性变迁。市场经济与城市化的发展，型塑了两部门经济结构，对农民经济与地主制经济都产生了深刻的影响，从而影响到农村社会结构的变化，构成国民政府地籍整理的现实背景。

第三章，对中国地籍管理制度的历史进行宏观考察，以分析地籍问题在历史变化过程中的连续性。在前近代社会，国家对乡村的控制，通过地籍管理集中体现出来。民国时期的地籍管理，是古代中国地籍管理的延续与某种形式的转换。

第四章，考察了国民政府进行地籍整理的政策目标。国民政府地籍整理基于两个目标：一是在减轻农民负担的同时增加政府财政收入，一是通过开征地价、溢价归公的政策来实现平均地权的理想。

第五章，论述地籍整理的实施过程。地籍整理措施有土地陈报、简易清丈与地籍测量。土地陈报与简易清丈，采用的是传统的测量方法；地籍测量，采用的现代测量技术。尽管后者的精准度与效率要高，但对人才与经费的要求也高，因此，普遍采用的是土地陈报。土地陈报的准确性依赖于基层官员的负责精神与乡村社会的合作态度。

第六章，考察地籍整理的效果。在进行了地籍整理的地方，承粮面积增加，现代土地登记制度初步建立，促进了政府财政收入的增长，农业税制有所改进。但是，政府只是部分实现了其政策目标，地籍整理最终以失败告终。

第七章，分析地籍整理的制约因素。影响地籍整理效果的因素，包括土地测量与管理的技术水平及其运用状况、政府财政支付能力、基层官吏以及乡村业主的策略选择、动荡时局对政府制度供给能力的损害等。

第一章
一个理论分析框架

诺思指出，经济史学家可以使用的“建筑材料”不外乎古典的、新古典的和马克思的理论。[①] 乡村地籍整理的实质是在国民政府主导下的农村土地确权，涉及国家与乡村社会围绕着土地产权实施的复杂博弈。为了便于研究的深入开展，本章将通过对马克思主义与西方经济学中的产权理论、国家理论、制度变迁理论、农民理性假说、两部门经济理论的梳理与分析，建立一个理论分析框架。

第一节　产权理论

现代产权理论主要包括马克思主义产权理论与新制度经济学产权理论。马克思主义产权理论描述了人类历史上土地产权制度的变化过程；新制度经济学产权理论对各种不同形式的产权形成的原因进行了阐释。融合两种产权理论，可以帮助我们认识民国乡村土地产权的性质。

一、产权的定义

在现代产权理论中，没有关于产权的一般定义，经济学家们进行了各自

① 〔美〕道格拉斯·C. 诺思著，陈郁、罗华平等译：《经济史中的结构与变迁》，上海三联书店 1994 年版，第 11 页。

的阐述。

阿尔奇安认为，产权是“所有者按照自己的意愿使用财物的权力（或转让这种权利）”[①]。德姆塞兹认为，产权是一种社会契约，包括一个人或其他人受益、受损的权利。产权所有者可以得到同伴的认可，并以特定的方式行事，它规定了个人如何受益或受害。[②]思拉恩·埃格特森认为，产权是个人使用资源的权利。[③]巴泽尔认为，个人对资产的产权由消费这些资产、从这些资产中取得收入和让渡这些资产的权利或权力构成。[④]

弗鲁博顿、芮切特认为，产权不是指人与物之间的关系，而是指由物的存在及关于他们的使用所引起的人们之间相互认可的行为关系。在法律文献中，关于产权的含义主要有三种。首先是欧洲大陆民法（Continental Civil Law）中的狭义上的产权。这里，产权仅与有形的物品有关；其次是盎格鲁美国普通法中的较为宽泛意义上的产权，它不仅与有形的物品有关，而且还与无形的物品有关，后者包括专利、版权和合约权；第三种类型的产权与客户关系、友情等意义上的产权有关，由各种类型的自我执行机制来保障。[⑤]

概而言之，产权不是指人与物之间的关系，而是指由物的存在及关于它们的使用所引起的人们之间相互认可的行为关系。产权不仅是人们对财产使用的一束权利，而且确定了人们的行为规范，是一种社会制度。[⑥]巴泽尔认为，尽管政府要参与私有权利的确定和保护，有时候个人比政府具有比较优势，并且实际上承担了大部分活动。[⑦]

---

① 〔美〕阿曼·阿尔奇安：《产权经济学》，见盛洪主编：《现代制度经济学（上卷）》，中国发展出版社 2009 年版，第 76 页。

② 〔美〕哈罗德·德姆塞兹：《关于产权的理论》，见盛洪主编：《现代制度经济学（上卷）》，中国发展出版社 2009 年版，第 87 页。

③ 〔冰岛〕思拉恩·埃格特森著，吴经邦等译：《经济行为与制度》，商务印书馆 2004 年版，第 33 页。

④ 〔美〕Y. 巴泽尔著，费方域、段毅才译：《产权的经济分析》，上海三联书店 1997 年版，第 2 页。

⑤ 〔美〕埃里克·弗鲁博顿、〔德〕鲁道夫·芮切特著，姜建强、罗长远译：《新制度经济学——一个交易费用分析范式》，上海三联书店 2007 年版，第 102—103 页。

⑥ 卢现祥、朱巧玲：《新制度经济学》，北京大学出版社 2007 年版，第 189 页。

⑦ 〔美〕Y. 巴泽尔著，费方域、段毅才译：《产权的经济分析》，第 88—89 页。

产权的清晰界定将有助于降低人们在交易过程中的成本，改进效率。如果存在交易成本，没有产权的界定与保护等规则，即没有产权制度，则产权的交易与经济效率的改进就难以实现。由政府选择某个最优的初始产权安排，就可能使福利在原有的基础上得以改善，并且这种改善可能优于其他初始权利安排下通过交易所实现的福利改善。[①]

马克思主义产权理论与新制度经济学产权理论似乎达成了一致。也就是说，所谓产权或所有权，不仅表现为人对生产资料的占有与使用，而且表现为通过对生产资料支配的过程中所形成的社会关系。

二、产权的性质

巴泽尔指出，产权具有排他性、可分割性、可让渡性与合作性。排他性是指决定谁在一个特定的方式下使用一种稀缺资源的权利。可分割性是指产权是由一系列权利组成的权利束，而其中的每一项权利都可以为不同的经济主体占有。可让渡性是指将产权转移给其他人的权利。合作性是指各种商品都可以看作是多种属性的总合，不同商品又包含着不同数目的属性。[②]

德姆塞兹《关于产权的理论》一文为制度变迁的产权学派奠定了概念基础。[③]他指出，产权的一个主要功能就是导引人们实现外部性内在化的激励。外部性内在化就是一个产权变迁的过程，是将还没有明确的权利、责任与收益给予明确，划归到新的社会主体手中。产权能够保障权利主体能够充分行使或通过让渡权利获得稳定的预期收益，明确权利主体的权利范围与责任。

巴泽尔认为，产权安排能够改变或者调节社会经济资源配置的状态。明晰社会经济资源的权属，改变资源的无产权或产权模糊的状态，有利于减少

① 卢现祥、朱巧玲：《新制度经济学》，第 216 页。
② 〔美〕Y. 巴泽尔著，费方域、段毅才译：《产权的经济分析》，第 120—121 页。
③ 〔美〕丹尼尔 · W. 布罗姆利著，陈郁等译：《经济利益与经济制度 —— 公共政策的理论基础》，上海三联书店 2006 年版，第 14—15 页。

资源的粗放浪费或过度使用，避免“公地悲剧”的发生。[①]

对产权施加约束，实际上就是绕过价格机制而分配资源。这种做法在瓦尔拉的均衡模型中是行不通的。在该模型中，只有价格才能引导资源按最大价值进行配置。对产权的约束，是“画蛇添足”，搞不好还会降低产出。[②]事实却是，对产权的约束普遍存在。[③]

巴泽尔指出，产权的界定是一个演进过程。随着新的信息的获得，资产的各种潜在有用性被发现，并且通过交换实现其最大价值。每一次交换都改变着产权的界定。研究那些用于界定和转让产权的合同，是产权分析的核心内容。各种组织形式，只不过是人与人之间各种合同的表现形式。[④]

布罗姆利指出，完整的所有权组成要素包括占有权、使用权、管理权、收入权、资本权、保障权、转让性、无期限、禁止滥用、履行责任、剩余处置权等。这些特征越是完备，那么一个人对某种有价值的东西的所有权就越完全。同样，所有权利益越全面，它们也就越有价值。[⑤]

要之，产权的构成可归结为四种基本权利，即所有权、使用权、收益权和让渡权。其中，所有权是指在法律范围内，产权主体把财产（产权客体）当作自己的专有物，排斥他人随意加以侵夺的权利。使用权是指产权主体使用财产的权利。财产的用益权是指获得资产收益的权利。让渡权是指以双方一致同意的价格把所有或部分上述权利转让给其他人的权利。[⑥]

三、产权的类型

马克思分析了土地所有权和占有权相统一、所有权与占有权相分离的

① 〔美〕Y. 巴泽尔著，费方域、段毅才译：《产权的经济分析》，第 159 页。
② 〔美〕Y. 巴泽尔著，费方域、段毅才译：《产权的经济分析》，第 119 页。
③ 〔美〕Y. 巴泽尔著，费方域、段毅才译：《产权的经济分析》，第 119—120 页。
④ 〔美〕Y. 巴泽尔著，费方域、段毅才译：《产权的经济分析》，中译本序，第 2—3 页。
⑤ 〔美〕丹尼尔 · W. 布罗姆利著，陈郁等译：《经济利益与经济制度 —— 公共政策的理论基础》，第 217—220 页。
⑥ 卢现祥、朱巧玲：《新制度经济学》，第 190—191 页。

情况。

个体小生产者提供了所有权和占有权统一的典型例证。例如，独立的农民和手工业者，既有自己的生产资料，又直接用自己的生产资料进行劳动，生产产品。他们既是所有者，又是占有者；既有所有权，又有占有权。[①] 马克思说："在我们所考察的场合，生产者——劳动者——是自己的生产资料的占有者、所有者。"[②] 他们拥有"对劳动条件的所有权或占有权"[③]。

不仅在以自己劳动为基础的私有制下存在所有权和占有权的统一，而且在以无偿占有他人劳动为基础的私有制下也存在所有权和占有权的统一。在奴隶制经济中，奴隶主不仅是生产资料的所有者和占有者，而且是奴隶的所有者和占有者。在领主制经济中，基本生产资料即土地完全归领主所有和占有，直接生产者即农奴也被领主不完全占有。在使用自有资本进行生产和交换的资本主义经济中，所有权和占有权也是统一的。[④]

在研究亚细亚的所有制形式时，马克思发现所有者和占有者不是同一主体。在公社内，公社是所有者，个人只是占有者。马克思说："在亚细亚的（至少是占优势的）形式中，不存在个人所有，只有个人占有；公社是真正的实际所有者；所以，财产只是作为公共的土地财产而存在。"[⑤] 这是一种情况。另一种情况是，大共同体是所有者，而大共同体所属的小共同体则是占有者。关于这一情况，马克思说："在大多数亚细亚的基本形式中，凌驾于所有这一切小的共同体之上的总合的统一体表现为更高的所有者或唯一的所有者，实际的公社却只不过表现为世袭的占有者。"[⑥]

地主制经济提供了所有权和占有权相分离的典型例证。土地出租者是土地所有者，拥有土地所有权，但在租期中没有占有权。直接生产者即租地

① 吴易风：《马克思的产权理论与国有企业产权改革》，《中国社会科学》1995年第1期。
② 《马克思恩格斯全集》第26卷，人民出版社1972年版，第440页。
③ 《马克思恩格斯全集》第26卷，第674页。
④ 吴易风：《马克思的产权理论与国有企业产权改革》，《中国社会科学》1995年第1期。
⑤ 《马克思恩格斯全集》第46卷上，人民出版社1979年版，第471页。
⑥ 《马克思恩格斯全集》第46卷上，第473页。

农民在租期内是土地的占有者，拥有租期内的土地占有权，但没有土地所有权，他们向土地所有者支付地租。

马克思说："在劳动地租、产品地租、货币地租（只是产品地租的转化形式）这一切地租形式上，支付地租的人都被假定是土地的实际耕作者和占有者，他们的无酬剩余劳动直接落入土地所有者手里。"[①]

马克思还考察了土地国有情况下所有权和占有权的分离。当土地归国家所有时，只存在对土地的私人占有权或共同占有权，不存在私人所有权。马克思写道："如果不是私有土地的所有者，而象在亚洲那样，国家既作为土地所有者，同时又作为主权者而同直接生产者相对立，那末，地租和赋税就会合为一体，……在这里，国家就是最高的地主。在这里，主权就是在全国范围内集中的土地所有权。但因此那时也就没有私有土地的所有权，虽然存在着对土地的私人的和共同的占有权和使用权。"[②]

马克思认为，在所有权和经营权分离的情况下，土地所有者不是土地的经营者，土地经营者也不是土地的所有者。土地所有者占有土地，土地经营者即租地农场主占有资本。马克思把土地所有权和经营权的分离归结为"资本和土地的分离、租地农场主和土地所有者的分离"[③]。这是资本主义生产方式的典型情况。马克思说："正如土地的资本主义耕种要以执行职能的资本和土地所有权的分离作为前提一样，这种耕种通常也排除土地所有者自己经营。"[④]因此，土地所有者就是农业资本家或农业资本家就是土地所有者的情况，被认为是纯粹偶然的情况。

土地权利可以分为土地终极所有权、土地占有权与土地使用权三个部分，通过对这些权利分配，形成不同的土地产权模式。在这些权利中，所有权具有决定性作用。根据所有权的不同，历史上的产权模式分为国有与私有

① 《马克思恩格斯全集》第 25 卷，人民出版社 1974 年版，第 904 页。
② 《马克思恩格斯全集》第 25 卷，第 891 页。
③ 《马克思恩格斯全集》第 25 卷，第 847 页。
④ 《马克思恩格斯全集》第 25 卷，第 847 页。

两个大的类型。资本主义社会的地主土地所有制以及封建社会的封建主土地所有制都是一种私人产权的形式。在封建主土地所有制下，封建主拥有土地终极所有权与土地占有权，土地使用权则归农奴所有，农奴用劳役、实物或货币的形式，向封建主支付地租。在资本主义制度下，封建主的权利被移交给地主，资本家拥有土地的使用权。不同的是，封建主与农奴之间经济关系之外还存在着人身依附关系，地主与资本家之间只有纯粹的经济关系。在一些东方社会，如印度、俄罗斯，国家拥有土地的终极所有权，公社行使对土地的占有权，而农奴则享有土地的使用权。①

德姆塞茨将财产权分为三种类型：国有产权、公有或共有产权、私有产权。公有产权是指社会成员共同行使的权利。私有产权意味着社会承认所有者的权利，并拒绝其他人行使该权利。国有产权则意味着国家可以在权利的使用中排除任何个人因素，而按政治程序来使用国有财产。②

产权安排的经济效率来自于产权的清晰界定、产权主体对产权排他性占有和自由的转让。因此，一般认为，私有产权效率最高。共有产权的权利不能完全量化到个人手中，共有权人的经济行为或决策必须得到共同体内部其他成员的认可或同意。共有产权也排除共同体之外的其他社会成员或组织对共同体及其成员行使正当权利的干涉，共有产权对共同体之外的社会经济体仍然具有清晰性和完全排他性。共有产权会损害到经济效率，它会造成稀缺的经济资源过度使用，在共同体内部会出现“搭便车”的情况。国有产权是国家享有对某项社会资产排他性的权利。由于界定这些权利难以获得收益而需要付出较高的成本，不得不将这些权利放在“公共领域”中。国家按照可接受的政治程序来决定谁能使用国有资产，它排除了任何其他人使用这一权利。一些人认为，由于权利不能量化到个体与共同

① 参见石莹、赵昊鲁：《从马克思主义土地所有权分离理论看中国农村土地产权之争——对土地“公有”还是“私有”的经济史分析》，《经济评论》2007年第2期。

② 〔美〕丹尼尔·W. 布罗姆利著，陈郁等译：《经济利益与经济制度——公共政策的理论基础》，第215—216页。

体，国有产权的权利是模糊的，效率是低下的。[①]

布罗姆利指出，制度变迁的产权观设置了两个相排斥的极端：自由进入财产和私有财产；前者注定被滥用，后者据说是代表了一种富有智慧的和有效率的财产制度。根据这一观点，制度变迁唯一有效率的形式是走向私有产权。然而有大量证据表明私有土地被不当使用，因此可以肯定存在多种多样的体制。[②]

有四种财产制度：第一，国有财产。个人有责任遵守控制机构或管理机构制定的使用或进入规则，机构有权利制定使用或进入规则。第二，私有财产。个人有权利行使社会承认的使用权，并有责任制止社会不承认的行为。第三，共同财产。管理集团（“所有者”）有权利排斥组织成员，且非组织成员有责任服从这种排斥。第四，非财产。存在没有界定使用者或“所有者”的东西，因此对任何人来讲都有可能获得收益流。[③]

第二节　国家理论

在民国时期的乡村地籍整理过程中，国家扮演了重要的角色，因此，需要将国家的作用从理论上予以分析。

一、国家起源

马克思揭示了国家的本质，即政治国家不过是人们社会生活的一种特殊形式，社会的矛盾运动和社会的发展阶段决定了国家的性质。然而，社会内部各集团的利益并不一致，甚至是相互冲突的，因此国家必然成为某个阶级

① 邢胜忠、刘刚、田芳：《现代西方产权理论简评》，《中国商贸》2009 年第 9 期。

② 〔美〕丹尼尔 · W. 布罗姆利著，陈郁等译：《经济利益与经济制度 —— 公共政策的理论基础》，第 21—22 页。

③ 〔美〕丹尼尔 · W. 布罗姆利著，陈郁等译：《经济利益与经济制度 —— 公共政策的理论基础》，第 240 页。

的统治工具，并协调各个集团的利益，从而避免社会的解体。[①] 就此意义而言，国家是制度变迁的核心内容。

诺思指出，关于国家的存在有两种解释：契约理论与掠夺或剥削理论。[②] 若暴力潜能在公民之间平等分配，便产生契约性国家；若暴力潜能分配不平等，便产生掠夺性（或剥削性）国家。[③]

巴泽尔认为，国家是一种可以很好促进契约实施的暴力机制。只有当暴力实施者滥用权力的倾向能被有效制约时，人们才会使这种实施机制（国家）出现。国家愿意实施的法律权力取决于对界定权力与调节纠纷的交易成本比较。所有政府都对产权发挥重大作用，它们也拥有资产和直接参与经济活动。此外，习俗和惯例似乎也是额外的影响资源配置的非价格因素。[④] 一般来讲，在一个已经运转的社会中，权利的产生是一个不断发展的过程。当政府权威已树立时，非暴力分配机制的作用就得到极大的加强。[⑤]

国家作为在"暴力潜能"方面具有优势的组织，一方面可以为现有的产权结构提供有效的保护；另一方面还可以为了达到自己的租金最大化的目标而实施强制的产权制度变迁。特定的制度决定特定的产权结构，如果产权纯粹是一种个人之间的契约，并且可以通过个人信用得以履行，国家就不再构成产权安排中的一个必要成分。产权的被保护和实施，要求超越个人之间平等权力的强制性权力的存在，国家由于其特有的"暴力潜能"就自然而然地扮演了这个角色。所以，当现有的制度结构不能适应国家租金最大化的要求的时候，国家就可能通过强制的力量来实现制度变迁，形成新的产权结构。[⑥]

---

① 冯新舟、何自力：《马克思国家理论与新制度经济学国家学说——一个比较分析的视角》，《社会科学》2010 年第 9 期。

② 〔美〕道格拉斯·C. 诺思著，陈郁、罗华平等译：《经济史中的结构与变迁》，第 22 页。

③ 卢现祥、朱巧玲：《新制度经济学》，第 355 页。

④ 〔美〕Y. 巴泽尔著，费方域、段毅才译：《产权的经济分析》，第 12—13 页。

⑤ 〔美〕Y. 巴泽尔著，费方域、段毅才译：《产权的经济分析》，第 87 页。

⑥ 杨勇：《北魏均田制下产权制度变迁分析》，《史学月刊》2005 年第 8 期。

二、“国家模型”

马克思主义将国家视为阶级统治的工具。而新制度经济学的“国家模型”将国家看作是为了追求自身利益最大化的经济人，它赋予国家三个特征：第一，国家为取得收入而以一组被称之为保护与公正的服务作为交换。[①]第二，国家通过对产权制度的界定来实现收入最大化。[②]第三，统治者总存在对手：与之竞争的国家或本国内部的潜在统治者。[③]

诺思指出，国家受制于其选民的机会成本。无效率产权之所以存在，或是因为统治者不愿意激怒那些有势力的选民，不愿意采取更有效率但触犯这些有势力的人的利益的规则；或是因为，监督、衡量以及征税的成本可能导致这样的结果：相对低效率的产权反而比那些更有效率的产权能带来更多的税收收入。[④]是什么决定统治者对选民的谈判能力？三种基本因素影响着谈判过程：国家给选民所能造成的潜在利益的程度；国家的竞争者提供相同服务的能力；决定政府征收各种税收的收益和成本的经济结构。[⑤]诺思认为，奥尔森理论的最大可取之处在于解释各种利益集团的利益如何体现在政策和制度中的问题。[⑥]

在后面的分析中，我们会看到，国民政府进行地籍整理的一个重要目的，即是为了通过恢复隐匿土地的地籍，来对其征税，以增加政府的财政收入。国民政府的地籍整理的目标显然还包括与共产党的土地革命展开竞争方面。政府希望通过掌握更多的征税土地，在降低政府财政收入的同时，降低

① 〔美〕道格拉斯·C. 诺思著，陈郁、罗华平等译：《经济史中的结构与变迁》，第 106 页。
② 〔美〕道格拉斯·C. 诺思、罗伯斯·托马斯著，厉以平、蔡磊译：《西方世界的兴起》，华夏出版社 2009 年版，第 143—144 页。
③ 〔美〕道格拉斯·C. 诺思著，陈郁、罗华平等译：《经济史中的结构与变迁》，第 27 页。
④ 〔美〕道格拉斯·C. 诺思著，刘守英译：《制度、制度变迁与经济绩效》，上海三联书店 2008 年版，第 72 页。
⑤ 〔美〕道格拉斯·C. 诺思著，陈郁、罗华平等译：《经济史中的结构与变迁》，第 160 页。
⑥ 卢现祥、朱巧玲：《新制度经济学》，第 364 页。

农民负担，赢得农民对政府的支持，最终能对如火如荼的农民的反抗运动产生抑制作用。国民政府的地籍整理势必面临的问题包括：来自乡村土地所有者的抵制；掌握着征税权的“乡村经纪”的反抗；地方政府对地籍整理成本的担忧；共产党对地主土地所有制的打击；等等。如果国家不能认真面对并有效解决上述问题，作为一种低效率但对既得利益集团有利的土地产权制度仍将存在下去。

三、国家的职能

马克思指出，国家职能既包括执行由一切社会的性质产生的各种公共事务，又包括由政府同老百姓大众互相对立而产生的各种特殊职能。马克思的国家理论是马克思关于社会阶级理论的必然产物。马克思相信：“到目前为止的一切社会的历史都是阶级斗争的历史。”阶级是“有组织的人类利益集团”。社会阶级也都是自私的，它们把阶级利益置于国家利益之上，而且根本不关心对立阶级的利益。在马克思看来，一切社会阶级并不是同属某一社会阶层或收入阶层的某一特定群体。阶级是以其经济利益来定义的，为了增进这些利益，它们会动用各种手段，甚至暴力。①

由于统治阶级追求自身的利益，国家职能尤其是社会管理职能往往被异化，国家往往异化为“权力拜物教”和“国家崇拜”。“警察”“法庭”和“行政机关”不是市民社会本身赖以捍卫自己固有普遍利益的代表，而是国家用以管理自己、反对市民社会的全权代表。只有消灭国家权力的垄断性和神秘性，加强对国家权力的监督，才能消除国家异化。②

关于国家的职能和作用，诺思指出，国家的创立旨在界定和实施一套产

① 〔美〕曼瑟尔·奥尔森著，陈郁、郭宇峰、李崇新译：《集体行动的逻辑》，上海格致出版社、上海人民出版社 2014 年版，第 100 页。

② 冯新舟、何自力：《马克思国家理论与新制度经济学国家学说——一个比较分析的视角》，《社会科学》2010 年第 9 期。

权，并指定统治者的代理人。[①] 产权的确立是成本—收益分析的结果。任何相对价格或相对稀缺程度的变化，都可能导致财产权的创立。设立这些财产权的成本是值得付出的[②]，因为存在着统治者权力扩散，统治者的代理人并不完全受统治者的约束，统治者的垄断租金降低，因此统治者要设立一套规则以迫使其代理人与自己的利益保持一致。[③]

国家的作用还在于，它可以有效地克服“搭便车”问题，并根据经济条件的变化适时实施制度创新。[④] 一个社会的政治制度决定了其经济制度，当然，经济制度也会反过来作用于经济制度。在均衡状态下，一个既定的产权结构（及其实施）将与一套特定的政治规则（及其实施）相一致。其中一个的变化，将导致另一个的变化。[⑤] 一个地区的地理环境和资源状况同军事技术水平一起，可以确定一个“有效率”的政治—经济单位规模。[⑥]

在国家职能方面，马克思主义强调国家作为阶级统治工具的重要性；新制度经济学强调在界定与保护产权方面国家不可替代的作用。另外，无论从哪一种理论主张审视，国家管理的局限性都是很明显的，那就是作为代理人的官僚机器，其自利行为会与国家目标相抵触。

四、“国家悖论”

在诺思的新古典国家理论中，国家提供的基本服务是博弈的基本规则。无论是无文字记载的习俗，还是用文字写成的宪法演变，都有两个目的：一是保证统治者租金的最大化；一是保护有效率的产权。国家的上述两个目的并不总是完全一致，因为在使统治者租金最大化的所有权结构与降低交易费用和促进

① 〔美〕道格拉斯·C. 诺思著，刘守英译：《制度、制度变迁与经济绩效》，第 193 页。
② 〔美〕道格拉斯·C. 诺思著，刘守英译：《制度、制度变迁与经济绩效》，第 71—72 页。
③ 〔美〕道格拉斯·C. 诺思著，陈郁、罗华平等译：《经济史中的结构与变迁》，第 25 页。
④ 〔美〕道格拉斯·C. 诺思著，陈郁、罗华平等译：《经济史中的结构与变迁》，第 31—32 页。
⑤ 〔美〕道格拉斯·C. 诺思著，刘守英译：《制度、制度变迁与经济绩效》，第 67 页。
⑥ 〔美〕道格拉斯·C. 诺思著，陈郁、罗华平等译：《经济史中的结构与变迁》，第 25 页。

经济增长的有效率体制之间存在着冲突，所以，有效率的产权安排并不必然会产生，它只是国家与私人努力相互作用过程所可能产生的一种结果。[①]

为了有效率地配置资源，国家提供有激励的所有权结构。另一方面，因为技术的变化、市场的拓展等因素，改变了相对价格与社会的机会成本，导致产权的基本所有权结构与社会经济增长之间的矛盾，表现为一个国家的增长过程的内在不稳定性。[②]信息费用、技术和人口（或一般相对要素价格）的变化都是导致不稳定性的因素。[③]但是，只有私人收益超过私人成本时，产权的调整才会发生。由于“搭便车”的阻碍作用，无效率产权可能长期存在。[④]

布坎南认为，政治是复杂的交换过程，完全类似于市场。在追求私利最大化上，“政治人”和“经济人”并没有本质的区别，“政治人”同时就是“经济人”，正像经济市场中的私人选择或私人决策一样，公共选择者（即向任何国家机构投票的代理人）在集体选择或公共决策的过程中同样要进行个体的成本与效益分析。那些处于掌握决策权的政治和管理地位上的人和我们一般人并没有多大的差别，他们总想成为个人效用最大化者，掌权者为了达到自己的特殊目的，会滥用政治权力，不是因为事情一贯如此，而是因为这是事物的自然趋势，因此，必须对它加以防范。[⑤]

第三节 制度变迁理论

地籍整理完全可以被视作一个制度变迁过程。马克思主义制度变迁理论与新制度经济学制度变迁理论，对制度变迁问题都有比较系统的论述，可以

---

① 杨勇：《北魏均田制下产权制度变迁分析》，《史学月刊》2005年第8期。
② 〔美〕道格拉斯·C.诺思著，陈郁、罗华平等译：《经济史中的结构与变迁》，第28—29页。
③ 〔美〕道格拉斯·C.诺思著，陈郁、罗华平等译：《经济史中的结构与变迁》，第30页。
④ 〔美〕道格拉斯·C.诺思著，陈郁、罗华平等译：《经济史中的结构与变迁》，第31页。
⑤ 许冬香、方英群：《重建国家的伦理之维——布坎南国家伦理思想》，《求索》2010年第6期。

为我们的研究提供参考。

一、制度变迁的动力

在马克思主义理论中，推动制度变迁的力量源泉来自三个方面：一是生产力的进步，一是私有利条件下的阶级矛盾和阶级斗争，一是以生产方式为基础的社会形态[①]社会进步的原动力归根结底是技术变化。技术的变化导致生产工艺的进步，但现有的经济组织却阻碍了新技术所导致的生产力潜力的实现，旨在确立新型产权形式的革命发生了。[②]因为包括了新典分析框架所遗漏的所有因素：制度、产权、国家和意识形态，马克思对长期变迁的分析是有说服力的。马克思强调在有效率的经济组织中产权的重要作用，以及在现有的产权制度与新技术的生产潜力之间产生的不适应性。技术的变化产生的不适应性，只有通过阶级斗争才能得以改变。[③]

诺思认为，制度创新的动力是个人期望在现存制度下获取最大的潜在利润。其主要内容包括四个方面：获得规模经济；克服外部性；克服对风险的厌恶；应对市场失败。[④]

关于规模经济，诺思论述到，在分工收益与分工成本间不断发生的冲突，不仅是经济史与制度变迁的根源，而且也是现代政治、经济实绩问题的核心。[⑤]降低交易费用的创新，是由组织、工具、特定技巧以及实施特征的创新组成的，目标在于增加资本流动性，降低信息成本，分散风险。[⑥]“外部性”一词就是指有些成本或收益对于经济主体来说是外在的。外部性导致市场不能产生最有效的结果，因为资源的使用者对有些成本和收益没有加以考

① 唐文金：《农户土地流转意愿与行为研究》，中国经济出版社 2008 年版，第 30—31 页。
② 〔美〕道格拉斯·C. 诺思著，陈郁、罗华平等译：《经济史中的结构与变迁》，第 67—68 页。
③ 〔美〕道格拉斯·C. 诺思著，陈郁、罗华平等译：《经济史中的结构与变迁》，第 68 页。
④ 袁庆明：《新制度经济学》，复旦大学出版社 2012 年版，第 250—251 页。
⑤ 〔美〕道格拉斯·C. 诺思著，陈郁、罗华平等译：《经济史中的结构与变迁》，第 234 页。
⑥ 〔美〕道格拉斯·C. 诺思著，刘守英译：《制度、制度变迁与经济绩效》，第 172 页。

虑。制度创新的过程实质上就是外部性内在化的过程。而这是有成本的，很多时候，只有政府愿意支付这种成本。[①] 由于现实中大多数人厌恶风险，人们就会更偏向于更为确定的结果的活动。[②] 制度提供了人类相互影响的框架，它们建立了一种经济秩序的合作与竞争关系，可以有效阻遏风险的发生。[③]

二、制度变迁的内在机制

制度变迁表现为国家、组织和个人相互作用的过程。

国家往往确定规则以使统治者及其集团的收入最大化，然后在一定的约束设计下设计出降低交易费用的规则。[④] 这些规则包括：关于统一的度量衡的说明、刺激生产和贸易的产权、区别对待的法律体制和执行契约的实施程序。[⑤]

组织是通过对根据一定目的对人类行为进行一定形式的约束而创立的。诺思指出，若是没有约束，我们将生存在霍布斯的丛林中，也就不可能有文明存在。行为约束包括禁忌、规则和戒律。[⑥] 任何组织的功能可以同样地归结为各种不同的权利由一个与它有关的个人向另一个人的让渡。[⑦]

制度变迁的方向由制度与组织的交互作用决定。制度决定了存在于一个社会中的机会，创造组织的目的则是为了利用这些机会。组织的演化又会改变制度。[⑧] 有效率的经济组织是经济增长的关键。有效率的组织需要在制度上作出安排以便造成一种刺激，使个人经济努力的私人收益率接近社会收益率。[⑨]

---

① 林红玲：《西方制度变迁理论述评》，《社会科学辑刊》2001 年第 1 期。
② 林红玲：《西方制度变迁理论述评》，《社会科学辑刊》2001 年第 1 期。
③ 〔美〕道格拉斯 · C. 诺思著，陈郁、罗华平等译：《经济史中的结构与变迁》，第 225—226 页。
④ 〔美〕道格拉斯 · C. 诺思著，陈郁、罗华平等译：《经济史中的结构与变迁》，第 45 页。
⑤ 〔美〕道格拉斯 · C. 诺思著，陈郁、罗华平等译：《经济史中的结构与变迁》，第 45—46 页。
⑥ 〔美〕道格拉斯 · C. 诺思著，陈郁、罗华平等译：《经济史中的结构与变迁》，第 227 页。
⑦ 〔美〕Y. 巴泽尔著，费方域、段毅才译：《产权的经济分析》，第 9 页。
⑧ 〔美〕道格拉斯 · C. 诺思著，刘守英译：《制度、制度变迁与经济绩效》，第 9 页。
⑨ 〔美〕道格拉斯 · C. 诺思、罗伯斯 · 托马斯著，厉以平、蔡磊译：《西方世界的兴起》，第 4 页。

在历史上导致变迁的主要力量是人口、军事技术及组织。[①]

由于存在着正的交易成本，人们愿意通过一定形式的组织来进行自我约束，以减少损失。[②]

博弈论深入讨论了合作组织得以形成的条件。首先，由于在一个重复囚徒困境博弈中，占优策略并不存在。这使得人类在不存在强制性国家干预的情况下，通讨合作解决问题成为可能。[③]其次，组织的大小取决于人们对于成本一收益的计算。第三，在重复博弈中发生的惯例，使社会成员拥有共同的信仰和规范，构成社会秩序的基础。[④]

合作的根本性理论问题是，由于存在非对称性，个人通过何种方式来获知他人的偏好和可能的行动。[⑤]霍华德·马格利斯创立了一个模型。在其中，他假设个人行为部分地由利他动机决定。马格利斯认为，个人有两种类型的效用函数：一类强调团体偏好，另一类强调自利性偏好，个人在这两种效用函数之间进行权衡。这一模型使他能够解释那些在个人财富最大化行为假设下所无法解释的特定的投票行为模式。[⑥]

诺思认为，要建立一个制度模型必须深入地探讨非正式约束、正式规则以及实施机制的特征及其演化方式。制度变迁源于技术进步所导致的相对价格变化，但制度变迁又并非完全个人主义理性计算的结果。由于非正式规则的嵌入，社会制度变迁一般是渐进的，而非不连续的。[⑦]

三、制度变迁的方式

诺思将制度变迁区分为强制性制度变迁和诱致性制度变迁。

① 〔美〕道格拉斯·C. 诺思著，陈郁、罗华平等译：《经济史中的结构与变迁》，第149页。
② 〔美〕Y. 巴泽尔著，费方域、段毅才译：《产权的经济分析》，第81—82页。
③ 〔美〕道格拉斯·C. 诺思著，刘守英译：《制度、制度变迁与经济绩效》，第17页。
④ 〔美〕道格拉斯·C. 诺思著，刘守英译：《制度、制度变迁与经济绩效》，第18页。
⑤ 〔美〕道格拉斯·C. 诺思著，刘守英译：《制度、制度变迁与经济绩效》，第19—20页。
⑥ 〔美〕道格拉斯·C. 诺思著，刘守英译：《制度、制度变迁与经济绩效》，第18—19页。
⑦ 〔美〕道格拉斯·C. 诺思著，刘守英译：《制度、制度变迁与经济绩效》，第7页。

诱致性制度变迁（induced institutional change），是由资源禀赋的变化和技术变化的不同的经济收益所驱动的；它是对市场过程中外生不均衡的反应。[①] 技术的变革会引起一系列变化，并最终导致制度选择集合的改变。这意味着固有的制度均衡被打破，在不均衡状态下，社会个体会基于个人主义计算持续互动。每个参与者的行动可以看作是一个由无穷时间序列与变动结果组成坐标轴之间的一个向量。人们集体行动的结果，构成一个向量集，使一定时期所蕴含的内在状态转变成一种新的状态。制度变迁即是制度由不均衡到均衡的变化过程。诺思认为，制度均衡是指在各方的谈判力量以及一系列构成整个经济交换的契约性谈判给定的情况下，任何一方都不可能通过投入资源来重构合约而获益。均衡状态并不意味着每一个人都对现存的规则和契约感到满意，而只是基于成本—收益原则，遵守游戏规则比改变它更加合算。[②] 在现实制度约束已界定的情况下，只要其他参与人不偏离这种状态，任何参与人也会认为没必要这么做。[③]

强制性制度变迁（mandatory institutional change），是指由国家主导的制度变迁。[④] 许多经济学家真诚地相信市场中不存在强制，而且市场是政治自由的保证人。仔细研究显示，市场和集体行动都同时限制和解放个人。在偏好和经济激励对制度变迁都不起决定作用时，改变制度安排的集体行动改变了个人选择集。[⑤] 国家推动制度变革的动机，与国家模型中的阐述是一致的。由于外部性和“搭便车”（free riding）参与者通过长期持续的互动来满足，也可能由于规模不经济，导致制度供给不足。因此，国家在制度变迁中扮演

① 〔美〕丹尼尔·W. 布罗姆利著，陈郁等译：《经济利益与经济制度——公共政策的理论基础》，第 29 页。

② 〔美〕道格拉斯·C. 诺思著，刘守英译：《制度、制度变迁与经济绩效》，第 118—119 页。

③ 〔日〕青木昌彦（Masahiko Aoki）：《沿着均衡点演进的制度变迁》，见〔法〕克劳德·梅纳尔编：《制度、契约与组织——从新制度经济学角度的透视》，经济科学出版社 2003 年版，第 21 页。

④ 唐文金：《农户土地流转意愿与行为研究》，中国经济出版社 2008 年版，第 32 页。

⑤ 〔美〕丹尼尔·W. 布罗姆利著，陈郁等译：《经济利益与经济制度——公共政策的理论基础》，第 79—95 页。

了重要角色。

四、制度变迁的过程

制度变迁过程包括五个步骤：首先，形成“初级行动团体”。初级行动团体能预见到潜在利益，并有着强烈的创新欲望。其次，提出制度变迁方案，这是一个发明或借鉴的过程。第三，比较选择。对第二阶段提出的方案进行评估和选择，这时不仅会考虑自身利益最大化问题，还会考虑其他利益集团影响。第四，形成“次级行动团体”。在第一行动集团确定最佳制度安排后，向其提供支持或帮助并从中获得部分利益的集团被称为第二行动集团。第五，实施。第一和第二行动集团共同努力，推动制度变迁。两个集团都是制度变迁的主体，其中第一集团是创新者、策划者和推动者，第二集团则是实施者。[①]

五、影响制度变迁的因素

影响制度变迁的因素，概而言之，有以下几个方面：

一是相对产品和要素的价格。相对价格的变化改变了人们之间的激励结构以及相互之间的讨价还价能力，从而导致重新缔约的努力。[②]只有当资源相对于社会需要日益短缺时，才会出现改变所有权的压力。[③]

二是宪法秩序。宪法秩序的变化能深刻影响制度创新的预期成本和收益，从而影响对新制度的需求。[④]时间的引入对制度产生不稳定影响，这是因为委托者终有一死和资本存量是变化着的。委托者的差异不仅是因为他们

① 唐文金：《农户土地流转意愿与行为研究》，第 33 页。
② 唐文金：《农户土地流转意愿与行为研究》，第 33—34 页。
③ 〔美〕道格拉斯 · C. 诺思、罗伯斯 · 托马斯著，厉以平、蔡磊译：《西方世界的兴起》，第 30 页。
④ 唐文金：《农户土地流转意愿与行为研究》，第 33—34 页。

技能和经营企业的能力的差别，而且还因为一个制度的合法性对委托者来说仅部分地得到执行。所以不管一个后继的法规怎样仔细地设定，继承者与其他委托者以及前委托者的代理者在谈判中处于不同的地位。[①]

三是技术的变化。技术进步所产生的新的收入流以及对新的收入流的分配都将导致对新制度的需求。[②] 诺思把前人关于技术演变过程中的自我增强现象的论证推广到制度变迁方面来，认为制度在现实中有四种自我增强机制：第一，机构的设置或成本的固定。设计一项制度最初需要大量的成本，但随着制度的推行，交易成本就会下降，从而有助于维护制度的运行。第二，学习效应。通过学习和掌握制度规则，如能有助于降低成本，提高经济收入，则必然有助于制度被人们采纳和接受。第三，制度为人们提供了一定范围和一定方式的合作自由，这种合作所带来的经济效益，同样会形成对制度的强大支持。并且一项正式制度的产生将导致其他正式制度以及一系列非正式制度的产生，以补充和协调这项正式制度发挥作用。第四，适应性预期。当制度给人们带来了巨大的好处时，人们对之产生了强烈而普遍的适应性预期或认同心理，从而使制度找到了存在下去的基础。[③]

四是市场规模。市场规模的扩大一方面能够稀释交易的固定成本，另一方面能够提高规模经济效益。这两方面也将影响对新制度的需求。[④]

五是上层决策者的净利益。不存在单一有效率的政策选择，只存在对应于每一种可能的既定制度条件下的某种有效率的政策选择。去选择某个有效率的结果，也就是去选择制度安排的某个特定结构及其相应的收入分配。关键的问题不是效率，而是对谁有效率。[⑤] 因此，决策者对制度供给影响极大，如果决策者的效益和成本与社会的效益和成本一致，就能推进积极的制度变迁。[⑥]

---

① 〔美〕道格拉斯·C. 诺思著，陈郁、罗华平等译：《经济史中的结构与变迁》，第 231 页。
② 唐文金：《农户土地流转意愿与行为研究》，第 33—34 页。
③ 林红玲：《西方制度变迁理论述评》，《社会科学辑刊》2001 年第 1 期。
④ 唐文金：《农户土地流转意愿与行为研究》，第 33—34 页。
⑤ 〔美〕丹尼尔·W. 布罗姆利著，陈郁等译：《经济利益与经济制度 —— 公共政策的理论基础》，第 5 页。
⑥ 唐文金：《农户土地流转意愿与行为研究》，第 33—34 页。

在制度变迁的过程中，大的利益集团有时决定了实际的制度演进方向。奥尔森通过对利益集团行为的研究表明，不存在这样的国家，所有具有共同利益的人群都可能组成平等的集团并进行全面协商以获得最优的结果。[①]大的利益集团的行为对社会经济的发展具有强大的作用力，这可能纠正政府所制定和执行的新的产权结构和产权形式，表现出强制性制度变迁背景下的诱致性制度变迁过程。[②]

所以，在国家存在的情况下，某些制度变迁的路径是国家与社会经济个体之间相互协调、相互博弈的结果。一种制度的变迁既不全是自发力量实现的诱致性变革，也不全是国家力量强制的结果，而是国家与社会各界力量博弈的结果，这也就决定了产权变革的方向和内容。[③]

六、制度变迁的路径依赖

发展路径一旦被设定在一个特定的进程上，网络外部性、组织的学习过程，以及得自于历史的主观模型，就将强化这一进程。[④]历史是重要的，制度的渐进性演化过程，使现实的选择变得容易理解。[⑤]

诺思分析道，初始的利益集团，将从自身利益出发来型塑政治体系。这类制度提供的激励有可能导致军事力量凌驾于政治与经济之上，或产生宗教狂热，或催生简单的、直接的再分配组织，而它们却很少奖励那些增长与传播对经济有用的知识的行为。这样，经济体系将演化出一个强化现存激励与组织的政治体系。[⑥]

---

① 〔美〕曼库尔·奥尔森著，吕应中等译：《国家兴衰探源：经济增长、滞胀与社会僵化》，商务印书馆 1993 年版，第 45 页。转引自杨勇：《北魏均田制下产权制度变迁分析》，《史学月刊》2005 年第 8 期。

② 杨勇：《北魏均田制下产权制度变迁分析》，《史学月刊》2005 年第 8 期。

③ 杨勇：《北魏均田制下产权制度变迁分析》，《史学月刊》2005 年第 8 期。

④ 〔美〕道格拉斯·C. 诺思著，刘守英译：《制度、制度变迁与经济绩效》，第 136 页。

⑤ 〔美〕道格拉斯·C. 诺思著，刘守英译：《制度、制度变迁与经济绩效》，第 138 页。

⑥ 〔美〕道格拉斯·C. 诺思著，刘守英译：《制度、制度变迁与经济绩效》，第 136—137 页。

路径依赖是分析和理解长期经济变迁的关键。路径来源于报酬递增机制。路径的改变是由于未能预计到的选择的后果、外部效应，以及一些分析框架之外的力量。从停滞到增长，或从增长到停滞，路径的扭转通常是由于政治体系的改变。①

诺思认为，制度变迁能否成功取决于两个因素的共同制约：一是复杂的，信息不完全的市场；二是制度在社会生活中给人们带来的报酬递增。就前一个因素而言，市场状况的复杂性要求制度的初始设计必须尽可能地与市场实际相吻合，以便保证制度实施的可行性，但是由于市场总是复杂多变的，人们不可能事先对之掌握准确全面的信息。加上行为者受到他们的主观意志、意识形态及个人偏好的制约，因此制度变迁不可能总是完全按照初始设计的方向演进，往往一些小的偶然事件即可极大地改变制度变迁的方向。有适应性效率的路径能使在不确定性条件下的选择最大化，能为人们尝试使用不同的行事方式留出空间，能帮助形成一个有效率的回馈机制，以鉴别出那些相对无效率的选择并淘汰之。②

第四节　农民理性假说

关于农民理性分析，有形式主义与实体主义的差别。前者以舒尔茨等为代表，后者以恰亚诺夫、斯科特等为代表。形式主义分析将市场经济的特性赋予传统村社，实体主义分析则强调前资本主义的传统农业经济与资本主义经济的根本区别。

一、经济理性与效用理性

第二次世界大战前，“新古典学派”农民学开始借助古典经济学理性人

① 〔美〕道格拉斯·C. 诺思著，刘守英译：《制度、制度变迁与经济绩效》，第154—155页。
② 〔美〕道格拉斯·C. 诺思著，刘守英译：《制度、制度变迁与经济绩效》，第136页。

的假设，来观察农民的经济行为。他们把资本主义经济中自由竞争、自由分化规律支配下的“经济人”形象外推至历史上的一切经济行为主体，包括宗法农民。他们认为，自然经济下的“原始”小农是冷静而理智的人，他们的行为方式富于计量性与逻辑性。农民的理性使小农经济也会循着决策合理化方向发展。小农经济与资本主义农场的区别仅在于生产规模、技术水准、生产率、商品率等经济指标较为落后，其思维特质并无不同。[①]

西奥多・W. 舒尔茨是这一理论的杰出代表。1964 年，舒尔茨出版了他的代表著作《改造传统农业》，对刘易斯农业零值劳动学说进行了批评。舒尔茨认为，农户的行为都是理性的，生产的目标是追求利润最大化，之所以出现传统农业增长的停滞，原因不在于农户缺乏进取心、努力不够或者自由竞争不足的市场经济，而在于传统生产要素的长期不变，边际投入的收益递减。

舒尔茨关于传统农业的定义简明扼要：“完全以农民世代使用的各种生产要素为基础的农业可以称之为传统农业。”[②] 舒尔茨提出了五个关于传统农业的假定：（1）传统农业部门的农民对经济刺激会产生反应，并非一些经济学家所描述的那样，传统农民十分保守，对价格等经济刺激反应迟钝。恰恰相反，传统农业部门的农民仍然符合新古典经济理论当中关于经济人是合乎理性的人的假定；（2）农业发展的基本问题是农业投资采取什么形式才能获利；（3）传统农业中生产要素的配置效率低下的情况实际上是很少的；（4）小农经济精耕细作的方式对农业的推进作用是有限的；（5）传统农业的资金报酬率是低的，换句话说，增加传统农业的生产能力所付出的代价是高昂的。[③]

对这一假说的适用性范围，舒尔茨作了严格的限制。他说，并不是任何贫穷的农业社会都具有传统农业的经济特征。任何一个经历了重大变化还来不及全面调整的社会都不包括在内。[④]

① 秦晖：《田园诗与狂想曲 —— 关中模式与前近代社会的再认识》，中央编译出版社 1996 年版，第 306—307 页。
② 〔美〕西奥多・W. 舒尔茨著，梁小民译：《改造传统农业》，商务印书馆 2007 年版，第 4 页。
③ 李宗正等：《西方农业经济思想》，中国物资出版社 1996 年版，第 590—591 页。
④ 〔美〕西奥多・W. 舒尔茨著，梁小民译：《改造传统农业》，第 33 页。

舒尔茨理论所用的基本理论工具是很简单的，基本上属于新古典经济分析工具，它主要围绕技术、制度、经济与文化这四个变量展开的，最基本的思想是，传统农业的主要技术、制度、经济与文化变量在很长一个时期都不会发生变化。[①] 舒尔茨写道："传统农业应该被作为一种特殊类型的经济均衡状态。从事后的观点来看，假定存在特定的条件，农业就会在经历一段长时期后逐渐达到这种均衡状态。从预期的观点来看，现在仍不属于这种类型的一个农业部门，在同样条件下，在长期内最终也会达到以传统农业为特征的均衡状态。无论在历史上还是在未来，作为这种类型均衡状态基础的关键条件如下：（1）技艺状况保持不变，（2）保持或取得收入来源的偏好和动机不变，以及（3）这两种状况保持不变的时期都足以达到一种均衡状态。"[②]

在舒尔茨看来，传统农业的知识是农户一代一代经过口传身教流传下来的。这种知识与劳动和其他资源相结合，生产出一个社会可再生资本，比如传统的农具、灌溉体系、房屋、粮食以及纺纱织布的设备等。这样，这些知识就被包容于农业生产技术中，与劳动及其他资源相结合，决定一个社会所能得到的农产品供给曲线的位置。如果在一个农村地区没有什么重大的新发明，也没有从外界引入生产力更强的农业生产技艺的话，技术状况就保持不变。这种情况往往会延续数代之久。比如在唐朝就已开始使用的曲辕犁，一直到 20 世纪 80 年代还在中国农村广泛使用。

另一方面，在传统农业中，人们为得到商品和劳务的偏好和动机在很长一个时期也保持不变。所谓偏好是包括信仰、爱好、传统以及制度等一整套文化因素。虽然每一个社会当中的文化传统都是独特的，但它们都构成影响对事物的评价和期望的文化模式。如果一个社会的偏好和动机不变，人均需求曲线也不会移动。由于传统社会当中重要的文化上的变革很少，也很少有机会学习外来的文化，因此人们的偏好也是稳定的。由于没有消费者需要了解的新产品的

---

① 李宗正等：《西方农业经济思想》，第 594 页。

② 〔美〕西奥多 · W. 舒尔茨著，梁小民译：《改造传统农业》，第 26—27 页。

信息，所以任何信息对需求曲线的位置的稳定也很少有什么影响。

由于传统社会中人们的偏好和动机的稳定性和人均收入的长期不变，因而每种商品和劳务的需求曲线总是处于同一位置。这样，人们收入中用于购买各种商品的比例也大致不变。与此相似，除非由于一些不可抗拒的因素，如气候和病虫害的偶然变化，一个社会面临的供给曲线也大致处于一个位置。这样，由一条固定的需求曲线和一条波动的供给曲线，就会得到一系列均衡价格与均衡数量。

当农户面临一条向下倾斜的需求曲线时，他会努力扩大生产，生产的增加使农民劳动的边际报酬下跌。在某一点上，农民就会觉得继续生产已无利润，于是供给曲线又向左移动，直至达到一个稳定位置。传统农业中的农户一旦确定了农场生产的大致的均衡位置，就很少通过扩大再生产增加农产品的供给量增加人均收入。因此，传统的农民被说成是处于一种低水平均衡陷阱之中，或处于一种贫困的恶性循环之中。[①]

苏联经济学家恰亚诺夫收集了俄国19和20世纪之交前后数十年的农民家庭生产的庞大资料。通过对这些资料的分析，恰亚诺夫提出了与舒尔茨迥然不同的结论。他认为，农民具有明显区别于资本主义企业的独特经济计算。小农生产方式在许多方面迥异于资本主义生产。当时俄国的马克思主义者认为农民家庭在耕地、产量上的差别源自于社会分化，也就是说当时在俄国农业中逐步出现的资本主义农民与农村无产者两个社会阶级，同时导致了小农经济的解体，也造成了农民家庭之间的差别。恰亚诺夫则把农民家庭在耕地、产量上的差别视为人口差异的结果。

恰亚诺夫农民模型是家庭效用最大化理论。农民为满足家庭消费，需要把家庭劳动投入到农业生产。恰亚诺夫模型特别重视农民关于家庭劳动投入的主观决策。农民家庭有两个相互对立的目标：一是收入目标，而收入需要通过田间劳动才能得到，因此另一个目标是与获得收入相对立的逃避劳动的

① 李宗正等：《西方农业经济思想》，第594—598页。

目标。影响农民在避免劳苦和获得收入之间权衡的因素是农民家庭规模与家庭中劳动人口与非劳动人口的比率，即家庭的人口结构。这个因素可概括为家庭中消费人口之比。①

恰亚诺夫认为，家庭农场作为一种经济单位，其工作同体力的耗费相联系，收入高低依据的是体力耗费的多少。任何农业企业在组织方面具有的特性是它的系统，这一系统应当被理解为从数量上和质量上将土地、劳动和资本结合在一起的方式和方法。作为农业中的一个家庭经济单位，它包含着受农业性质制约的许多复杂成分；这些成分使农民农场的家庭本质通过种植业和畜牧业结构方面的一系列特点表现出来。

当探讨建立于家庭劳动农场的原则基础之上的经营组织问题之时，首先要明确，作为其诸生产要素之一的劳动力是既定地存在于家庭结构之中的，它不可能随心所欲的提高或降低。

生产要素通常在其中以技术上的和谐方式同劳动力保持确定的一致关系。如土地和其他生产资料的获得不受限制，则农民农场的规模和各构成部分间的关系的确定依照的是家庭劳动力自我开发的最优程度和各生产要素间技术上的最优组合。超出劳动力开发的生产资料的过度占有或超出技术上最优组合水平的土地的过度占有，都是农场经营的额外负担。它不会导致农场规模的扩大，因为超出家庭劳动力自我开发程度的劳动强度的进一步增强是家庭所不能接受的。资本密集程度提高了，劳动生产率并不会自然地因此而提高，即便某个时候生产数据的供应程度本身达到了最优。②

出于某些经常的或者偶然的原因，农场拥有的土地或生产数据往往少于适度规模所需要的量，于是不足以充分利用经营农场家庭的劳动。由于生产要素达不到技术和谐所要求的标准，它便在很大程度上成为制约农业经营活动的决定性因素。

① 〔英〕弗兰克·艾利思著，胡景北译：《农民经济学：农民家庭农业和农业发展》，第120—131页。

② 〔俄〕A. 恰亚诺夫著，萧正洪译，于东林校：《农民经济组织》，中央编译出版社1996年版，第64—67页。

当土地不足时，农场各要素的农业活动量都会相应地趋于下降，虽然下降的速度不尽一致。在农作中无用武之地的剩余劳动力，就会转向手工业、商业和其他非农业活动，以实现同家庭需求之间的经济平衡，而这时的家庭需求单靠农业收入或手工业、商业收入都是不能得到满足的。①

恰亚诺夫关注的是从个体经济的角度看家庭农场的生产是如何组织的，它是如何对一般经济要素的特定影响产生反作用的，它是怎样确定其规模的，以及在家庭农场中资本积累过程是怎样进行的。恰亚诺夫认为，由于不存在工资因素，家庭农场的经济行为在经济预算和劳动动机两个方面都大不同于以雇佣劳动为基础的经济组织，此外，家庭农场的资本循环方式也在一定程度上不同于一般的资本主义企业。

恰亚诺夫认为，农民农场并不总是能够将资本积累扩大至那种可以保证自己具有最优资本集约度的水平，它们不得不在生产资料供应不足的条件下从事生产劳动，而且必须降低福利水平，在此基础上实现农场内部的经济均衡。此外，经验材料还表明，一般的农民家庭在其农场中只能在生活消费增长的同时平行地增加资本积累，换言之，只有当农场总收入由于某种原因（如更为有利的市场条件或丰厚的手工业和商业收入）获得增长之时，资本积累才会增加。农场收入的划分依据的是生产与消费主观评价的均衡，或者更准确地说，依据的是一种维持稳定的福利水平的愿望。②

在恰亚诺夫的许多假设中，不存在劳动市场是个关键假设。正是这个假设，才让恰亚诺夫得出结论，各个农户之间的劳动平均产品和边际产品是可变的，人口（家庭规模和结构）是农户经济绩效的主要解释工具。自由土地也是一个关键假设，它推迟了递减劳动边际生产率的出现时期。它同时允许务农家庭在家庭人口变化后灵活地调整自己，并保证后续每一代人都能够从事农业并获得生活数据。农业家庭模型后来的发展，在扩大其同时解释消费

① 〔俄〕A. 恰亚诺夫著，萧正洪译，于东林校：《农民经济组织》，第 67 页。
② 〔俄〕A. 恰亚诺夫著，萧正洪译，于东林校：《农民经济组织》，第 213—216 页。

和生产决策的能力时，重点却转到了改变这两个关键假设对模型逻辑影响的研究上。[①]

二、“习俗经济”与“道义经济”

关于前资本主义经济还有另外两个著名理论模型：一是希克斯的“习俗经济”，一是斯科特的“道义经济”。

希克斯指出，作为一种最早的非市场经济模型，“习俗经济”似乎确实很容易辨识。在前资本主义经济中，社会经济活动以传统主体为基础。社会经济中个人的作用是由传统规定的，一个组织的领袖自身就是传统结构中的一部分。[②]

在由“习俗”所支配的传统村社中，外来压力很难对其古老的生产生活方式形成干扰。社会成员按部就班地完成由传统所确定的任务，以使经济运行。这是一种均衡状态，它能长期持续，无需改变。普通的紧急情况，比如作物歉收或敌人入侵，都可以根据章程应对，而不需要临时决定。只要这种均衡状态持续下去，最后连行使最高权力的机构都不需要。如果更为严重的紧急情况出现，权力机构就不得不被改进。[③]

希克斯认为，习俗经济与指令经济，都是纯粹的或者说极端的形式。正常的经济形式完全可能出现介于两者之间的情况。即使极其残暴的专制君主，也未必能使各种习俗荡然无存。[④]实际情况是，被专制君主所厌恶和压制的传统习俗，一旦形势稍微有利，它们又会焕发出生机。

另一方面，商业行为在习俗制度下不完全能行得通。因为商人对于他所

① 〔英〕弗兰克·艾利思著，胡景北译：《农民经济学：农民家庭农业和农业发展》，第135页。
② 〔英〕约翰·希克斯著，厉以平译：《经济史理论》，商务印书馆2007年版，第15页。
③ 〔英〕约翰·希克斯著，厉以平译：《经济史理论》，第14—15页。
④ 〔英〕约翰·希克斯著，厉以平译：《经济史理论》，第16—17页。

经营交易的东西必须拥有明确的产权。[①]而在传统经济体中，产权很可能是模糊不清的，这使得基于市场的交易难以进行。

斯科特的“道义经济”模型是基于国家与农民这样一个二元对立的假设而展开的。在这里，国家代表剥夺者，而农民为了生存会团结起来，对抗国家的剥削与压迫。在其《道义经济》的通篇内容中，斯科特不厌其烦地强调生存伦理（subsistence ethic）的道德含义，强调剥削与反抗的问题不仅是一个卡路里和收入的问题，而是农民关于社会正义、权利与义务及互惠概念的问题。作为农民经济的一个基本目标，就是以可靠和稳定的方式满足家庭生存的最低需求。对农民而言，地主、放债者或国家从来就是索要者，而他们的索要经常违背了从文化意义上确定的最低生存水平。[②]

斯科特指出，以生存为目的的农民家庭经济活动的特点在于：与资本主义企业不同，农民家庭不仅是个生产单位，而且是个消费单位。根据家庭规模，它一开始就或多或少地有某种不可缩减的生存消费的需要；为了作为一个单位存在下去，它就必须满足这一需要。濒临生存边缘的失败者的代价，使得安全、可靠性优先于长远的利润。[③]

“道义经济”与理性人经济存在着本质的区别。在道义经济中，乡村共同体的生存需求高于个人利益，农民的经济活动是基于生存，而不是利益最大化。互惠这条道德原则渗透于农民生活乃至整个社会生活之中，它植根于这一简单观念：一个人应当帮助那些帮助过自己的人，或者至少不损害他们。[④]除了互惠原则，生存权利也是乡村小传统中发挥积极作用的道德原则。[⑤]互利互惠几乎是天经地义，因为这是保障共同体应付生存危机的有效途径。

---

① 〔英〕约翰·希克斯著，厉以平译：《经济史理论》，第 33 页。

② 郭于华：《“道义经济”还是“理性小农”——重读农民经典论题》，《读书》2002 年第 5 期。

③ 〔美〕詹姆斯·C. 斯科特著，程立显、刘建等译：《农民的道义经济学：东南亚的反叛与生存》，译林出版社 2001 年版，第 16 页。

④ 〔美〕詹姆斯·C. 斯科特著，程立显、刘建等译：《农民的道义经济学：东南亚的反叛与生存》，第 215 页。

⑤ 〔美〕詹姆斯·C. 斯科特著，程立显、刘建等译：《农民的道义经济学：东南亚的反叛与生存》，第 226 页。

农民的反抗行动，必然是因为其生存受到了威胁，而不是其他原因。

第五节 两部门经济理论

古典经济学以来的自由主义传统，坚持以统一的市场制度为中心来配置社会资源。针对当时欧洲阻碍资本和劳动流动的现象，斯密提出了批评。

斯密指出，在资本主义的发展过程中，存在着都市剥夺农村的现象。都市产业的报酬，或者说，都市的劳动工资和资本利润明显比农村大，因此，资本与劳动都向都市汇集。都市制造业生产了农民所需的大部分工业品，而都市通过行业公会拥有定价权，因此在与农村的贸易中，都市获得了超额利润，破坏了都市与农村商业上应有的自然均等。①

由行业公会制度与户籍制度所导致的劳动者不能自由流动，也是对农民十分不利的方面。斯密说："我相信，在欧洲的每个地区，同业公会法律对劳动自由流动的阻碍是普遍存在的。而由济贫法产生的阻碍，则就我所知是英格兰所特有的。这种阻碍在于，一个穷人除了在他所属的教区以外，要想在任何其他教区获得居住权都是很困难的，要想获得操持自己的行业的权利就更困难了。同业公会法律只阻碍技工和制造业者的劳动的自由流通。获得居住权的困难甚至阻碍普通劳动的自由流通。"②

李嘉图通过对地主土地所有制下农业发展与国民经济发展的关系，刻画了一个城市与乡村、农业与工商业二元分立的经济模型。③

李嘉图经济发展模型暗含着这样的思想，在现代部门之外，还存在着一个可以为现代部门源源供给劳动力的部门，这些劳动力的吸收有赖于资本投

① 〔英〕亚当·斯密著，郭大力、王亚南译：《国民财富的性质和原因的研究》上卷，商务印书馆 2009 年版，第 118—119 页。

② 〔英〕亚当·斯密著，郭大力、王亚南译：《国民财富的性质和原因的研究》上卷，第 130 页。

③ 〔日〕速水佑次郎、神门善久著，李周译：《发展经济学——从贫困到富裕》，社会科学文献出版社 2009 年版，第 70 页。

资的增加。这一思想后来被刘易斯清晰地表达出来。

第二次世界大战结束后，W. A. 刘易斯构建了由农业（传统部门）与工业（现代部门）构成的二部门经济发展模型。他假定工业工资由新古典经济学的边际生产力原理决定，而农业劳动工资则由古典经济学派所说的生存工资或制度工资（institutional wage）决定。由于他在两个部门采用了不同的工资决定原理，所以其模型被称为二元经济模型。[①]

在刘易斯模型中，传统的部门往往被认为是农业部门，它们生产所有社会都能生产的产品；而现代部门只是工业部门，主要是制造业。同时，“传统”可能意味着使用劳动密集型的技术，并使用比较简单的工具。相反，“现代”部门则使用新技术，往往是资本密集型的技术。另外，“传统”意味着经济组织的传统模式主要是依靠家庭而不是使用付薪劳力，总产出也不通过工资和利润的形式来进行分配，而是通过每个家庭成员都得到一定比例的方式来分配。相反，“现代”部门主要按照资本主义的方式来生产，大规模地使用付薪劳动力，目标也是为了创造经济利润。[②]

费景汉和拉尼斯发展了刘易斯模型，把人口增长因素综合到工业化与劳动力转移模型中。在费—拉尼斯模型中，有两个共存的部门：一个是相当大的、停滞的生存农业部门，一个是相当小的但不断增长的商业化工业部门。

生存部门的特点是：（1）隐蔽性失业和就业不足；（2）制度确定的正数农业劳动工资率，它接近生存部门平均劳动生产率；（3）劳动边际生产率低于工资率；（4）固定的土地投入。费景汉和拉尼斯认为，在这些条件下，在发展的早期阶段，劳动可以从生存部门转移到商业—工业部门，而不减少农业产出，也不会提高工业部门劳动的供给价格。其实，劳动者从生存部门向非生存部门转移会产生农业剩余。农业为工业部门的扩张，既贡献劳动

① 〔日〕速水佑次郎、神门善久著，沈金虎、周应恒、张玉林译：《农业经济论》，中国农业出版社 2003 年版，第 45—48 页。

② 〔美〕德布拉吉·瑞著，陶然等译：《发展经济学》，北京大学出版社 2002 年版，第 333 页。

者，也以工资基金形式贡献剩余产品。

在费—拉尼斯模型中，二元经济发展的一个临界点发生于农业劳动的边际价值产品开始上升到零以上这一时点。这一点被称为是“短缺点”。在这一点上，一个劳动者从生存部门向商业—工业部门的转移不会释放出足够大的工资基金来支持他在商业—工业部门中的消费。结果是针对工业部门的贸易条件的恶化，它只有通过农业生产率增长或降低商业—工业部门增长才能被抵消。另一个临界点被称为是“商业化点”，发生于劳动边际价值产品超过制度确定的农业部门的工资率。在这一点上，如果商业—工业部门要有效地与生存部门在劳动市场上竞争，工业工资必须上升。在这个阶段，如果农业部门获得了迅速的生产率增长，经济的“二元性”特征就会逐渐消失，农业就日益变成整个一元经济的附属部门。[①]

费—拉尼斯关于生存部门的劳动边际生产率低于制度确定的工资率这一假定，与一些有关生存农业劳动生产率的经验研究结果不相符。为了克服这一问题，乔根森对费—拉尼斯模型作了进一步的修正。

在乔根森二元经济模型中，零劳动边际生产率的假定和制度确定的生存部门工资率假定被放弃了。工资率甚至在发展初期也是在部门间劳动市场中确定的。结果，如果不牺牲农业产出，工业部门就绝不会得到劳动力；在整个发展过程中而不是在商业—工业部门获得很大发展之后，贸易条件持续地变得不利于工业部门。在乔根森体系中，一个经济产生农业剩余的能力只取决于三个参数：农业中的技术进步率、人口增长率与农业部门相对于农业劳动力变化的产出弹性，一个经济体可以通过农业新技术的采用和降低出生率的医学知识和方法的变化来避免陷入低水平均衡陷阱。因此，在乔根森模型中，技术变革必须从增长过程一发生就引入农业部门。

乔根森和费—拉尼斯二元经济模型为我们理解农业部门在经济发展过

① 〔日〕速水佑次郎、〔美〕弗农·拉坦著，郭熙保、张进铭等译：《农业发展的国际分析》，中国社会科学出版社 2000 年版，第 30 页。

程中的作用作出了重要的贡献。无论是现代—传统还是工业—农业的二分法，都抓住了经济和社会的本质差别，这些区分对发展中国家是重要的。在土地供给弹性和资本形式方面，部门间有重要的差别。部门间劳动市场的特征是农业劳动者与工业劳动者收入的巨大不均衡。

一些经济学家作出了很大的努力，把这些模型扩展到包括更为现实的假定，如部门间要素市场行为、商品需求与供给关系以及技术变化率与偏向等。同时还作出努力"打开"封闭型的二元经济模型，探讨通过进出口贸易消除对增长的国内约束的可能性。在开放的二元模型中，除了在封闭经济中着重论述的短缺点和商业化点之外，在开放的二元经济中还有三个其他转折点：（1）逆转点，即农业劳动力开始绝对下降时；（2）出口替代点，即劳动集约的工业出口取代传统农业出口时；（3）转折点，即自然资源贫乏的地区从农产品净出口转变到净进口时。①

二元经济模型的另一个重要扩展是把二元性纳入现代部门劳动市场。在约翰·哈里斯和迈克尔·托达罗提出的模型中，假设经济中只有两个部门，一个是农村部门，另一个是城市部门。再假设两个部门的工资都是灵活的，只有在两部门工资完全相同时，部门之间的人口流动才会停止，这就是两部门在灵活工资条件下的市场均衡。现代部门的二元性的来源是制度上的，如工资立法、工会权力等，这些制度维持现代部门工资高于来自传统部门的劳动供给价格。

再在城市正式部门的工资中引入刚性。由于城市正式部门工资较高，雇佣的人数要少于灵活工资条件下实现市场均衡的时候。剩下一部分劳动力如果全部进入农业部门，这个时候农业部门的工资就要低于城市部门；如果允许农业部门与城市部门一样持有高工资，那么，农业部门也不可能雇佣所有的正式部门不能雇佣的人，这个时候就会出现一批失业者。显然，上述两种

① 〔日〕速水佑次郎、〔美〕弗农·拉坦著，郭熙保、张进铭等译：《农业发展的国际分析》，第30—36页。

情况都不是均衡状态。因此，有必要引入一个非正式部门。哈里斯—托达罗模型的均衡条件是，城市正式部门的工资预期与非正式部门工资预期之和等于农业部门的工资预期。①

哈里斯和托达罗认为，尽管存在着大量的失业和就业不足，只要预期城市工资超过农村地区平均劳动收入，乡村到城市的人口流动从个人角度来说仍然是符合理性的。但制度确定的超过均衡工资率的经济影响是，诱发过早的乡城人口流动、过度的城市部门失业和就业不足，以及农产品和工业的潜在生产损失。②

从刘—费—拉模型中可知，一个国家农业人口的下降速度取决于该国的人口增长和工业发展速度及道路。由于人口增长控制是一个长期的目标，因此，工业化道路是决定农业人口下降的主要因素。实际上，在成功地实现了工业化的国家和地区，如韩国和中国台湾地区，决定农业人口下降的唯一因素是工业化发展程度和劳动密集型工业发展的道路，而不是对人口增长的控制。③

但并非农业就不重要。在封闭的二元模型中，恰是农业的剩余为工业化提供了最初的积累。在工业化发展过程中，如果没有农业的发展，工业化将有可能遭遇挫折。这是李嘉图模型所提供的重要启示，并为发展中国家的经济实践所证明。

在低收入的发展中国家，由于人口增长迅速，粮食消费尚未得到满足，所以随着经济增长和收入水平的提高，粮食需求会迅速扩大。如果粮食供给增长的速度赶不上需求的增长，粮食价格就会呈上升趋势。由于家庭收入的主要部分不得不用于购买食品，食品价格的上升会直接导致生活费的增加，使许多普通家庭生活变得更加困难。为应对生活开支增长的需要，必须提高城市工人的工资。但提高工资对主要依赖劳动密集型技术的低收入国家来

① 〔美〕德布拉吉·瑞著，陶然等译：《发展经济学》，第 349—355 页。

② 〔日〕速水佑次郎、〔美〕弗农·拉坦著，郭熙保、张进铭等译：《农业发展的国际分析》，第 37 页。

③ 郭熙保：《农业发展论》，武汉大学出版社 1995 年版，第 346 页。

说，又会引起工业利润的下降。这将影响到下一期的工业投资，从而使以工业为核心的经济发展陷入困境。[①]

在无限弹性的劳动供给条件下，只要食品价格不涨，工业利润就能保证随工业投资的增加而成比例的增大。如果由于食品价格的上涨而使工资水平上升过快的话，工业利润甚至还有可能绝对下降。而工业资本利润率的下降将会降低企业对工业投资的积极性，最终引起工业化以及整个国民经济发展的停滞。经济越不发达、收入水平越低的国家，农产品价格上涨对工业化的影响越大。这是因为，收入越低，劳动者家庭消费支出中食品支出所占的比率（恩格尔系数）越大，食品价格上涨对工资上升的影响效果也就越大。而且越是在经济发展的初始阶段，消费者食品消费支出中农产品原材料成本所占比例也越高，所以农产品原材料价格上涨对消费者家庭消费开支的压力也就越大。[②]

因此，在城市与农村的许多互动关系中，最重要的是农业对于非农业产业发展所起的相同作用。农业为工业输送劳动力，并供给食物使非农劳动力得以生存。这是从农业流出的两种基本源，也是大部分发展中国家经济结构转换的核心环节。[③]

本章小结

民国时期的乡村地籍整理是近代经济与转型过程中以产权问题为核心内容的制度建设。本章通过对产权理论、国家理论、制度变迁理论、农民理性假说，以及两部门经济理论为研究的展开确立了一个理论分析框架。

通过对产权理论的分析发现，产权的确立与经济发展所导致的稀缺性有关。经济发展程度越高，产权结构就会越复杂。土地产权类型包括私有、共

① 〔日〕速水佑次郎、神门善久著，沈金虎、周应恒、张玉林译：《农业经济论》，第 32 页。
② 〔日〕速水佑次郎、神门善久著，沈金虎、周应恒、张玉林译：《农业经济论》，第 36—37 页。
③ 〔美〕德布拉吉·瑞著，陶然等译：《发展经济学》，第 331—332 页。

有、国有等多种类型。对于国家而言，保护土地产权既是它的一项基本职能，又是它借以巩固其统治的途径。但是，社会习俗在产权的形成过程中也扮演了重要角色。在社会处于动荡中，国家没有能力来行使保护者角色的时候，社会习俗则暂时取代了国家权力。

地籍整理是一场由国家主导的强制性制度变迁。国家的活动基于两个互相对立的目标：提高国家的垄断租金与建立一套有效的产权制度。制度需求主要产生于相对价格变化，制度的供给则取决于制度变迁的成本与收益之间的对比关系。

制度变迁的过程是国家、组织与个体之间的互动过程。在国民政府推进地籍整理时，国家、基层官吏与乡村业主之间的利益博弈决定地籍整理的方向和结果。地籍整理能否取得成功，关键因素在以下两个方面：第一，国家的制度供给能力。国家必须具有足够的财政支付能力，以及保障社会变革次第进行的军事技术水平。第二，乡村社会的合作。如果基层官吏和乡村业主能忠于国家，一种官民亲和的意识形态成为主导，地籍整理就能以较低的成本取得较好的绩效。否则，虽然旷费时日，也可能是劳而无功。

鉴于此，南京国民政府的地籍整理势必面临着以下挑战：来自乡村社会的抵制；掌握着征税权的“乡村经纪”的反抗；地方政府对地籍整理成本的忧虑；军阀割据、外国入侵以及来自共产党的竞争；等等。

此外，乡村地籍整理还应放在两部门经济理论中加以分析。近代以来，随着市场化、工业化的持续推进，在农业部门之外，工商业及城市部门兴起，引起土地、劳动等生产要素价格的变化，从而影响到乡村社会制度变迁。两部门经济理论为我们理解这一经济变化过程提供了很好的视角。

第二章
历史背景

在民国政府努力推进地籍整理之际，乡村社会是一番怎样的情形呢？其中最主要的方面是，随着市场经济与工业化和城市化的发展，农村土地的相对价格发生了怎样的变化？影响土地价格变化的因素有哪些？经济结构的变化又会怎样影响到乡村社会化结构的变化？

第一节　市场化程度不断加深

施坚雅按照从低到高的顺序，将近代中国经济中心分为8个层次：标准市镇（27000—28000个），中间市镇（约8000个），中心市镇（约2300个），地方城市（669个），较大城市（200个），地区城市（63个），地区都会（20个），中心都会（6个）。[①] 为分析方便起见，我们将国内经济中心分为集镇、县城、大都市，同时加入海外市场，这样，20世纪上半叶的中国市场体系被分为四个相互联系的层次。

第一层次，乡村集镇。

许多世纪以来，中国农村就已经有过高度的专业化，农民已经不准备去生产他们家中所需要的一切商品。他们集中于生产少数主要产品，通过交易

① 〔美〕施坚雅著，叶光庭等译：《中华帝国晚期的城市》，中华书局2000年版，第339页。

去取得其余东西。在20世纪以前，这种交易大部分发生于市镇之内。[①]

施坚雅指出，一个基层集市往往要辐射若干村落、集市所及区域，构成一个小农的实际活动范围。[②] 这样的集市遍布各地乡村，只是名称上略有差别。[③] 正是在这样的乡村集市上，农民参与到市场经济中来。[④] 在市场需求的刺激下，一些农户减少了粮食作物面积，增加了经济作物如芝麻、大豆、油菜籽、棉花、花生、烟草、丝、茶等的种植。[⑤] 1920年，中国农业总产值约为165.2亿元。[⑥] 商品作物产量占农产品价值的百分数，在1914—1918年是14%。[⑦] 其中，粮食占22%，大豆占66.7%，棉花占70.8%。[⑧] 据冯和法调查，河北盐山县、安徽芜湖，农民的农产品44%供自用，56%出售。[⑨] 另据卜凯对安徽等7省2866个田场的调查，农户出产出售部分占52.6%，自用部分占47.4%。[⑩] 现金收入约占58.1%，非现金收入约占41.9%。[⑪] 据《剑桥中华民国史》，1931—1937年，农产品的商品化率提高到17%。[⑫] 珀金斯指出，20世纪上半叶农民出售农产品占比平均数在很多地区大概处于30%—

① 〔美〕德·希·珀金斯著，宋海文等译：《中国农业的发展（1368—1968年）》，上海译文出版社1994年版，第148页。
② 〔美〕黄宗智：《华北的小农经济与社会变迁》，中华书局2000年版，第22页。
③ 章有义：《中国近代农业史资料》第2辑，生活·读书·新知三联书店1957年版，第272—276页。
④ 〔美〕马若孟著，史建云译：《中国农民经济——河北和山东的农民发展，1890—1949》，第54、85页；费孝通：《江村经济——中国农民的生活》，江苏人民出版社1986年版，第207—216页；〔美〕黄宗智：《华北的小农经济与社会变迁》，第22页。
⑤ 〔美〕费正清主编：《剑桥中华民国史（1912—1949年）》上卷，中国社会科学出版社1994年版，第68页。
⑥ 吴承明：《中国资本主义与国内市场》，中国社会科学出版社1985年版，第109、127页。转引自王水：《评珀金斯关于中国国内贸易的估计——兼论20世纪初国内市场商品量》，《中国社会科学》1988年第3期。
⑦ 〔美〕费正清主编：《剑桥中华民国史（1912—1949年）》上卷，第68页。
⑧ 徐新吾：《中国自然经济的继续加深分解（1894—1919）》，未刊稿。转引自王水：《评珀金斯关于中国国内贸易的估计——兼论20世纪初国内市场商品量》，《中国社会科学》1988年第3期。
⑨ 冯和法：《中国农民的农产物贸易》，见《农村社会学大纲》第十章，黎明书局1934年版。
⑩ 〔美〕卜凯著，张履鸾译：《中国农家经济》，商务印书馆1937年版，第275页。
⑪ 〔美〕卜凯著，张履鸾译：《中国农家经济》，第84页。
⑫ 〔美〕费正清主编：《剑桥中华民国史（1912—1949年）》上卷，第68页。

40%之间，像长江沿岸一带，则超过50%。[①]

同时，农民还需从市场上购买各种商品。河北盐山县、安徽芜湖，农民消费的农产品50%以上从市场购入。浙江杭州笕桥附近的农家，每年消费的粮食75%从市场上购买。[②]根据卜凯（I. L. Buck）的调查，农民的各项日用品，34.1%是从市场上购买的。16.8%的食物、81.7%的衣服、11.3%的灯油燃料从市场上购买。[③]另外，部分生产工具也需从市场上购买。[④]农村所购商品大宗为粮食、菜油、糖、盐、煤油、化肥、棉布等。[⑤]据卜凯1921—1925年间所作调查，农民现金支出约占47.6%，非现金支出约占52.4%。[⑥]

第二层次，县城。

吴承明等认为，地方小市场上农民“为买而卖”的货物调剂算不上商品交易，只有进入长距离流通过程的农产品才是真正意义上的商品。[⑦]在20世纪之前，长距离贸易规模并不大。到了20世纪，现代工业和运输开始改变了这种局面。[⑧]地方小市场已具有国内以至于国际商品流通集散地的性质。商业城镇从沿大江大河分布变为沿铁路公路线分布，使中心城市腹地和市场外部边界扩大，城镇市域沿着交通线的出入口向外扩张。[⑨]县城成为重要节点，粮食等农产品最初在市场集中，然后运往县城市场，并通过县城外销。[⑩]

① 〔美〕德·希·珀金斯著，宋海文等译：《中国农业的发展（1368—1968年）》，第149—150页。

② 冯和法：《中国农民的农产物贸易》，见《农村社会学大纲》第十章，黎明书局1934年版。

③ 〔美〕卜凯著，张履鸾译：《中国农家经济》，第522—525页。

④ 江国权：《安徽省芜湖县第四区第三乡农村调查》，见《民国时期社会调查丛编（二编）》（乡村社会卷），福建教育出版社2009年版，第598页。

⑤ 〔美〕德·希·珀金斯著，宋海文等译：《中国农业的发展（1368—1968年）》，第170页。

⑥ 〔美〕卜凯著，张履鸾译：《中国农家经济》，第96—97页。

⑦ 许涤新、吴承明：《中国资本主义发展史》（第三卷），人民出版社2003年版，第230页。

⑧ 〔美〕德·希·珀金斯著，宋海文等译：《中国农业的发展（1368—1968年）》，第165页。

⑨ 吴承明：《我国半殖民地半封建市场》，《历史研究》1984年第2期；吴承明：《近代中国工业化的道路》，《文史哲》1991年第6期；丁贤勇：《近代交通与市场空间结构的嬗变：以浙江为中心》，《中国经济史研究》2010年第3期。

⑩ 参见〔美〕马若孟著，史建云译：《中国农民经济——河北和山东的农民发展，1890—1949》，江苏人民出版社1999年版，第54、287页；〔美〕卜凯主编，乔启明等译：《中国土地利用》，台湾学生书局1985年版。

如表2.1.1所示，20世纪初叶，由县城输出的主要农产品如水果、花生、稻、芝麻、茶、小麦，除了稻、茶的输出量在20年代后有所下降外，其他几种农产品的输出量都在增加。

表2.1.1 中国各地输出农产品之指数

农产品	1904—1909	1914—1919	1924—1929
水果	100	114	125
花生	100	123	159
稻	100	100	98
芝麻	100	114	133
茶	100	103	79
小麦	100	113	133

资料来源：〔美〕卜凯：《中国土地利用》，“第八表 自县城输出农产品之趋势”，第494页。

20世纪20年代，直隶等6省所产花生，本地消费占24%，卖给邻近各县的占24%，输出量占总产量的52%。[①]京绥铁路沿线所产谷物，只有1/5是当地消费的，其余都运往各铁路沿线地方出售。[②]北满所产粮食，70%当地消费，30%运往他处。[③]珀金斯估计，在20世纪20年代和30年代，农民生产的产品，20%—30%在当地出售，10%运到城市地区，3%是出口；同20世纪初叶相比，销往城市产品增长了6%—7%，出口部分增长了1%—2%。[④]

第三层次，大都市。

对农产品不断增长的需求主要来自工业与城市部门或国际市场。1912—1949年工业部门平均年增长率为5.6%[⑤]，在国内生产总值中约占35%。[⑥]在民族工业的总产值中，以农产品为原料的纺织工业、食品工业的占比高达

① 章有义：《中国近代农业史资料》第2辑，第232页。
② 章有义：《中国近代农业史资料》第2辑，第233页。
③ 章有义：《中国近代农业史资料》第2辑，第233页。
④ 〔美〕费正清主编：《剑桥中华民国史（1912—1949年）》上卷，第71—72页。
⑤ 〔美〕费正清主编：《剑桥中华民国史（1912—1949年）》上卷，第53页。
⑥ 〔美〕费正清主编：《剑桥中华民国史（1912—1949年）》上卷，第40页。

69%。[①] 同时，这几个部门也是外国投资占比较高的部门。[②] 这些工业部门的发展，促进了棉花等经济作物的生产。[③]

20 世纪上半叶，城市人口已占到总人口的30% 左右。[④] 庞大的城市人口促进了农产品需求的增长。由于社会动荡以及交通运输等问题，一部分需求须通过进口来满足。[⑤] 全国性商品市场由区域性的经济中心和上海、天津、汉口、广州、大连等全国性的商埠构成。[⑥]

大都市是农产品的主要集散地。销往大都市的农产品，除了满足城市居民的消费外，部分则销往国内外市场。同时，从海外进口的农产品，也是经过大都市销往次一级的市场。20 世纪初叶，由大都市销往内地的主要农产品如高粱、稻、米、小麦等，都呈上涨趋势，其上涨幅度要远超从内地输出农产品。[⑦] 一般而言，省会城市都是区域性的经济中心。在一省之中，还有次一级的区域性城市。全国性的商埠则有上海、天津、汉口、广州、大连等。[⑧] 大宗

---

① 孙毓堂编：《中国近代工业史资料》第 1 辑，科学出版社 1957 年版，第 57 页，“1933 年华商工厂统计”。

② 孙毓堂编：《中国近代工业史资料》第 1 辑，第 960—961 页；汪敬虞编：《中国近代工业史资料》第 2 辑，第 964 页，“中外棉纺织工厂纱锭、布机比重表”；汪敬虞编：《中国近代工业史资料》第 2 辑，第 965 页，“全国中外毛织工厂资本数表”；汪敬虞编：《中国近代工业史资料》第 2 辑，第 965 页，“中外卷烟工厂产量及销售额比重表”；汪敬虞编：《中国近代工业史资料》第 2 辑，第 967 页，“中国蛋品工业中的中外资本比重表”；许涤新、吴承明：《中国资本主义发展史》（第三卷），第 43 页，“1936 年外国在华直接投资的资本结构”。

③ 莫曰达：《1840—1949 年中国的农业增加值》，《财经问题研究》2000 年第 1 期；黄宗智：《华北的小农经济与社会变迁》，第 129 页；〔美〕德·希·珀金斯著，宋海文等译：《中国农业的发展（1368—1968 年）》，第 169 页。

④ 侯杨方：《中国人口史（第六卷）》，复旦大学出版社 2005 年版，第 483 页；〔美〕费正清主编：《剑桥中华民国史（1912—1949 年）》上卷，第 39 页；《中华民国统计年鉴（1948 年）》，“表 87 耕地与农民”。

⑤ 〔美〕马若孟著，史建云译：《中国农民经济 —— 河北和山东农业的发展，1890—1949》，第 232 页；〔美〕德·希·珀金斯著，宋海文等译：《中国农业的发展：1368—1968 年》，第 202 页；〔美〕费正清主编：《剑桥中华民国史（1912—1949 年）》下卷，第 259 页；《农业国而仰赖农产输入》，《农业周报》1930 年第 17 期。

⑥ 章有义：《中国近代农业史资料》第 2 辑，第 237—240 页。

⑦ 〔美〕卜凯主编，乔启明等译：《中国土地利用》，“第七表 各地输入农产品（大都市内销产品）之指数”，第 493 页。

⑧ 章有义：《中国近代农业史资料》第 2 辑，第 237—240 页。

农副产品从各地集中到这些大都市，又通过这些城市转运国际市场或内地。[①]

表 2.1.2 中国各地输入农产品之指数

农产品	1904—1909	1914—1919	1924—1929
高粱	100	139	144
稻	100	102	138
米	100	107	275
小麦	100	133	173

资料来源：〔美〕卜凯主编，乔启明等译：《中国土地利用》，“第七表 各地输入农产品（大都市内销产品）之指数”，第 493 页。

第四层次，海外市场。

近代以来，中国逐步卷入世界市场。以湖北省为例，第二次鸦片战争以后，湖北的一些城市也被辟为通商口岸。1861 年设置江汉海关，1877 年设置宜昌海关，1896 年设置沙市海关。湖北对外贸易逐步发展。1867 年，汉口外国货直接进口值为 1.23 万关平两，间接进口 1029.46 万关平两，直接进口值占进口总额的 1.2%；1886 年，直接进口值为 2.69 万关平两，间接进口值为 1212.48 万关平两，直接进口值比重上升为 2.21%。[②] 土货直接出口值，1867 年为 51 万关平两，占本省全部出口额的 3.95%；1889 年达 557.5 万关平两，直接出口比重上升到 22%。[③] 1910 年，经汉口对国内外的总贸易额为 1.522 亿海关两，这其中从国外输入者占 17.76%，自国内输入者占 72.75%；输出为 8303.2 万海关两，这其中输往国外者占 17.76%，输往国内其他地方者占 82.24%。[④] 1912—1926 年全省进出口贸易净值额年平均额为 2.2 亿海

① 〔美〕卜凯主编，乔启明等译：《中国土地利用》，“第七表 各地输入农产品（大都市内销产品）之指数”，第 493 页；王哲：《历史空间数据可视化与经济史研究 —— 以近代中国粮食市场为例》，《中国经济史研究》2017 年第 5 期。

② 湖北省志贸易志编辑室编：《湖北近代经济贸易史料选辑》第 5 辑，第 120 页。

③ 湖北省志贸易志编辑室编：《湖北近代经济贸易史料选辑》第 1 辑，第 281—283 页。

④ 武汉地方志编辑办公室编印：《武汉近代（辛亥革命前）经济史料》，第 44—52 页；罗福惠《湖北通史・晚清卷》，华中师范大学出版社 2018 年版，第 379 页。

关两，1925年为3.5亿海关两，最称发达，为历年所不及。这段时间湖北在全国外贸中平均占10%左右的份额，最高年份占13.17%（1915年），最低年份占7.91%（1921年）。汉口贸易增长较快，这15年年平均增长率为10%。贸易总值和海关税收逐年上升，长期居全国第2、3位。[①]

在20世纪上半叶的大部分时间里，农产品出口贸易都是增长的。[②]按当时的海关两计算，进出口贸易量从1870—1911年增至7倍多。[③]1920—1930年间上涨幅度尤其大。1930年以后，尤其是全面抗战爆发后，才有所下降。如图2.1.1所示。

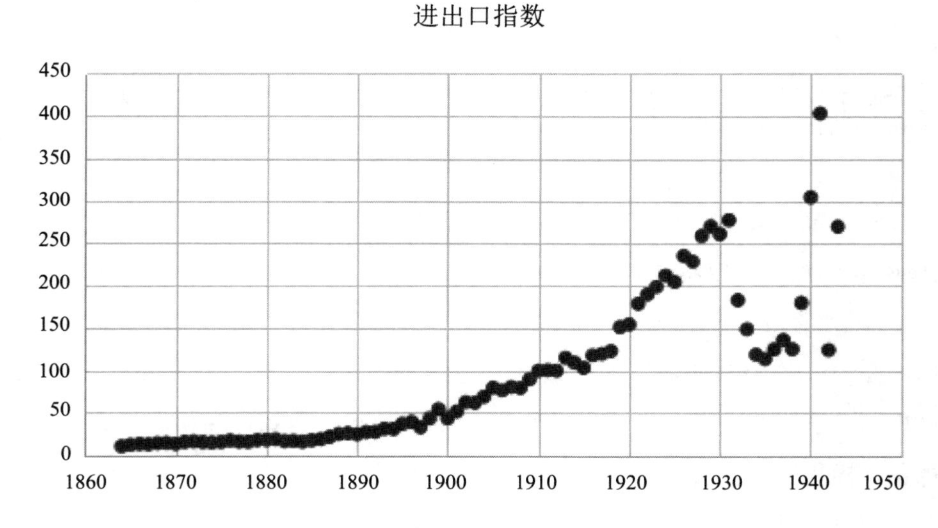

图2.1.1　近代至20世纪上半叶中国进出口贸易增长指数

注：根据《中华民国统计年鉴（1948年）》“进出口贸易增长指数表”绘制。

① 《湖北省志·贸易》，湖北人民出版社1992年版，第46—47页。

② 〔美〕费正清、刘广京主编：《剑桥中国晚清史（1800—1911年）》下卷，中国社会科学出版社1985年版，第44页；章有义：《中国近代农业史资料》第2辑，“表 农产输出总趋势（1873—1930）”，第148页；中国贸易年鉴社：《中国贸易年鉴》（1948年），“进出口贸易额统计表”。

③ 〔美〕费正清、刘广京主编：《剑桥中国晚清史（1800—1911年）》下卷，第44页。

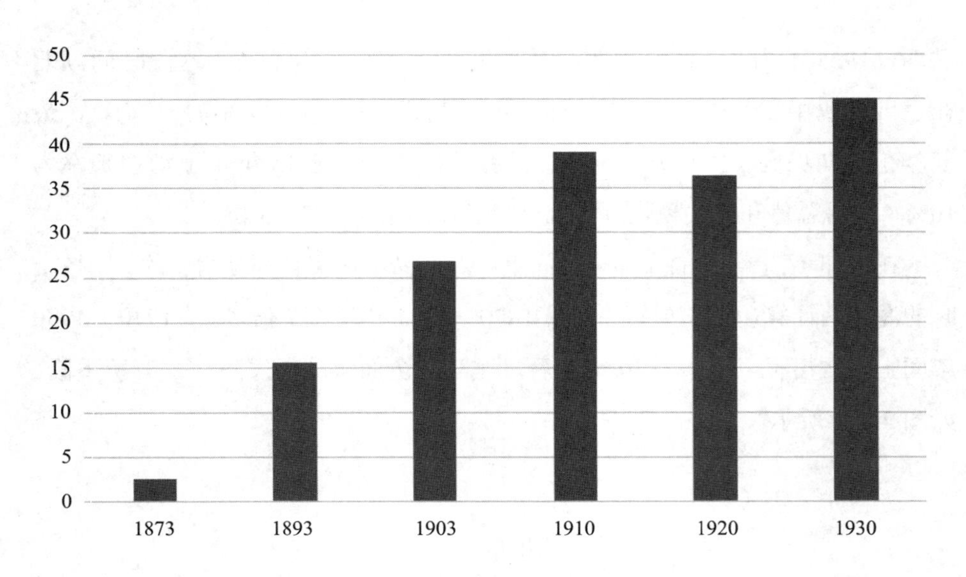

图 2.1.2　1873—1930 年农产品输出趋势

说明：根据章有义《中国近代农业史资料》第 2 辑，第 148 页表“农产输出总趋势（1873—1930）”中数据绘制。

农产品占中国出口的大宗。农产品输出总值，1873 年为 286.6 万元，1930 年增加到 62828.5 万元；在总出口中所占的比重，由 2.6% 增加到 45.1%。如图 2.1.2。

在 1912—1931 年间，农产品出口总值年均增长 3.5%，出口量年均增长 1.7%。[①] 农产品及其加工产品的出口，以茶、丝、大豆、油料、粮食、烟、棉花、棉货等为大宗。[②]

在农产品出口的同时，也有农产品的进口。1886 年至 1920 年间，每年净进口粮食 20 万公吨至 35 万公吨。1920 年以后，每年进口接近 100 万公吨。[③] 1921—1927 年，输入粮食价值已达 13700 万两。[④] 1929 年，中国进口

① 〔美〕费正清主编：《剑桥中华民国史（1912—1949 年）》上卷，第 68—69 页。

② 〔美〕德・希・珀金斯著，宋海文等译：《中国农业的发展（1368—1968 年）》，第 175 页。

③ 〔美〕费正清主编：《剑桥中华民国史（1912—1949 年）》下卷，第 259 页。

④ 毛泽民：《第三时期的中国经济》（1931 年 5 月），原载《布尔塞维克》第 4 卷第 2 期，转引自陈翰笙、薛暮桥、冯和法编：《解放前的中国农村》第 1 辑，中国展望出版社 1985 年版，第 230—231 页。

总值 18.4179 亿，出口 15.2668 亿，入超 3.1511 亿。农产品进口 3.96 亿，占进口总值的 20%。[①]1930 年 1 月至 7 月间，上海一埠输入大米价值 7000 多万两。[②]1931—1935 年粮食输入增加到 200 万公吨。[③]抗日战争开始后，粮食进口再一次跳跃；但在 1941 年后下降，当时中国被封锁在国际贸易之外，国内的农业资源也由纤维和特种作物转到粮食生产。[④]

通过从乡村集市到海外市场这样一个完整的贸易体系，中国小农生产与生活与世界资本主义体系建立了直接的关联。[⑤]

1872—1927 年间，上海米价一直呈上涨趋势。1927 年以后，因为世界经济危机的爆发，大量洋米涌入，导致价格大幅降落。1932 年，长江流域丰收，“而米市反不景气，盖因年来洋米入口，日见增多，米商隔年所积陈米，反须贱价出售”[⑥]。

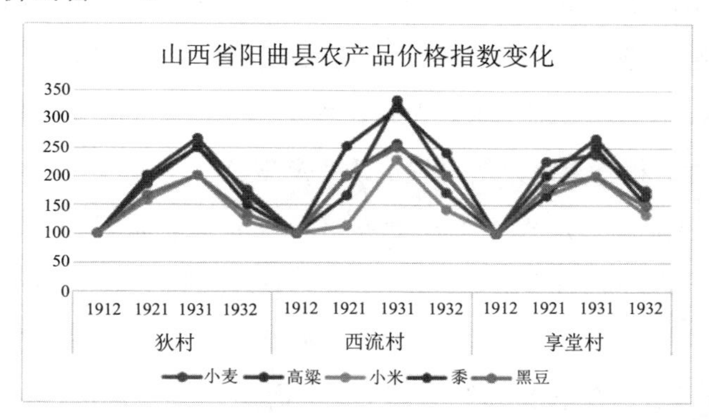

图 2.1.3 1912—1932 年间山西省阳曲县三村农产品价格指数变化

注：根据李文海主编《民国时期社会调查丛编（二编）》（乡村社会卷），福建教育出版社 2009 年版，第 211—212 页，“山西阳曲县三个乡村农田及教育概况调查之研究”一文中数据绘制。

---

① 《农业国而仰赖农产输入》，《农业周报》1930 年第 17 期。

② 毛泽民：《第三时期的中国经济》（1931 年 5 月），原载《布尔塞维克》第 4 卷第 2 期，转引自陈翰笙、薛暮桥、冯和法编：《解放前的中国农村》第 1 辑，第 230—231 页。

③ 〔美〕费正清主编：《剑桥中华民国史（1912—1949 年）》下卷，第 259 页。

④ 〔美〕费正清主编：《剑桥中华民国史（1912—1949 年）》下卷，第 259 页。

⑤ 章有义：《中国近代农业史资料》第 3 辑，生活·读书·新知三联书店 1957 年版，第 618 页；千家驹：《救济农村偏枯与都市膨胀问题》，《新中华杂志》第 1 卷第 8 期，1933 年 4 月 25 日；〔美〕黄宗智：《长江三角洲小农家庭与乡村发展》，中华书局 1992 年版，第 105 页；吴承明：《近代国内市场商品量的估计》，《中国经济史研究》1994 年第 4 期。

⑥ 章有义：《中国近代农业史资料》第 3 辑，第 618 页。

从1912—1931年间，山西省阳曲县狄村、西流村、享堂村三村粮食价格一直上涨。自1921年以后，山西省会太原“日趋繁盛，人口日多，各种货物价格亦与之俱增，以致老百姓生活程度益高。百货价格既涨，农产物价亦随之而涨。生活程度既高，农民工资必随之而增高，农田产物因之亦须增高。此粮价受间接影响而增高也”①。

1932年，山西粮价大跌，夏秋季节几个月内，就跌到1921年价格水平，使农村经济遭受沉重打击。以前，山西粮食销往河北、河南、陕西以及察绥等省。1932年，形势逆转。河南、察绥粮食转而销往山西，另外，又大量输入美国面粉。山西粮食市场转瞬供大于求，价格下跌。市面金融停滞。由于借贷困难，大粮商无力进行大宗贸易，小粮商只能关门歇业。随着粮食贸易的萧条，山西境内储量逐渐增加，只有降价出售。农民急于出售粮食。农民收获以后，各项债务均须偿还。农场人工工资，还与1931年时一样，其他商品价格，也不见大幅下跌。但是，粮价下跌，农民要偿还债务，势必出售更多的粮食。粮食上市愈多，粮价跌落愈狠。②

中国的经济在一定程度上与世界市场发展了联系。20世纪30年代以上海为中心，内地农村金融已经形成了一种季节性的循环。春夏之际，丝、茶、麦上市，秋收产品上市，资金从上海流入农村；然后，农民购买经由上海输入的洋货，资金又回到上海。③上海与南京、镇江、通州的金银交流，1914年入超69487海关两，1918年入超102463海关两，1920年出超67591海关两，1925年入超2864287海关两。④作为中国金融与贸易中心的上海，对内地为出超，对国际则为入超。所以由乡村流入的现金，又流

① 刘容亭：《山西阳曲县三个乡村农田及教育概况调查之研究》，见李文海主编：《民国时期社会调查丛编（二编）》（乡村社会卷），福建教育出版社2009年版，第212页。

② 刘容亭：《山西阳曲县三个乡村农田及教育概况调查之研究》，见李文海主编：《民国时期社会调查丛编（二编）》（乡村社会卷），第212页。

③ 千家驹：《救济农村偏枯与都市膨胀问题》，《新中华杂志》第1卷第8期，1933年4月25日。

④ 中国第二历史档案馆藏历年海关报告。转引自叶美兰：《1912—1937年江苏农村地价的变迁》，《民国档案》1999年第1期。

入外国银行。[①]

市场机制对农村经济的积极影响显而易见。[②]但中间商的盘剥，国际市场的变化，工农业交换比价的不公平，给小农的生产带来了除天灾人祸以外又一种不确定性。[③]20世纪初叶，中国还没有形成统一的国内市场。在北洋政府时期，军阀割据，关卡林立。汉口一箱茶叶运到察哈尔，须过8道关卡，缴13种税。[④]一旦驼绒从包头运到天津，须过6道关卡，缴8种税。[⑤]各地还不时有禁运粮棉的政令颁布。[⑥]各地度量衡十分混乱。1石米在京津一带为145斤，在甘肃则是1300斤。[⑦]币制也不统一。1925年3月各重要商埠银元与铜钱兑换率，烟台为1∶242.4，杭州则只有1∶197。[⑧]由于农产品流通并不顺畅，农产品价格地区之间差异较大。[⑨]如1926年6月，1斤米的零售价，在太原为0.175元，在成都为0.055元。1斤棉花在广州卖1.2元，在北京卖0.6元。[⑩]每百斤谷子价格，在河南林县为7.777元，在河南正阳则只有2.133元；在湖北郧县售5.469元，在湖北公安县则只售1.374元。[⑪]即便在一县之内，集镇之间的农产品销售价格也可能会有所不同。[⑫]以1925年各省花生价格为例，农民将花生售出，当地商人所得比农民要高

① 千家驹：《救济农村偏枯与都市膨胀问题》，《新中华杂志》第1卷第8期，1933年4月25日。
② 马俊亚：《用脚表述：20世纪二三十年代中国乡村危机的另类叙事》，《文史哲》2016年第5期。
③ 〔美〕黄宗智：《长江三角洲小农家庭与乡村发展》，第138—141页；〔美〕马若孟著，史建云译：《中国农民经济——河北和山东农业的发展，1890—1949》，第285—286页；〔美〕卜凯主编，乔启明等译：《中国土地利用》，“第四表 水稻地带各种田场价格之关系，一九〇六至一九三三年”，第431页；《中国贸易年鉴》（1948年），《战前进出口贸易价额统计表》；吴承明：《我国半殖民地半封建市场》，《历史研究》1984年第2期；许涤新、吴承明：《中国资本主义发展史》（第三卷），第128—129、240页，“工农业产品交换比价（1895—1936年）”。
④ 章有义：《中国近代农业史资料》第2辑，第284页。
⑤ 章有义：《中国近代农业史资料》第2辑，第286页。
⑥ 章有义：《中国近代农业史资料》第2辑，第279—282页。
⑦ 章有义：《中国近代农业史资料》第2辑，第288页。
⑧ 章有义：《中国近代农业史资料》第2辑，第291页。
⑨ 章有义：《中国近代农业史资料》第2辑，第291页。
⑩ 章有义：《中国近代农业史资料》第2辑，第291页。
⑪ 章有义：《中国近代农业史资料》第2辑，第290页。
⑫ 刘容亭：《山西阳曲县三个乡村农田及教育概况调查之研究》，见李文海主编：《民国时期社会调查丛编（二编）》（乡村社会卷），第211—212页。

25%，外地商人所得要比农民高 75%。[①]

农产品上涨幅度远赶不上工业品的上涨幅度。[②]1906—1931 年间，农产品价格一直保持上升趋势，但工业品价格涨幅更大。[③]1931—1936 年价格却猛降，这显然是由于世界性萧条引起的出口市场收缩。[④]1932 年，在长江流域以至西北各省，都出现了所谓“丰收成灾”的情形。一个原因，就是国内粮食流通成本太高，偏远农村的米卖不出去，而在上海、汉口两大米市上，却是洋米充塞。[⑤]另一方面是由于黄金对白银的比价上升，引起中国的白银外流。农产品价格首先下降，固定生产费用需要购买的制造品的价格却下降较慢。地价从 1931 年起下降，表明农民在萧条中的实际纳税负担在加重。[⑥]

根据黄宗智的观点，农产品商品化的发展，其动力源泉来自两个方面：市场所推动的商品化和剥削所推动的商品化。市场推动的商品化，是由于经济发展所推动的商品化；由剥削所推动的商品化，指寄生于城市的非生产阶级以货币化地租或捐税剥削农村，使农产品商品化程度提高。由此形成各种不同的市场依赖模式。[⑦]

这迫使农民采取部分防范措施。措施之一，就在作物模式选择上，如果有足够的土地，一部分用来种粮食，一部分用来种经济作物。如果有多余的劳动力，一部分用来从事农业，一部分用来从事副业。所以，大部分乡村仍然在很大程度上保持着一种半自给自足的状态。如浙江海盐，农村商业绝少，乡僻小市的商业活动，不过以棉花向纱庄换纺纱，菜籽向油坊换油，榆

---

① 章有义：《近代中国农业史资料》第 2 辑，第 522 页。
② 章有义：《近代中国农业史资料》第 2 辑，第 429—432 页。
③ 〔美〕卜凯主编，乔启明等译：《中国土地利用》，第 427—434 页。
④ 〔美〕费正清主编：《剑桥中华民国史（1912—1949 年）》上卷，第 72—73 页。
⑤ 姜君辰：《一九三二年中国农业恐慌底新姿态 —— 丰收成灾》，《东方杂志》29 卷第 7 号，1932 年 12 月。
⑥ 〔美〕费正清主编：《剑桥中华民国史（1912—1949 年）》上卷，第 72—73 页。
⑦ 章有义：《中国近代农业史资料》第 2 辑，第 276 页；〔美〕马若孟著，史建云译：《中国农民经济 —— 河北和山东农业的发展，1890—1949》，第 208—212 页。

皮换香，旧铁换糖之类。[①]江苏江北农民的基本生活空间就是一个个“土围子”，或者说是“寨”“集”“庄”。他们自耕自食，农具由围子里的铁匠铸造，衣服的布料也是由围子里的织布机织出。[②]在更为闭塞的西南乡村，市场交易的发育程度也就更低了。[③]直到20世纪初，黄河上游和华北地区的农村也仅有少数的农业专业化区域，其他边远的山区农村，自然经济的破坏程度微乎其微，中国农业的大部分仍然是传统的生存型农业。[④]

第二节　工业化与城市化进程的影响

根据1936年统计资料，中国人口为4.79亿。联合国经济社会事务部于1959年对中国人口数的最终推算结果为：1900年，4.43亿；1950年，5.56亿。[⑤]据卜凯调查，1929—1933年间，中国城市人口约占10%；市镇人口约占11%，村庄人口约占79%。[⑥]刘大中和叶孔嘉对1933年人口的职业分布作过详细估计。在1933年，全国就业人口为2.59亿，其中2.05亿人，即79%从事农业；5430万人（包括一定比例从事双重职业的人口），即21%在非农部门就业。总人口中，有73%生活在以农业为主的家庭里，27%为非农家庭成员。[⑦]根据《中华民国统计年鉴》，中国人口为4.61亿人。农民有3.32亿人，约占72%，非农人口占28%。[⑧]民国时期，城市人口的年均增长率可能达到2%。[⑨]

① 章有义：《中国近代农业史资料》第2辑，第276页。
② 章有义：《中国近代农业史资料》第2辑，第276页。
③ 章有义：《中国近代农业史资料》第2辑，第277页。
④ 郑庆平、岳琛：《中国近代经济史概论》，中国人民大学出版社1987年版，第58页。转引自蔡云辉：《城乡关系与近代中国的城市化问题》，《西南师范大学学报（人文社会科学版）》2003年第5期。
⑤ 侯杨方：《中国人口史（第六卷）》，复旦大学出版社2005年版，第443页。
⑥ 侯杨方：《中国人口史（第六卷）》，第483页。
⑦ 〔美〕费正清主编：《剑桥中华民国史（1912—1949年）》上卷，第39页。
⑧ 《中华民国统计年鉴（1948年）》，“表87 耕地与农民”。
⑨ 〔美〕费正清主编：《剑桥中华民国史（1912—1949年）》上卷，第59页。

根据珀金斯估计，中国10万人口城市人口数总计，1900—1910年为1464万人，20年代初期为2456万人，1938年为4753万人，1953年为6621万人。[①]根据侯杨方的《中国人口史》，1900—1910年，中国城市人口数（不含香港）1685万人，约占总人口的4.32%；[②]1918年中国人口数在25000以上的城市人口总计为3085万人。1918年中国人口总数估计为4.23亿，城市人口约占7.29%；[③]1938年为2732万人，约占总人口的5.25%；[④]1953年为4895万人，约占总人口的8.44%。[⑤]

据施坚雅估计，1843年中国超过2000人的城镇有1653个，城镇人口为2072万人，在4.05亿的总人口中占5.1%。1843—1893年，中国城镇人口从2072万增至2351万，城镇人口在总人口中的比重由5.1%增至6%。[⑥]从1894—1949年，城镇人口从2351万增至5765万，城镇人口所占比重由6%增至10.6%。在长达近110年的历史进程中，中国的城市化率大约为5.5个百分点的增长。[⑦]尽管城市化水平远低于美国这样的发达国家，与世界平均水平也有差距，但毕竟已经开启了中国城市化进程。[⑧]

近代中国城市化也有两个动力源泉：一是工业化所推动的城市化，一是社会动荡所导致的城市化。

19世纪80年代，农业约占国民生产总值的66.79%，非农业占33.21%。非农业部门包括采矿业、制造业、建筑业、运输业、贸易、金融、建筑业等。不过这时的制造业，几乎全是手工业。[⑨]19世纪末期，一个小型的近代工业部

---

① 〔美〕德·希·珀金斯著，宋海文等译：《中国农业的发展（1368—1968年）》，第203页。
② 侯杨方：《中国人口史（第六卷）》，第484页。
③ 侯杨方：《中国人口史（第六卷）》，第482页。
④ 侯杨方：《中国人口史（第六卷）》，第484页。
⑤ 侯杨方：《中国人口史（第六卷）》，第484页。
⑥ 胡焕庸等：《中国人口地理（上册）》，华东师范大学出版社1984年版，第254页。
⑦ 胡焕庸等：《中国人口地理（上册）》，第261页。
⑧ 王昉：《中国近代化转型中的农村地权关系及其演化机制——基于要素—技术—制度框架的分析》，《深圳大学学报（人文社会科学版）》2008年第2期。
⑨ 〔美〕费正清、刘广京主编：《剑桥中国晚清史（1800—1911年）》下卷，第2页。

门出现。1894年外资在中国开设的工厂有88家，资本达1972.4万元。[①] 在1895—1913年间，大约开设了549家以机器为动力的工厂，总资本达1.20288亿元。[②] 根据陈真等所编的《中国近代工业史资料》，1913年有698家工厂，拥有创业资本3.3亿，工人27万余人。[③] 德·希·珀金斯估计，1914—1918年间，严格意义上的现代经济产值约占国内生产总值的3%。[④] 1920年全国手工业总产值为43.17亿元，其中工场手工业产值12.59亿元；[⑤] 个体手工业产值30.22亿。1920年有1759家工厂，总资本5亿多，工人55万余人。[⑥] 近代工业（包括矿业）总产值为10.66亿元。[⑦] 另据估计，1933年国内生产净值为288.6亿元，其中农业净值187.6亿元，约占65%，非农部门净值101亿，约占35%。[⑧] 巫宝三推算，1933年工厂总数为3841家（中资3167家，外资674家），雇佣工人73万余名，总产值约22亿。在计入"满洲"工业发展数据后，刘大中和叶孔嘉推算出1933年工业产值超过26亿，雇佣工人超过107万。[⑨] 这些现代部门的贡献，约占国内生产总值的7%。[⑩] 到抗战全面爆发的时候，中国工厂约3935家，雇佣工人45万余名，总资本约3.8亿。[⑪] 1943年，在大后方有工厂3758家，工人24万余人。[⑫] 1912—1949年工业的年平均增长率为5.6%。[⑬]

尽管现代工业有了一定的发展，其规模还是很小的。在广义的工业部门

① 〔美〕费正清、刘广京主编：《剑桥中国晚清史（1800—1911年）》下卷，第29页。
② 〔美〕费正清、刘广京主编：《剑桥中国晚清史（1800—1911年）》下卷，第33页。
③ 〔美〕费正清主编：《剑桥中华民国史（1912—1949年）》上卷，第45页。
④ 〔美〕费正清主编：《剑桥中华民国史（1912—1949年）》上卷，第42页。
⑤ 吴承明：《中国资本主义与国内市场》，第127页。转引自王水：《评珀金斯关于中国国内贸易的估计 —— 兼论20世纪初国内市场商品量》，《中国社会科学》1988年第3期。
⑥ 〔美〕费正清主编：《剑桥中华民国史（1912—1949年）》上卷，第45页。
⑦ 吴承明：《中国资本主义与国内市场》，第132页。转引自王水：《评珀金斯关于中国国内贸易的估计 —— 兼论20世纪初国内市场商品量》，《中国社会科学》1988年第3期。
⑧ 〔美〕费正清主编：《剑桥中华民国史（1912—1949年）》上卷，第40页。
⑨ 〔美〕费正清主编：《剑桥中华民国史（1912—1949年）》上卷，第47页。
⑩ 〔美〕费正清主编：《剑桥中华民国史（1912—1949年）》上卷，第42页。
⑪ 〔美〕费正清主编：《剑桥中华民国史（1912—1949年）》上卷，第47页。
⑫ 〔美〕费正清主编：《剑桥中华民国史（1912—1949年）》上卷，第48页。
⑬ 〔美〕费正清主编：《剑桥中华民国史（1912—1949年）》上卷，第53页。

里，现代工厂的总产值远低于手工制造业的总产值。1933年手工业在工业总产值中的份额接近75%。[①]从1914—1937年间，农产品的人均值没有什么变化，在37元左右，显示出农业总产值大体与人口增长同步。[②]

按1957年物价折算，1914—1918年、1933年、1952年国内生产总值分别为484亿元、617.1亿元、658.8亿元。人口估计数1912年4.3亿，1933年5亿，1952年5.72亿。上述时期的人均国内生产总值分别是113元、123元、115元。可见，1912—1949年间，人均国内生产总值没有明显的上升或下降趋势。[③]

由于统计口径不同，各统计数据中城市人口规模差别较大。但不容否认的是，近代以来至20世纪上半期，中国城市化程度有了较大幅度的提高。

城市部门的工资要高于农村部门。1920年上海农村男工月工资为5元，女工月工资为3.5元；工厂粗纺工月工资，男工最高47元，最低30元；女工最高43元，最低20元。南京农村男工月工资5.2元，女工3.5元；机械工月工资最高15元，最低9元；织布工月工资最高12元，最低8元。无锡农村男工月工资3.8元，女工1.6元；面粉厂最高月工资10元，最低月工资4元；榨油厂最高月工资18元，最低月工资10元。[④]

这吸引着农民往城市流动。1922年江苏等5省9县，南方省份农民离村率约为3.85%，北方省份农民离村率为5.49%。[⑤]离村农民流动的方向，一是往西北、东北新垦区流动；[⑥]一是流徙海外；[⑦]一是流入城市。江苏宜兴“附城乡村，颇有入城进工厂工作者，甚有往苏、沪、锡等埠在纱厂纺织者”。1927年，进城务工的农村妇女达6000人。[⑧]随着无锡工厂的增加，周围农

① 〔美〕费正清主编:《剑桥中华民国史（1912—1949年）》上卷，第53—54页。
② 〔美〕费正清主编:《剑桥中华民国史（1912—1949年）》上卷，第67页。
③ 〔美〕费正清主编:《剑桥中华民国史（1912—1949年）》上卷，第42—43页。
④ 章有义:《近代中国农业史资料》第2辑，第464—465页。
⑤ 章有义:《近代中国农业史资料》第2辑，第637页。
⑥ 章有义:《近代中国农业史资料》第2辑，第637—639页。
⑦ 章有义:《近代中国农业史资料》第2辑，第640—642页。
⑧ 章有义:《近代中国农业史资料》第2辑，第639页。

村过去的雇农，都进厂当工人去了。[①]镇江每年从苏北和山东涌入的季节工4000—5000人。[②]礼社为无锡一个镇，据薛暮桥调查，在1932年前后，流动出去的人口有755人，占该镇总人口的21%。约四分之三的人口流动到外县，其中上海最多，400余人，其次是苏州。流往本县城区的有100余人。[③]当山西农民发现种田不能维持生计的时候，都跑到太原寻求仆役之类的工作。[④]由于"武汉工厂林立，商业繁盛"，"附近居民贫穷者多入工厂"。[⑤]在1935年21个省1001个县中，有1.7%的农户和4.2%的乡村青年弃农进城。[⑥]

根据卜凯对河北省盐山县150户农家的调查，150户中，有49人离开村子，其中男子占91.9%，女子占8.1%。就其职业分布来看，成为军人的7人，占14.3%；进城务工或到东三省务农的劳动者28人，占57.2%；经商的5人，占10.2%；女佣1人，占2%；罪犯2人，占4.1%；医士1人，占2%；看护人1人，占2%；不明职业的2人，可能系女子沦为娼妓或无职业情形，占4.1%。[⑦]剔除去东三省务农的人，这样一个调查，对农村人口进城职业分布的说明，应该是有代表性的。

持续的社会动荡从另一个方面加速了城市化进程，导致城市的畸形发展。

20世纪20年代、30年代，天灾人祸频仍。据不完全统计，1912—1930年间，军阀之间共发生战争152次。[⑧]1932年四川全省发生战争400次以上。[⑨]1927年、1929年及1930年中部遭遇水灾，1928年、1929年、1930

① 章有义：《近代中国农业史资料》第2辑，第639页。
② 章有义：《近代中国农业史资料》第2辑，第639页。
③ 薛暮桥：《江南农村衰落的一个索引（1932年7月）》，原载《新创造》第2卷第1、2期。转引自陈翰笙、薛暮桥、冯和法编：《解放前的中国农村》第3辑，中国展望出版社1989年版，第163—164页。
④ 章有义：《近代中国农业史资料》第2辑，第639页。
⑤ 章有义：《近代中国农业史资料》第2辑，第639页。
⑥ 章开沅、罗福惠：《比较中的审视——中国早期现代化研究》，浙江人民出版社1993年版，第427页。转引自蔡云辉：《城乡关系与近代中国的城市化问题》，《西南师范大学学报（人文社会科学版）》2003年第5期。
⑦ 章有义：《近代中国农业史资料》第2辑，第646页。
⑧ 章有义：《近代中国农业史资料》第2辑，第609页。
⑨ 姜君辰：《一九三二年中国农业恐慌底新姿态——丰收成灾》，见陈翰笙、薛暮桥、冯和法编：《解放前的中国农村》第2辑，中国展望出版社1986年版，第389页。

年西北发生大旱灾。1932 年河南陕西雹灾严重。[①]

表 2.2.1 江苏省等 16 省 176 县 1934—1935 年受灾情况统计

县数	受灾类别					严重程度			救济情形			
	a	b	c	d	n	Ⅰ	Ⅱ	Ⅲ	i	ii	iii	iv
176	100	59	45	21	4	52	66	51	2	9	104	59
100%	56.8%	33.5%	25.6%	11.9%	2.3 %	29.5%	37.5%	29.0%	1.1%	5.1%	59.1%	33.5%

资料来源：根据《中国经济年鉴第三编（1936 年）》第十九章“灾荒”中各省“灾情表”，每省抽取部分县，共计 16 省 176 县，对其受灾情形进行统计分析。

注：a 代表旱灾；b 代表水灾；c 代表风虫雪雹等灾害；d 代表匪患；n 代表无灾害发生。Ⅰ指受灾区域大，收成不到 2 成，尤其是灾害致死人数较多；Ⅱ收成不到 3 成，受灾面积较大；Ⅲ只是在局部地区发生，收成能到 6 成以上。ⅰ表示救灾积极有成效；ⅱ表示采取了比较积极的救灾措施；ⅲ救灾措施明显不足；ⅳ无措施。

如表 2.2.1 所示，1934—1935 年间，176 县中，只有 4 县没有发生灾患，约为总数的 2.3%；超过 70% 的县灾情都比较严重。更糟糕的是，政府基本上没有采取十分有效的救灾措施。

卜凯认为影响农村发展的首要原因是匪患与兵灾，其次为自然灾害，再次为重税，另外的原因则是农业投入不足，生活及思想观念落后等。[②]

1929 年，豫南豫西灾情严重。旱灾、兵灾、匪患叠加，导致民不堪命。[③]“富有者室无存粮，极力节缩，尚不免有难乎为继之忧，中等之家，以地方金融紧急，货田莫售，束手待毙，苦亦不堪。”其素无恒产之贫民，则不幸沦为饿殍，“种种惨状，实令人目不忍见，耳不忍闻”。[④]陕西灾情也十分严重，饿死者达20 余万。[⑤]浙江省遭受风水虫旱各灾害的地方达50 余县。[⑥]

① 姜君辰：《一九三二年中国农业恐慌底新姿态 —— 丰收成灾》，见陈翰笙、薛暮桥、冯和法编：《解放前的中国农村》第 2 辑，第 389 页。

② 〔美〕卜凯主编，乔启明等译：《中国土地利用》，第 674 页，“第二十四表 农业情形”。

③ 《荒旱灾互为因果之河南》，《农业周报》1929 年第 2 期。

④ 《南阳灾情》，《农业周报》1929 年第 2 期。

⑤ 《陕灾奇重》，《农业周报》1929 年第 2 期。

⑥ 《浙省灾况之今昔》，《农业周报》1929 年第 2 期。

江苏吴县约70万亩土地遭受虫灾，损失收成约7成。[①]山东约有30余万难民赴东北谋生。[②]

各省盗匪横行，稍微富裕的家庭就有被抢劫的危险。[③]以前地主的钱用于在农村放高利贷，随着城市投资机会的增加，地主开始投资城市的商业活动，或将钱存入城市银行中。虽然获益不及高利贷那样高，但可能更加安全。[④]凡稍有资产的人家纷纷携带资本迁居城镇，可说是农村资金的逃亡。[⑤]

南阳有地100亩以上的地主的户数，仅占总户数的1%，所占农田为耕地总面积的30%；30亩以下的贫农占90%，所占农田为耕地总面积的39.42%。由于匪患，南阳地主多集中在城市。[⑥]在河南辉县，因为遭遇匪患，地主富农出卖田地较多，中农、贫农由于没有被绑架的危险，田地数下降反而较慢。乡村土地的购买者多为城市地主及商业高利贷者。[⑦]1928—1933年间，江苏邳县，由于匪患甚烈，收获不佳，很少有地主商人愿意买进田亩，导致地价降落。[⑧]在盐城，偶有大公司收购大批农田，给价很低。[⑨]四川华阳县地主住在乡村者，占57.6%；住在场镇者，占12.2%；住在城市者，占30.2%。[⑩]湖北一些小有资本的人还留在农村，靠出租土地、经营高利贷等生活，畸形发展的城市已为农村最为富有的阶层提供了更好的赚钱机会。如大冶的有钱人都到汉口做木排生意去了，不再想投资土地。[⑪]大冶不在县内

① 《吴县被灾田亩统计》，《农业周报》1929年第2期。
② 《丰满归休之直鲁难民》，《农业周报》1929年第2期。
③ 汝真：《目前农民最困难之两问题》，《农业周报》1930年第14期。
④ 章有义：《近代中国农业史资料》第2辑，第320页。
⑤ 千家驹：《救济农村偏枯与都市膨胀问题》，《新中华杂志》第1卷第8期，1933年4月25日。
⑥ 冯紫岗、刘端生：《河南省南阳县农村社会调查（1932年）》，《南阳农村社会调查报告》，上海黎明书局1932年版。转引自陈翰笙、薛暮桥、冯和法编：《解放前的中国农村》第3辑，第489—490页。
⑦ 实业部中国经济年鉴编纂委员会编纂：《中国经济年鉴》，商务印书馆1935年版，第332页。
⑧ 实业部中国经济年鉴编纂委员会编纂：《中国经济年鉴》，第324页。
⑨ 实业部中国经济年鉴编纂委员会编纂：《中国经济年鉴》，第324页。
⑩ 叶懋、潘鸿声：《华阳县农村概况》，见李文海主编：《民国时期社会调查丛编（二编）》（乡村社会卷），第721页。
⑪ 李若虚：《大冶农村经济研究》，见萧铮主编：《民国二十年代中国大陆土地问题资料》第42辑，台北成文出版社1977年版，第21054页。

和乡内的地主，第四区殷姓八大房，后又析分为19户，共有地约8000亩。刘姓16户，约共3800亩；孙姓2户，约200亩。第三区较大地主有14户，占地约900余亩。第二区较大地主，阮姓1户，约80亩；毛姓2户，约150亩。第一区较大的地主，罗姓1户，约300亩；左姓1户，约300亩。这些地主总计56户，约占全县79000户的0.07%，占有土地13575亩，约占全县67万亩耕地面积的2.03%。[①]湖北各县居外地主的百分比，枣阳12%，襄阳21%，京山10%，宜城12%，江陵7%，宜都30%，当阳13%，宜昌14%，天门20%，应城14%，黄梅40%，云梦14%，蒲圻16%，咸宁35%。这些居外地主中，有相当部分在经商。[②]

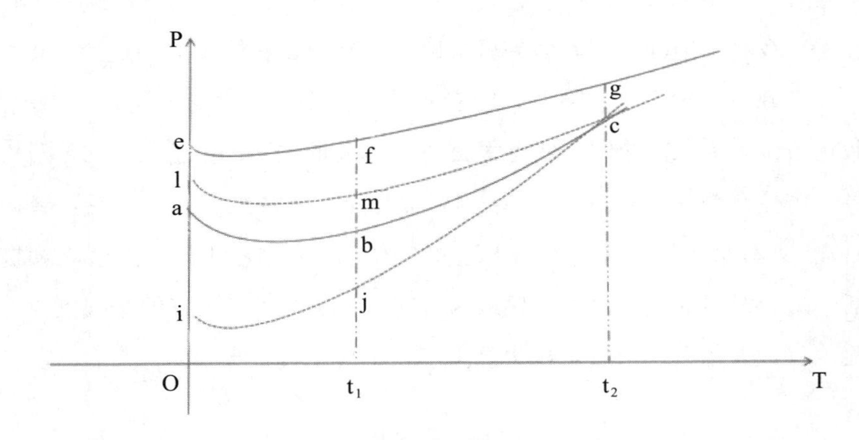

图2.2.1 中国近代城市化特征

如图2.2.1所示。efg是总人口曲线，lmc是必要的工业化曲线，在这个水平上，所有剩余劳动力都转移到城市中来了。ijc是现实工业化水平上可能达到的城市化进程。但是，由于社会动荡，一部分农村富户被迫迁往城市，一部分破产失业农民流入城市，导致现实的城市化程度abc曲线所在的位置要高于可能的城市化程度ijc曲线。

① 李若虚：《大冶农村经济研究》，第21028—21040页。
② 《豫鄂皖赣四省之租佃制度》，第72—73页。

第三节 小农经济的变化

在旧中国，家户是农业生产的基本单位，田场的规模一般都比较小。导致田场规模较小的首要原因，是人地关系紧张。[①] 17世纪以来，中国人口迅速增长，耕地面积虽然以同样的趋势在变化，但是增长速度却要低于人口增长速度。[②] 由明盛世到清中期，人口由1.2亿增加到4亿，即增加2.3倍；[③] 与此同时，耕地面积由7.84亿亩增加到11亿—12亿亩，增加了约50%。[④] 按人口平均耕地量，明后期是6.5亩，清中期为2.5亩，下降61%。[⑤]

一般认为，进入20世纪后，人地关系进一步趋向紧张。[⑥] 根据各种统计资料估算，20世纪上半叶，中国人口总的增长率约为4%[⑦]，耕地面积增加了约18%。[⑧] 耕地面积的增长速度要快于人口的增长速度，人地关系似乎并没有进一步恶化。

另一方面，又确实存在着农民耕地不足的问题。根据对定县790户的调查，约11.8%的农户没有土地，约59.7%的农户土地在25亩以下。根据对北平郊区6村132户的调查，没有土地的农户为50.8%，土地在25亩以下的为41.7%。[⑨] 1922年，浙江等5省9县田场大小，5亩以下占32.9%，6

---

① 薛暮桥：《旧中国的农村经济》，农业出版社1980年版，第17—23页。

② 〔美〕彭慕兰：《大分流：欧洲、中国及现代世界经济的发展》，江苏人民出版社2010年版，第242页。

③ 许涤新、吴承明：《中国资本主义发展史》（第一卷），人民出版社2003年版，第193页。

④ 许涤新、吴承明：《中国资本主义发展史》（第一卷），第196页。

⑤ 许涤新、吴承明：《中国资本主义发展史》（第一卷），第206页。

⑥ 〔美〕德·希·珀金斯著，宋海文等译：《中国农业的发展（1368—1968年）》，第15页；〔美〕卜凯：《中国土地利用》，第356页。

⑦ 由笔者根据侯杨方：《中国人口史（第六卷）》（复旦大学出版社2005年版，第443页）、《中国经济年鉴第三编（1936年）》（B61-62）、《中华民国统计年鉴（1948年）》（"表87 耕地与农民"）中数据估算。

⑧ 由笔者根据莫曰达：《1840—1949年中国的农业增加值》（《财经问题研究》2000年第1期，表1）、《中国人口与土地统计分析》（第9—10页，"表6 中国各省土地面积与耕地面积"）中数据估算。

⑨ 李树青：《清华园附近农村的借贷调查（1933年）》，《清华周刊》第40卷第11、12期。转引自陈翰笙、薛暮桥、冯和法编：《解放前的中国农村》第3辑，第37页。

亩—25 亩的占 49.3%，26 亩—50 亩的占 9.4%，51 亩—100 亩的占 4.9%，101 亩—200 亩的占 2.4%，200 亩以上的占 1%。①1928 年，广东各县田场面积，平均为 2 亩—40 亩，大部分田场面积在 10 亩以下。②根据对定县等 4 地的调查，每家平均占有地亩数，定县 25.8 亩，保定 16.54 亩，北京郊区 9.31 亩，无锡 7.5 亩。③

1932 年，安徽铜山县八里屯村有耕地 1600 亩，地主占有耕地 915 亩，约占总面积的 57.19%，其中外村地主 911 亩，约为 56.94%。农民占有耕地 657 亩，占总面积的 41.06%。127 户农户中，无耕地 36 户，5 亩以下者 42 户，5 亩—10 亩者 35 户，10 亩—20 亩者 12 户，20 亩以上者 2 户。④1932 年萧县长安村有耕地 2860 亩，214 户。无耕地的 58 户，占 27%；有耕地 20 亩以下的 125 户，占 58%。在耕地利用方面，191 户从事耕作的农户，田场面积在 20 亩以上的有 47 户，占 24.6%。⑤

据估计，华北五口之家需 25 亩地，才可维持最低生活标准。⑥以麦产量比较，南方地区亩产量是北方的 2 倍。⑦由此推算，南方五口之家需要 13 亩地才能维持最低生活。据调查，全国超过 60% 的农户，农场面积都在 20 亩

① 章有义：《近代中国农业史资料》第 2 辑，第 381—382 页。
② 章有义：《近代中国农业史资料》第 2 辑，第 382 页。
③ 李树青：《清华园附近农村的借贷调查（1933 年）》，《清华周刊》第 40 卷第 11、12 期。转引自陈翰笙、薛暮桥、冯和法编：《解放前的中国农村》第 3 辑，第 37 页。
④ 薛暮桥：《铜山县八里屯农村经济调查报告（1932 年 12 月）》，原载江苏省立徐州民众教育馆：《教育新路》第 12 期。转引自陈翰笙、薛暮桥、冯和法编：《解放前的中国农村》第 3 辑，第 168 页。
⑤ 薛暮桥：《萧县长安村农村经济调查报告（1932 年）》，原载江苏省立徐州民众教育馆：《教育新路》第 12 期。转引自陈翰笙、薛暮桥、冯和法编：《解放前的中国农村》第 3 辑，第 172—173 页。
⑥ 李树青：《清华园附近农村的借贷调查（1933 年）》，《清华周刊》第 40 卷第 11、12 期。转引自陈翰笙、薛暮桥、冯和法编：《解放前的中国农村》第 3 辑，第 37 页；〔美〕马若孟著，史建云译：《中国农民经济——河北和山东农业的发展，1890—1949》，第 152 页；胡浩、于敏捷：《中国 20 世纪早期农户耕地面积与土地生产率关系研究——基于卜凯农村社会调查》，《中国经济史研究》2015 年第 5 期。
⑦ 《全国土地调查报告纲要》（1934 年），“第八五表 各省重要作物每亩重量及价值”，第 20 页；〔美〕黄宗智：《长江三角洲小农家庭与乡村发展》，第 39 页。

以下。[①] 北方各省每户平均不足24亩，南方各省每户平均不足14亩。[②] 显然，这只是个粗略的估计。人地关系分析不仅要考察人均耕地面积，还应考虑到复种指数、农业生产结构、土地分配状况等。[③]

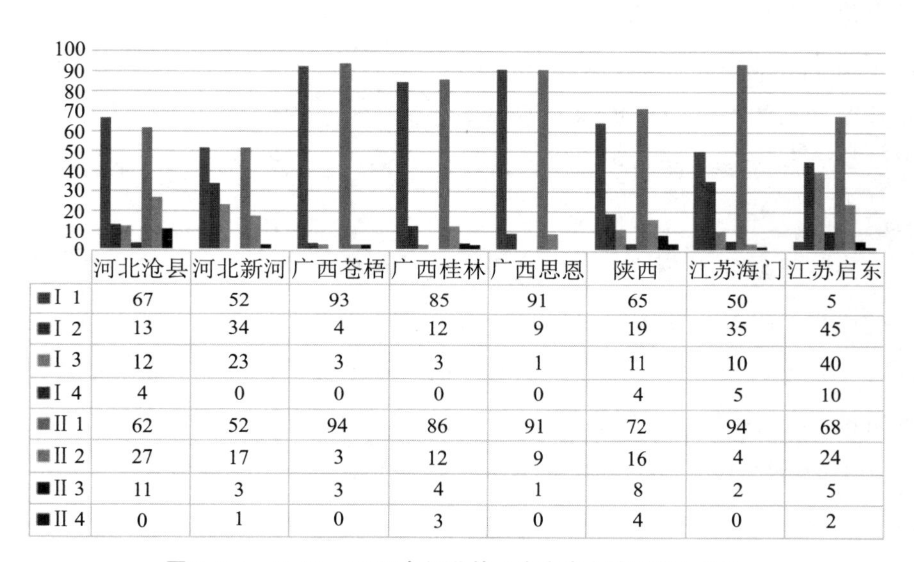

	河北沧县	河北新河	广西苍梧	广西桂林	广西思恩	陕西	江苏海门	江苏启东
Ⅰ 1	67	52	93	85	91	65	50	5
Ⅰ 2	13	34	4	12	9	19	35	45
Ⅰ 3	12	23	3	3	1	11	10	40
Ⅰ 4	4	0	0	0	0	4	5	10
Ⅱ 1	62	52	94	86	91	72	94	68
Ⅱ 2	27	17	3	12	9	16	4	24
Ⅱ 3	11	3	3	4	1	8	2	5
Ⅱ 4	0	1	0	3	0	4	0	2

图 2.3.1　1912—1936 年河北等 4 省农户占地面积百分比

注释：Ⅰ代表 1930 年前，Ⅱ代表 1930 年后。1 代表占地 0—20 亩农户百分比，2 代表占地 20 亩—50 亩农户百分比，3 代表占地 50 亩—100 亩农户百分比，4 代表占地 100 亩以上农户百分比。

资料来源：许宗衡、周秉儒：《沧县姚庄子村概况调查》，《津南农声》1936 年 12 月，第 2 卷第 2 期；赵英贤：《河北新河县团里村情况》，《新中华》1934 年 11 月，第 2 卷第 22 期；薛雨林、刘端生：《广西农村经济调查》，《中国农村》1934 年 10 月，创刊号；钱志超：《陕西农村的破产现状》，天津《益世报》1936 年 9 月 19 日；沈时可：《海门启动县之租佃制度》，《土地问题资料》第 60 册；毕任庸：《山西农业经济及其崩溃过程》，《中国农村》1935 年 4 月，第 1 卷第 7 期。

如图 2.3.1 所示，根据对河北沧县等地农村的调查，大部分农民的土地

① 孙晓村：《现代中国土地问题》，《教育与民众》第 8 卷第 3 期，1934 年；《全国土地调查报告纲要》（1934 年），“第十三表 农民每户每人平均摊得耕地亩数”，“第十五表 每户经营面积大小各组户数百分率”。

② 《全国土地调查报告纲要》（1934 年），第 26 页。

③ 许涤新、吴承明：《中国资本主义发展史》（第三卷），人民出版社 2003 年版，第 276—277 页。

都在20亩以下。据上图所示，农民田场有进一步缩小的趋势。江苏昆山等5县1905—1929年间的数据，也显示出这样一种趋势。[①]

中国农业生产力水平大约在宋代达到一个高峰。明清时期，农业亩产量有进一步的提高，这主要是因为基于劳动力密集投入的农艺学的进步，而不是生产工具的革新或农业基础设施建设的改善。单就粮食生产而言，农业劳动力的生产效率实际上是下降了。[②]不过，如果考虑到高粱、玉米、番薯等高产粮食作物与棉花等经济作物的推广，农业劳动生产率的估值应有所提高。[③]

民国时期的农业技术，沿袭了清代的耕作方法，仅略有改进。[④]农业生产依赖大量人工的投入。[⑤]其次，是畜工。[⑥]农业生产工具方面，在江苏、浙江、福建、安徽等省的一些农村，已零星出现了如抽水机这样的形式农业机械[⑦]，农业生产主要还是使用传统的生产工具。[⑧]在土地利用方面，田场土地散碎，不仅妨碍农业机械的使用，也提高了土地灌溉和土地管理的难度。[⑨]

① 章有义：《近代中国农业史资料》第2辑，第385—386页。
② 许涤新、吴承明：《中国资本主义发展史》（第一卷），第8—9页。
③ 许涤新、吴承明：《中国资本主义发展史》（第一卷），第208页。
④ 〔美〕费正清主编：《剑桥中华民国史（1912—1949年）》上卷，第69页。
⑤ 冯紫岗：《兰溪农村调查》，见李文海主编：《民国时期社会调查丛编（二编）》（乡村社会卷），第405页。
⑥ 《上海市百四十户农家调查》，见李文海主编：《民国时期社会调查丛编（二编）》（乡村社会卷），第211—212页。
⑦ 章有义：《近代中国农业史资料》第2辑，第313—314页。
⑧ 李柳溪：《赣县七鲤乡社会调查》，见李文海主编：《民国时期社会调查丛编（二编）》（乡村社会卷），第641—643页；《上海市百四十户农家调查》，见李文海主编：《民国时期社会调查丛编（二编）》（乡村社会卷），第505页；江国权：《安徽省芜湖县第四区第三乡农村调查》，见李文海主编：《民国时期社会调查丛编（二编）》（乡村社会卷），第598页；章有义：《近代中国农业史资料》第2辑，第391—400页；陈向科：《民国三四十年代中南六省农户农具的配置与支出》，《求索》2013年第1期；费孝通：《江村经济——中国农民的生活》，第144—147页；〔美〕马若孟著，史建云译：《中国农民经济——河北和山东农业的发展，1890—1949》，第47—81页。
⑨ 〔美〕卜凯主编，乔启明等译：《中国土地利用》，第216—224页。

与当时世界发达国家相比，中国农业亩产量并不算低。[①] 中国每亩耕地产量216斤—247斤，比美国的133斤高出许多。[②] 只是中国较高的土地产出主要来自于劳动的密集投入。[③] 每英亩小麦所投入的人工是美国的23倍，每英亩的高粱则是美国的13倍。[④]

根据对上海140户农家资本状况的调查，土地约占73.3%，房屋占23.7%，经营资本约占3%。[⑤] 在经营总资本中，牲畜占29.4%，农具占35.9%，种子占6.7%，肥料占13.9%，劳动力资本占14.2%。[⑥] 据兰溪农村调查，在农业不变资本投入中，土地占71.31%，房屋占20.22%，牲畜占2.69%，农具占5.78%。[⑦]

虽然家庭农场的资本储备保持不变，户均牲畜拥有量其实下降了，[⑧] 但是农民生产投入也有增加的方面，如肥料的使用增加了；另外，还引进了一些新的作物品种。[⑨]

山东潍县一个有14亩地的自耕农家庭，计入家庭劳动，1913年全年亏损32.75元。[⑩] 20世纪30年代初，无锡富安乡大花村自耕农种稻10亩的成本估计：种子3元，工资90.3元，肥料36元，农具6.82元，捐税16元，合计152.12元，每亩合15.2元。每亩可产稻4.5石，合米2石。每石米的生产成本7.6元，流通成本为1.85元，共计9.45元。每石米的售价：1929

---

① 章有义：《近代中国农业史资料》第2辑，第406—407页。
② 〔美〕黄宗智：《华北的小农经济与社会变迁》，第13页。
③ 章有义：《近代中国农业史资料》第2辑，第406页。
④ 〔美〕黄宗智：《华北的小农经济与社会变迁》，第13页。
⑤ 《上海市百四十户农家调查》，见李文海主编：《民国时期社会调查丛编（二编）》（乡村社会卷），第520页。
⑥ 《上海市百四十户农家调查》，见李文海主编：《民国时期社会调查丛编（二编）》（乡村社会卷），第520页。
⑦ 冯紫岗：《兰溪农村调查》，见李文海主编：《民国时期社会调查丛编（二编）》（乡村社会卷），第392页。
⑧ 〔美〕马若孟著，史建云译：《中国农民经济——河北和山东的农民发展，1890—1949》，第135、204—206页。
⑨ 许涤新、吴承明：《中国资本主义发展史》（第三卷），第288—289页。
⑩ 章有义：《近代中国农业史资料》第2辑，第475页。

年 12.7 元，1930 年 12.47 元，1931 年 11.96 元，1932 年 8.19 元，1933 年 6.82 元，1934 年 11.63 元。[①]6 年中，有 2 年是亏损的。河北深泽县黎元村 78 户，如果计入资本利息，平均每户亏 90 余元。南荣村 106 户，如果计入资本利息，平均每户亏 158 元。[②]1933 年山西中部农家全年土地收支统计，每亩正产副产收入共计 1.656 元，成本及税捐合计 3.094 元，亏 1.438 元。如果自耕农家庭不计人工费 1.45 元，每亩盈余 0.012 元。[③]1932—1933 年，浙江等省棉田每亩生产收支状况，浙江每亩收入 7.4 元，支出人工 7 元，肥料 0.2 元，农具 0.5 元，租税 2.5 元，合计 10.2 元，收支相较，亏 2.8 元。湖北每亩收入 10 元，支出人工约 5 元，肥料 1 元，畜工 1 元，租税 4 元，合计 11 元，亏损约 1 元。陕西每亩收入 4 元，支出人工肥料 5 元，租税 1.5 元，合计 6.5 元，亏损 2.5 元。[④]如果计入家庭劳动、资本利息，江苏兰溪县地主兼自耕农家庭每亩亏损 2.77 元，自耕农家庭亏损 2.68 元，半自耕农家庭亏损 3.99 元，佃农家庭亏损 2.61 元。[⑤]

安徽芜湖县第四区第三乡，共 23 村，1224 户，9454 人。"本乡中农民，多为极贫苦之佃农，所耕种面积，不满 10 亩者占 80%，自耕农及半自耕农极少，仅有地主 1 户，兼为自耕农者。况目前生活程度日增，农民所生产者，不够全家温饱，以致演成拆产抵押变卖之现象，此实为农村破产中最不景气之惨况。因此农户中地主增加，农民日渐穷蹙，甚至无衣无食，无家可归，一部趋向都市谋生，一部受佣地主，苟延残喘，大概各地主对于佣工待遇，极其苛刻，每日工作时间，约 12 时之多，每至插秧割稻季节，待遇上

① 孙晓村：《关于米谷商品化的一个分析》，《中国农村》第 1 卷第 12 期，1935 年 9 月。

② 孙晓村：《现代中国的农业经营问题》，《中山文化教育馆季刊》夏季号，1936 年 6 月。转引自陈翰笙、薛暮桥、冯和法编：《解放前的中国农村》第 2 辑，第 456 页。

③ 张稼夫：《山西中部一般的农家生活 —— 替破产中的农家清算的一笔账（1935 年 7 月）》，原载千家驹编：《中国农村经济论文集》，中华书局 1936 年版，转引自陈翰笙、薛暮桥、冯和法编：《解放前的中国农村》第 3 辑，第 84 页。

④ 顾毓瑔：《中国棉叶之危机及其自救》，《新中华》1933 年 8 月，第 1 卷第 15 期。

⑤ 冯紫岗：《兰溪农村调查》，见李文海主编：《民国时期社会调查丛编（二编）》（乡村社会卷），第 414—415 页。

略为优美。”①

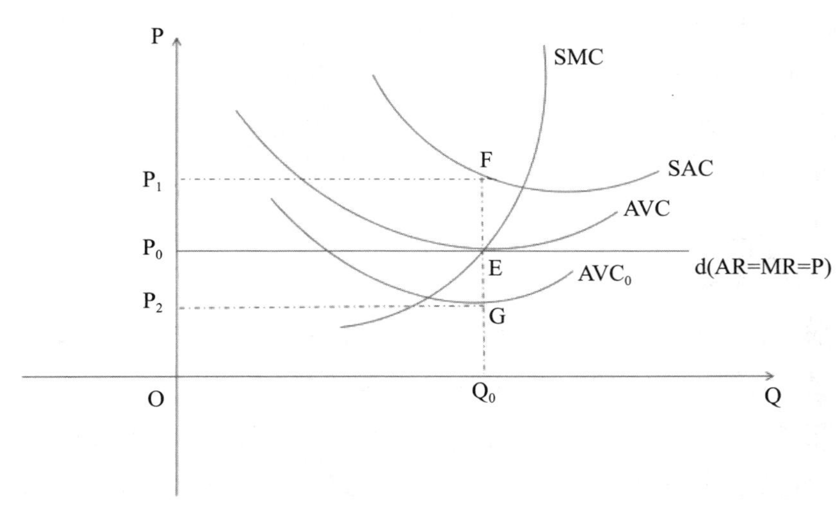

图 2.3.2 正常年景下农民农场的短期均衡

图 2.3.2 表示的是 20 世纪上半叶中国大部分农民农场的均衡状况。Q 代表产量，P 代表价格。SMC 是短期边际成本曲线，SAC 是短期平均总成本，AVC 是平均可变成本，AVC_0 是不包括工资的平均可变成本。d 代表边际收益曲线，边际收益等于平均收益等于价格。根据 MR=SMC 的利润最大化的均衡条件，均衡点为 E，相应的均衡产量为 Q_0。在图中，平均成本 FQ_0 大于平均收益 EQ_0，农户处于亏损状态，亏损额等于面积 P_1P_0EF。平均收益 AR 小于平均成本，但等于包含工资的平均可变成本（AVC），农民仍然可以继续生产。由于平均收益 AR 大于不包括工资的平均可变成本（AVC_0），农民家户劳动投入获得补偿。以农民算账的方式来看，他们获得了一些收入，其数量为 P_0P_2GE。这就是当时典型小农农场的生产均衡状况，即他们生产的目的不是为了利润，而是为了获得家庭生活所需的食物等生活资料。

① 《安徽省芜湖县第四区第三乡农村调查》，见李文海主编：《民国时期社会调查丛编（二编）》（乡村社会卷），第 593 页。

只要田场能部分满足家庭的效用需求，在农民看来这种生产就是有意义的。

由于大部分田场所获不足以满足家庭的全部实际需要，副业与工资收入成为农户家庭收入的重要补充。河南许昌与皖北，一些农民家庭以制造烟卷作为副业。[①] 烟台辟为通商口岸后，在海外市场的刺激下，用麦草编织草帽成为山东省北部和中部农民的重要收入来源。在山东的影响下，直隶和山西的农民也开始从事这一副业。[②] 东三省农民的家庭手工业有榨油、制茶、纺绳、纺织麻纱、麻袋、夏布等。[③] 江浙农民家庭手工所织丝绸达二三百种。[④] 在产棉区，农家妇女会利用农闲时间织土布。[⑤]

农民家庭手工业也借助贸易与机器进行了一定程度的改造。如土布纺织，过去自纺纱线，现改用机纺纱线，提高了生产效率。[⑥] 河北高阳一带农民，用机器织布，渐成家庭收入主要来源。[⑦] 江苏丹阳农民改用机器织绸，长期以此为业的农户占十之四五。[⑧] 天津附近农民买来轧棉机，冬闲时轧棉出售。[⑨]

根据 1922 年调查，家庭手工业在家庭收入中的比重，浙江鄞县，占 7%；江苏仪征、江阴、吴江三县平均，占 3%；安徽宿县，占 1%；直隶遵化等五县平均，占 3.2%；四川峨眉，占 8.75%。[⑩] 土地越少，家庭手工业在家庭收入中的作用越大。9 县平均，家庭手工业在家庭收入中的比重，无土地者占 7.29%，3 亩以下者占 6.14%，3 亩—5 亩者占 2.63%，6 亩—10 亩者占 3.03%，11 亩—25 亩者占 4.17%，26 亩—50 亩者占 1.18%，50 亩以

① 章有义：《近代中国农业史资料》第 2 辑，第 241 页。
② 章有义：《近代中国农业史资料》第 2 辑，第 246 页。
③ 章有义：《近代中国农业史资料》第 2 辑，第 241 页。
④ 章有义：《近代中国农业史资料》第 2 辑，第 243 页。
⑤ 章有义：《近代中国农业史资料》第 2 辑，第 243 页。
⑥ 章有义：《近代中国农业史资料》第 2 辑，第 258 页。
⑦ 章有义：《近代中国农业史资料》第 2 辑，第 259 页。
⑧ 章有义：《近代中国农业史资料》第 2 辑，第 260 页。
⑨ 章有义：《近代中国农业史资料》第 2 辑，第 260 页。
⑩ 章有义：《近代中国农业史资料》第 2 辑，第 415—416 页。

上者占 0.9%。[①]

虽然农村劳动主要以家户劳动为主，但在农忙季节，还是要通过换工或者雇工的形式，另找一些劳力。根据大冶调查，每户平均成年男子（即18—50岁）的男子不到1人，即使加上半劳力（即11—17岁之男子，51—60岁之男子），平均每户不到1.4人。[②]上海140家农户雇工年工资总额为2694.4元，平均每户19.2元。[③]

谷雨以前，来安徽祁门帮助采茶的男女达上万人。[④]在收获季节，湖南、湖北农民会成群结队地奔行几十里甚至一二百里去打短工。[⑤]广东阳江农忙时田主多到集市上去雇工帮忙。[⑥]华北农忙季节的农场雇工，一般是在较大村庄定期举行的劳动集市上招雇。[⑦]在东北，每年由铁路运输进来的农工有7万—10万。[⑧]

工资收入在小农家庭收入中占有突出地位。1922年浙江等4省9县，工资收入在家庭收入中的比重，无土地者占80.75%，3亩以下者占36.38%，3亩—5亩者占21.06%，6亩—10亩者占10.75%，11亩—25亩者占8.16%，26亩—50亩者占8.22%，50亩以上者占10.1%。[⑨]

民国前期，农村工资水平一直处于上升状态。[⑩]浙江兰溪长工工资，1912—1934年间，上涨了约90%。[⑪]但扣除物价上涨部分，实际工资从民初以来农村工资呈下降状态。1929—1933年，中国农村劳动力工资，日工每

① 章有义：《近代中国农业史资料》第2辑，第416页。
② 李若虚：《大冶农村经济研究》，第21028—21040页。
③ 《上海市百四十户农家调查》，见李文海主编：《民国时期社会调查丛编（二编）》（乡村社会卷），第511页。
④ 章有义：《近代中国农业史资料》第2辑，第260页。
⑤ 章有义：《近代中国农业史资料》第2辑，第260—261页。
⑥ 章有义：《近代中国农业史资料》第2辑，第260页。
⑦ 章有义：《近代中国农业史资料》第2辑，第262页。
⑧ 章有义：《近代中国农业史资料》第2辑，第264页。
⑨ 章有义：《近代中国农业史资料》第2辑，第416页。
⑩ 章有义：《近代中国农业史资料》第2辑，第416页。
⑪ 冯紫岗：《兰溪农村调查》，见李文海主编：《民国时期社会调查丛编（二编）》（乡村社会卷），第344页。

天 0.47 元；月工每月 10.4 元；年工每年 85.58 元。南方工资要高于北方，如南方日工资为 0.48 元，北方为 0.44 元；南方月工资为 10.78 元，北方为 9.95 元；南方年工资 92.9 元，北方 75.18 元。[①] 雇工一年的工资大约可以买稻谷 1305 公斤。[②] 全面抗战爆发后，在一些地方，由于劳动力奇缺与物价上涨，工资上涨幅度突然加快。如江西赣县七鲤乡长工工资，1937—1939 年，每年跳涨 50%。[③]

从 1870 年至 20 世纪 30 年代，中国农业的技术与组织没有大的改变。但人口有了缓慢的增长，种植作物类型有了变化。变化的动力来自两个方面，一是人口压力迫使农民做出改变，一是市场中出现了新的获利机会。另外，传统的农工结合体仍然保持着活力。[④]

第四节 地主制经济的变化

随着商品经济的发展，加剧了农民的分化，其中不乏利用有利的市场机会发家致富而上升为地主的农民。[⑤]1941 年四川华阳县 35 个乡镇调查，全县总计 72085 户，其中地主 16384 户，占 22.7%；自耕农 6877 户，占 9.5%；半自耕农 6872 户，占 9.5%；佃农 34571 户，占 48.0%；其他 7387 户，占 10.3%。地主拥有田亩数，最多一组为 264 亩，占地主总数的 1.9%；最少一组仅 1.9 亩，占地主总数的 14.1%；普通为 31 亩，占地主总数的 53.1%。[⑥]在地主群体中，小地主的地位似乎并不稳固，他们在村社中的地位很少能维

① 〔美〕卜凯主编，乔启明等译：《中国土地利用》，“第十六表 田场工资”，第 413 页。
② 〔美〕卜凯主编，乔启明等译：《中国土地利用》，“第十七表 年工工资总值能购稻麦之公斤数（a）”，第 413 页。
③ 李柳溪：《赣县七鲤乡社会调查》，见李文海主编：《民国时期社会调查丛编（二编）》（乡村社会卷），第 641 页。
④ 〔美〕费正清、刘广京主编：《剑桥中国晚清史（1800—1911 年）》下卷，第 2—3 页。
⑤ 〔美〕黄宗智：《华北的小农经济与社会变迁》，第 72—73 页。
⑥ 叶懋、潘鸿声：《华阳县农村概况》，见李文海主编：《民国时期社会调查丛编（二编）》（乡村社会卷），第 720—721 页。

持一两代人以上，然后就被别的家庭所替代。[①] 真正有势力的是绅商地主，他们因为经营商业而获致雄厚资本，有的还有军政背景。[②]

在传统农业社会，土地占有关系到一个家庭的生活保障，还关系到一个家庭在社区的体面。[③] 作为农民家庭，不到万不得已，是不会出售土地的。因生产生活急需，农民常常需要借贷。[④] 农民借款来源，主要是高利贷。[⑤] 农民需要举债时，常常以田产作为抵押。双方签订契约，议定借款额、利率以及还款期限。抵押期间，田场仍归债务人所有。如果债务人不能履行义务，田产则归债权人所有。[⑥] 一定程度上，土地交易过程的复杂性迟滞了土地的供给。不过，土地的主要供给者仍然是破产的农民。

另一方面，地主制经济也遭到了一定程度的冲击。在 20 世纪 20 年代和 30 年代，农民抗租事件频繁发生。在 1922—1931 年这 10 年间，在上海的两家报纸《申报》和《新闻报》上，总共记录下 197 起与地租有关的事件。1922—1931 年，江苏共发生佃农风潮 125 起。[⑦] 同时，政府的赋税需索不断加强。1912—1927 年直隶定县，正税税率上涨了 63%，附税税率上涨了 353%。[⑧] 1915—1927 长沙田赋附加上涨了 45%。[⑨] 田赋和法定的附加税以外的摊派，还有各种摊派。[⑩]

---

① 〔美〕费正清主编：《剑桥中华民国史（1912—1949 年）》下卷，第 241—246 页。

② 关于绅商地主的例子，可以参见章有义：《近代中国农业史资料》第 2 辑，第 321—325 页；章有义：《近代中国农业史资料》第 2 辑，第 303 页；叶懋、潘鸿声：《华阳县农村概况》，见李文海主编：《民国时期社会调查丛编（二编）》（乡村社会卷），第 724 页。

③ 费孝通：《江村经济 —— 中国农民的生活》，见陈翰笙、薛暮桥、冯和法编：《解放前的中国农村》第 3 辑，第 262—263 页。

④ 〔美〕卜凯：《中国土地利用》，“第十八表 农贷之数目及性质与利率”，第 658 页。

⑤ 《农情报告》1934 年 1 月 1 日，原载中国经济情报社编：《中国经济论文集》第 2 集，生活书店 1935 年 12 月版。

⑥ 实业部中国经济年鉴编纂委员会编纂：《中国经济年鉴》，商务印书馆 1935 年版，第 325—343 页。

⑦ 蔡树邦：《近十年来中国佃农风潮的研究》，《东方杂志》第 30 卷第 10 期，1933 年，第 32—33 页。转引自叶美兰：《1912—1937 年江苏农村地价的变迁》，《民国档案》1999 年第 1 期。

⑧ 章有义：《近代中国农业史资料》第 2 辑，第 566 页。

⑨ 章有义：《近代中国农业史资料》第 2 辑，第 571 页。

⑩ 〔美〕黄宗智：《华北的小农经济与社会变迁》，第 292 页。

假定地主的投入仅为土地（在定额租的情况下通常是这样），地主的收入仅为双方约定的地租（尽管事实并非如此）。那么地主出租土地的收益率公式是：

收益率＝（地租－田赋）÷ 地价

根据《湖北县政概况》资料，以1934年中等田地为例，阳新等县地主地租收入，约当每亩收益的35%；地主的支出为田赋，约为地价的1.3%，约为地主收益的8.9%。地主中等田收益率约为16.4%，唯各地之间差别较大，高者如崇阳，可达36%以上；低者如应城，仅为7.5%左右。当时乡间普通借贷，利息多在2分以上。除崇阳外，其他各县地主田地每亩收益率比乡间借贷利息略低，但却远高于银行借贷利息。如当时银行小本借贷利息，不满一百元者，月息8厘；一百元至二百元，月息9厘；超过二百元者，月息1分。[①] 另根据卜凯1921—1925年对中国7省17处2866田场的调查，当时农业投资的利润率平均为9.4%。[②]

与之相对应的，是城市商业产权的繁荣。城市地价上涨非常迅速，1930年地价比5年前上涨2倍，比民国初年上涨5倍。[③] 上海公共租界地价，1911年每亩银8.281两，1930年上涨到每亩银26.909两。[④] 1926—1930年，5年内上海地产价值增加20亿两，1930年就增加约10亿两。上海各房地产公司的股票红利也大幅上升。[⑤] 上海房地产投机十分活跃，有经验的投资者，以十数万元投入，经过几番买卖操作，可迅速获取几倍的收益。[⑥] 在长沙，投资农村土地收入远不及经营房地产收入高。以1927年为例，2000元购得10石田，收租100石，可得钱180元；如果用去做房地产贷款，最高可得

① 李铁强：《土地、国家与农民：基于湖北田赋问题的实证研究（1912—1949年）》，附录1，表6.19，人民出版社2009年版。

② 〔美〕卜凯：《中国农家经济》，商务印书馆1936年版，第124页。

③ 《长沙农民生活概况》，《农业周报》1930年第12期。

④ 张森：《中国都市与农村地价涨落之动向》》，台北华世出版社1978年版，第262页。转引自叶美兰：《1912—1937年江苏农村地价的变迁》，《民国档案》1999年第1期。

⑤ 千家驹：《救济农村偏枯与都市膨胀问题》，《新中华杂志》第1卷第8期，1933年4月25日。

⑥ 实业部中国经济年鉴编纂委员会编纂：《中国经济年鉴》，第344页。

360元的收益。[①]

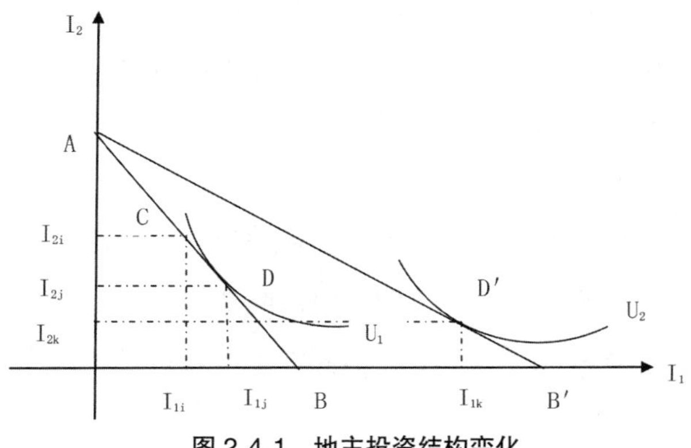

图 2.4.1　地主投资结构变化

如图2.4.1所示，横轴I_1代表商业产权，竖轴I_2代表农村产权。U_1、U_2为投资收益无差异曲线。AB为地主的投资预算约束线。在t_1年，地主的投资组合是I_{2i}单位的农村产权与I_{1i}单位的商业产权，农村产权比重要高于商业产权。随着商业产权的繁荣，t_2年地主为将农村产权减少到I_{2j}，而将商业产权增加到I_{1j}。可以预期，随着地主资本积累的增加，新增的投资中，商业产权的增加比会超过农村产权增加比。这时，投资预算约束线由AB旋转到AB′，在均衡点D′，商业产权份额（I_{1k}）要远超农村产权（I_{2k}）。

地主的地租占据农业生产剩余的绝大部分，在满足地主家庭的消费后，形成地主家庭的积累。在近代以前，这部分资金主要在农村社会内部循环，如地主用来购买土地、放高利贷等。随着商业产权的勃兴，地主积累的相当部分已被吸引到城市去了。

农村富裕阶层的新的选择，对农村社会的影响是多方面的。首先是农村金融资源进一步减少；其次，士绅流失，损害了乡村共同体的凝聚力；第三，商业资本对农村产权的攫取，会让地主与农民之间的矛盾更加尖锐。如

① 《长沙农民生活概况》，《农业周报》1930年第12期。

无锡礼社镇，民国初年，地主与农民之间尚有残留之温情关系。随着社会的变迁，地主与农民之间的关系乃由亲而疏，逐渐恶化。[①]

在民国时期，中国经济发生了深刻的变化。首先，市场经济、工业化与城市化发展，使中国城市部门兴起。其次，在殖民侵略背景下发展起来的商业与城市，对农村只有剥夺而无反哺，农业生产状况并无改善，农民依靠高度集约劳动投入来维持一种低水准的生活。第三，商业产权的发展使地主制经济发生了变化。地主更加偏好于城市商业产权，商业资本对农村产权的攫取只能加剧地主与农民的矛盾。第四，民国时期，中国社会处于持续的动荡中，进一步削弱了农村产权的吸引力，并抑制了农村投资，让农村问题变得十分严重。

第五节　乡村社会结构的蜕变

乡村社会结构，我们可以将其简括为“传统形式”与“现代形式”两种。[②]

梁漱溟说，传统中国社会是一个以伦理为本位的社会。“伦者，伦偶，正指人们彼此之相与。相与之间，关系遂生。家人父子，是其天然基本关系，故伦理首重家庭。父母总是最先有的，再则有兄弟姐妹。既长，则有夫妇，有子女；而宗族戚党亦即由此而生。出来到社会上，于教学则有师徒；于经济则有东伙；于政治则有君臣官民；平素多往返，遇事相扶持，则有乡邻朋友。随一个人年龄和生活之开展，而渐有其四面八方若近若远数不尽的关系。是关系，皆是伦理；伦理始于家庭，而不止于家庭。”“举整个社会各种关系而一概家庭化之，务使其情益亲，其义益重。由是乃使居此社会中

① 薛暮桥：《江南农村衰落的一个索引（1932年7月）》，原载《新创造》第2卷第1、2期。转引自陈翰笙、薛暮桥、冯和法编：《解放前的中国农村》第3辑，第167页。
② 参见李铁强：《土地、国家与农民——基于湖北田赋问题的实证研究（1912—1949年）》，第六章第一节。

者，每一个人对于其四面八方与他有伦理关系之人，亦各对他负有义务。全社会之人，不期而辗转互相连锁起来，无形中成为一种组织。”[①]

梁漱溟把国人对于礼的遵从归结为中国人的“理性”。他说：“所谓理性者，要亦不外吾人平静通达的心理而已。”中国人的理性精神，“分析言之，约有两点：一为向上之心强，一为相与之情厚”。“总之，于人生利害得失之外，更有向上一念者是”。所谓“相与之情”，指人在感情中，往往只见对方而忘了自己。“实则，此时对方就是自己。凡痛痒亲切处，就是自己，何必区区数尺之躯。普泛地关情，即不啻普泛地负担了任务在身上，如同母亲要为他儿子服务一样。”人与人之间的关系，就是情谊关系，亦即是其相互间的一种义务关系。[②] 中国人是只知有家族，不知有国家者。中国人在政治方面，“但有君臣间、官民间相互之伦理义务，而不认识国家团体关系。又比国君为大宗子，称地方官为父母，举国家政治而亦家庭情谊化之”[③]。

总而言之，乡土中国就是靠礼仪教化所维系的文化共同体。而在这一共同体中，知识分子，也就是士，其作用十分重要。梁漱溟说，传统中国社会秩序的维持，不是纯粹依靠暴力强制，而是更希望依靠老百姓的文化自觉，即“自力”，所以中国的历代统治者对于教化十分重视。“教化所以必要，则在启发理性，培植礼俗，而引生自力”，这就是士人的事了。“士人居四民之首，特见敬重于社会者，正为他‘读书明理’主持风教，给众人作表率。有了他，社会秩序才是活的而生效。夫然后若农、若工、若商始得安其居乐其业。他虽不事生产，而在社会上却有其绝大功用。”在传统思想中，设想的是统治者的权力遵从知识分子的理性而行，事实上却不能做到，权力总想压倒理性。“此时只有尽可能唤起人们的理性——从狭义的到广义的——使各方面自己有点节制。谁来唤起？这就是士人居间来作功夫了。”[④]

---

① 梁漱溟：《中国文化要义》，见曹锦清编：《梁漱溟文选：儒学复兴之路》，上海远东出版社 1994 年版，第 171—172 页。

② 梁漱溟：《中国文化要义》，见曹锦清编：《梁漱溟文选：儒学复兴之路》，第 210—224 页。

③ 梁漱溟：《乡村建设理论》，《梁漱溟全集》第 2 卷，山东人民出版社 1990 年版，第 171 页。

④ 梁漱溟：《中国文化要义》，见曹锦清编：《梁漱溟文选：儒学复兴之路》，第 210—224 页。

作为最高统治者与民众在精神上的链接，士或者跻身于官僚系统直接为最高统治者效力，或隐身乡间，成为精英文化在乡间的布道者与实践者。赵秀玲指出，中国历代乡里社会都存在一个“知识分子”，只是因其时代、政治、经济和文化等方面的差异，其称呼和性质有某些不同罢了，但本质上，他们都具有某种承继性和共同性。① 作为传统中国社会制度的一个重要组成部分，在正规的官僚体系之外，还有一个士阶层作为统治权力在乡里社会的延伸与补充。明清时期，人们称之为绅士，意即有身份的文士。这些人大都熟读儒家经典，其中许多人都通过科举考试取得了一定的功名，有的还曾在朝廷和地方做官。②

绅士身份的获致除了其良好的教育背景外，更得益于制度的精心安排。他们享有各种特权。政治上，乡绅不仅是官僚队伍的主要来源，同时又是乡里社会权力的实际操纵者。经济上，乡绅可以免除丁税和各种徭役。③ 法律上，绅士的名誉受到法律的保护，地方官遇到绅士犯法也不得自行处治。观诸旧中国农村社会，乡绅不无积极表现，如表率乡里，对官府政令和礼教风俗能较为积极地遵从维护④；上行下达，调节官民关系。⑤

权力结构的现代形式是在对传统形式进行解构的基础上建立起来的。由于商品化对农村社会的冲击，国家的权力不断向下延伸，以及社会动荡所造成的破坏，乡村社会的强势人物逐渐占据乡村政治舞台的中心。

近代以来，中国乡村社会遭到了前所未有的冲击。黄宗智写道：“20 世纪的加速商品化，改变了（华北）佃农和雇农的生活。20 世纪前一般的佃户，在初期分成租约下向他们的地主租地；30 年代的佃户则逐年定约，缴交定额，往往要预付给一个不认识的地主。”农村过去的那种“伦理情谊”

---

① 赵秀玲：《中国乡里制度》，社会科学文献出版社 1998 年版，第 249 页。

② 赵秀玲：《中国乡里制度》，第 240—248 页。

③ 〔美〕白凯著，林枫译：《长江中下游地区的地租、赋税与农民的反抗斗争（1840—1950）》，上海书店出版社 2005 年版，第 71—72 页。

④ 河南安阳《马氏祠堂条规》，转引自赵秀玲：《中国乡里制度》，第 183 页。

⑤ 赵秀玲：《中国乡里制度》，第 255—264 页。

正被荡涤几尽。“20世纪前一段的雇农，为一个对他维持互惠关系的礼俗关系的亲属工作，30年代的雇农，则纯为工资而工作，免去了旧日的礼俗细节。佃户和雇农，同样都变得更象为工资出卖劳动力的自由‘无产者’”。[①]

如前所述，大量地主不能安居乡里而迁居城市。地主—佃户关系在商业化背景下的恶化，引起地租形态的重大变化。地主和佃户人身的隔离，首先带来了从分成租向定额租的转变。对于住在城市和市镇上的地主来说，因为定额租不要求他们在收获季节亲临田地，从而成为一种便利的征收方式。[②]

这是乡里社会共同体逐步瓦解的过程，或者正如梁漱溟所感慨的，中国近代社会变化的结果就是“其千年来沿袭之社会组织构造既已崩溃，而新者未立”[③]，人们“以自己为重，以伦理关系为轻；权利心重，义务念轻，从情谊的连锁变为各自离立，谦敬变为打倒，对于亲族不再讲什么和厚，敬长尊师的意味完全变了，父子、兄弟、朋友之间，都处不合适”[④]。与此同时，“教育、政治、经济三种机会，都渐渐走往垄断里去”[⑤]。

到20世纪20、30年代，传统乡绅作为一个群体已基本消失。彭湃写道，二十年前的乡村中有许多贡爷秀才、读书穿鞋的斯文人，现在不但没有读书人，连穿鞋的人都绝迹了。[⑥]绅户构成因此有了新的特点，政治或社会声望并不是必不可少的。城居地主中的大小官吏、成功的商人、公教人员，有较多土地的乡居地主，以及通过其他方式发达起来的暴发户等，都是对乡村事务有一定影响力的人物。

在华北，“到了二三十年代，由于国家和军阀对乡村的勒索加剧，那种保护人类型的村庄领袖纷纷‘引退’，村政权落入另一类型的人物之手，尽

① 〔美〕黄宗智：《华北的小农经济与社会变迁》，第227—228页。

② 〔美〕白凯著，林枫译：《长江中下游地区的地租、赋税与农民的反抗斗争（1840—1950）》，第30—31页。

③ 《乡村建设理论》，《梁漱溟全集》第2卷，第162页。

④ 《乡村建设理论》，《梁漱溟全集》第2卷，第204页。

⑤ 《乡村建设理论》，《梁漱溟全集》第2卷，第211页。

⑥ 彭湃：《海丰农民运动》（1926年1月），转引自陈翰笙、薛暮桥、冯和法编：《解放前的中国农村》第1辑，第120页。

管这类人有着不同的社会来源，但他们大多希望从政治和村公职中捞到物质利益。村公职不再是炫耀领导才华和赢得公众尊敬的场所而为人追求，相反，村公职被视为同衙役胥吏、包税人、赢利型经纪一样，充任公职是为了追求实利，甚至不惜牺牲村庄利益。”①

至此，乡村政治生态发生了重大的变化。首先，基层官吏不再受士绅操纵，而是国家权力的代表，成为连大户也不敢小觑的力量。②在这个时候的乡村社会，如果一般富户没有政治背景，就极有可能成为基层员吏敲诈勒索的对象。其次，传统绅士的引退为一般富户腾出了施展拳脚的空间，乡村事务越来越多地受到乡村富户代理人的控制。通过新政权向下延伸过程中提供的机会，富户获得了统治穷人的权力。虽然富户的构成趋向多元化，我们还是将这种富人对穷人的统治称之为地主阶级统治的形成。

乡居绅士越来越多地介入农村社会，以填补在外地主所留下的领导权真空。对于这一群体来说，管理大规模水利计划和乡村赈济事务，尤其成为他们的重要收入来源。绅士和地主两个范畴之间有着相当部分的重叠，很多绅士同时又是地主。但是他们并不是以先辈那样的资格行事，他们的事业就是与政府官员、绅士同侪戮力同心，共同承担公共工程。换句话说，原来属于地主的特殊职责已经泛化，其承担者已经逐渐扩大到了整个绅士阶层。精英卷入地方事务，反映出地主和佃户之间不断加深的隔阂，又进一步恶化了这种局面。地主们的影响力转而更多地建立在与政府联系的基础上，而不是与农民之间保护人与被保护人的关系上。③

一般地主或富户积极介入地方政治，一是前面说的，社会环境的变迁，为他们介入地方政治提供了可能性；另一方面，则是由于在新政府支持下，基层权力被纳入正式的官僚统治之中，基层员吏对地方的控制能力大为提

① 〔美〕杜赞奇著，王福明译：《文化、权力与国家：1900—1942 年的华北农村》，江苏人民出版社 2010 年版，第 149 页。

② 《为王哲夫渎职殃民藉端勒索请拘案法办由》（1946 年 4 月），湖北省档案馆，LS3-3-3057。

③ 〔美〕白凯著，林枫译：《长江中下游地区的地租、赋税与农民的反抗斗争（1840—1950）》，第 59—60 页。

高，迫使地主不得不谋求政治上的权力以改善自己的地位。[①]

白凯指出，地主阶级的统治在江南正趋向瓦解。[②]这恐怕是一种误读。在前面我们已对乡村权力结构的传统形式作了解释。如果我们承认这种解释是合理的，那么传统乡村应该并不存在典型的地主阶级统治，而是绅士的统治。虽然绅士和地主会有部分的重叠，但如前所述，绅士身份的获得主要基于道德能力而不是财富。地主要获得对乡村的统治权力，仅仅有土地还不够，还必须有一种制度来确认土地与政治特权的联系。传统社会里没有这种可能性，这种可能性的获得是随着清王朝的瓦解开始的。新政权的扩张及其掠夺性，逼退了传统绅士，地主或富户趁机进入；另外，即使并不富裕的基层员吏也由于对地方政治的掌控，迅速跻身乡村富户的行列。由于权力与财富的同构性质加强，地主或富户在乡间已获得了统治地位。那么，一般中小地主由于不能进入地方政治的中心，而遭到其他地主以及基层员吏的盘剥，只是说明在新的乡村治理结构下财富新的集中趋势，即进一步向地方政治的中心人物集中。

有人评论道："富户必然的要取得地方上小绅士的地位，否则他在军阀官僚的压榨机器之下，就应当破产而再降落到贫困的地位。少数富农在中国条件之下，可以做得到生长而成小绅士的事，正因为军阀制度，破坏了旧时代的士大夫世族的统治，即形成了绅商混合的统治；有钱的不但有剥削的能力，并且就有压迫的权势，就有和平民不同的身份。小地主的或半地主的富农，往往以乡村里的小绅士或小胥吏的资格，和军阀官僚的政权机关混合生长着，成为最直接的乡村统治机关的爪牙（包捐、包税、保甲、村长等等机关之某种部分）。"[③]

---

① 〔美〕白凯著，林枫译：《长江中下游地区的地租、赋税与农民的反抗斗争（1840—1950）》，第46—47页。

② 〔美〕白凯著，林枫译：《长江中下游地区的地租、赋税与农民的反抗斗争（1840—1950）》，第294—295页。

③ 瞿秋白：《中国革命和农民运动的策略》（1929年9月），原载《布尔塞维克》第3卷第4、5合期，转引自陈翰笙、薛暮桥、冯和法编：《解放前的中国农村》第1辑，第209页。

至此，在一些商品化程度较高或传统社会结构被破坏得比较严重的地方，出现了阶级对抗的问题。

传统意义上的绅士主要依靠道德、学识和能力来赢得乡里社会的认同，而且这种认同就是他服务乡里社会的基本回报。但是，近代以来，在一种失序状态下，权力获取已漫无标准。虽然在一些农村，也能看到正直绅士获得了权力，但是更多的是依靠财富、黑色暴力、政治投机等各种手段攫取权力。一旦获得权力，就可以通过各种贪腐行为进一步敛括财富。以前，权力与财富或有部分重叠，现在则变得高度同一。

本章小结

近代以来，中国城市化进程加快发展。到20世纪上半叶，已出现了一个颇具规模的城市部门。这一城市化进程由两个方面的力量所推动。积极方面的力量来自近代以来的工商业发展；消极的方面则是民国鼎革以后持续的社会动荡。这样一个独特的城市化进程对地主制经济的影响体现在以下两个方面：

第一，传统的士绅地主衰落，地主阶级分化为乡居地主与城居地主两大群体。乡居地主大多是拥有较小土地规模的地主，很多是由小农分化而来，其上升过程很大程度得益于家庭内部有利的劳动/人口比率，但是随着这一比率的变化，就可能通过分家等方式失去原有的地位。许多城居地主购买土地的资金来自于农业以外，拥有土地的规模往往比较大，地位也较为稳固。

第二，由于商业产权价值的上升，城市获利机会增加，同时也是由于持续的社会动荡，社会资金没有随着其规模的扩大而等比例地扩大对土地的投资，而是更愿意投资于城市部门。同时，小农生产的韧性让小农顽强地拥有着一份土地，并没有出现大规模的农民破产的现象，土地供给的规模没有大的变动。所以，农村土地地价在全面抗战爆发前的大部分时间都没有大的变化。

计量分析表明（参见附录一），在全面抗战爆发前的大部分时间里，农产品价格、牲畜价格、工业品价格、土地价格，以及国际贸易规模、耕地规模与农村劳动人口规模，都呈上升趋势，农业生产的宏观经济环境得到一定程度的改善。农村土地亩均产出与劳均产出水平，虽曾一度下降，但在1920年后又开始恢复性上涨，成为促进农业经济增长的显著性因素。动荡的政局对农业生产的发展造成了干扰和破坏，但一旦政局企稳，政府也开始采取积极措施来促进农村经济的发展。

在1930年代世界经济危机的冲击下，宏观经济环境发生逆转。特别是抗日战争全面爆发后，持续的社会震荡对农业生产所造成的破坏是不言而喻的。

20世纪上半叶，小农经济仍然是一种生存经济。对于大部分农户而言，由于土地、资本不足，只有通过劳动力的深度开发来增加收入。表面上看来，家户生产的均衡模式与恰亚诺夫“劳动—消费”均衡模式①颇为近似，但实际上存在根本的不同。在市场制度与城市工商业部门的影响下，中国农村家户的生产决策会有三重考虑：第一，防范市场机制所带来的风险与不确定性；第二，满足家庭的基本需求；第三，赚取货币收入。因此，在土地利用方面，家户会兼顾种植经济作物与粮食作物；在劳动力使用方面，家户会根据农业劳动、副业劳动、工资劳动边际收益相等的原则来进行配置。

和一般看法不同，家户劳动的效率并不低。家户劳动和生产资料并没有完全投入在土地上，家庭副业成为家户生产的重要组成部分；在农业部门与城市部门，还存在着富余劳动的工作机会。但家户生产的“合理性”是有局限性的。在现实技术与制度约束下，家户在利用生产要素方面确实已尽其所能，不过对大多数农村家户而言，这很大程度上是生存压力所致；作为努力的结果，家户收入也只是基本或部分满足了家户的生活所需。如何让家户免遭灭顶之灾而不是利润最大化，成为家户生产的首要目标。在社会动荡、工商业与城市化发展不足的情况下，从田场析出的“富余劳动”的工作报酬也只约等于“生存工资”。因此，即使部分家户实现了收支平衡，这种平衡也

① 〔俄〕A. 恰亚诺夫著，萧正洪译，于东林校：《农民经济组织》，第213—216页。

是脆弱的，很容易被突然的天灾人祸所打破。

在这样的历史背景下，乡村社会结构也发生了重要变化。随着士绅地主的隐退，一种混合着国家权力或非正式暴力的“绅商地主”逐渐占据了乡村的政治舞台。

总而言之，20世纪上半叶的大部分时间里，农村经济保持了一种发展的态势。原因在于：首先，小农求生存的压力，迫使他们竭尽所能地增加产出。其次，市场机制与工业及城市部门，为小农家庭更加合理地使用资源提供了更多的可能性。第三，南京国民政府初期，也开始采取一些措施来改善农民的处境。农村经济发展的最大干扰是国际国内局势动荡所带来的冲击。

第三章
中国地籍制度的沿革

旧中国地籍制度，其主要目标在于为课税服务，因此，其发展历史与田赋制度的发展历史密切相关。刘一民指出，中国地籍制度的发展经历了三个阶段。唐代中叶实行“两税法”前，地籍依附在户籍中；唐代中叶至明代中叶，地籍与户籍具有同等的重要性；明代中叶后，地籍的作用已大于户籍。[①]

第一节　先秦地籍制度

中国先秦时期的土地制度，以封建制与井田制相结合。服务于邦国分封与农业生产，地籍管理制度也初具形式。

商周时期土地归国王所有，依等级进行分封。据《礼记·王制》：“王者之制禄爵，公、侯、伯、子、男，凡五等。诸侯之上大夫卿、下大夫、上士、中士、下士，凡五等。天子之田方千里，公侯方百里，伯七十里，子男五十里。不能五十里者，不合于天子，附属于诸侯，曰附庸。……凡四海之内九州，州方千里。州，建百里之国三十，七十里之国六十，五十里之国百有二十，凡二百一十国。名山、大泽不以封，其余以为附庸、间田。八州，州二百一十国。天子之县内，方百里之国九，七十里之国二十有一，五十里

① 刘一民：《国民政府地籍整理 —— 以抗战时期四川为中心的研究》，第 51 页。

之国六十有三，凡九十三国。名山、大泽不以朌，其余以禄士，以为间田。凡九州千七百七十三国。天子之元士、诸侯之附庸不与。”

《左传·昭公七年》说：“天子经略，诸侯正封，古之制也。封略之内，何非君土？食土之毛，谁非君臣？故诗曰：‘溥天之下，莫非王土；率土之滨，莫非王臣。’天有十日，人有十等，下所以事上，上所以共神也。故王臣公、公臣大夫、大夫臣士、士臣皂、皂臣舆、舆臣隶、隶臣僚、僚臣仆、仆臣台。马有圉，牛有牧，以待百事。”

邦国分封这样的军政事务由夏官大司马负责。据《周礼·夏官司马·大司马》：“大司马之职，掌建邦国之九法，以佐王平邦国。制畿封国，以正邦国；设仪辨位，以等邦国；进贤兴功，以作邦国；建牧立监，以维邦国；制军诘禁，以纠邦国；施贡分职，以任邦国；简稽乡民，以用邦国；均守平则，以安邦国；比小事大，以和邦国。”

根据《周礼》，掌管土地和人户的是地官。[①]《周礼·地官·叙官》云：“惟王建国，辨方正位，体国经野，设官分职，以为民极。乃立地官司徒，使帅其属而掌邦教，以佐王安扰邦国。”地官之长叫作大司徒。《周礼·地官·大司徒》云：“大司徒之职，掌建邦之土地之图与其人民之数，以佐王安扰邦国。以天下土地之图，周知九州之地域广轮之数，辨其山林、川泽、丘陵、坟衍原隰之名物。而辨其邦国、都鄙之数，制其畿疆而沟封之，设其社稷之壝，而树之田主，各以其野之所宜木，遂以名其社与其野。以土会之法，辨五地之物生：一曰山林，其动物宜毛物，其植物宜皂物，其民毛而方。二曰川泽，其动物宜鳞物，其植物宜膏物，其民黑而津。三曰丘陵，其动物宜羽物，其植物宜核物，其民专而长。四曰坟衍，其动物宜介物，其植物宜荚物，其民皙而瘠。五曰原隰，其动物宜蠃物，其植物宜丛物，其民丰肉而庳。因此五物者民之常。”“凡建邦国，以土圭土其地而制其域。诸公之地，封疆方五百里，其食者半；诸侯之地封疆方四百里，其食者三之一；诸

① 杨天宇：《〈周礼〉的内容、行文特点及其史料价值》，《史学月刊》2001 年第 6 期。

伯之地，封疆方三百里，其食者参之一；诸子之地，封疆方二百里，其食者四之一；诸男之地，封疆方百里，其食者四之一。凡造都鄙，制其地域而封沟之；以其室数制之。不易之地，家百亩；一易之地，家二百亩；再易之地，家三百亩。”

小司徒是大司徒的副手，协助大司徒工作，其主要职责，亦不外掌土地和人民两大类。《周礼·地官·小司徒》云：“小司徒之职，掌建邦之教法，以稽国中及四郊都鄙之夫家九比之数，以辨其贵贱、老幼、废疾。……凡国之大事、致民、大故、致余子，乃经土地而井牧其田野。九夫为井，四井为邑，四邑为丘，四丘为甸，四甸为县，四县为都。以任地事而令贡赋。凡税敛之事，乃分地域而辨其守，施其职而平其政。凡小祭祀，奉牛牲，羞其肆。小宾客，令野修道、委积。大军旅，帅其众庶。小军旅，巡役，治其政令。大丧，帅邦役，治其政教。凡建邦国，立其社稷，正其畿疆之封。凡民讼，以地比正之。地讼，以图正之。”[①]

司徒所属掌管土地、赋役与农事的官吏有载师、遂人、土均等。

载师掌任土之法。《周礼·地官·载师》云：“以物地事，授地职，而待其政令。以廛里任国中之地，以场圃任园地，以宅田、士田、贾田任近郊之地，以官田、牛田、赏田、牧田任远郊之地，以公邑之田任甸地，以家邑之田任稍地，以小都之田任县地，以大都之田任畺地。凡任地。国宅无征，园廛二十而一，近郊十一，远郊二十而三，甸稍县都皆无过十二，唯其漆林之征，二十而五。凡宅不毛者，有里布。凡田不耕者，出屋粟。凡民无职事者，出夫家之征，以时征其赋。”

土均掌平土地之政。《周礼·地官·土均》云：“以均地守，以均地事，以均地贡。以和邦国、都鄙之政令、刑禁与其施舍、礼俗、丧纪、祭祀，皆以地媺恶为轻重之法而行之，掌其禁令。”

遂人专司野人居住地区的管理。[②]《周礼·地官·遂人》云：“遂人掌邦

① 马卫东：《〈周礼〉所见地图及其地图管理制度》，《档案学通讯》2012 年第 5 期。
② 马卫东：《〈周礼〉所见地图及其地图管理制度》，《档案学通讯》2012 年第 5 期。

之野。以土地之图经田野，造县鄙，形体之法。五家为邻，五邻为里，四里为酂，五酂为鄙，五鄙为县，五县为遂，皆有地域，沟树之，使各掌其政令刑禁。以岁时稽其人民，而授之田野，简其兵器，教之稼穑。凡治野，以下剂致甿，以田里安甿，以乐昏扰甿，以土宜教甿稼穑，以兴锄利甿，以时器劝甿，以彊予任甿，以土均平政。辨其野之土：上地、中地、下地、以颁田里。上地，夫一廛，田百亩，莱五十亩，余夫亦如之。中地，夫一廛，田百亩，余夫亦如之。下地，夫一廛，田百亩，莱二百亩，余夫亦如之。凡治野，夫间有遂，遂上有径，十夫有沟，沟上有畛，百夫有洫，洫上有涂，千夫有浍，浍上有道，万夫有川，川上有路，以达于畿。”

天官系统的司书，即诸图的主要绘制者与保管者。[①]《周礼·地官·司书》云：“司书掌邦之六典、八法、八则、九职、九正、九事邦中之版，土地之图，以周知入出百物。以叙其财，受其币，使入于职币。凡上之用财用，必考于司会。三岁，则大计群吏之治，以知民之财、器械之数，以知田野、夫家、六畜之数，以知山林、川泽之数，以逆群吏之征令。凡税敛，掌事者受法焉。及事成，则入要贰焉，凡邦治考焉。”

《礼记·王制》云：“凡居民，量地以制邑，度地以居民。地邑民居，必参相得也。无旷土，无游民，食节事时，民咸安其居，乐事劝功，尊君亲上，然后兴学。”与分封制相对应的土地制度是井田制。[②]据《文献通考》，井田制始于黄帝时期。“昔黄帝始经土设井，以塞争端，立步制亩，以防不足。使八家为井，井开四道，而分八宅，凿井于中。一则不泄地气，二则无费一家，三则同风俗，四则齐巧拙，五则通财货，六则存亡更守，七则出入相司，八则嫁娶相媒，九则无有相贷，十则疾病相救。是以情性可得而亲，生产可得而均，均则欺凌之路塞，亲则斗讼之心弭。既牧之于邑，故井一为邻，邻三为朋，朋三为里，里五为邑，邑十为都，都十为师，师七为州。夫

① 曲柄睿：《〈周礼〉诸图研究》，《孔子研究》2015年第2期。

② 聂鑫：《传统中国的土地产权分立制度探析》，《浙江社会科学》2009年第9期。

始分于井则地著，计之于州则数详，迄乎夏、殷，不易其制。”[①]

《孟子·滕文公上》说：“子之君将行仁政，选择而使子，子必勉之。夫仁政，必自经界始。经界不正，井地不钧，谷禄不平，是故暴君污吏必慢其经界。经界既正，分田制禄可坐而定也。”“无君子，莫治野人；无野人，莫养君子。请野九一而助，国中什一使自赋。卿以下必有圭田，圭田五十亩，余夫二十五亩。死徙无出乡，乡田同井，出入相友，守望相助，疾病相扶持，则百姓亲睦。方里而井，井九百亩，其中为公田。八家皆私百亩，同养公田；公事毕，然后敢治私事，所以别野人也。此其大略也；若夫润泽之，则在君与子矣。”

又据《汉书·食货志》：“理民之道，地著为本。故必建步立亩，正其经界。六尺为步，步百为亩，亩百为夫，夫三为屋，屋三为井，井方一里，是为九夫。八家共之，各受私田百亩，公田十亩，是为八百八十亩，余二十亩以为庐舍。出入相友，守望相助，疾病相救，民是以和睦，而教化齐同，力役生产可得而平也。民受田：上田夫百亩，中田夫二百亩，下田夫三百亩。岁耕种者为不易上田；休一岁者为一易中田；休二岁者为再易下田，三岁更耕之，自爰其处。农民户人已受田，其家众男为余夫，亦以口受田如比。士、工、商家受田，五口乃当农夫一人。此谓平土可以为法者也。若山林、薮泽、原陵、淳卤之地，各以肥硗多少为差。有赋有税。税谓公田什一及工、商、衡虞之人也。赋共车马、兵甲、士徒之役，充实府库、赐予之用。税给郊、社、宗庙、百神之祀，天子奉养、百官禄食庶事之费。民年二十受田，六十归田。七十以上，上所养也；十岁以下，上所长也；十一以上，上所强也。种谷必杂五种，以备灾害。田中不得有树，用妨五谷。力耕数耘，收获如寇盗之至。还庐树桑，菜茹有畦，瓜瓠、果蓏殖于疆易。鸡、豚、狗、彘毋失其时，女修蚕织，则五十可以衣帛，七十可以食肉。”

古代文献的可信度在现代学术界遭到质疑。《周礼》面世后，其成书年

① 马端临：《文献通考》卷12，《职役一》。

代和作者问题，就引起了众多学者的激烈争辩，近现代学界依然争论不休，迄无定论。归纳起来，主要由以下几种观点：西周初年周公手作；作于西周，作者不详；作于周室东迁之后，平王至惠王之间；作于春秋；成书于春秋战国之际，孔子及其弟子为写定者；成书于战国；成书于秦朝；成书于汉初，专人写成；成书于西汉末年，由刘歆伪造。[①]

尽管如此，关于《周礼》的史料价值，论者多予以高度评价。[②]张君蕊认为，《左传》礼制与《周礼》所记相合处共161例，这就很能说明，《周礼》中的大部分内容与《左传》所反映的时代相去不远，反映的是古礼的真实面貌。《左传》《周礼》当中禘祭、宗庙祭祀立尸、亳社、雩、赐胙是周礼，饮至、朝会盟祭祀路过山川、烝是春秋时期的礼。《周礼》与《左传》礼制不合者，有些是后代的变礼，有些是战国、秦时期，诸儒想恢复古礼的附益之文，但这并不能就此否定《周礼》与《左传》不合之礼的真实性。[③]根据赵伯雄分析，《周礼》这部书，自古以来争议甚多。多数学者认为，《周礼》绝非周公所制的周代典制，它所编制的六官系统，完全是一种理想化的制度，是作者为行将出现的统一大帝国所作的政权结构设计，是一部“理想国的蓝图”，而非周代官制的实录。《周礼》的作者在绘制这一理想国蓝图时候，并不是空无依傍的，他了解一些历史上的真实情况，或得之传闻，或采诸简册，这些东西往往成为他创作《周礼》的素材。同时，《周礼》的作者也不可能不受到他所生活的那个时代的现实制度的影响。《周礼》中所述的某些职官名称及其职掌，与考古发现的西周金文资料有惊人的相合之处，这说明《周礼》作者肯定利用了某些可靠的前代资料。但《周礼》中也确实有相当多的内容与西周实际不相合，是西周那个时代所不可能有的。所以会出现这种情况，或许是因为《周礼》在创作过程中掺杂了作者的理想，或许是因为受到了作者生存的那个时代的影响。这其间有些东西，不是凭空想能够

① 徐正英、常佩雨：《〈周礼〉译注》，中华书局2014年版，“前言”。
② 徐正英、常佩雨：《〈周礼〉译注》。
③ 张君蕊：《〈左传〉礼制与〈周礼〉合异探析》，《中州学刊》2014年第12期。

想像得出来的。特别是一些名词概念，往往有历史的依据，或者就是现实的反映，很难想像会是作者凭空创造出来的。[①] 根据杨天宇所述，通过大量金文材料的证明，《周礼》珍贵的史料价值，已愈益显现出来。[②] 辛德勇认为，关于《周礼》的成书年代，学术界虽然一直聚讼纷纭，但多数学者倾向认为，其大多数篇章，应写定于战国时期，书中所记，虽含有理想化设计的成分在内，但多是依据东周以来的制度，其中也蕴涵有不少更早的史事。[③]

一些学者也对井田制持怀疑态度。胡适认为，井田的均田制是战国时代的乌托邦，战国以前从没人提及古代的井田制。孟子所描绘的均产制度不过是一种“托古改制”的惯技。[④] 根据孟子所提供的具体建议来看，也只能算作是调整与稳定农夫租佃权的“经界计划”，并不是要建立一个共产制度。[⑤] 万国鼎认为，《周礼》“为古来言井田者所依据”，“然周礼本系汉世之书，托诸周官，所言井田制度，虽似详密，实则细碎矛盾而不可通，其伪显然。黄帝经土设井之说，肇自杜佑，前无所昉，言之无稽，不足一辩。儒者于此，犹或疑之，若夏之已有井田，则几众口一辞。……要而论之，虞夏以前，文献无征，经籍虽有记载，概系后人传说，或出伪造，其可信之程度，迄今未定”。[⑥] 商代也无公田私田之分，也就没有所谓的井田制。[⑦] 西周社会则“有显然之贵族与庶人两阶级，而土田与奴隶均为贵族之财产”。其土地制度类似于中古时期欧洲的采邑制，采邑的管理者为“田畯”。[⑧]

不过更多的研究倾向于井田制确实存在过。朱执信等认为：“中国古代井田制度，清清楚楚是一件怎样的东西？向来没得可信的考据。我们对这个

① 赵伯雄：《〈周礼〉胥徒考》，《中国史研究》2000 年第 4 期。
② 杨天宇：《〈周礼〉的内容、行文特点及其史料价值》，《史学月刊》2001 年第 6 期。
③ 辛德勇：《〈周礼〉地域职官训释 —— 附论上古时期王官之学中的地理学体系》，《中国史研究》2007 年第 1 期。
④ 朱执信等：《井田制有无之研究》，上海华通书局 1930 年版，第 3 页。
⑤ 朱执信等：《井田制有无之研究》，第 24 页。
⑥ 万国鼎：《中国田制史（上册）》，正中书局 1937 年版，第 3 页。
⑦ 万国鼎：《中国田制史（上册）》，第 10 页。
⑧ 万国鼎：《中国田制史（上册）》，第 16 页。

问题，固然不信它是和《孟子》及其他书里所说的完全一样。但以为这种共有公用的土地制度，是古代当然可能的。除非有了明白确凿的证据，证明井田是孟子完全瞎说的之外，不敢断定井田是完全没有的事。”[①] 廖仲恺认为："井田制虽不必尽照孟子所说那么整齐，却也断不至由孟子凭空杜撰。土旷人稀的时代，人民以一部落一地方共有田地，不是稀奇古怪的事。”[②] 朱伯康、施正康认为，孟子所言，《周礼》所载，班固所述，可以相互印证，说明井田制确实存在过。[③]

关于土地分配及利用、地籍图册的绘制与保管，商周时期可能就已一套较为完备的系统。春秋中叶以后，鲁、楚、郑三国先后进行了田赋和土地调查工作。例如在公元前 548 年，楚国先根据土地的性质、地势、位置、用途等划分地类，再拟定每类土地所应提供的兵、车、马、甲盾的数量，最后将土地调查结果做系统记录，制成簿册。[④]

第二节 秦汉至唐宋时期的地籍制度

在秦朝，政府按照民户所有土地数量来征收赋税。根据《秦律·田律》："入顷刍稾，以其受田之数，无豤（垦）不豤（垦），顷入刍三石、稾二石。刍自黄䅌及䕖束以上皆受之。入刍束，相输度，可殹（也）。”

因此，政府须采取措施确知民户所拥有田地数量。据《册府元龟》记载："始皇帝三十一年，使黔首自实田。”即令人民自己申报田产面积进行登记。[⑤]

汉时以每年八月全国普遍实行人口调查，详细调查民户人口及财产情

① 朱执信等：《井田制有无之研究》，第 1 页。
② 朱执信等：《井田制有无之研究》，第 6 页。
③ 朱伯康、施正康：《中国经济史（上卷）》，第 57—58 页。
④ 詹长根、唐祥云、刘丽：《地籍测量学》，第 10 页。
⑤ 詹长根、唐祥云、刘丽：《地籍测量学》，第 10 页。

况。[1]东汉光武帝为抑制豪强兼并土地，拟实现度田。由于豪强的反抗，结果度田不了了之，[2]仅取得一点有限的成绩。[3]

北魏孝文帝于太和九年（485）首颁均田制，以后北齐、北周、隋、唐前后相承，均田制延续了约300年。北魏因长期战乱，人口逃亡、土地荒芜，留居农民亦不堪沉重赋役，多荫附士族豪门。针对这一状况，政府颁布《均田令》：15岁以上男子受露田（植谷物）40亩，女子受露田20亩；男子受桑田（植树）20亩，女子受桑田5亩；产麻区则男受麻田10亩，女子五亩。奴婢与良人一样授田；四岁以上耕牛（“丁牛”）每头受露田30亩，以4头牛为限。露田所有权归官府，人到法定纳税年龄则由政府授给耕作，必须用来种植谷物粮食，不得改种其他经济作物，更不得买卖或抛荒，待其年老免役或死亡则时归还政府；因拥有奴婢、耕牛而分得之田则随其奴婢与耕牛之有无以还受。桑田则“皆为代业，终身不还”[4]。

均田制在唐朝得到进一步的完善。为实现均田制度，政府需要进行严格的地籍管理。唐朝《田令》总计60条，在这60条当中，大致可分为五方面的内容，第1条是土地计算的依据，第2—32条为官民各类人等的受田，第33—36条为土地使用管理，第37—45条为政府所有的公用土地管理，第46—60条为屯田管理方面的内容。[5]从《田令》的内容来看，唐朝的地籍管理已达到十分精细的程度。

但和井田制一样，均田制是否实行过同样也成为有争议的问题。邓广铭先生在《历史研究》1954年第4期发表一篇《唐代租庸调法的研究》，他认为唐代根本没有施行均田制，均田制只是纸上空文。[6]耿元骊认为，均田制

① 朱伯康、施正康：《中国经济史（上卷）》，第222—223页。
② 朱伯康、施正康：《中国经济史（上卷）》，第234页。
③ 参阅减知非：《刘秀“度田”新探》，《苏州大学学报》1997年第2期；曹金华：《刘秀“度田”史实考论》，《史学月刊》2001年第3期；袁延胜：《东汉光武帝“度田”再论——兼论东汉户口统计的真实性问题》，《史学月刊》2010年第8期。
④ 聂鑫：《传统中国的土地产权分立制度探析》，《浙江社会科学》2009年第9期。
⑤ 耿元骊：《唐宋土地制度与政策演变研究》，第96页。
⑥ 朱伯康、施正康：《中国经济史（上卷）》，第492页。

既不存在，土地还授只是田令当中的一种规定而已，其本意是保证税收能有来源，所谓“授予”其实是一种税收的限制，土地分配的目的是保证土地必须有产出。①

比较全面的看法可能是，应该承认施行过均田制，但十分不彻底。首先，从来没有授足额定田亩，各地区差异也很大。②其次，唐永徽（650—655年）以后，开始允许土地自由买卖，均田制便日趋破坏。③

从秦汉到隋唐，国家努力调节农村土地分配问题，从一般的抑兼并，到均田制的推行，国家对土地分配的介入不断得到加强。特别是均田制的实施过程中，没有完善的地籍管理是难以想象的。所以，这一过程也是国家地籍管理不断强化的过程。

李埏等认为，均田制具有国有和私有两重性质，口分田和永业田都具有两重性。两税法以后，国家不再直接控制和干预民户的土地。官田的私有化成为以后整个历史时期土地制度发展的规律。武宗以后，国有土地的私有化由无偿化转向有偿化发展。宋代继承和发展了中唐以来的土地政策，国有土地就完全衰落了，土地政策发生了质的变化。赵俪生认为在中唐以后，“贵者有力可以占田”始终是超过“富者有赀可以买田”的力量而在“土地兼并”中占据了主导地位。到宋代，官租的私田化和官租的私租化是土地关系的重要特点。④

土地私有化趋势的发展，加剧了政府和百姓之间在地籍管理方面的矛盾。政府为了增加税收，试图加强控制，而百姓则力图逃避政府的管制以规避税收。

马端临说：“前代混一之时，汉元始，定垦田八百二十七万五千余顷，

① 耿元骊：《唐宋土地制度与政策演变研究》，第136—137页。

② 朱伯康、施正康：《中国经济史（上卷）》，第492页。

③ 周炳文：《江西旧抚州府属田赋之研究》，见萧铮主编：《民国二十年代中国大陆土地问题资料》第7辑，台北成文出版社1977年版，第3362页。

④ 耿元骊：《唐宋土地制度与政策演变研究》，第11页。

隋开皇时垦田一千九百四十万四千余顷，唐天宝时应受田一千四百三十万八千余顷，其数比之宋朝或一倍、或三倍、或四倍有余。虽曰宋之土宇，北不得幽蓟，西不得灵夏，南不得交趾，然三方之在版图，亦半为边障屯戍之地，垦田未必多，未应倍蓰于中州之地。然则其故何也？……又按《食货志》（宋时原志）言，天下荒田未垦者多，荆、襄、唐、邓尤甚。至治平、熙宁间，相继开垦。然凡百亩之内起税止四亩，欲增至二十亩，则言者以为民间苦赋重，再至转徙，遂不增。以是观之，则田之无赋税者，又不止于十之七而已。”①

李裕民等的研究表明，民间逃田和政府括田，在宋朝历史中经常出现。例如治平四年诏，“诸路逃田，三十年除其税十四，四十年以上十五，五十年以上六分（十六）……著为令”。逃田、隐田是一普遍现象。鉴于此，早在熙宁五年（1072）王安石实行方田均税法以前，北宋已多次实行过方田均税，计有景祐、庆历、皇祐、嘉祐年各一次。王安石变法时，曾实行“方田均税法”，即丈量田亩，以“方”为测量单位。每“方”是东西南北各一千步，总面积四十一顷六十六亩一百六十步。清丈土地时，按土质好坏，把地划分五等。逐方丈量，把方内各家土地的亩数、形状、土质登记下来，然后将国家规定的税额均摊到有地户。②据朱伯康等所叙，自熙宁五年（1072）至元丰八年（1085）十月废止时止，仅在东京路及河北、陕西、河东等不足五路之地，共丈出2484349顷田地，超过原有册籍上数字，可见逃田、隐田之多。政府为了增加租赋收入，常进行括田，例如宣和五年（1123）诏转运司，根括到逃田160顷16亩。两浙根括到456顷，召人出租，即为一例。③

绍兴十二年（1142）两浙转运副使李椿年上疏宋高宗，言“经界不正”危害，建议重丈农田经界。他说：“平江岁入昔七十万有奇，今按籍虽

① 马端临：《文献通考·田赋四》。

② 李裕民：《北宋前期方田均税考》，《晋阳学刊》1998年第6期；乌廷玉：《北宋大土地所有制的发展和“千步方田法”》，《松辽学刊（社科科学版）》1985年4月。

③ 朱伯康、施正康：《中国经济史（上卷）》，第546页。

三十九万斛，然实入才二十万耳。询之土人，皆欺隐也。望考按核实，自平江始，然后施之天下，则经界正而仁政行矣。”宋高宗认为“椿年之论，颇有条理”，次年颁行全国。办法是，先由田主自行丈量，依照官定格式绘成田形图，然后呈送政府，地方政府主管官员再检查与核对。若有田主隐漏不报，即将其隐漏田地没收。事实上，田主田形图核实登记后，便成为产权的法律依据，田主陈报的积极性很高。地方主管官署在每一本登记册前都要绘一个田产总图，各丘田地鳞次栉比，状若鱼鳞，称为鱼鳞图册。①

第三节　明清地籍制度

1368年，明王朝建立。由于经历了多年的战乱，明初的社会经济十分凋敝，人口减少，田地荒芜，再加上簿籍散乱，稽查失实，使赋役征派陷入了严重的困难局面中。为了巩固新王朝的统治，明太祖朱元璋下令整顿农村基层组织，清查户口、田地，建立户籍制度，以便控制农村基层社会，强化赋役财政管理。②

《明史·食货志》云：

> 明土田之制，凡二等：曰官田，曰民田。初，官田皆宋、元时入官田地。厥后有还官田，没官田，断入官田，学田，皇庄，牧马草地，城壖苜蓿地，牲地，园林坟地，公占隙地，诸王、公主、勋戚、大臣、内监、寺观赐乞庄田，百官职田，边臣养廉田，军、民、商屯田，通谓之官田。其余为民田。

据栾成显研究，洪武三年（1370），朱元璋颁布命令，在全国调查户口，

---

① 赵冈：《农业经济史论集——产权、人口与农业生产》，中国农业出版社2000年版，第258—259页。

② 郑学檬：《中国赋役制度史》，上海人民出版社2000年版，第496页。

正式推行户帖制度。难得的是，关于明初户帖的实物，尚有数件遗留至今。明代户帖所登载的项目首先是户名，住址，应当何差，计家多少口。其次为人丁事项，其下登载的项目十分详备，不但分为男子、妇女，而且又各设细目。男子项下分为“成丁”与“不成丁”；妇女项下分“大口”与“小口”。明代规定男子 10 至 60 岁为成丁，其余为不成丁。妇女大口系指已与本户男子结婚的妇女，小口指本户尚未出嫁的女子。[①]郑学檬指出，明初推行户帖制度的手段十分严厉，包括动用军队在各地核实户口，并且还用严刑峻法来保证户籍户帖所登记的项目尽可能与人户的实际情况相符合。户帖成了洪武前期征调赋役的根据。[②]

据栾成显所述，洪武十四年（1381），明朝又在户帖制度的基础上，建立了黄册制度。他引证了《明书·赋役志》的记载，黄册制度，“其法以一百一十户为里，一里之中，推丁粮多者十人为之长，余百户为十甲，甲凡十人。岁役里长一人，甲首十人，管摄一里之事”。栾成显认为，洪武十四年所设这种一百一十户为里、十户里长、百户甲首的里甲编制，遂成为有明一代的定制，终明之世没有改变。[③]张海瀛指出，黄册以人丁、事产为经，以旧管、新收、开除、实在为纬。本届的“旧管”即是上届的“实在”。“开除”指上届至本届期间人口死亡及田产的出售数额，“新收”上届至本届期间人口增加及田产买入数额。四者之间的关系，可用如下公式计算：实在＝旧管－开除＋新收。[④]黄册每隔十年重造一次，名曰“大造”。有明一代，大造凡二十七次。[⑤]黄册不仅作为检查和管理各类户口的根据，而且作为征派赋役的依据，是一种相当严密的户籍和赋役的管理制度。[⑥]

据赵冈研究，为了更有效地保证赋役的征收，明朝还两次大规模地丈

① 栾成显：《明代黄册制度起源考》，《中国社会经济史研究》1997 年第 4 期。
② 郑学檬：《中国赋役制度史》，第 496 页。
③ 栾成显：《明代黄册制度起源考》。《中国社会经济史研究》1997 年第 4 期。
④ 张海瀛：《张居正改革与山西万历清丈研究》，山西人民出版社 1993 年版，第 187 页。
⑤ 张海瀛：《张居正改革与山西万历清丈研究》，第 187 页。
⑥ 郑学檬：《中国赋役制度史》，第 496 页。

量民田。明太祖洪武元年（1368）遣周铸等164人，在浙西核实田亩，至洪武四年（1371）令天下有司度民田。这个工作进行得很不顺利，拖拖拉拉直到洪武二十年（1387），各地的鱼鳞册才完工进呈。冬十二月太祖检查两浙及苏州等府之情况，发觉漏洞颇多，极不满意，遂召国子生武淳等人，再赴各处详查："乃集粮长及耆民，躬履田亩以量度之，遂图其田形之方圆大小，次书其主名及田之四至，编汇为册，号曰鱼鳞册。"这次土地丈量工作是与户口普查同时进行的。为了调查翔实，太祖曾下严令，有隐漏者"家长处死，人口迁发化外"。这次调查直到洪武二十六年（1393）才全部完成。[①]随粮定区，以税粮万石为一区，区设粮长四人。[②]

栾成显写道，明初洪武时期的土地丈量，多承宋元旧制，在区域划分与字号编排上，仍沿袭宋元以来的都保制。[③]据其所引嘉靖《浦江志略·疆域志》载："大明洪武十有四年，定图籍，隶于隅都。民以一百一十户为一图，共图一百六十有六，每图设里长一人，十年一役……都分十保。县共三十都，每都设都长一人。每都各分十保，设保长一人，专管田地山塘古今流水、类姓等项印信文册，防民争夺。"[④]

张海瀛所著《张居正改革与山西万历清丈研究》介绍了万历十一年（1583）刻立的《平阳府曲沃县均田记》碑。碑文为曲沃知县沈时叙撰，记载了山西曲沃县的清丈情况，为了解山西清丈提供了宝贵的实证资料。碑文云：

> 岁辛巳。圣天子允抚臣之请，下地官议，俾天下有司各丈地亩清浮粮以苏民困。德意恤民至殷也。时余待罪曲沃者且三载矣，乃奉两台暨藩司檄清丈本县田地，及晋府庄田与平阳府卫屯地之坐落县境者。余

① 赵冈：《农业经济史论集——产权、人口与农业生产》，第260页。
② 朱伯康、施正康：《中国经济史（下卷）》，第163页。
③ 栾成显：《洪武鱼鳞图册考实》，《中国史研究》2004年第4期。
④ 嘉靖《浦江志略》卷一《疆域志·乡井》。转引自栾成显：《洪武鱼鳞图册考实》，《中国史研究》2004年第4期。

接檄即遵照户部题准清丈事例条款目示诸百姓，先令其人自清丈。自首者免罪，其隐者重究。丈毕各填供报单一张送本里，里长挨甲□□类为一册，名曰提供顺甲册。余收贮密室以为底据。仍复择乡民中素行端谨者，充公直里各二人，带书算手各一人，复分里挨段丈之。与供报者同则已；多少□□□之，少者正其欺隐之罪。□类其册，曰鱼鳞册，则丈无遗地矣。余又恐其险易，不得其平也，乃遍履阖县地方，阅视地势，原湿坡平肥瘠以定地则。仍照□□藩式，定为五等征粮。而民间宅基坟地，与夫田间道路粮，皆豁免遵例也。其丈出并首出节年欺隐地亩，尽数通融衰益县旧日包纳浮粮之数。而昔之欺隐□，无以遂其奸；包赔者，得以免其祸。既复算明确造册送报两台题奉钦依将前项地亩造入黄册，及造备照文册贮库。仍填给执照单元格，人给一纸，永远收执，以杜日后侵占撒派之弊。□阖□□各地粮等则总数，并原丈□□及折地，干尺之规，俱刊于碑，庶使人人俱晓积弊，而里书刁顽豪恶皆不得以缘增减为奸矣。若晋府庄田平阳卫屯田，则另纪别石以备照。是役也，经始于辛巳之夏，竣事于壬午之秋。事峻宜纪其事。余罔敢□□□□溢美，然亦不敢侈为□□粉饰语以欺世，因记其实。[①]

据碑文所叙，曲沃县的田粮清丈是在知县沈时叙的主持下进行的。沈时叙，河南祥符（今开封）人，明朝万历六年（1578）授曲沃知县。万历九年（1581）沈时叙接到清丈田粮的命令后，便开始实施。先将清丈条例，公诸于众，让百姓先自行清丈其田粮。如有隐漏田粮，主动申报者可以免罪，欺隐不报者，重究。民户自行清丈后，要将清丈结果填入“供报单”，送交本里里长。里长将民户自查的“供报单”，挨甲挨户，编为册籍，名曰“供报顺甲册”。全县的“供报顺甲册”，都要交给知县审阅，并收贮密室，以为底据。在此基础上，挑选乡民中素行端谨者，进行复核。丈量土地的工具

① 张海瀛：《张居正改革与山西万历清丈研究》，第207—208页。

称之为“折地干”。曲沃县用了两种“折地干”。其一是布政司颁降的官尺折地干。干长为1.6325米，合明代量地尺5尺，每尺长为0.3265米，用来丈量膏肥田亩。其二是曲沃县折地尺之折地干。干长为1.82米，亦为5尺，每尺长为0.364米，较官尺折地干尺大0.1875米，用来丈量比较贫瘠的土地。清丈和复核完成后，县政府即编造“鱼鳞图册”和“黄册”，并颁发地亩“执照单”，人给一纸，永为收执。整个清丈工作历时一年余，经过清丈，曲沃县的地亩数额为6109顷1亩8分。[①]

万历十年（1582），大同府及山西行都司清丈事峻。正德七年（1512），大同府并所属州县的地亩为2万余顷，万历九年（1581）清丈后增至3万余顷。山西行都司屯田总额也由28590顷增至47000余顷。[②]

通过清丈，山西布政司（不含大同府）通省新增：

首出地：23941顷16亩5分；

丈出地：59423顷35亩3分；

欺隐地：5182顷3分；

合计共：88546顷52亩1分。[③]

据赵冈所述，明朝的第二次土地清丈是在明神宗万历六年（1578）开始，四年以后才竣工，今天看到的明代鱼鳞图册多是万历九年或十年制成者。这两年各省都有土地丈量的结果呈报。《续文献通考》万历六年记载：“阁臣张居正因台臣疏奏，请通丈十三布政司，并直隶州田土，限至十年丈完。”又据《明会典》万历八年规定防止隐漏的办法是：“查出问罪，田产入官。有能讦告得实，即以其地给赏。丈量完日，将查出隐匿田地抵补浮粮。”万历年间的土地清丈很彻底，实施于全国，并有统一的丈量方法与条例。[④]

鱼鳞图册的建立，是自均田制被破坏后私有土地大发展的情况下，国家

① 张海瀛：《张居正改革与山西万历清丈研究》，第209—212页。
② 张海瀛：《张居正改革与山西万历清丈研究》，第203页。
③ 张海瀛：《张居正改革与山西万历清丈研究》，第219页。
④ 赵冈：《农业经济史论集——产权、人口与农业生产》，第260页。

地籍制度的一次完善，对农村社会的发展影响深远。郑学檬指出，在明初小农经济得到很大程度恢复的社会环境里，通过鱼鳞图册和黄册，明王朝对广大小农加以严格掌握，不但在一定程度上促进了小农经济的恢复和发展，而且也使明初的赋税收入迅速增长。①

自20世纪80年代以来，美籍学者何炳棣多次发表论著，称明初全国各地履亩丈量绘制的《鱼鳞图册》根本不是史实而是传奇。②栾成显依据大量史料，对这一问题作了分析。

从鱼鳞图册的分类来说，其中有鱼鳞总图和鱼鳞分图。鱼鳞总图是以字号为单位，标绘某一鱼鳞字号内所属各号田土位置的一种文书，其状极似鱼鳞。由于某一鱼鳞字号所属各号田土一般都有几千号，所以鱼鳞总图亦多分为若干张绘制，而装订成册。鱼鳞总图的名称有摊佥册、摊佥总图、摊册、全图等等。③

鱼鳞分图，则是按字号顺序排列，详载每号田土所属各项内容，诸如所属字号、都保（或都图）、业主姓名、土名、田土类别、四至、丈量弓步、税亩面积、分庄、佃户姓名等等。一般都绘有各号田土形状，但亦有不绘者。④

中国社会科学院历史研究所藏"洪武清册分庄"每面登录四个顺序田土号码的内容。每号所载内容有：字号，田土类别，田土面积，见业，原额，先增，今增，土名，佃人，东、西、南、北图形（均未画出），四至，分庄等。⑤

《歙西溪南吴氏先茔志》所载内容鱼鳞图册相关内容可以相互印证。⑥

综上，栾成显认为，何氏在论著中并未举出多少有力的证据，其说法只

① 郑学檬：《中国赋役制度史》，第501页。
② 栾成显：《洪武鱼鳞图册考实》，《中国史研究》2004年第3期。
③ 栾成显：《洪武鱼鳞图册考实》，《中国史研究》2004年第3期。
④ 栾成显：《洪武鱼鳞图册考实》，《中国史研究》2004年第3期。
⑤ 栾成显：《洪武鱼鳞图册考实》，《中国史研究》2004年第3期。
⑥ 栾成显：《洪武鱼鳞图册考实》，《中国史研究》2004年第3期。

是对史料的一种解释而已。特别是对有关洪武鱼鳞图册的文书档案，丝毫没有提及，未作任何考察，所下结论未免难以令人信服。[①]徽州地区洪武时期鱼鳞册的攒造并不是在同一年几个月时间内编就的，而是历经数年之久才完成的；徽州地区洪武时期鱼鳞图册的攒造并不是根据原有土地档册照抄照描而编就的，乃是经过丈量重新攒造的。有其纳税田亩面积。二者用不同的计量单位表示，但表示的面积却是相等的，当时的税亩并非折亩。徽州洪武时期所攒造的鱼鳞图册是当时订立契约文书的基本依据，在土地买卖、诉讼质证等社会生活中发挥着实际效用。[②]

清入关后，初期尽量维持或恢复万历年间的地籍数据，认为它们比较精确可靠。顺治皇帝曾两次颁布诏书，要求沿用明万历的鱼鳞图册，不必清丈。但时距明万历毕竟已过很久，各地垦殖，农田变化颇大，康熙二年（1663）下诏不论荒熟，全国丈量。次年刑科给事中杨雍建认为此举过于扰民，奏请停止清丈，此后，湖南、安徽等省巡抚相继奏请停止清丈，康熙依奏停止全国全面丈量，但允许各省官员自行裁夺在本地区进行土地清丈。康雍乾三代都有区域性的清丈工作，制造新的鱼鳞图册。如江苏、河北、山东、湖北、湖南、四川等地，都有土地清丈之记载，或留下鱼鳞图册实物。在清丈方法与登记格式上，清代的鱼鳞图册与万历的图册几乎完全相同。[③]

综上所述，为增加政府税收，明朝进行了大规模的土地清丈，掌握了公私土地的基本信息。明朝的地籍整理影响深远，其丈量成果鱼鳞图册，在一些地方一直沿用到民国。

本章小结

通过对先秦到明清地籍管理制度的考察，不难看出，古代存在比较严格

① 栾成显：《洪武鱼鳞图册考实》，《中国史研究》2004 年第 3 期。
② 栾成显：《洪武鱼鳞图册考实》，《中国史研究》2004 年第 3 期。
③ 栾成显：《洪武鱼鳞图册考实》，《中国史研究》2004 年第 3 期。

的土地管理制度，特别是在唐以后，地籍管理系统愈发严密。在明朝时对土地进行了大规模的丈量，并第一次建立完备的地籍信息体系——鱼鳞图册。从地籍管理的沿革来看，政府通过对土地的控制，实际上一直在控制着乡村社会。所谓皇权不下乡很大程度是不切合实际的。

中古以后迄于近代，随着均田制的瓦解，政府加强地籍管理的动机和能力都进一步增强。政府的目的是在增加财政收入，但是，地籍管理所能达到的严密程度，依赖政府的控制能力。政府会认真考量对遗漏田亩征税所带来的收益与达到地无遗利所付出的努力之间的差额，如果收益显著大于成本，政府会采取行动，像明初所做的那样。如果政府认为收益要小于成本，政府就会维持现状。像清初，一方面有明朝的鱼鳞图册可以凭借，一方面担心土地丈量所可能带来的问题，政府基本上是因循了明朝的地籍资料。

由漫长的历史所型塑而成的地籍管理制度，成为民国时期地籍制度变迁的路径依赖。一方面，围绕着地籍管理，在乡间已形成了一个以“册书”为代表的利益集团；另一方面，乡间已形成了一套关于产权确认与保护的惯习。这是国民政府地籍整理变革所不得不面对的。在这两股势力的作用下，国民政府的地籍整理一开始就具有某种不确定性。如果能得到乡村社会的合作，地籍整理就可能取得理想的效果；如果遭遇抵制，地籍整理的推进将因为成本高昂而步履艰难。

第四章
南京国民政府乡村地籍整理的政策目标

中国农地，沧海桑田，变化殊多。“土地有古肥而今瘠者，亦有古瘠而今肥者。惟田赋相沿旧惯，未予变更，时迄今日，致有瘠地税重，或良地税轻之怪现象，与课税公平原则背道而驰。”[①]“田土测丈，自明万历以来，从未普遍举行，粮户推收过割，又复办理不善，以致真实垦地数字，既无稽可考，而田赋与土地分离之现象，又日益普遍，此不惟表明我国调查统计事业之落伍，抑亦税务行政上之一大弱点也。”[②]由于地籍混乱，导致农民负担畸轻畸重，而政府收数不足，这些问题，都必须通过地籍整理才能解决。

南京国民政府推进地籍整理，以建立现代地籍管理系统。其政策目标主要包括两个方面：一是增加政府的收入，夯实政府的财政基础；一是赢得政治支持，与中国共产党领导的土地革命对抗。这两个目标之间显然存在着矛盾，国民政府希望能够在增加政府收入与改善民生之间找到平衡点。

第一节　完善地籍管理

要完善地籍管理，首先要建立完善的地籍信息系统，这需要统一亩法，

① 叶干初：《兰溪实验县田赋之研究》，见萧铮主编：《民国二十年代中国大陆土地问题资料》第7卷，台北成文出版社1977年版，第3833页。

② 关吉玉、刘国明编纂：《田赋会要第三篇：国民政府田赋实况（上）》，第45页。

核定田产业主，核实耕地面积；另外，要建立一个正式的地籍管理系统以革除册书，从而革除征收腐败。

一、统一亩法

根据梁方仲先生的研究，我国亩制向来是用平方步计算的，步又用尺来计算。秦灭楚以前，1 亩合 100 平方步，1 步合 6 尺，1 亩合 3600 平方尺；秦至唐 1 亩合 240 平方步，1 步合 6 尺，1 亩合 8640 平方尺；唐至清 1 亩合 240 平方步，1 步合 5 尺，1 亩合 6000 平方尺。[①] 清代又改步为弓。丈亩以步弓起算，每弓 5 尺为 1 步。尺则以工部的营造尺为标准，又田地面积的计算，以亩为整位，亩之下为分、厘、毫等，各以十进递减。

在谈到历代田亩数字的性质时，梁方仲指出，由于土地肥瘠不同，位置上也有差别，政府登记的田亩常常是折合以后田亩的数字。如明朝，凡是依照中央规定以 240 平方步作为 1 亩的名曰“小亩”，以较多的平方步（简称步）折合成 1 亩的名曰“大亩”。于是各地有以 360 步（即 1 小亩 5 分），或 720 步（即 3 小亩），或 1200 步（即 5 小亩）为 1 亩的，甚至有以 8 小亩以上折合 1 大亩的。州县编造黄册时，用大亩计算的数字来上报户部；但向下征派服役时，又用小亩来计算。因此，填报的面积远远低于实际的面积。这就为官吏胥役舞弊营私提供了便利。[②]

乾隆十五年（1750），谕令各省将旧用弓尺报部审核，但各省所报弓尺的标准，极不一致。有以 3 尺 2 寸为 1 弓者，有以 7 尺 5 寸为 1 弓者，或以 260 弓为 1 亩者，或以 720 步为 1 亩者，相差悬殊，都没按照部颁弓尺办理。当时各省虽将所报不齐的缘由，呈报备核，但朝廷为避免麻烦起见，未予细核，不加覆丈更正。以后，清丈之政不修，田地之荒辟增减，多任老百姓自

① 梁方仲：《中国历代户口、田地、田赋统计》，上海人民出版社 1980 年版，第 546 页。
② 梁方仲：《中国历代户口、田地、田赋统计》，第 528 页。

报，亩法紊乱日甚一日。太平天国运动以后，官府征册散失，田地粮赋，更无从稽考。同治七年（1868），有饬各省就地问赋之令。民国以来，土地失丈既久，经界未定，所以不仅田亩面积失去根据，就是计亩之法，多舍亩而代以别名。如石、斛、箩、斗、秤、贯、瑕、担等名称，以土地收获量或业主收益量计亩而不以面积计亩。[①] 吴黎平指出："中国的度量衡是极不一致的。有的地方一亩土地可以等于别的地方的两亩。秤和斗斛，也是如此。所以我们在叙述时，应该注意到度量衡的地方性。同一面积的土地，也因气候、肥沃程度等条件的不同，可以形成不相同的面积。"[②]

民国时期，亩法极其混乱。[③] 湖北"各县计算田亩，有以六十方丈或二百四十方弓为一亩者；有以需用之种籽数量定亩者；有以需用犁田之牛力，或人力定亩者；有以二斗五升为一亩者。计亩之法不一，亩之大小标准自不一致；同时每亩之负担量，各县难以尽同"，"欲求亩之标准统一，每亩之负担平均，当有待于清丈之完成"。[④]

标准既不一致，同一标准，也因地区、田地性质的不同而不同，虽然同是 1 亩，实际面积大小悬殊。以斗计算者，1 亩从 1 斗到 2.5 斗不等；以产收计算者，1 亩从 2 石到 6 石不等；以租稞计算者，1 亩从 1 石到 2 石不等。另有以 240 弓为 1 亩者，有以 50 余方丈为 1 亩者，有以 60、80 甚至 100 方丈为 1 亩者等。[⑤]（参见表 4.1.1）

① 刘世仁：《中国田赋问题》，第 92—93 页。

② 吴黎平：《中国土地问题》，原载《新思潮》第五期，1930 年 4 月 15 日，转引自陈翰笙、薛暮桥、冯和法编：《解放前的中国农村》第 1 辑，第 351 页。

③ 刘世仁：《中国田赋问题》，第 92—93 页。吴黎平：《中国土地问题》，原载《新思潮》第五期，1930 年 4 月 15 日，转引自陈翰笙、薛暮桥、冯和法编：《解放前的中国农村》第 1 辑，第 351 页。万国鼎：《中国田赋鸟瞰及其改革前途》（1936 年），第 3—4 页。

④ 《湖北县政概况导言》，第 18 页。

⑤ 《湖北各县田亩标准收获量及地价一览表（1934 年）》，见《湖北县政概况 · 结论》，第 20—22 页。

表 4.1.1 湖北各县田亩标准

县名	亩之标准
蒲圻	每亩约合田 2.5 斗
汉阳	每亩约合田 1 斗
咸宁	每亩合田 2.4 斗
崇阳	每亩合田 1.5 斗
大冶	每亩约 60 方丈
浠水	每收 2 石合 1 亩
罗田	每收 4.5 石合 1 亩
随县	每亩约合田 2 斗
天门	向以亩计算标准未详
汉川	每 240 弓为 1 亩
钟祥	每横 15 弓直 16 弓为 1 亩
荆门	每旱地 3 亩 3 分合田 1 石
南漳	每田 1 石折合 7 亩，1 牛工田折合 2 亩
保康	水田以种子 5 升为 1 亩，旱地以 1 日牛犁之地为准
远安	每横直各 7 丈 7 尺 5 寸合 1 亩
兴山	每稞 5 石为 1 亩
秭归	上田 60 方丈中田 80 方丈下田 100 方丈为 1 亩
五峰	亩之标准多视生产量与租稞量而计算
恩施	田地不以亩或石斗计算，通行每 1 田呼作 1 垄
宣恩	以上等田收获 4 石之谷为 1 亩
鹤峰	水田上则 4 石中则 5 石下则 6 石合 1 亩
来凤	每收谷 4 石合 1 亩
陨西	田以稞石为准，约 2 石稞为 1 亩
竹山	每稞 1 石估地 1 亩

数据来源：《湖北各县田亩标准收获量及地价一览表（1934 年）》，见《湖北县政概况·结论》，第 20—22 页。

缪启愉在其报告中所指出，关于度量衡，在当时农村用得较为广泛的是石、斗等单位，既指谷物重量，又指谷物容积，还是田亩单位。其实石有量、衡二义：量 1 石 10 斗，衡 1 石等于重量 1 担。言衡以斤累担，言量以斗积石。衡与量，即谷物重量与容积都称“石”，极易引起混淆。谷物重 120 斤为 1 石（担），以斗斛量 1 石也是百余斤，正够 1 人担，日久“石”“担”并称，既指重量，又指容积。地亩石（担）则是由容积的石转化而来。漕米 1 石或种子 1 石约合多少田，用同弓亩。石斗无定积，有 3、4 分 1 斗，石 3、4 亩者，有 6、7 分 1 斗，石 6、7 亩者，也有亩 1 斗石 10 亩者。石斗称谓，可谓无所不包，也可谓毫无意义。因为各地情况不同，折亩难免悬殊。以粮额为石斗计算标准者，粮多田小，粮少田大；以种子为标准者，地瘠苗荒则田大，地肥苗稠则田小；以面积为标准者，纯出估计，相差更大。就地等而言，一般上等田较大，中下等田较小；就地类而言，“田固狭于地，地固狭于山，即水田与旱田，山地与平地，亦迥不相侔”[①]。

农村习惯，还有用“堆粪”来表示田亩大小的。如湖北武昌东乡油坊岭、豹子澥一带，多为旱地，仅能种麦。肥料为灰、草和粪，曝之半干，分成若干堆。堆大可半合抱。以混粪一堆所尽地之面积称之为一“堆粪”，每斗可尽 3 堆粪，所以习惯用 3 堆粪合田 1 斗。在湖区或江边产芦苇的地区，用宽 5 尺，长直达水中洲滩所有面积为 1 弓，1 弓输银 3 分。[②]

曾任湖北云梦县财政科科长的雷子敬在给财政厅的呈文中写道：“考各县习惯，向少亩之名称，计算田地面积，有以石斗者，有以种籽者，有以弓锄者，甚至有以人力兽力为单位者。”[③]

这些亩积的实际大小，只有经过测丈才能确知。根据《平汉铁路沿线农村经济调查》，湖北祈家湾等地经过实地测丈 1 当地亩与 1 市亩的折合数为：祈家湾，0.949 市亩；祝家湾，0.978 市亩；萧家港，1.111 市亩；花园，1.120 市亩。[④] 最大亩与与最小亩之间的差别为 17%。

① 缪启愉：《武昌田赋之研究》，见萧铮主编：《民国二十年代中国大陆土地问题资料》第 25 辑，台北成文出版社 1977 年版，第 12008—12010 页。

② 缪启愉：《武昌田赋之研究》，第 12012—12013 页。

③ 《呈为整理田赋暨会计意见仰祈鉴核采纳施行事》，湖北省档案馆，LS19-2-2510。

④ 陈伯庄：《平汉铁路沿线农村经济调查》，附表 2，交通大学研究所 1936 年刊行。

时人云："湖北田亩以迭经交乱，政府原有册籍荡然，所存者仅为一户名与征收银数之征册，最近财政厅据各县所报告，多数谓不知其所治究有田亩若干，并无可考稽。……故欲求一田亩之确数似觉颇难。"[①]

表 4.1.2　江苏无锡全县额征亩数[②]

田别	亩数
农田	1254337
学田	980
义田	1321
滩田	3125
荒田	13268
合计	1273031

表 4.1.2 显示，江苏无锡在地籍整理前有田亩数 127 万余亩。这里的田亩数是指无锡应税田亩数，即所谓的"税亩"，其实际田亩数应远远超过此数。"祠庙寺观祭田，因其概免科赋，均未列入。计算田亩之法，向以亩为单位，田亩面积，大小不一，农民以稻棵为测臆田亩大小之标准，以五百棵目之为'官田'，此种最为普遍，小者仅四百棵左右，最大竟达六百棵以上，相悬甚大。官府应用亩法，袭用清制，每亩以六十平方为标准，每一平方即指每一方丈而言。丈量仪器，应用旧式部弓，一弓即一步，每步约合中国营造尺三尺强，普通田亩，约计二百四十部弓。计亩方法，亩以下递十折为分、厘、毫、丝、忽等位。"[③] 根据陈翰笙等的调查，无锡所谓亩的大小至少有 173 种，最小的合 2.683 公亩，最大的合 8.957 公亩。就是在同一村，

① 赵钜恩：《湖北财政厅实习报告》，见萧铮主编：《民国二十年代中国大陆土地问题资料》第 157 辑，台北成文出版社 1977 年版，第 80463 页。

② 阮荫槐：《无锡之土地整理（上）》，见萧铮主编：《民国二十年代中国大陆土地问题资料》第 35 辑，台北成文出版社 1977 年版，第 17472—17474 页。

③ 阮荫槐：《无锡之土地整理（上）》，见萧铮主编：《民国二十年代中国大陆土地问题资料》第 35 辑，台北成文出版社 1977 年版，第 17472—17474 页。

亩的差异最少也有5种，例如邵巷一村多至20种，小的2.683公亩，大的5.616公亩。①

江苏武进县山地2亩折田1亩，荒白地3亩折田1亩，山塘荡滩10亩折田1亩。②

浙江兰溪县，田地种类分为田、地、山、荡四种。田通常以石为单位，由于田的等级不同，石的大小也有差别。最下等田，每石视作2亩5分；下等田视作2亩6分；次等田视作2亩7分；上等田视作2亩8分。③

浙江金华以营造尺5尺为1弓，营造尺一尺，合市尺9寸6分，即合鲁班尺1尺2寸。所以，金华1弓=5营造尺=6鲁班尺=4.8市尺=1步。弓系木制，其式样如下：

金华田地面积计算，一般以240方弓为1亩，每亩合6000平方营造尺，5760平方市尺，即1市亩等于1.08507营造亩。金华旧亩以营造亩为标准，1营造亩面积与1市亩相当。④但根据金华民间习惯，田亩不是以亩为单位，常常以石为单位，一般以2.5亩为1石，也有以2亩2分或2亩3分为1石者，有以3亩2分或3分为1石者。农民杀稻割麦，以3捻为1把，每240捻或80把可收1担谷。肥田每亩收谷4担，差田每亩收谷2担，金华乡间又有根据杀稻割麦捻数来推知亩数的习惯。⑤另外，金华“环绕皆山，其深山峻岭之荒山荒地，向无真确亩分，买卖时亦随意指定，甚有数百亩而指为数十亩者也”⑥。浙江鄞县亩的大小至少有3种：合2.877公亩；合1.823公

① 陈翰笙：《亩的差异》，原载《国立中央研究院社会科学研究所集刊》第1号，转引自陈翰笙、薛暮桥、冯和法编：《解放前的中国农村》第2辑，第48页。

② 张德先：《江苏土地查报与土地整理》，见萧铮主编：《民国二十年代中国大陆土地问题资料》第29辑，台北成文出版社1977年版，第14240—14242页。

③ 叶干初：《兰溪实验县田赋之研究》，第3581页。

④ 尤保耕：《金华田赋之研究》，见萧铮主编：《民国二十年代中国大陆土地问题资料》第19辑，台北成文出版社1977年版，第9062—9063页。

⑤ 尤保耕：《金华田赋之研究》，第9063—9064页。

⑥ 尤保耕：《金华田赋之研究》，第9119页。

亩；合 1.495 公亩。[①]

安徽省各县田亩，既有弓口大小之不同，由丈亩折成册亩，复有数量多寡之不同，而民间买卖田地，更有以亩计值者，亦有以种量斗石计值者。[②]

山东霑化每亩合 4.28 公亩；潍县每亩合 22.725 公亩。亩的大小至少有 5 种，约合 22.725 至 32.195 公亩。河北盐山每亩合 8.074 公亩；唐县每亩合7.188 公亩；邯郸合6.276 公亩；昌黎合6.076 公亩；遵化合5.837 公亩。[③]

贵州“地未丈量，故无亩分，不足言亩法也。惟于少数县份，为课赋升值，亦有相沿之法”。有的地方以产谷之挑数石数计亩。如修文以百挑为 2 亩 2 分；镇远以二十石、三十石、四十石为 1 亩；婺川以幅计亩；广顺以份、丘、幅计亩；岑巩以丘、块、幅计亩；同仁以坵、型计亩。只是一亩的面积到底有多大，除了镇远、修文两县外，其他地方都无据可查。[④]

亩的差异，一方面使政府可以浮收捐税，一方面使地主可以浮收地租。[⑤]根据 1927 年修订的“升科章程”第五条：“升科计亩系以营造尺丈量，六十方丈为一亩，六方丈为一分，六方尺为一厘。”[⑥]

二、核定田产业主

明清以来，能够较为准确地反映土地所有权及其变动的资料，是政府所

① 陈翰笙：《亩的差异》，原载《国立中央研究院社会科学研究所集刊》第 1 号，转引自陈翰笙、薛暮桥、冯和法编：《解放前的中国农村》第 2 辑，第 48 页。

② 金延泽、许振鸾：《安徽省土地整理处实习总报告》，见萧铮主编：《民国二十年代中国大陆土地问题资料》第 169 辑，台北成文出版社 1977 年版，第 84443—84450 页。

③ 陈翰笙：《亩的差异》，原载《国立中央研究院社会科学研究所集刊》第 1 号，转引自陈翰笙、薛暮桥、冯和法编：《解放前的中国农村》第 2 辑，第 48 页。

④ 李荫乔：《贵州田赋研究》，见萧铮主编：《民国二十年代中国大陆土地问题资料》第 1 辑，台北成文出版社 1977 年版，第 23 页。

⑤ 陈翰笙：《亩的差异》，原载《国立中央研究院社会科学研究所集刊》第 1 号，转引自陈翰笙、薛暮桥、冯和法编：《解放前的中国农村》第 2 辑，第 48 页。

⑥ 李荫乔：《贵州田赋研究》，第 23 页。

编制的黄册及鱼鳞图册。这两种册籍的基本情况在前面已有介绍。[①] 其出现以及最后逐渐消亡，折射出中国专制主义的政治制度臻于极盛又走向衰落的历史趋势。

田赋征收税册，除了黄册、鱼鳞图册、还有赋役全书。[②] 赋役全书系明代实行“一条鞭法”后编订，首次纂修约在万历十一年（1583）。清朝顺治三年（1646）谕户部，令稽核钱粮之原额，汇编成《赋役全书》，以作征赋之依据。顺治十一年复订正《赋役全书》的编制，全书中先列地丁原额，次荒亡，次实征，再次为起运存留。起运分别列出部、寺仓口；存留详列款项细数。其新垦之地亩，招徕之人丁，续入册尾。顺治十三年颁示全国，每州县发给两本，一本存于有司，一本存于学宫。

康熙二十四年（1685）重修，删繁就简，定名《简明赋役全书》。雍正十二年（1734）定，《赋役全书》每十年修一次，以奏销现开之条款为式，由布政司刊造，俗称《新编全书》。乾隆三十年（1765），《赋役全书》与《奏销册》合而为一，不再重修。

明王朝不仅进行土地清丈，并建立有里甲组织。编制赋役黄册即是里甲的一项重要职能，于是在里甲组织中就产生了册书一类职役。一般称作里书，以后随着时势的推移，不同区域叫法各异，有社书、图书、区书、庄书等称谓。县级衙门中还对应设置有粮书、总书、户书等职位。这些人员都是基层田赋征收中的书差，后来有混同的趋势，“凡承充粮册、分掌各甲粮户谓之册书”。世易时移，政府手中的册籍或毁坏，或遗失，即使仍有保留者，也因信息不能及时更新，与实际情况已经大相径庭。随着官方册籍的丧失，册书手中的私册就逐步成为征收赋税的唯一凭证。册书成为官府所依重的对

① 对于明朝黄册制度的介绍，可以参见郑学檬的《中国赋役制度史》第六章，赵冈的《农业经济史论集——产权、人口与农业生产》中《简论鱼鳞图册》篇，以及梁方仲的著作，栾成显的《明代黄册制度起源考》（《中国社会经济史研究》1997年第4期），等等。

② 刘世仁：《中国田赋问题》，第109—110页。

象，并逐步走向世袭化和包役化。这在晚清至民国尤为突出。[①]

刘世仁指出，经过太平天国的叛乱，以及其他天灾兵祸，黄册、鱼鳞图册及赋役全书均散失。征收田赋只好根据过去征收奏销的旧册，以及书吏私抄底本，凑成各县田赋征收图册，所以已极不准确。各省财政厅只知道某县征额多少，但是不知道各粮户应完数额。县政府知道粮户应完数额，却不知道其姓名住址。每年征册胥吏造具草册，粮书即根据所报亩数科算银米，然后编造征册。如造册时知道某田多粮户爱贪便宜，便将该粮户名下赋额少填大头或小尾，甚至故意漏写，以便向该粮户敲诈钱财。所以造出的征册上有很多秘密记号。征册造好后送到县政府审查盖印，仍发交粮柜保管，并要求尽快造出串票。在造串票时，粮吏们便有了舞弊的机会。因为串票上的赋额是用木戳印出的，一般是几元几角几厘，但是几元前面，几厘后面没有断尾的表示，这样，在串票取出后，粮吏们便可以在几元前再用木戳添加数字，在几厘后也可添加毫丝等更小单位。另外，地权的变化，田地的湮没与新垦，县政府都没有准确的资料，这都为征收吏操纵田赋征收，中饱私囊提供了便利。[②]

江西旧抚州所属各县，太平天国运动时曾遭扰乱。北伐战争时期，军阀刘宝题的军队在这里负隅顽抗，烧杀掳掠，无恶不作。[③]在土地革命时期曾是中国共产党的根据地，“除临东两县外，其他四县县城数次被陷，焚烧之迹，至今犹历历可见，档案大半被焚，以往情形，无从查考”[④]。如乐安县，作为革命根据地的时间最长，地政学院学员的调查报告称，“乐安县”产业无人过问，田地荒芜逃亡绝户极多。至于田赋收入，自二十年以来，收额不及一成，其凋敝荒凉与夫被匪之惨，可以概见。”[⑤]金溪县“所有民田官田荒地等，因金邑被匪陷四次，一切文令簿册，均焚失无存”[⑥]。

---

① 杨国安：《册书与明清以来两湖乡村基层赋税征收》，《中国经济史研究》2005 年第 3 期。

② 刘世仁：《中国田赋问题》，第 109—110 页。

③ 周炳文：《江西旧抚州府属田赋之研究》，第 3441 页。

④ 周炳文：《江西旧抚州府属田赋之研究》，第 3357 页。

⑤ 周炳文：《江西旧抚州府属田赋之研究》，第 3361 页。

⑥ 周炳文：《江西旧抚州府属田赋之研究》，第 3362 页。

历经动荡之后，各项田地图册，大半散失。“各架书所存实征底册，虽较为完善，但皆视为秘本，轻易不肯示人。至官方所存之征册，则属一篇假账。所载各花户姓名田地坐落四至，以及田地亩数等，皆不确实。况田亩往往因地势之变动，而异其区域面积。如近水之田，常有冲卸堆积而变更其大小。加之近年以来，抚属以剿匪军兴，修筑公路，四通八达，其沿线所占田亩岂在少数。此项田亩，皆未蠲免钱粮，以致有税无田之事，处处发生，直接影响于农民之负担，间接影响于田亩之确数。再加以架书之从中作弊，颠倒山圩，假造亩数，田额不实，显而易见。以后非实施清丈，不能弥此缺憾。”①

在江西临川等县，造成田赋与地籍分离的原因，还有部分来自农户的习惯。一些农民“卖田不卖粮”，即出售土地以后仍然承担原来土地的赋税，这样地价可高些。一些农民卖田时少卖粮，即出售土地以后还承担该土地的部分赋税，以表达对先人置业艰难的追思。这些做法导致有田无粮、有粮无田、田多粮少、田少粮多等不正常状况出现。另外，农户在推收过户时，大都不用真实姓名，或者用堂名，或者用祖先的户名，进一步加剧了地籍信息的混乱。②

浙江金华地籍赋税管理中有一种特别的类型，名曰“寄庄”。寄庄有两种情形。一种情形是，本是甲庄的田地，由于业主住在乙庄，或者是去乙庄缴税更方便，将田地登记在乙庄。后来由于各种原因，又从乙庄转到丙庄。“守权典卖，递相提转，致产地坐落，业户住址，均失稽考”，这种情形，又名“出庄”。另一种情形是，太平天国运动后，“粮不跟土”，即有赋税存在，却找不到对应的田土。因此，将各图中存在的这些田赋归并到一起，另创一庄。或者是外县业主较多，将这些外县业主的粮赋另创一册。“征册有粮，实际无庄。久而久之，产地散在各图之内，既无从查考，业户并无真实姓名，亦无从根追。”这种情形，俗谓之“寄庄”。寄庄的存在，必然导致

① 周炳文：《江西旧抚州府属田赋之研究》，第3341—3342页。
② 周炳文：《江西旧抚州府属田赋之研究》，第3438—3439页。

"粮地混乱"，"催征困难"。[①]

江苏宜兴于同治五年（1866）曾办清丈，由于册籍均被册书私藏，积弊之深为全省之冠。地籍图册中，或有粮无地，或有地无粮，或粮号舛错，或漏丈田地，或粮多地少，或地多粮少，或粮户不明等。[②]总之册籍紊乱，给宜兴田赋征收带来一系列问题。自1927年起至1931年止，未征起之数，竟至100万元之巨。推其原因，实以图书浮收、柜书中饱、贪官纳贿等情弊，一部分大粮户，有所依恃，不肯纳税，图书柜书情虚意怯，亦自不敢得罪，致取咎戾。因此不纳税之习愈积愈深，民欠之数，当以这些人为最多。[③]

鉴于此，时论以为，须通过地籍整理，核定业主田产，杜绝田赋征收中的弊端，减轻农民负担。同时活跃农村金融，促进地方自治事业发展。老百姓取得政府颁发的土地所有权状，即有法律保障，而成为一种有价证券，可以抵押借款，变成流动资本，借免实物抵押高利的剥削，农村经济自成活跃景象。进行农村建设，土地的面积、形状及使用实况，均有图籍可按，则宜农、宜林、宜牧、宜垦等区域，分划明了，建设事业，均有准绳，就可达到恢宏农业政策，地尽其利的目的。[④]土地登记以后，市地农田，孰为改良，孰为未改良，固班班可考，其关于水利交通，应兴应革，亦属按图可索。尤其对于人口物产、地方经济，以及老百姓习惯，都通过实地彻查，详载册籍，成为推进自治事业的基础。[⑤]

三、核实耕地面积

据估计，民国时期湖北耕地当在7000万亩以上。但政府所掌握的税田

① 尤保耕：《金华田赋之研究》，第9387页。
② 张德先：《江苏土地查报与土地整理》，第14260—14265页。
③ 张德先：《江苏土地查报与土地整理》，第14265—14272页。
④ 林诗旦：《江苏省地政局实习调查报告日记》，见萧铮主编：《民国二十年代中国大陆土地问题资料》第113辑，台北成文出版社1977年版，第60053—60057页。
⑤ 林诗旦：《江苏省地政局实习调查报告日记》，第60053—60057页。

亩数，仅在4000万亩左右[①]，隐匿之田在3000万亩左右。[②]

关于江西省田亩数，有多种不同记载。根据《清户部则例》《江西通志》，以及光绪十年所修《江西赋役全书》，江西各项田地，共478274顷零56亩。《清会典》《民国财政史》记载，江西各项田地473415顷；国民政府财政部统计，江西各项田地为416300顷。[③]前两个数据之间的差额近5000顷，后一个数字与前两个数字之间的差额则在60000顷左右。

浙江金华县，"（明）成化至隆庆间，亩数虽有损益，而相差甚微。清初原额，除地外，无一不增。康熙六年（1667）清查，总额略有增加。其后历经雍正乾隆确查开报升科，虽略有增减，相差无多。嘉庆年间，垦地升科者甚多，然以水灾频仍，减额仍达一万余亩。洪杨之役，册籍散失，亩数无从考核，道光光绪两县志均不备载，惟据征收主任言，乱后曾经一再查□，缺额已多，且仅知银米数而不计亩数"[④]。1932年按照赋额推算亩数，得出所谓原额。1934年由于查编坵地图册，增加粮地2万亩，官民田合计1430961亩。[⑤]

据浙江陆地测量局实测金华全县面积为1972686市亩，其中平地934724亩，山地981263亩，道路3780亩，河湖51299亩，沙涂1620亩。仅平地山地合计，亦有1915987市亩，合旧亩2078980亩，1934年征税田亩仅及这一亩数的68%。[⑥]

兰溪县经太平天国之乱后，征册尽毁。同治三年（1864）进行清理，所得田地山塘总额为11750余顷，较清初亩额短缺700余顷。到民国时期，全县田亩额为10100顷，又减少1650余顷，减少约1/7。从同治三年清赋，前

① 各县政府根据按粮推亩所报告数字，虽然政府还掌握有其他各种不同的统计数字，但这是县政府的报告数，也就是各县用来可以征税的实际亩数。

② 贾品一：《湖北省办理土地陈报之经过》，萧铮主编：《民国二十年代中国大陆土地问题资料》第40辑，台北成文出版社1977年版，第20002页。

③ 周炳文：《江西旧抚州府属田赋之研究》，第3293—3294页。

④ 尤保耕：《金华田赋之研究》，第9060页。

⑤ 尤保耕：《金华田赋之研究》，第9061页。

⑥ 尤保耕：《金华田赋之研究》，第9062页。

后不过六十多年，兰溪县境并无大的变化，亩额大幅减少，业主隐匿田地显然是主要原因。1930年，兰溪县举办土地陈报，所得总亩数为10516顷，较陈报前增加了400余顷。[①]“查土地陈报，未经清丈。土地亩分，悉听民众自报，大半根据粮赋或习惯计算，偷报短报之情，在所难免，且其为数，亦当不少。兼以县界村界，纠纷未清之处，又难免遗漏，所得亩额，已较征册串数，增出四百余顷，将来实行按坵清丈，所得确数，当不仅此也。”[②]

根据国民政府主计处统计局编《二十四年统计提要》，浙江省耕地面积为3800余万亩。根据1941年5月出版的《浙江省财政参考资料》，浙江省承粮面积为4450余万亩。[③]可见在未经整理之前隐匿田亩数量之多。

大清会典事例载江苏省1887年的田额为110万8253顷70亩，1914年内务行政报告额征田仅77万379顷56亩。1932年江苏政治年鉴载额征田数为75万7377顷60四亩，较之1887年田额相差已减35万亩。时论以为：“若不挤查隐匿，以熟报荒，有田无粮，非仅于国库之收入受之影响，即于租税公平原则，亦未见允，清查业务究再缓补粮升科在所必行也。”[④]

张德先通过比较民国二十年（1931）财政厅调查同光绪十三年（1887）和民国三年（1914）的调查结果，认为江苏省各县征粮额田，“以后者相较减少百余万亩，以前者相较，则四十年间竟减少三千余万亩之巨”。在如此巨大的亩额隐匿之外，省县田赋收入“每至年度终了，实收之数不过十分之六七。综计历年积欠由十六年至二十年度止全省已达七百数十万元左右，二十年度之积欠尚不在内”。这样的结果就是“省县之预算不能确立，收支更无从适合”。进而导致了江苏省县财政的巨额亏欠。[⑤]

① 叶干初：《兰溪实验县田赋之研究》，第3593—3594页。

② 叶干初：《兰溪实验县田赋之研究》，第3594页。

③ 参见“浙江省各县耕地面积及承粮面积比较表”，关吉玉、刘国明编纂：《田赋会要第三篇：国民政府田赋实况（上）》，第381—384页。

④ 汤一南：《江苏省土地局实习报告书》，见萧铮主编：《民国二十年代中国大陆土地问题资料》第115辑，台北成文出版社1977年版，第61318—61319页。

⑤ 张德先：《江苏土地查报与土地整理》，第14165—14168页。

中国耕地面积，根据国民政府主计处《民国二十四年统计提要》，为11.5亿市亩；根据《民国二十九年统计提要》，为13.8亿市亩。耕地面积占土地总面积的比例，1935年为6.64%，1940年为8.06%。[①] 在已知的耕地面积中，纳税面积又仅占73%。[②]

四、革除册书

契约文书的出现，在我国可以追溯到很久远的时代。唐宋以后，契约文书日益成熟、规范，这在隋唐五代敦煌吐鲁番文书和明清时期各地出现的契约文书中，可以得到充分反映。明清时期，很多契约文书属于私家文书档案，但相当部分的契书，因涉及产权性质，有关买卖或租佃当事人为了取得法律承认与保护，就去官府登记注册，并缴纳契税；一些文契还直接采用官定的契纸，或契本样式。在传统土地契约文书的类别上，历来有所谓赤（红）、白之分。业主典卖田宅，到官府登记缴税的，此称“红契”；通过民间中人订定契约，不去官府登记缴税的，此称“白契”。土地买卖时，如果伴随着赋税的移转，就叫“过割”，或谓“推收”。[③]

如前所述，鱼鳞图册学测籍落入册书人等之手，因此，他们也负责“推收”事务。

江西省乡村土地买卖推收办法是，“凡老百姓有买卖田地者，均于每年二月以前，送交各都架书过割户粮，并由架书亲赴各乡调查，有无买卖产业，再经买主开单承粮过户。凡老百姓新立户名，架书照例至少须取手续费四五元，过粮每亩五六角至一元不等。”[④] 1933年冬，江西省财政厅派员到各

① 关吉玉、刘国明编纂：《田赋会要第三篇：国民政府田赋实况（上）》，第46页。
② 关吉玉、刘国明编纂：《田赋会要第三篇：国民政府田赋实况（上）》，第46页。
③ 马学强：《“民间执业全以契券为凭”——从契约层面考察清代江南土地产权状况》，《史林》2010年第1期。
④ 周炳文：《江西旧抚州府属田赋之研究》，第3424页。

处调查，发现“各县推收钱粮隐匿至多，而各属推收钱粮，又未查验红契，其余手续亦欠完满。”[①]

江西临川等县乡村产权转移的底册，掌握在架书手中。架书对何丘何亩于何时转移至何户名下，了然于胸。[②]架书在办理田地买卖推收时，常通过飞洒诡寄谋取利益。另外，业主为减少契税，常常贿买架书，篡改地契。或者少写成交地价，或者涂改成交日期。[③]

兰溪土地，“自清季清丈完成，制有鱼鳞图册，依庄归户，本极清晰”[④]。鱼鳞册共 889 本，原有二份，一份存县，一份交各册书掌管。“册上各有户，有图，有字号，有四至，有亩分，有地别，有等则。”[⑤]“厥后因便利民间输纳，遂生寄粮情弊。有田坐甲庄粮居乙庄，辗转变动，互相寄托，遂致产地坐落业户住址，均失稽考。”[⑥]册上户名依旧，已不足为凭，但土地坐落四至，大都如故。“老百姓遇有土地争执，亦多以鳞册所在，为解决之根据。只以县府所藏鳞册，因年代久远，无人整理，致水湿虫蛀，残缺遗失，已过其半。”[⑦]

兰溪“民间买卖产业，悉凭册书推收过户，其手续由买主开帖，载明字号亩分坐落，送交册书，对证字号无误，即出发帖，交买主向经征人过粮造串。册书一面将买主姓名登入归户册，采户领坵办法，举凡业主之姓名住址土地坐落字号，均一一记入归户册内，考查甚称便利，于征收赋粮，尤有莫大功用。惜政府对于土地移转过户，向无稽考，此项归户册，册书视若传家宝笈，秘不示人。县府虽有鱼鳞册存本，惟年代久远，已残缺不全，产业转移变动，今昔情形不同，已同赘物。又土地之移转过户，政府素不闻问，一任册书及经征人员弄弊为奸，从中渔利。据谓每号地移转过户，约需收取手续费四角左

① 周炳文：《江西旧抚州府属田赋之研究》，第 3424—3425 页。
② 周炳文：《江西旧抚州府属田赋之研究》，第 3439—3440 页。
③ 周炳文：《江西旧抚州府属田赋之研究》，第 3438—3439 页。
④ 叶干初：《兰溪实验县田赋之研究》，第 3772 页。
⑤ 叶干初：《兰溪实验县田赋之研究》，第 3849 页。
⑥ 叶干初：《兰溪实验县田赋之研究》，第 3772 页。
⑦ 叶干初：《兰溪实验县田赋之研究》，第 3850 页。

右，即老百姓买卖一号土地，至少须出八角以上之过户费，如新立户，或买卖风水，则出费至十元数十元不等，因此老百姓对于过户视为畏途”[①]。

兰溪每都有册书一人，“累世传袭，舞弊甚多。每管册人，必有二部粮册，一与县府所存总册相同，毫无弊端；一是秘密草图，可以任意修改。设遇粮户一有纠葛，册书可以随时得贿弄弊，公开勒索，毫无讳忌。每届秋收必向业户缴征田亩谷，惯例每亩一斤，他如移粮盗产，在在均可挑启民众之争端恶讼”[②]。“册书经管册籍，政府无从过问。承粮户名，或立或除，册书得以为所欲为。初则对于己产冀勉输粮，隐匿不报，继则亲友嘱其设法，将应完粮米变价朋分。业户有产，册书无粮。尤有甚者，不肖册书遂得上下其手，推收之时，则向买卖双方，要挟多端，任意需索。稍不遂欲，即于编造册串时，不为推收过户，以致粮户混淆，有粮无产，有产无粮之事，随之以起。”[③]“征粮底册，率由经征人员填造，业户之真实姓名住址承粮亩分字号等，均无记载。追催赋粮，厥惟经征人是赖。若遇经征人刁顽，或催征不力，则政府即束手乏术，追催无门。”[④]

浙江金华“鱼鳞册，创始于洪武十九年。洪杨之役，全部散失。所有田地山塘，听由各庄书采自民间私册（俗名灶头册），残缺不全，固所难免。而臆造影射，尤为滋弊之薮”[⑤]。除了鱼鳞册由庄书保管外，“尚备有推收底册，亦归庄书保管，凡遇田地过割、立户分收等事，归由庄书推收，记入底册，以为征粮之依据”[⑥]。金华全县共有庄书416人。如周能训管五都三图，陈汝梅管五都九图，宋绍基管十三都三图，等等。[⑦]庄册是庄书牟取利益的工具，“故常被视为私产，为若辈世袭之宝笈，多子继承，往往数册分遗数

① 叶干初：《兰溪实验县田赋之研究》，第3777—3778页。
② 叶干初：《兰溪实验县田赋之研究》，第3776页。
③ 叶干初：《兰溪实验县田赋之研究》，第3772—3773页。
④ 叶干初：《兰溪实验县田赋之研究》，第3773—3774页。
⑤ 尤保耕：《金华田赋之研究》，第9027—9028页。
⑥ 尤保耕：《金华田赋之研究》，第9030页。
⑦ 尤保耕：《金华田赋之研究》，第9032—9033页。

人，或一册析为数本，故庄册与庄书之数日增，承管一图之人数，多者百余，少亦二人”[①]。

民国元年，金华县财政科长何寿权认为庄书掌握地籍图册，“为造弊之所，蠹民之贼”，主张“吊集庄书，彻底整顿”。何的建议为县政府所采纳。但是，“庄册为庄书生命所倚，吊其册籍，无异绝其生计”。听说县政府要强取庄册，金华400多名庄书立即联合起来，包围了何寿权的住宅，并威胁要纵火焚烧。何寿权闻讯逃走。最后县知事出面调解，承诺取消这一做法并保证以后也不会这样做，风波才算平息。金华庄书的跋扈嚣张，由此可见一斑。时人云：“庄书之弊难除，地籍逾紊，征收亦逾难改善矣！”[②]

黄岩旧时庄册，本有三种：一为鱼鳞册，二为户领坵册，三为坵领户册（即柳条册）。自咸丰辛酉（1861），遭遇兵燹，鱼鳞册荡焉无存，所用于后世者，仅有柳条册与坵领户册。旧庄册的保管，俗称“局房”，所执册籍，为其私产，可以买卖。房有房价，价格高下，视图分出息的优劣而定。普通每图常值一二百元，至旧局房的舞弊，如隐匿户粮，推收敲诈，以及其他可以为弊者，都尽其所能。其中之最大且甚者，即“局房谷”。房谷本为昔时陋规，因过去执掌地册者，没有酬报，故允其每于谷熟之时，向各粮户略取米谷，以为生活。及后，推收户粮，可收手续费。此种陋规，久已废除。但因为乡民可欺，书吏奸猾，名虽取消，实则照行。且过去谷量，为数极微，每户仅收一二升。而以后即变本加厉，每届谷熟，纷纷下乡，肆意索诈，每户之输，辙以斗计。故每一“局房”，其执管较好图分者，年可收谷百余石。[③]

江苏宜兴册书计共241人，多为地方绅士，曾任军职及县区长者甚多，而其中又有许多染鸦片烟瘾者，其毒资用全靠向老百姓之勒索。土地查报前宜兴县县长即召集全体册书训话。经过此番晓谕之后，头脑比较清楚的册

---

① 尤保耕：《金华田赋之研究》，第9045—9046页。

② 尤保耕：《金华田赋之研究》，第9336页。

③ 陆开瑞：《黄岩清丈经过及其成绩观测》，见萧铮主编：《民国二十年代中国大陆土地问题资料》第38辑，台北成文出版社1977年版，第19059—19061页。

书，知今后已不能再行舞弊，故多如期到各乡镇办事处协助工作。其观望不前者，乃令法政各警，催其即日到各乡镇办事处工作，并拘押比较刁滑之册书二人以示儆。各册书因在乡间有向老百姓索取过户费，被勒令退回，因之对县长更不满，乃私相联合，对审查造册工作，不愿负责。县长只好多方劝谕，对他们提出的条件，一一答应。册书要求每亩收费 1 角，县长主张每张只收工本费 4 分。召集全体参事及区长联席会议讨论，全场一致反对，只有县长为册书极力争取，认为如不允许册书收费，册书罢工，势必对田赋征收造成不良影响。[①] 宜兴推收所成立，完全由原有册书担任：主任 1 人，副主任 2 人，由县长就册书中遴委；每 20 图册书可遴代表 1 人，全县 396 图共选代表 20 人，由县长委为推所事务员，代表各册书负推收保管之责；20 人又分为 4 小组，每组 5 人，每日每组至少须有一人到所值日，原有各图册书均委为推收所之各图书记；正副主任生活费，由经征费项下开支，事务员生活费无定额，以税契 5% 之收入拨充。另外规定每亩推收费 3 角，拨给各图册书，以为每年各册书造具征粮册的工食费。[②]

根据《宜兴县土地查报办法》，"办理土地查报之努力人员，如系旧日经征册书或图书，将来仍得任原职，并由县府呈请省府财厅予以相当之保障，县长不得无故更换"[③]。县长以妥协换来的合作是有限的。"宜兴溧阳之核算亩分造具清册，故意错误脱漏，即可知若辈之阴贼险恶矣。"[④]

江苏镇江土地查报时，册书乘机舞弊。凡业主填报有与其底册不相符者，册书即不盖章，坚令查报单须照抄底册；有分户未经推收，或买卖未经推收之户，在查报期间，即令完成过户手续，从中自肥，否则宣称交易无效，不给盖章；业户拿出其交易白契，证明情况属实，也借口未经税契，不能作凭，不给盖章。结果，各业户查报单直抄册书底册；弱者忍痛出资分户或过户，强者即置之不报。[⑤] 调查人员指出，该县于查报期间，既发现册书等舞弊

① 张德先：《江苏土地查报与土地整理》，第 14292—14298 页。
② 张德先：《江苏土地查报与土地整理》，第 14324—14325 页。
③ 张德先：《江苏土地查报与土地整理》，第 14292—14298 页。
④ 张德先：《江苏土地查报与土地整理》，第 14468—14472 页。
⑤ 张德先：《江苏土地查报与土地整理》，第 14226—14227 页。

情形，理应设法加以严格监督，使彼等始终居于乡镇长之协助地位，决不能将查报之大权假诸彼辈之手。[①] 鉴于此，县土地查报总办事处召集训话，指示册书催征吏如有承粮图份较多，不及兼顾者，应由该书吏等即日自行出资雇人帮办，依限完竣成。[②] 总办事处将各区所缴的查报单汇集于县政府，即谕饬各册书查对并核算查报单的方法。在审核期中，有册书 17 人，公然对抗将及半月之久，县府除催促外，并未见有惩处办法。[③]

张德先评论道："镇江册书积弊较浅，可置不论。宜兴溧阳已将全部土地册籍收回，册书过劣者，皆汰而不用。江阴之册书势力，依然根深蒂固。此时所宜注意者，即收回册籍之县，此后能否由政府长期永保不再落入册书之手。最好土地查报完成之县，将旧有册书一律淘汰，盖若辈鬼蜮成性，积习难除。"[④]

五、消除征收腐败

由于地籍信息资料不完整，并且没有掌握在政府手里，这就给经手田赋征收的人员提供了从中牟利的机会，造成农民负担畸轻畸重，政府税收却大量流失，这成为国民政府推动地籍整理的最直接动因。

贵州地籍册，仅廒册一种，又名征收田赋总清册，分区填用。丁粮分载，各县自为依省颁式样备置保存，以地为经，而以征收事项为纬。[⑤] "明初制役，首编里甲，在城曰坊，近城曰厢，乡都曰里。全国各地，定制几同。黔省粮区，旧通分为军粮区、科粮区、府粮区三种。然以汉苗杂处，初无定准。考查所及，要复分为乡、里、甲、亭、硐、屯、所等名目，谓为旧日行政区域，当不太远。今虽以区、联保、保及甲为粮区，但于偏僻区域，仍循

① 张德先：《江苏土地查报与土地整理》，第 14228—14229 页。
② 张德先：《江苏土地查报与土地整理》，第 14229—14230 页。
③ 张德先：《江苏土地查报与土地整理》，第 14232—14233 页。
④ 张德先：《江苏土地查报与土地整理》，第 14468—14472 页。
⑤ 李荫乔：《贵州田赋研究》，第 24—25 页。

旧名。”[①]

浙江黄岩田赋征收，名归县政府财政科管理，但不过总揽其成，实际办理其事者，则为下列各项人员：一是田赋征收处。各种征收人员，名义上应经经征长官，遴选熟悉征务，品行端正者任用之，并应饬取殷实商铺保证，呈报财政厅备案，但实际上，征收人员大都世袭，外人不易插足。征收处旧名“粮房”，职位是可以买卖的。收入优厚的职位，可售一二百元。二是推收员，负责田地买卖产权转移以及新增地的登记。三是乡警。即旧时地保，民国时称催征警，负责发单田赋征收的“易知由单”，并有催征田赋之责。黄岩全县有乡警 80 人，均为各乡土著，或当地痞棍，其得任此职，或由吏胥的保举，或由豪绅的推荐，每人服务的范围，均有一定，绝少变更。乡警并无薪给，每于秋熟时，向所管业户，每户收一二升谷物，作为征收费用。此虽陋规，但因为政府不给工资，已成为常例。[②]

黄岩征收步骤，在开征前一个月，征收处须编造征册，及全县实征上下期田赋正附税银元总数，由县政府呈送财政厅备案。一面将田赋科则及带征各项附税税率，详细开列，发给各区坊乡镇公所，布告民众周知。田赋通知单，须于开征 20 日前交乡警分发业户，促其投税。在开征时，于征收柜前须竖立木牌，供纳税人查看；并设立问讯处，派专员司其事，凡业户对于科则税率有未明了者，可以前往咨询。业户投税，以“自封投柜”为主。在开征初，征收人员都聚集在征收处征收，不在各乡设分柜；至期限末，若完纳未清，征收员须下乡征收，名曰“出厂”，即在各处，设厂征收。征收员“出厂”，并不驻厂坐收，而是在乡警的陪同下亲向业户催收，就叫“跑马征”。跑马征弊端很多，如额外需索等，皆由此发生。厂征范围及设厂地点，皆视各处粮额的多少而定。故出厂另有厂柜，全县各分十柜，每柜设厂于其中心地点，征收范围达三四十里。[③]

黄岩清丈所成地册，虽载明业佃的姓名住址，作为田赋征收的凭证，但

① 李荫乔：《贵州田赋研究》，第 24 页。

② 陆开瑞：《黄岩清丈经过及其成绩观测》，第 19113—19114 页。

③ 陆开瑞：《黄岩清丈经过及其成绩观测》，第 19135—19136 页。

关于土地的收获、土壤的肥瘠，以及地价状况皆未载明。册内业户，多用花户，真实姓名，为数很少。黄岩登记办理未善，所造册籍虽臻完备，而近年各地摊派公债，皆以亩多寡，作为标准，所以地主富户，往往巧立户名，以避苛政。地籍册由推收员保管，推收员执管户领坵册与坵领户册各一本，为办理土地移转之用。推收所虽存坵领户册一本，仅以备查对照。全县推收员共 268 人，散布各乡，推收舞弊，层出不穷，为害之甚，一如往昔。一是"局房谷"之陋规，仍未革除；二是包办验契，吞吃契款；三是纠合"局房会"，即借合会之名，从中索款。有推收员自写会帖数百张，派人送该管图内的各粮户，令出会洋若干，索诈不遂，则百般扰攘。[①]

浙江金华田赋征收人员薪水，"按征起税款摊给，平均每人每月不过一二十元。如遇灾歉，所得更少。际此生活程度日高之时，以之仰事俯蓄，实有所难。而征收元之染有烟赌酒癖者，消耗尤多。……耗费既大，所得复少，额外需索，自属难免"[②]。"催征吏均由地方痞棍流氓充任，若辈本以敲诈为生，今付以催征重任，额外诛求，威迫索取，自在意中。"[③]

这些催征吏敲诈勒索的对象主要是小户人家，面对大户，却无可奈何。据《金区民国日报》1930 年 12 月 19 日报道，金华临江分柜某催征吏，"因粮户抗纳罚金，纵词恫吓，气闷自戕。闻该吏专催二十七二十八两都钱粮，在石门庄之□耀钧□德贤之收据，均早已撕去，至今分文未缴，共欠洋当在三百十余元之则，该催征吏每月所得，无非而是薪金，为此常存辞去之心，不料于本月十二夜用烟筒枪往喉中猛戳……"[④]

兰溪县田赋征收处，隶属县政府财政科经征股。田赋征收处主任秉承县长、财政科长及经征股主任的命令，负责全县田赋征收事宜。田赋征收处主任之下，有管串员 2 人、掌册员 4 人、司会 4 人。兰溪县田赋征收处共设 4 个城柜（设于县城的钱粮柜）和 2 个乡柜（为方便民众设在偏远乡镇的

① 陆开瑞：《黄岩清丈经过及其成绩观测》，第 19059—19061 页。
② 尤保耕：《金华田赋之研究》，第 9387—9388 页。
③ 尤保耕：《金华田赋之研究》，第 9389 页。
④ 尤保耕：《金华田赋之研究》，第 9389—9390 页。

钱粮柜），每柜均设有总司柜及柜员。[①] 田赋征收处主任负责“督饬编造田赋清册”“督饬制造征册及串票”“督饬催征”“保管田赋清册”“综核征册及串票”“综核各项簿记”“汇核各柜征起现金逐日列表缴呈经征股长”“稽核各经征所管区域内完欠数目”“督察分柜”“考核所属人员之功过”等；经征人员负责“编造田赋清册”“制造征册及串票”“分发通告单”“查察业户有无隐匿情形”等；司会员负责“掌理征收现金登记账簿等事”；掌册员负责“保管征册，及填载征册内业户完欠等事”；管串员负责“保管制发串票等事”。[②]

兰溪县城区称坊，乡区称图，全县有10坊，149图，业户11.2万余户。一名经征人员的管辖范围，由一坊一图至五六坊图不等，业户600户至6000户不等，经征粮额从1000元至10000余元不等。[③] 1934年前后，兰溪县田赋征收处共有76人，催征警10余人。[④] 经征人员“散处四乡，大都业农，经征粮赋不过为其副业之一”。其职位多从祖父辈世袭而来。由于政府对于“各图民情及业户之姓名住址，多所隔膜”，因此“征粮底册，率由经征人员填造，该项底册，并未载有业户之真实姓名，而各经征人员则世守其业，知之甚详，于是不能不借重利用之”[⑤]。叶干初在其调查报告中写道：“每年征册，由经征人员编订，而粮串亦由其制造。盖民间一岁中，地产之买卖，粮户之转移增减，概由册书通知经征人，至粮户姓名住址赋额，亦惟有经征人能详解洞悉。故每岁征粮册串，势非假手彼辈编造不可。虽造就之册串，照章惯例，须经柜员一度审核，加盖县印，始能制发，但此不过一种手续而已，于实际上毫无监督作用。”[⑥]

叶干初说：“前清以平余作征收公费，大底有盈无绌，经征员役之收入大有可观，因之咸视为专业，不敢玩忽。及民国成立，遽将平余取消，另定征收公费，因限度太严，收入有限，不但仰事俯畜有所不能，即个人生

① 叶干初：《兰溪实验县田赋之研究》，第3705—3707页。
② 叶干初：《兰溪实验县田赋之研究》，第3708—3710页。
③ 叶干初：《兰溪实验县田赋之研究》，第3711—3712页。
④ 叶干初：《兰溪实验县田赋之研究》，第3707—3708页。
⑤ 叶干初：《兰溪实验县田赋之研究》，第3711—3712页。
⑥ 叶干初：《兰溪实验县田赋之研究》，第3716页。

计有时亦感困难。坐是因循敷衍，不肯多负责任，甚且从中欺隐中饱，朋分肥私。”经征人员牟利的办法之一就是帮粮户代纳田赋，或者粮户的零头包成整数，多收部分归己，或者在上缴时抹去后面的尾数，集腋成裘，获利丰厚。办法之二就是“与玩户勾结，朋比为奸，官虽再三严比，良以串票在手，得以未完搪塞”。办法之三就是“捏报灾歉，浮收短报，蒙蔽上下”，等等。[①] 兰溪“富绅大户，为催征吏役所不敢登门，常以不完纳田赋为有体面。以致一般民众相率效尤，观望抗欠”[②]。叶干初在调查报告中写道，前田赋征收主任“对于乡邑殷户，往往亲自登门催征，而所收之款，每每不足其户应纳之数，粮户利在短缴，不复索取串票”，该征收主任正好将所收赋款据为己有。另外，还“克扣经征人造串经费，诳骗彼辈，谓兰邑推收所虽未成立，而报省则有推收所名目，须将是项经费，扣提五百元留为解省之用（实则中饱私囊）”[③]。

江苏无锡田赋缴交，民国前有义图制，类似明朝时期的粮长制。即由每图举出甲长十人，负征收田赋全责，对下办事，十甲长共同负责，对上以每年轮值一甲长负专责，十年轮毕，则另行公举，以图内田产最丰富者为当选标准。按年分二期征收，第一期在蚕忙麦熟后开征，第二期在秋熟后开征，在半月前，则由征收处分发通知单，限期为二月。开征之前，设柜于公共场所，各粮户即投柜完纳。到民国时期，全县存者，仅八十一图。无锡设田赋征收处，掌理一切税收，并负责整理粮户及征收田赋之责，以县长及财政科长为经征官。由于地籍混乱，无锡田赋征收中也是弊端丛生，如赋税“科则失平”，册书“藏册居奇”，业主“逃粮留赋”，等等。[④]

镇江县田赋分 17 区征收，由征收员 8 人分管，并有稽征员各处稽查。另有催征员吏，分赴各乡督促业主缴税。为业主节省来县川资，让催征吏代收代缴，一方面向业主索取路费酒资，一方面借此侵蚀赋课，可谓流弊殊

① 叶干初：《兰溪实验县田赋之研究》，第 3770—3771 页。
② 叶干初：《兰溪实验县田赋之研究》，第 3764 页。
③ 叶干初：《兰溪实验县田赋之研究》，第 3766 页。
④ 阮荫槐：《无锡之土地整理（上）》，第 17478—17493 页。

大。[①]1932年，江阴县长清查了3名催征吏，三人侵蚀赋款均在万元左右。[②]

概言之，江苏省田赋征收，有地无粮者有之，有粮无地者有之，地多粮少或地少粮多者亦有之，更有沃壤之赋，较轻瘠土，不平孰甚。“隐匿兜收，侵挪中饱，伪串浮收，飞洒朦漏。有为吏胥私收兜揽者，有为伪串私征者，有为颠倒荒熟朦征伪报者，有为大户包揽抗缴者，有为滕拉侵蚀逐年套搭者，更有为额田隐匿以及其他种种奇巧舞弊之所致者。”这些问题的症结在于，“官厅无册可稽，书吏挟其私家传抄以为鸿秘”[③]。只有通过地籍整理，政府厘平税率，粮地不符，重加纠止。有地无粮，令其照纳，有粮无地一概豁免。负担既平，则个人生活，社会经济，皆得以充裕而益臻稳固。[④]

江西各地征收田赋，由县政府下财政局（或科）设立田赋经征处，内置主任一人，向催征吏催缴税款，并对财政局（科）负责。设正副司账各一人，多属主任的亲信，总管账司，监督柜书，此属于内柜方面的人员。此外有管区、管册、书记、助理等员，属于外柜方面。柜内职员，都由主任的指挥，而无互相牵掣。另外设有催征吏、财务警等，概无薪水，由其自谋收入。“经征员等，皆属同恶相济，上下其手，至于下级人员，则因薪水毫无之故，不能维持生活，不舞弊自给，自不可能。”[⑤]因此勒扣敲索，无所不至。以致由县政府而财政局，而粮柜，而催征吏，以至于老百姓，无不交相舞弊，光怪陆离，无奇不有。如所谓“减报成数，浮报缺额，颠倒山圩，移熟作荒，拍卖漕尾，预借冬漕，贿官赂绅，朦弊私征，浮收重算，捏报民欠，私罚滞纳，违令填券，飞洒诡寄，掯给串票，售田留赋”，种种情形，不一而足。考其发生的原因，一方面是由于册籍散佚，政府无凭稽核，制度演变，每况愈下；一方面则是由于人员卑污贪婪。粮警一职，负有到乡村催征

① 张德先：《江苏土地查报与土地整理》，第14207页。
② 张德先：《江苏土地查报与土地整理》，第14347页。
③ 张德先：《江苏土地查报与土地整理》，第14174—14175页。
④ 林诗旦：《江苏省地政局实习调查报告日记》，第60053—60057页。
⑤ 周炳文：《江西旧抚州府属田赋之研究》，第3431页。

田赋之责，因为可以到乡村敲诈勒索，成为许多人竞逐的对象。“彼等先以金钱买得其缺，各有地段，凡段内所辖各粮户住址，惟彼等知之。”[①]

在政府征收系统外，还有一个非正规的征收系统，即架书人等，实际上操纵着全县田赋征收。架书中设架总一职，因为是一个肥缺，各县架总自不愿轻易放弃，“每于县长更换时，托地方士绅运动新任，许以点规，贿以金钱。彼等既以金钱买得其职，故敢明目张胆，营私舞弊，于是飞洒诡寄诸弊生焉！”“因征册串票，年年由架书所造，即逐渐被其侵渔，官方亦无法察觉，而公家之所亏不浅矣。”[②]

江西省财政厅因为田赋收入严重短绌，在不得已的情况下，拟定一个最低额度，派给各县，通称“派额”。派额较额征低，架书等在完成派额后，其超过部分，就被当作征收奖励加以瓜分。[③]在江西，县长为一县田赋的经征官，但县长对一县土地与赋税情况大都不熟悉。一些县长因为理财乏术，亟需用钱时，只有依靠经征胥吏想办法。这就为经征胥吏营私舞弊创造了机会。那些贪腐的县长就会直接向胥吏索贿。经征胥吏则乐得与县长朋比为奸。[④]如宜黄属于三等县，宜黄县长被视为苦缺，“做县长者，例皆无大来头，故不得不勾结劣绅以自固。因之抗粮之事乃发生，而县长又碍于情面，不便追究”[⑤]。

各经征人员还与地方劣绅勾结，狼狈为奸，鱼肉乡民。经征人员通过劣绅欺瞒敲诈农民，劣绅利用经征人员将自己应纳田赋转嫁于其他农户。[⑥]一些豪绅依仗权势，与架书、粮警等相勾结，包征田赋。或包一族，或包一村，在正常的税费之外另收手续费作为报酬。“余如滥加罚款，尤为能事。”一般是在征收开始时，由豪绅开具一期票交给县政府，到期则将税款缴到县库。如有花户不交，则有粮警帮助追催。县政府因为省却很多麻烦，十分乐

① 周炳文：《江西旧抚州府属田赋之研究》，第3432页。
② 周炳文：《江西旧抚州府属田赋之研究》，第3431—3432页。
③ 周炳文：《江西旧抚州府属田赋之研究》，第3445页。
④ 周炳文：《江西旧抚州府属田赋之研究》，第3431页。
⑤ 周炳文：《江西旧抚州府属田赋之研究》，第3444页。
⑥ 周炳文：《江西旧抚州府属田赋之研究》，第3438页。

意将征收事宜包给这些豪绅。[①] 豪绅大户则拒不交税。有报告称："查近年以来，各县钱粮，日见短绌。虽由匪患频仍，影响征收，而要以富绅大户公共团体及机关服务人员，藉势抗粮不完，为短征最大原因。"[②]

业主与征收员吏逃税舞弊的办法，刘世仁将其概括为如下数端：第一，匿款。其办法有二：一是对粮已纳完的小户，虽发给粮串，但对已缴赋款隐匿不报；二是对于分期缴纳的业主，不给粮串，一些小户因为可以拖延粮款，也不催要，等到上面严厉催促，小户拿不出纳粮凭证，有口难言，只好再缴一次。第二，抗粮。大官巨室以不纳粮为荣，以显示其为特权阶级。县长不敢得罪，所以一县之中，常常一些大地主不缴田赋。另外，豪绅胥吏，相互勾结，自己田不缴田赋，而小户田地则常常反复纳税。第三，逃粮。如粮户迁往他处，使粮差无从追查；土地买卖，买主并非村民，粮差也难知其下落；还有河湖旁冲击成的新地，被土劣所占，既不升科，也不纳税，等等，此所谓"有田无粮"。而小户所有一些河畔土地，被水冲陷，仍须纳粮，此所谓"有粮无地"。湖北大冶耕地的数目为67万亩，缴税的田地大约只有39万亩，一部分田地隐匿，其他田地的负担自然加重。[③] 第四，各地水旱灾歉，政府常有免税或减税的办法，所以乡间大户常常鼓动以熟报荒，或多报受灾成数，以图减免。另外，有些粮户登记土地时，不是用的真名，而是某某堂，或某某字，以后子孙繁衍众多，粮吏不能确定谁是纳税之人。催查下去，则报称户主已亡故。按理说这种土地可以充公，但其坐落四至又模糊不清，所以只得仍其漏征。第五，飞洒诡寄。所谓"飞"，就是将已收应完粮户的银额，移报于钱粮已准豁免的粮户名下，而将所收税款私吞。所谓"洒"，即将征起赋款私吞，而将赋额分摊到其他各户，以补不足。所谓"诡"，指在上报灾歉情况时，弄虚作假，以轻报重，以熟报荒，以将蠲免赋款收取归入私囊。所谓"寄"，就是将乙区已完粮户赋款，故意不销号，寄

① 周炳文：《江西旧抚州府属田赋之研究》，第3444页。
② 周炳文：《江西旧抚州府属田赋之研究》，第3443—3444页。
③ 李若虚：《大冶农村经济研究》，第21098页。

在甲区未完田产项下，等等。[①]

在一次地方高级行政人员会议上，蒋介石也谈到了土地整理的重要性。他说："大家要晓得土地问题是政治上一个根本问题，土地行政是政治上一种基本工作，如果土地行政不能举办完善，土地问题不得相当解决，政治建设，不但不能成功，而且无法推进。"他训示高级干部们："无论办理测量或土地陈报，各省均应视为目前最重要之政务，切实举办，尤须明了吾人之目的，不在于增加税收，而实在于土地整理与改良土地，以为实行平均地权之张本，盖必先完成整理土地与改良土地工作，确知土地之实况，而后可谈到土地之处分。所以现阶段之整理土地之工作，各省须撤除藩篱，加紧完成。"[②]

贾品一评论道："土地为立国之要素，老百姓生活所依赖，现代文明国家对于土地无不视同瑰宝，竭力经营整理，不仅尺地寸土，不容旷废，且常从开辟水利发展交通改良土壤各方面，运用科学方法完善利用。良以一切政治经济之设施，俱将凭土地整理之成果以作基准也。土地整理基本完成以后，在财政方面，则地籍既明，地价复定，合理之土地税法，可凭实施，国家税收得以增加，老百姓负担因以平均；在社会经济方面，则正式土地凭证颁发之后，土地之权利与价值，俱极明确，土地信用得以活动，社会金融因而流通；在司法方面，则经界既正，地籍厘定，一切土地纠纷，可资以裁决，过去老百姓因产权争执涉讼连年而倾家荡产之惨像可不复见；在建设方面，则荒地之垦殖，矿山之开发，荒林之改进，水利之整治，交通之兴修，俱得据以进行；在国防方面，则山川地形了若指掌，平时则各项国防工事，足资兴筑，暂战时则精密地图之应用，足以增加作战之威力。"[③]

鉴于地籍混乱状况，国民政府成立之初即表示："值此训政开始，自应力加整顿，务期赋由地生，粮随地转，富者无抗匿之弊，贫者无代纳之虞，

① 刘世仁：《中国田赋问题》，第107—109页。

② 贾品一：《湖北省办理土地陈报之经过》，第19947—19948页。

③ 贾品一：《湖北省办理土地陈报之经过》，第19943—19944页。

以收田赋平均之效。”[1]

综上所述，民国时期，地籍弊端十分突出，集中表现在亩法混乱，土地隐匿情况严重。这些弊端的存在，为基层的书吏营私舞弊提供了便利。

第二节 改革农业税制

关于如何改革农村土地制度，孙中山在《建国大纲》中所提出的主张是“开征地价税，溢价归公”。孙中山的主张为国民党中央所遵从，整理地籍的目的之一就是为开征地价税作准备。《中国国民党第三次全国代表大会内政部工作报告》指出：“吾国田制不经土地分配，殊形偏倚，贫农乏从事耕作之资，地主有不劳而获之利。于此种情况之下，欲求分配之平均，一须确定土地分配之标准；二必减削地主因土地而收获之利益，以促其额外土地之让出；三须援助佃农及贫农经济力之不足，使之能购买土地，逐渐变为健全之自耕农；四须大量收买地主之额收土地，分给贫农、佃农耕作，达到耕者有其田之目的。本部按照上述计划，拟具地权限制及分配计划草案，分别推行，以期逐渐实现吾党平均地权政策，解决民生问题。”[2]

一、地权结构、地权分配与贫富分化

20世纪二三十年代，在一场关于中国乡村社会性质的论战中，对影响中国农村发展的原因也进行了广泛讨论。王宜昌、张志澄等人认为中国农村发展的迟滞是由于缺乏完善的土地交易市场及劳动力市场。卜凯、乔启明等人认为中国农村贫困落后，乃是由于存在着资源短缺、人口过剩、生产工具和经营方式落后等问题。陈翰笙则认为当时中国农村危机的根本原因并非自

① 陈登原：《中国田赋史》，第2页。
② 《抗战前国家建设史料（内政方面）》，《革命文献》第71辑，第12页。

然条件或者技术条件，而是土地分配上的严重不均所造成的。[①]那么，农村土地分配状况如何？土地制度与农村社会贫富差别又存在着怎样的联系呢？

（一）地权结构

根据产权理论，土地产权是指以土地作为财产客体的各种权利的总和，是一束权利，它由土地所有权、土地占有权、土地使用权、土地收益权、土地处分权等组成。[②]土地所有权、土地占有权、土地使用权是基本权利，它们可以组合成不同的产权类型，不同的产权类型会享有不同的收益权与处分权。

基于马克思所谓的“亚细亚生产方式”，以及儒家倡导的家族主义传统，传统中国逐渐形成了独特的土地所有权观念与制度，并影响深远。其最典型的特征便是产权分立，也即在同一土地上不同阶层的所有权并立，它们用不同的方式分享土地的占有、使用、收益、处分权。[③]

就所有权的主体来看，民国乡村土地有国有、共有与私有三种。其中私有是主体。根据1865年的资料，中国所有土地可以分为4大类：私有民田，占92.7%；官庄，包括皇室庄田、宗室庄田、八旗庄田、驻防庄田，占3.2%；官田，包括学田、籍田、祭田、屯田，占4.1%；庙田及族田，不到0.01%。[④]当1930年代卜凯进行调查时，中国土地一如清代，绝大部分为私有，约占93.3%；公有田地占1%，军屯田地占2%强，寺庙田地占2%弱，此外族田、义田、学田、其他田地各占1%弱。[⑤]

江西临川县共有土地1090485亩，其中民田1088262亩，学田1323亩，救济院田900亩。[⑥]学田一年可收租2500余元，1933年已达3000元。学田由一个佃户包头总承包，然后分包给佃户，这种做法存在严重弊端。“因征

---

① 孟延庆：《土地、剥削与阶级：陈翰笙华南农村研究再考察》，《学术交流》2016年第2期。
② 吴运来：《农村宅基地产权制度研究》，湖南人民出版社2010年版，第40—41页。
③ 聂鑫：《传统中国的土地产权分立制度探析》，《浙江社会科学》2009年第9期。
④ 〔美〕卜凯主编，乔启明等译：《中国土地利用》，第235页。
⑤ 〔美〕卜凯主编，乔启明等译：《中国土地利用》，第234页。
⑥ 周炳文：《江西旧抚州府属田赋之研究》，第3359页。

收机关，对田产之坐落，土质之良劣，均不甚明了，佃夫包头，朋比蒙混，将上指下，以多报少，积习相沿，根深蒂固。”①

宜黄学田有四大块。一是凤凰膏火田。“清同治年，邑中善士共拨有田产二百余石及杉木山三号，每年出息，以为生员童生膏油伙食之赀。民元拨充教育费。”1934年收租金220余元，1935年收租金约240余元。②二是“五阡试田”。“清同治年，邑中善士，共拨田租八十余石，以备童生考试之用，民元拨充教育经费。”③三是儒学田。“清代中叶，邑中善士共拨有田四十二亩及城内店铺地基数段，其出息为本县教导训谕之赀。民元拨作教育经费。”④四是老书院田。“清代中叶，邑中善士，拨田四十二亩，可收租谷二十二石，除完课外其出息为老凤凰书院之用。民元拨作教育经费，惟因年久田荒，每年只可收银三元。”⑤

兰溪县土地，“公产祀产居多，一般族众，初多恃有公产祀产，不再另谋生计，坐食已久，于是富裕者相继沦为贫乏，而贫乏者更属无以为生，又复格于大族虚声，以变产为可耻，逐年租息之所入，已属不足以供饔飧。”于是，“常将丙年应值租息，先于甲年预租于人”⑥。

兰溪县还有很多所谓会产。兰溪县“盛行集会”，“据调查所得，仅城区十坊，已有三百余会之多。且查各会会名，甚属怪异，有所谓豆腐会、烛会等怪称。而会之集合，既无标准，又非法定。即有稍称名正言顺之会，如观音会、财神会、祠堂常会之类，亦无正式之主持人。负其责者，或由会员轮值，或由会员推选，或任会员中人乐意时就之，不乐意时推却，咸无定规。凡权利所在，会员莫不斤斤争取，然完纳（赋）课，则彼此推诿，

① 周炳文：《江西旧抚州府属田赋之研究》，第3363页。
② 周炳文：《江西旧抚州府属田赋之研究》，第3364页。
③ 周炳文：《江西旧抚州府属田赋之研究》，第3364页。
④ 周炳文：《江西旧抚州府属田赋之研究》，第3364—3365页。
⑤ 周炳文：《江西旧抚州府属田赋之研究》，第3365页。
⑥ 叶干初：《兰溪实验县田赋之研究》，第3760—3761页。

互相逃避”[①]。

浙江金华“民田之外，官田有藉田、学田、官基马路、绿营产、育婴堂田、义冢地、寺观田、庙祠田及基地等”[②]。“藉田供县官亲耕之用。雍正七年，知县赵元祚置藉田四亩九分，先农坛坛基三分八厘五毫二丝。”[③]“学田供学宫及廪给贫士膏火之资。”“至清初有山口冯姓捐洪字号田二亩九分，土名马鞍山，租额三百斤。又某姓捐洪字号田三亩零，土名青堆坞，租额五百斤，青堆坞田同治初年被水淹没未垦。此外各书院亦有田，据光绪志载，长山书院有田三十八石四斗合九十六亩，地立百三十三亩。丽正书院有田二百八十亩。诚正书塾有田五十余石，合一百二十余亩。民国以来，县学田及各书院田，悉数拨充教育经费。”[④]金华学田共计，田1121.48亩，地25.5亩，山95亩，滩地418.74亩。[⑤]浙江金华民田中有所谓的“会社祭产”，“按年轮值”。“其祭产之族大支繁者，贫富不一。初皆恃有祭产，不再另图生计。坐食既久，富裕者亦相继沦于贫乏。又复格于公共之产，不能独自变卖，计惟有将丙年应值之收益，先于甲年预租于人。迨至丙年，非特无力完粮，甚至无力办祭。”[⑥]官基马路，“系沿城墙内外地，计有二百四十亩九分五厘六毫”[⑦]。育婴堂田，“据光绪志载，康熙三十三年，知县赵泰甡，购地一亩有奇，建育婴堂于县治西道林寺街，有捐助田五十六亩有奇，岁收租以赡费。其后捐助者众，年有增益。民国二十一年改公立为县立，名称育婴所，隶属于救济院。现有田七百二十七石二斗六升八合（每石二亩五分），年收租谷一千八百三十六担九十九斤，租粟九百六十五斤，租洋二百六元七角；地二十七处，滩地一处（亩数不详），

① 叶干初：《兰溪实验县田赋之研究》，第3762页。
② 尤保耕：《金华田赋之研究》，第9050页。
③ 尤保耕：《金华田赋之研究》，第9050页。
④ 尤保耕：《金华田赋之研究》，第9050—9051页。
⑤ 尤保耕：《金华田赋之研究》，第9052页。
⑥ 尤保耕：《金华田赋之研究》，第9388—9389页。
⑦ 尤保耕：《金华田赋之研究》，第9053页。

年收租谷三百七十斤，时麦四百三十四斤，粟租五百零二斤，租洋三十三元三角；山三处（亩数不详）”[①]。根据光绪年所编县志所载，金华共有义冢地十三处，“一在城北三里；一在孙家岭，官山六亩八分；一在城北天皇寺昭德观址，占地一百三十九亩；一在二十七都；一在城南八泳门外西；一在二都二图汪塘边，占山十亩；一在西峰寺侧；顺治十五年，余学瑞设立三处（地点亩数未详）；一在西峰寺侧云头牌，占地六亩二分六厘三毫；一在铜麓山之南庄，山一亩二分，田四分七厘七毫九丝”[②]。“寺观之有田者凡三：一为天宫寺，有田租四十五石；一为妙法寺，有田十余亩；一为珂月庵，有田三十亩，山百亩。”[③]除了上述各种官田外，“尚有县款产委员会所管理之公田约四百余亩”[④]。

整体而言，中国土地私有化程度是在不断加强。16世纪末，私有地仅占50%；到19世纪末，私有地占到约80%；民国时期，私有地已占到90%以上。（参见表4.2.1）

表4.2.1 明清至民国时期的官田私有化趋势（%）[⑤]

时期	总计	官公田				私有地
		合计	屯田	官田	庙田及其他公田	
明朝万历年间（16世纪末）	100	50	9.2	27.2	13.6	50
清朝光绪年间（1887年）	100	18.8	7.8	11		81.2
民国时期（1929—1933年）	100	6.7	2.3	1	3.4	93.3

中国农村土地产权发展的另一个趋势，就是土地产权结构日趋复杂，一

① 尤保耕：《金华田赋之研究》，第9054—9055页。
② 尤保耕：《金华田赋之研究》，第9055页。
③ 尤保耕：《金华田赋之研究》，第9056页。
④ 尤保耕：《金华田赋之研究》，第9056页。
⑤ 王昉：《中国近代化转型中的农村地权关系及其演化机制——基于要素—技术—制度框架的分析》，《深圳大学学报（人文社会科学版）》2008年第2期。

个典型的例子就是永佃权的发展。

永佃权有多种起源，有的情形是佃农大量土地加工的补偿；有的是押金制度转变而成；有的是乡俗形成，佃户在同一块土地上耕种多年，乡俗便认可佃户有长此耕种下去的权利，即"久佃成业"；也有的是业主特意分割其产权，将田皮赠予亲友或老仆，让其永久使用。不论是由何种起源产生，最后的效果都是一样——承租人的田皮变成一种产权，他可以永久使用，也可以将使用权转让、遗赠、出售，田皮有其独立价值。①

杨国祯从他列举的个案分析中，找到了从永佃权向"一田两主"转化的一般规律，即从"私相授受"佃耕的土地开始，经过田主承认"佃户"的田面权但不准自由转让的初级形态，到"佃户"获得转让田面权的完全自由，并形成"乡规"、"俗例"得到社会的公认。他认为这也是明清时期地权分化的发展趋势。

曹树基认为，并不存在从"私相授受"到田主承认佃户的田面、再到佃户自由转佃田面的过程，正确的过程应该是佃农或通过交纳押金获得永佃权，或"相对的田面权"，或因改良土壤而获得田面权，又因通过转让佃权而实现田面权。同样，田面权的形成与实现的过程，也就不是杨国祯所称佃户斗争的结果，而是市场机制的运作所致。用押金购买的田面，与用人力培育的田面，都属于市场经济的内容。②

湖北农村中的永佃惯例主要分为自卖永佃与顶庄永佃两种类型，前者又称"自卖自种"或"贱卖图耕"。如钟祥一带土地买卖契约中，凡载明"自卖自种"字样者，"即系卖主仍保留其永佃权之意义"。在这种情况下，土地所有权虽已移归于买主营业，但卖主自己却可以将永佃权让与他人，买主不得妨碍。汉阳、五峰、竹溪、谷城、兴山、麻城一带，多称这种田为"已业田"。如佃户原为该田之旧业主，曾于出卖该田时保留永佃权，并于卖契内

① 赵冈：《中国传统农村的地权分配》，新星出版社2006年版，第76—77页。
② 曹树基：《传统中国乡村地权变动的一般理论》，《学术月刊》2012年第12期。

说明“仍归自种”，俗称“贱卖图耕”；如佃户不欲自种，可另觅一佃户顶种，其顶种人即书立一“认种字”交与该田户收执，其租课即由业主向顶种人催收。

所谓顶庄永佃，俗称“一里一面租田”，即分割为田底田面之租用，永佃权与田面权结合在一起。租佃双方在缔结契约时，佃户向地主预付押租（顶庄或称顶头）而取得永佃权、田面权，此种形式在汉阳、五峰、竹山、竹溪、兴山、麻城等地都有。一般情况是：甲将乙田立约作价顶与乙耕种，乙每年完一定租稞，“该地面之上即听乙创造兴蓄，或改良田亩，甲除按年收租外，不得自由提退。甲如欲将该庄业出卖，只能出卖原有稞石（即田底地租），不能并卖乙方之地面顶庄权利，乙仍随业认主，照旧完稞。将来乙如不愿耕种，亦听其凭人作价顶与丙、丁，或回顶与甲”[①]。

华东军政委员会土地改革委员会根据嘉兴、嘉善、平湖、金华、衢州、绍兴、宁波七地的调查，将浙江境内永佃权的形成归纳为以下几个原因：其一，太平天国时，地主逃亡在外，土地荒芜，后由农民将荒田开垦耕种。地主归来后，即发生地权纠纷，结果所有权仍归地主，农民取得使用权（永佃权），但农民仍须向地主交租。平常年代也有农民替地主垦荒而获得永佃权的。其二，农民出卖土地应急，只出卖所有权，使用权仍归自己所有，按年缴纳一定数量的地租。反之，则是地主出卖土地使用权给农民，农民出价购得永佃权。其三，由于长期使用，习惯形成永佃权。如在嘉兴、嘉善、平湖等县的一些客帮佃户经过长期使用租田而取得永佃权。其四，以预交一部分押金的方式，取得一种相对的永佃权。地主不得随意抽佃，在衢州地区称为押揽租。[②]

据叶干初报告，在太平天国运动中，兰溪“死亡过半”，“外县客民乔迁入境承垦，于是有大皮小皮之习惯。大皮系本地之土著，有土地所有权，享

① 陈钧等主编：《湖北农业开发史》，中国文史出版社1992年版，第224页。
② 曹树基：《两种“田面田”与浙江的“二五减租”》，《历史研究》2007年第2期。

受佃权。小皮系外来之客民，承垦耕耘，佃种为生”[①]。大皮又称民田，小皮又称客田。[②]“承粮管业者谓之民田，世袭佃种者谓之客田，前者又称大皮，后者又称小皮。民客二权皆归一人者谓之清田。”[③]“抑有民田属于甲，而客田属于乙，于是一田可分为两个买卖，其契约亦属两立。民田价值较之客田为低。”[④]大皮即民田，具有国家赋予的所有权，小皮即客田，拥有由乡间习惯所约定的永佃权，“暂向永佃者转租农作地，从事耕种者是为佃户”，佃户拥有土地的使用权。[⑤]由于大皮要承担税费负担，小皮不承担税费负担，所获地租大皮又低于小皮，所以小皮的价格要高于大皮。如每亩地价大皮值二十元左右，小皮往往值五六十元。[⑥]

兰溪县租率，“清田（即具有完整土地产权者）以二亩半为一石，每田一石，交租谷二百斤至五百斤不等，通盘合计，以四百斛为率”[⑦]。具体而言，“上田每亩年收益谷豆麦八百斛，租息二百八十斛；中田收益谷豆麦七百斛，租息二百八十斛；下田收益谷豆麦五百斛，租息六十斛。地每亩上则收益豆麦等四百斛，租息约六元；中则收益麦豆等三百斛，租息四元五角；下则收益麦豆等二百斛，租息三元。山每亩上则收益二元，租息五角；中则一元五角，租息三角；下则收益一元，租息三角。荡每亩收益约五元至十元，租息一、二元”[⑧]。

兰溪民田即大皮征收地租惯例，“租额大约分四五六三种，遇有移转，永不能将租额任意变更。例如甲有民田一石（折合二亩五分），以租额四分计算，则为四石，年岁丰稔，五折征收论，可得租二百斤，扣以二五减，则纯收一百五十斤，依照通常市价，只得售价三元，除干燥挑力赋税约计二元

① 叶干初：《兰溪实验县田赋之研究》，第 3763—3764 页。
② 叶干初：《兰溪实验县田赋之研究》，第 3763—3764 页。
③ 叶干初：《兰溪实验县田赋之研究》，第 3829 页。
④ 叶干初：《兰溪实验县田赋之研究》，第 3829 页。
⑤ 叶干初：《兰溪实验县田赋之研究》，第 3831 页。
⑥ 叶干初：《兰溪实验县田赋之研究》，第 3832 页。
⑦ 叶干初：《兰溪实验县田赋之研究》，第 3829 页。
⑧ 叶干初：《兰溪实验县田赋之研究》，第 3829 页。

五角外，只能收银五角。如以五分五折计算，扣除二五及赋税各费，可纯得售价一元二角五分。如以六分五折计算，扣除二五及赋税各费，可纯得售价二元。年岁歉收，以四分四折征收，扣除上列各项负担，尚不敷银一角。上列租分以四分租额为多，其次五分，至六分租额，甚为稀少。又较民间通常借款，年息均在一分六厘六毫，例如借出银元一百元，经一年可得本利一百二十元。如以四十元购分租额买民田一石，尚需移转登记买卖介绍费五元，合计需费四十五元，岁丰只能纯收五角，岁歉则不敷一角”[①]。

客田即小皮的租额要高过大皮，“向来习惯，每亩大皮租额八十斤，小皮租额百二十斤。依此比例，则大皮占十分之四，小皮占十分之六。自民十六实行二五减租后，按照旧额减去百分之二十五，每亩缴大皮六十斤，小皮九十斤”[②]。

浙江金华“以契据粮串为地权凭证。契分卖典二种，而卖契又有大卖小卖之分。前者指出卖田底或田底与田面而言，后者则仅指出卖田面而言。契纸由当地纸铺印就，无论典卖大小卖等均可适用，惟将典卖字样改换及附若干特殊条件于契尾”[③]。

张亮、杨清望认为，永佃制发展至民国时期，既有对传统制度的继承，又有结构和功能上的新变化。北京政府时期的永佃制形成了较为稳定的永佃习惯和永佃权法律制度的二元性结构，并实现了不同地权享有者之间利益的平衡，同时提高了土地的经济效益并加快了其资本化的进程。[④]张少筠利用福建各县市的大量档案资料，考察民国时期福建永佃制的分布状况及比重，民国时期福建永佃制广泛存在，比重达到了 20% 以上。[⑤]刘克祥以皖南徽州为例，分析了永佃制下土地买卖演变的全过程。他认为变化的实质是地权的

① 叶干初：《兰溪实验县田赋之研究》，第 3840—3841 页。
② 叶干初：《兰溪实验县田赋之研究》，第 3832 页。
③ 尤保耕：《金华田赋之研究》，第 9064 页。
④ 张亮、杨清望：《民国时期永佃制的结构与功能新探》，《学术界》2014 年第 12 期。
⑤ 张少筠：《民国福建永佃制的分布 —— 从对〈全国土地调查报告纲要〉中福建永佃比例的质疑说起》，《中国社会经济史研究》2012 年第 4 期。

债权化，地权蜕变为放本取息的债权，增强了土地的日常性金融调剂功能，改变了土地（田底）的占有形式和地权分配态势，导致部分田产“合业”的产生和地权的相对分散。①

表 4.2.2　中国传统乡村产业买卖、信贷及租佃的类型与性质②

转让形式	产业性质		转让后原业主权利			转让后钱主（或佃户）权利			
	动产	不动产	处置	收益	使用	处置	收益		使用
							产品	利息	
买卖									
卖（绝卖）	√	√				√	√		√
信贷									
典（活卖）		√	⊿			⊿	√		√
押租（顶）		√	⊿	⊿		⊿	⊿		√
抵押（当）									
钱息型	√	√	⊿		√			√	
谷息型	√	√	⊿		√		√		
质	√		⊿					√	
租佃									
普通租佃		√	√	⊿			⊿		√
永佃		√	√	⊿		⊿	⊿		√

说明：“√”为全部权利；“⊿”为部分权利。

曹树基对传统乡村产业买卖、信贷及租佃的类型与性质做了深入探讨。关于卖（绝卖）。转让的产业包括动产与不动产。产业转让后，原业主的处置权、收益权和使用权全部转为钱主之权利。钱主成为新业主，向国家纳税。关于典（活卖）。所谓典权，即为支付典价，占有他人田地财产，而为使用及收益之物权。典权是债权人占有、使用、收益债务人田地产的一种担

① 刘克祥：《永佃制下土地买卖的演变及其影响——以皖南徽州地区为例》，《近代史研究》2012年第4期。

② 曹树基：《传统中国乡村地权变动的一般理论》，《学术月刊》2012年第12期。

保物权，在债务逾期不能履行时，债权人有权取得该田地财产的所有权。[①]关于押租（顶）。转让的产业为不动产。原业主称为“田底”主，钱主称为“田面”主。“田底”主承担向国家纳税之义务，退押即可赎回“田面权”，享有部分收益权。田面主拥有田面部分的土地处置权，同时享有土地的部分收益权与使用权。关于抵押（当）。抵押物主要是不动产，也可以是动产，动产甚至可以是耕牛与家畜，但不转移占有。关于质押，质押物只能是动产，且需移转占有。业主对质押物有赎回权，但不能任意处置，即业主拥有部分处置权，业主与钱主均没有质押物的使用权，钱主获得的收益为利息。关于普通租佃。出租的产业为不动产，业主将土地出租给佃户，保留全部处置权，并从佃户手中取得部分收益权，佃户享有部分收益权以及使用权。关于永佃，出租的产业为不动产，业主转让使用权，保留全部处置权及部分收益权。[②]

张一平认为，对近代租佃制的认识关乎传统农业经济的顺利转换。以往租佃制被视为地主经济乃至封建制度的基本要素，而超越这一叙述框架并展开技术分析，却可发现其本土色彩浓厚的独特构造：从租佃制的形态看，租佃比例和地租率反映了土地占有权和收益权的分割，而一田多主则体现了占有、使用、收益、处置等权利的复杂化。[③]

（二）地权分配

根据地权分配状况，农户可以区分成若干不同的类型。[④]地主指拥有土地所有权并将土地出租给农户经营以获取地租的农户。根据土地委员会1934年的调查，地主占农户总数的百分比，全国为2.05%；长江中下游各省平均为3.08%，北方各省为1.38%，华南各省平均1.55%，其中最高为江

① 马学强：《“民间执业全以契券为凭”——从契约层面考察清代江南土地产权状况》，《史林》2001年第1期。

② 曹树基：《传统中国乡村地权变动的一般理论》，《学术月刊》2012年第12期。

③ 张一平：《近代租佃制度的产权结构与功能分析——中国传统地权构造的再认识》，《学术月刊》2011年第10期。

④ 参见李铁强：《土地、国家与农民——基于湖北田赋问题的实证研究（1912—1949年）》，第六章第一节。

西，约为10%，最低为广东，仅为0.01%。就全国而言，这一类地主约占土地出租户总数的35%。如果将地主兼自耕农之家也视为地主，那么地主在全国总农户中的比例，将提高到5.2%；长江中下游地区平均7.2%，北方各省平均3.88%，华南各省平均4.39%，最高江西，达17%，最低为广东，仍不到1%。如果将地主兼自耕农兼佃户、地主兼佃农也都计入，也就是说，把所有土地出租户都视作地主，地主在农户中的比重，全国平均为5.78%；长江中下游6省平均8.1%，北方7省平均4.1%，华南福建及两广地区平均约4.5%，其中最高为江西，约为18%，最低为广东，约为0.5%。[①] 根据卜凯1929—1933年对全国22省调查，地主约占农户的3.5%。[②]

自耕农包括两种类型：第一类是自家耕作的土地全部为自家所有，即通常所谓自耕农；第二类是自家耕作的土地部分为自家所有，其余部分为租入土地即通常所谓半自耕农。综合当时的调查数据，全国自耕农半自耕农，占农村居民总数的70%左右；北方显高于南方。卜凯指出，南方水稻地带自耕户较少而佃户较多，“殆因（南方）财富累积较大，交通与运输较优，以及人口之密集，老百姓之积有财富者，于十年以前，莫不投资土地，以获其报酬，以为稳妥投资，或以增声望”[③]。

另外，我们还可以通过自耕与租佃面积的比较，来考察一下土地集中的程度，以与上面的分析相印证。

根据北洋政府的调查，全国耕地的自耕面积为67%，承租面积为33%。[④]

根据卜凯调查，租佃面积占耕地面积百分比，由低往高依次为春麦区8%，冬麦高粱区12%，冬麦小米区17%，西南水稻区27%，扬子水稻小麦区39%，水稻茶区42%，水稻两获区47%，四川水稻区49%；平均约为30%。那么自耕面积应在70%左右。[⑤]

① 《全国土地调查报告纲要》，第34页，“第二十三表 各省十类地权形态户户数百分率”。
② 《中国土地利用》，第513页，“第六表 家庭依田产权别之分布及各种田产权家庭之平均大小”。
③ 〔美〕卜凯主编，乔启明等译：《中国土地利用》，第241页。
④ 李大钊：《土地与农民》（1925年12月30日），见陈翰笙、薛暮桥、冯和法编：《解放前的中国农村》第1辑，第97页。
⑤ 〔美〕卜凯主编，乔启明等译：《中国土地利用》，第237页。

土地委员会调查显示，租佃经营的土地占全国耕地总面积的30%左右，而自耕面积占70%左右。长江中下游各省承租面积为45%，自耕面积为55%；北方各省承租面积为17%，自耕面积为83%；华南各省承租面积为46%，自耕面积为54%。北方各省自耕面积比率较高，而南方各省中租佃经营面积比率较高。承租面积最高的是广东，达77%，最低的是绥远，仅为9%。考虑到广东地主户数不到农户总数的1%，而所占面积仅达耕地面积的77%，广东土地集中情形是十分严重的。[①]

根据土地委员会调查，雇农平均约占农户总数的1.6%。长江中下游各省约占0.8%，北方各省约占3.2%，华南各省约占1.1%。最高为山西，约为7.4%，最低为广东，约为0.2%，湖北约为0.6%。[②]北方各省雇农比例较高，与北方如华北地区存在一定数量的经营性地主有关。

总而言之，农民占农户的绝对多数。就全国情形来讲，占到86%；其中广东最高，占99%；江西最低，占74%。就自耕农比重来看，华北地区明显高过其他地区，长江中下游各省及华南广东地区明显较低。而各省佃农及雇农所占比例则和自耕农成反比，如自耕农比例较低的广东省，佃农和雇农的比例高达59%，在自耕农比例较高的山西省，佃农和雇农的比例仅为2%。[③]这和当时的一般观察是基本吻合的。卜凯指出："中国南部租佃之制，远盛于北部，然全国各地之佃农，多寡悬殊，有绝无佃农者，有尽为佃农者。是故中国佃农并不普遍，然在若干地方，颇为重要。"[④]中共中央1929年9月的一份文件中也指出，在中国北方各省，地主阶级占有的土地比较少，而农民占有的土地比较多，所以自耕农比较多，佃农比较少。[⑤]

卜凯认为："中国农佃范围并不大于其他多数国家，故农佃并非中国特

① 《全国土地调查报告纲要》，第36页，"第二十五表 各省自耕及租佃面积之比较"。
② 《全国土地调查报告纲要》，第34页，"第二十三表 各省十类地权形态户户数百分率"。
③ 《全国土地调查报告纲要》，第34页，"第二十三表 各省十类地权形态户户数百分率"。
④ 卜凯：《中国土地利用》，第8—9页。
⑤ 《中共中央关于接受国际对于农民问题之指示的决议（1929年9月1日）》，见陈翰笙、薛暮桥、冯和法编：《解放前的中国农村》第1辑，第41页。

有问题。”[①] 这可谓关于中国农村土地问题的另一种认识。

隋福民、韩锋以“无锡、保定农村经济调查”的数据为基础，通过基尼系数的计算和比较，探讨了保定11个村的土地（主要指耕地）占有关系在1930—1946年间的变化。保定11个村的土地不平等程度还是较大的，尽管从1930年到1946年基尼系数都是降低的，即土地占有呈现了“分散化”趋势。而且，从时间上看，这种“分散化”趋势主要发生在后一阶段，即1936—1946年间。把11个村的结论推广到保定地区的农村，其结论是类似的。[②]

表4.2.3　1930年代各组农户耕地面积占比

组别	业户（%）	人口（%）	耕地面积（%）
5亩以下	35.61	28.64	6.21
5—9.9	23.99	22.06	11.42
10—14.9	13.17	13.49	10.63
15—19.9	7.99	8.94	9.17
20—29.9	8.22	10.05	13.17
30—49.9	6.2	8.67	15.54
50—69.9	2.17	3.42	8.38
70—99.9	1.31	2.24	7.16
100—149.9	0.72	1.31	5.71
150—199.9	0.24	0.47	2.76
200—299.9	0.2	0.37	3.17
300—499.9	0.11	0.2	2.63
500—999.9	0.05	0.11	2.3
1000亩以上	0.02	0.03	1.75

资料来源：《全国土地调查报告纲要》，第32页，“第二十一表 每户所有面积大小各组户数与总面积之百分率”。

① 〔美〕卜凯主编，乔启明等译：《中国土地利用》，第241页。

② 隋福民、韩锋：《20世纪30—40年代保定11个村地权分配的再探讨》，《中国经济史研究》2014年第3期。

可以根据表 4.2.3 计算出农村土地分配的基尼系数。

基尼系数计算公式为：

$$G=\sum_{i=1}^{n}W_iY_i+2\sum_{i=1}^{n-1}W_i(1-V_i)-1$$

公式中，W_i 是分组后各组户数在总户数中的百分比，或人口数在总人口中的百分比，Y_i 是分组后各组耕地面积在总耕地地面积中的百分比，V_i 是 Y_i 从 i=1 到 n-1 的累积数。

将表 4.2.3 中数据带入公式分别计算，耕地在农户中分配的基尼系数是 0.588；按人口分组后的计算结果是 0.492。这一结果表明，这一时期耕地分配是很不平等的。按人口分组后的基尼系数下降，说明占地较多的农户，家庭人口也较多。

表 4.2.4 各省各类租佃期限户数占比①

	永佃农户（%）	定期（%）	不定期（%）	其他（%）
苏	40.86	9.18	49.96	
浙	30.59	10.13	58.88	0.4
皖	44.15	12.87	42.97	0.01
赣	2.29	0.31	97.40	
湘	1	0.41	98.52	
鄂	13.4	4.57	82.03	
冀	3.94	23.45	72.61	
鲁	4.47	5.6	89.93	
豫	2.56	7.76	89.66	0.02
晋	4.17	41.67	54.16	
陕	0.52	2.82	96.66	
察	78.69	4.1	17.21	
绥	93.97	3.9	2.13	

① 《全国土地调查报告纲要》，第 45 页，“第三十一表 各省各类租佃期限户数百分率”。

续表

	永佃农户（%）	定期（%）	不定期（%）	其他（%）
闽	5.18	8.65	86.17	
粤	1.68	17.66	80.66	
桂	11.73	11.39	76.80	0.08
总计	21.08	8.12	70.74	0.06

资料来源：《全国土地调查报告纲要》，第45页，“第三十一表 各省各类租佃期限户数百分率”。

由表4.2.4可知，永佃农户所占比重，以察绥为最高，江浙皖各省其次。全国平均为21.08%。这样高的永佃比例，对土地分配不平等状况会产生抑制作用，这是上面分析中所没有体现出来的。国有产权、共有产权以及其他形式的共享产权，对农村土地产权分配不平等状况也有消解作用。

关于地权分配问题，学术界的看法仍然充满争议。刘克祥认为，20世纪三四十年代，处于特殊历史时期和本身终结前夕的中国封建租佃制度发生了诸多新变化，除了租佃范围继续波浪式扩大，突出表现为三化：一是租佃形式多样化，其中又以“卖（典）田留耕”租佃、押租衍生租佃和地主提供生产资料的“帮工式”租佃最为引人注目；二是租户佃户结构多元化。租户、佃户遍布农村各个阶层，租佃关系错综复杂，不过原有的封建租佃格局和基本性质并未改变；三是佃农贫农雇农化，不仅“佃贫农”取代“佃中农”，成为佃农的主体，而且相当数量的佃农由以家庭为单位的独立生产者沦为只剩劳力的产品分成制雇农，这意味着延续两千余年的封建租佃制度已经走到了它的尽头。①

张广杰认为，民国时期，在农村土地分配过程中存在着不公正现象。权力资本雄厚的地主，更容易获得土地兼并的机会。地主与强权人士结成利益同盟。丧失权力保护的农民不得不忍受超经济剥削。缴纳赋税表面上是经济剥削，深层次上呈现的是权力的胁迫。地主与农民之间形成一种固化的人身

① 刘克祥：《20世纪三四十年代的租佃结构变化与佃农贫农雇农化》，《中国经济史研究》2016年第5期。

依附。[①] 林源西的研究表明，民国时期两湖地区乡村的地权较为不均，无地户和少地户占很高的比例，有地户之间的地权分配亦很不平均，大量的农户仅占有不到10亩的耕地。[②] 王伟的研究表明，近代河南人口的增加，使人口与土地关系趋于紧张，是加速土地分配趋向平均的一个主因。[③] 黄道炫的研究表明，江西、福建是20世纪30年代地主、富农占地约30%，贫雇农占地约20%，表明东南地区土地分配并不是很不平等。[④] 黄正林的研究表明，在地权分配中甘肃传统的农业区域土地并不十分集中，以自耕农经济为主。[⑤] 罗衍军的研究表明，在民国时期的华北乡村社会，土地占有关系与以前相比较并没有明显的集中化趋势，而是趋于相对分散。[⑥] 凌鹏认为，近代华北地区农村地权分配状况及其分散化的趋势。[⑦] 李金铮认为，传统观点所谓地权日益集中，地主富农占有土地的百分之七八十以上，缺乏充分的依据。[⑧]

计量分析表明（参见附录二），在农业生产经营状况等因素保持不变的前提下，人均土地占有水平、地主制经济规模以及地租率，对农村社会的贫富分化有显著影响。也就是说，土地产权向地主阶级集中，是导致农民普遍贫困的重要原因。

二、地价变化及其影响因素

图4.2.1表明，20世纪上半叶，中国农村地价整体来说是上涨的。

---

① 张广杰：《20世纪二三十年代土地分配中的权力因素》，《苏州大学学报》2012年第4期。
② 林源西：《民国时期两湖乡村的地权分配》，《中国经济史研究》2015年第6期。
③ 王伟：《论河南近代时期人口因素对地权分配的影响》，《兰州学刊》2012年第3期。
④ 黄道炫：《一九二〇—一九四〇年代中国东南地区的土地占有——兼谈地主、农民与土地革命》，《历史研究》2005年第1期。
⑤ 黄正林：《民国时期甘肃农家经济研究——以20世纪30—40年代为中心》，《中国农史》2009年第1期。
⑥ 罗衍军：《民国时期华北乡村土地占有关系刍论》，《晋阳学刊》2008年第4期。
⑦ 凌鹏：《商品化与地权分散——以河北保定清苑农村为例》，《社会学研究》2007年第5期。
⑧ 李金铮：《相对分散与较为集中：从冀中定县看近代华北平原乡村土地分配关系的本相》，《中国经济史研究》2012年第3期。

1906—1930 年期间，地价一直在缓慢上涨。在 1930 年以后，农村地价出现小幅下跌。由于这时物价有比较明显的上涨，涨跌之间，彰显出在 30 年代世界经济危机影响下中国农村经济的萧条，契合了既往研究的看法。不过这个过程是短暂的。1935 年前后地价探底上升，1937 年后，地价更是大幅上涨。物价的变化与地价的变化趋势基本一致。1937 年后地价上涨很大程度上要归因于通货膨胀的影响。但是，扣除物价上涨部分，1937 年后大部分时间里，地价也还是保持了上升的趋势。这可能与数据来源有关。抗战爆发后的数据主要来自国统区。有资料表明，随着大量游资涌入大后方，促使后方农村地价上涨。

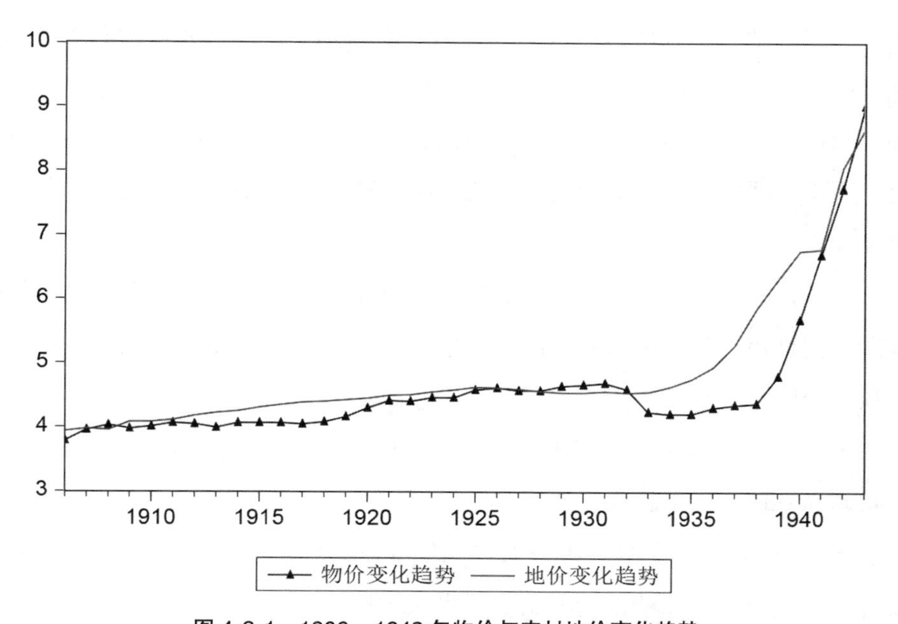

图 4.2.1　1906—1943 年物价与农村地价变化趋势

说明：地价指数变化趋势根据《中国土地利用》表 4，《中国各重要市县地价调查报告》（1944 年）合并计算并进行对数化处理后得出；物价指数变化趋势根据《中国土地利用》表 4，《中华民国统计年鉴（1948 年）》表 65 合并计算并进行对数化处理后得出。

计量分析表明（参见附录三），20 世纪上半叶，农村地价的变化受到以下因素的影响：

第一，近代以来，市场化程度的加深，包括农产品价格在内的物价缓慢上涨，说明正常年景下，田场的收益在增加，这对地价产生了拉动作用。所以，在物价上升的同时，地价也在上涨。时局对这一平缓推进的过程进行了干扰。1937 年抗战爆发后，通货膨胀，推动物价大幅上涨，导致地价也急剧上升。但是，在剔除通货膨胀的影响之后，地价仍保持着上涨的趋势。政府税收以及工资、畜力等生产成本对地价的影响不显著。

第二，作为一个开放的经济体，农产品价格不仅受到国内市场的影响，同时也要受到世界市场体系的影响。因此，国际贸易也通过对国内农产品价格的影响对农村地价发挥着作用。1930 年前后洋米的倾销，导致国内农产品价格下降，地价下挫，但总体而言，国际贸易对地价的上升起着拉动作用。

第三，地租、利率对地价影响显著。地租越高，地价越高；利率越高，地价越低。再一次验证了古典地租理论的正确性。

第四，资产的安全性会影响到人们置业的愿望，从而影响到地价。因此，匪患越严重，农村地价越低。这说明国家保护产权的能力对农村发展的重要性。

第五，随着工业化与城市化的推进，商业产权繁荣起来，吸引着农业生产剩余向城市转移。但商业地产的价格上升，也会带动农村地价的上涨，这在城郊地区尤其明显。

第六，土地集中程度对地价也有一定的影响。例如人均耕地面积越少，地价越高；地主比重越高，地价越低。

通过对 20 世纪上半叶中国农村地价变化的分析，不难发现，新兴的城市部门不仅以高于农业部门的工资吸引农村剩余劳动力的转移，而且，商业产权的繁荣也吸引着农业生产剩余的挹注。一般地看，这一过程表现为城市部门甚至是资本主义世界对农村的攫取。但察诸史实，城市的发展，国际贸易的扩大，促进了农产品市场的扩张，提高了农产品价格从而提高了土地收益，带动农村地价上涨。

三、从田赋到地价税

民国田赋赋制系从清朝继承而来，科则繁杂。民国鼎革，政府支出增加，田赋负担不断加重，而且漫无标准。

江苏省丹阳县清朝以来的田赋科则

上则田银七分六厘七毫二丝五忽二微一纖四沙九尘

米三升四合八勺三撮八圭一粟七粒

一亩一分田银六分九厘七毫五丝二微六纖五沙四尘

米三升一合六勺三抄九撮八圭二粟七稞九粒

一亩一分五厘田银六分六厘七毫一丝七忽五微七纖九沙五尘

米三升二勺六抄四撮一圭八粟三稞二粒

一亩三分田银五分九厘三丝九忽五微二纖三尘

米二升六合七勺七抄二撮一圭六粟二稞

五分田银五分一厘一毫五丝一微四纖七沙六尘

米二升三合二勺二撮五圭四粟四粒

二亩田银三分八厘三毫六丝二忽六微八沙八尘

米一升七合四勺一撮九圭五稞三粒

开垦田银四分五厘一毫五丝九忽五微六纖七沙

米三升四合八勺三撮八圭一粟七粒

荒白田银一分八厘六丝三忽八微三纖四沙一尘

米一升三合九勺二抄一撮五圭二粟四稞二粒

荒千墩银七厘六毫七丝三忽九纖八沙一尘

米三合四勺八抄三圭八粟一粒

山荡芦滩银一分五厘三毫四丝五忽三纖九沙三尘

米六合九勺六抄七圭六粟二稞一粒

公庄学田银一分九厘九毫三丝五忽一微九纖三尘

米三升四合八勺三撮八圭一粟七粒[①]

进入民国，田赋正税税率根据这一科则进行了折算，并根据地方财政的需要，开征了名目繁多的附税。丹阳全县民田额征，上下忙银88211两有零，每两正税1元5角，省税2角5分，县税3角，征收费8分2厘，共计2元1角3分2厘。每亩按年带征原有省水利2分，教育费2分，普教费8分，弥补教育1分，地方费2分，警备保卫团合2分，县建设局水利费上忙带征2分，公安费8分，县建设筑路费衹按上忙带征5分，区自治经费2分，农业改良捐2分，平民工厂捐改拨地方费1分，区自治事业费1分5厘，水巡队5厘，1931年下忙续请每亩带征县建设局水利费2分，清丈费5分，共4角6分。漕粮37647石有零，每石应征正税3元，省县税各1元，征收费2角，合5元2角。[②]

浙江兰溪县田赋科则，“民国承清惯例，惟社会日繁，生活程度日高一日，政府之需用，地方事业之建设，亦逐渐扩充繁盛，而田赋为政府岁入惟一之源泉。故其科则税率，亦随社会发达而增高，至于折价，较之前朝，亦有出入。现行科则，田上期每亩一钱零五厘，折合银元一角八分九厘；下期每亩四合七勺六抄，折合银元一分五厘七毫零八忽。地上期上地每亩二分八厘，折合银元五分零四毫；中地每亩二分三厘，折合银元四分二厘；下地每亩一分八厘，折合银元三分三厘。下期上地每亩一合二勺七抄六微，折合银元四厘一毫九丝；中地每亩一合零四抄八微，折合银元三厘四毫四丝；下地每亩八勺二抄，折合银元二厘六毫九丝。山上期每亩七厘，折合银元一分三厘六忽；下期每亩三抄一微，折合银元一厘零五丝。荡上期每亩五厘，折合银元九厘；下期每亩二抄三微，折合银元七厘五丝。”[③]兰溪县原有赋额为，地丁银57548两4分2丝7忽9微，抵补金米2608石8斗5升1勺7

① 何梦雷、李范、沈时可：《丹阳县土地局实习总报告》，见萧铮主编：《民国二十年代中国大陆土地问题资料》第105辑，台北成文出版社1977年版，第55722—55723页。

② 何梦雷、李范、沈时可：《丹阳县土地局实习总报告》，第55722—55723页。

③ 叶干初：《兰溪实验县田赋之研究》，第3606—3607页。

抄9撮5圭。1928年划分田赋划归地方后，上期田赋地丁银52943两1钱3分9厘，折合银元95297元6角5分；下期田赋抵补金米2422石4斗6合，折合银元7993元9角4厘。正税之外，还有省附加和县附加，田赋附加往往是正税的数倍。[①]田赋带征附税，上期田赋每元正税带征省县附税2元6角4分7厘，共计252252元8角8分。上期田赋正附税合计，额征银元347550元5角3分。下期田赋每元正税带征附税9角7分4厘，共计7786元5分2厘，下期田赋正附税合计15779元9角5分6厘。上下期田赋正附税，总计363330元5角3分2厘。[②]每银一两课纳的田赋，1927年为3.77元，1928年为4.14元，1929年4.11元，1930年4.715元，1931年为4.406元，1932年为5.375元，1933年为6.565元，6年增长了近1倍。[③]

在兰溪，“稍形充裕者，殷富之外，惟自耕农与霸有永佃权者之小皮而已”[④]。“中产农家，往昔勉堪温饱者，现已生活程度日高，负担日重，颇感困难。加之谷价奇贱，收入锐减，生活益难维持。始以无力输纳，暂冀拖延目前，徐图将来。嗣以年积月累，愈增愈多，终至捉襟见肘，无可设法，不得已侪于顽欠之列。”[⑤]

浙江金华田赋清代科则，主要是地丁银米和地丁带征。

表4.2.5　浙江金华清代田地每亩赋率[⑥]

类别	田	市地	乡地	下则地	山	塘
银（单位：钱）	0.956	0.722	0.202	0.199	0.046	0.063
米（单位：合）	5.52	4.2	1.2	1.09	0.27	0.36

地丁项下带征的内容包括：蜡茶新加银；颜料新加银；蜡茶时价银；颜

① 叶干初：《兰溪实验县田赋之研究》，第3607页。
② 叶干初：《兰溪实验县田赋之研究》，第3622—3623页。
③ 叶干初：《兰溪实验县田赋之研究》，第3611页。
④ 叶干初：《兰溪实验县田赋之研究》，第3839—3840页。
⑤ 叶干初：《兰溪实验县田赋之研究》，第3761—3762页。
⑥ 尤保耕；《金华田赋之研究》，第9229—9230页。

料时价银；药材时价银；匠班银。[①]

清末金华每亩赋率如表4.2.5所示征税。清代征税将地丁银折征制钱，制钱折合银元征收。民国初年直接折征银元。每地丁银1两，征正税1.5元，粮捐0.3元，共计1.8元。正税解中央，粮捐为省税，另征特别捐作为县税。1928年，正税与粮捐合并，作为省税。民初漕米每斗折征正税0.3元，省附税0.1元，合计0.4元。1932年，银米合并征收。银每两折算1.8元征收作为上期田赋，米每石折算成3.3元征收。合并以后，每亩田赋赋率如下：

表4.2.6　1932年银米合并金华每亩田赋正税税率[②]

田地别（单位：亩）	田	市地	乡地	山	塘
赋率（单位：元）	0.203	0.153	0.043	0.01	0.013

除了正税以外，还有各项省县附加。1927年，浙江金华田每亩正税0.203元，附税0.265元，正附税之比为1∶1.31；1928年金华田每亩正税为0.203元，附税0.322元，正附税之比为1∶1.59；1929年金华田每亩正税为0.203元，附税为0.338元，正附税之比1∶1.67；1930年金华田每亩正税为0.203元，附税0.456元，正附税之比1∶2.24；1931年金华田每亩正税为0.203元，附税0.44元，正附税之比1∶2.16；1932年金华田每亩正税0.203元，附税0.444元，正附税之比1∶2.18；1933年金华田每亩正税0.203元，附税0.533元，正附税之比1∶2.62。[③]

金华田可分上中下三类。上等田一年三熟，先种麦，再种稻，继之以杂粮。每亩可收稻400斤，麦与杂粮各100斤。中等田一年两熟，可收获早稻300斤，杂粮100斤。下等田仅能种晚稻200斤。乡地也可三熟。先熟麦，可得250斤；中熟，可得200斤；晚熟种棉花、包菜、萝卜或蕃芋、

① 尤保耕：《金华田赋之研究》，第9230页。
② 尤保耕：《金华田赋之研究》，第9235页。
③ 尤保耕：《金华田赋之研究》，第9253—9255页。

豆类等经济作物，产量不等。山有肥瘠之别，肥山中毛竹、杉树等，数十年砍伐一次，每亩收益约20元到30元。塘是用来蓄水灌溉的，没有直接受益。过去米价较好，1石值13元、14元，一亩上等正产作物可以卖到50余元，纳正附税6角，农作成本种子费用4角，劳力4元，肥料1元6角，农具2角，收支相抵，尚余40余元。1933年前后，米价仅为过去一半，扣除税收与成本，一亩上等田的收益仅剩10余元。金华上等田仅占十分之二三，大部分为比较贫瘠的中下等田。这些田土的产量不及上等田的一半，扣除各种费用支出，已所剩无几了。这是正常年成的光景，遇上灾年，则只能是收不抵支了。[①]

对地主而言，“上田亩收租米二百斤，中田照上田减二成，下田四五十斤。实际不及此数，往往七折八扣。如遇灾歉，收数益绌。且自浙省厉行二五减租以来，佃户疲玩，抗纳延缴之事，所在多有。地主收入减而纳税反增，往往叫苦不已”[②]。

表4.2.7 1928年浙江金华地价[③]

每亩地价（单位：元）			每亩负担田赋总额（单位：元）	百分比（%）
最高地价	田	130	0.465	0.358
	地	200	0.352	0.176
	山	20	0.022	0.11
	塘	70	0.031	0.044
最低地价	田	20	0.465	2.325
	地	30	0.352	1.173
	山	3	0.022	0.733
	塘	20	0.031	0.155

① 尤保耕：《金华田赋之研究》，第9436—9437页。
② 尤保耕：《金华田赋之研究》，第9437页。
③ 尤保耕：《金华田赋之研究》，第9427页。

表 4.2.8　1932 年浙江金华地价[1]

产别		每亩地价（单位：元）	每亩正附税合计（单位：元）	正附税总额占地价百分比（%）
田	最高	100	0.6699	0.699
	最低	12	0.6699	5.58
市地	最高	200	0.5074	0.253
	最低	40	0.5074	1.27
乡地	最高	20	0.1430	0.71
	最低	5	0.1430	2.86
山	最高	12	0.0324	0.27
	最低	5	0.0324	6.48

比较上述表 4.2.7、表 4.2.8，可以看到，1928 年至 1932 年的基本趋势是，地价下跌，而田赋赋率在增加，田赋占地价的百分比也在大幅增加。

1934 年全国财政会议决定减轻田赋附加，浙江省名目繁多的附加在一定程度上得以厘清。[2] 将表 4.2.9 所示数据整理后，得到浙江各县田地税率。上等田税率每亩最高 1.82 元，最低每亩 0.15 元，平均每亩 0.83 元；下等田税率最高每亩 0.86 元，最低每亩 0.03 元，平均每亩 0.22 元。上等地每亩税率最高 0.99 元，最低 0 元，平均每亩 0.38 元；下等地每亩最高税率为 0.46 元，最低税率为每亩 0 元，平均每亩 0.11 元。上等山地每亩最高税率 0.51 元，最低税率 0 元，平均每亩 0.08 元；下等山地每亩税率最高 0.12 元，最低为 0 元，平均每亩 0.01 元。上等荡地每亩最高税率 1.14 元，最低税率为 0 元，平均每亩 0.24 元；下等荡地税率最高每亩 0.44 元，最低每亩 0 元，平均每亩 0.04 元。

① 尤保耕：《金华田赋之研究》，第 9434 页。
② 关吉玉、刘国明编纂：《田赋会要第三篇：国民政府田赋实况（上）》，第 391—392 页。

表 4.2.9　浙江省各县田地每亩正附税税率表（单位：元）

县别	田		地		山		荡	
	最高	最低	最高	最低	最高	最低	最高	最低
富阳	0.347		0.126	0.057	0.032	0.021	0.104	
	0.664		0.271	0.159	0.060	0.039	0.183	
临安	0.435		0.064		0.041		0.046	
	0.773		0.147		0.103		0.113	
于潜	0.253		0.109		0.013		0.093	
	0.523		0.249		0.076		0.226	
新登	0.541		0.068	0.034	0.017		0.027	
	0.985		0.183	0.116	0.083		0.103	
昌化	0.430		0.071		0.020		0.001	
	0.935		0.205		0.094		0.002	
安吉	0.294	0.152	0.285	0.148	0.017	0.016	0.276	0.137
	0.616	0.349	0.572	0.315	0.062	0.059	0.527	0.266
孝丰	0.238		0.056		0.034	0.009	0.034	
	0.531		0.224		0.057	0.015	0.057	
鄞县	0.287	0.085	0.206	0.071	0.003		0.035	
	0.721	0.345	0.504	0.280	0.006		0.064	
慈溪	0.356	0.123	0.146	0.018	0.003		0.036	
	0.867	0.299	0.300	0.178	0.008		0.092	
奉化	0.422	0.132	0.136	0.029	0.010	0.003	0.030	0.005
	1.086	0.376	0.364	0.083	0.028	0.009	0.085	0.014
镇海	0.189	0.065	0.189	0.120	0.003		0.180	0.032
	0.447	0.252	0.447	0.340	0.080		0.373	0.125
象山	0.140	0.082	0.108	0.052	0.025	0.005	0.056	0.030
	0.467	0.292	0.370	0.202	0.077	0.009	0.172	0.092
南田	0.158	0.070	0.070	0.030	0.014	0.004	0.084	
	0.504	0.230	0.250	0.134	0.094	0.062	0.264	
绍兴	0.362	0.049	0.170	0.002	0.009	0.008	0.091	0.008
	0.731	0.106	0.369	0.040	0.020	0.017	0.197	0.018

续表

县别	田		地		山		荡	
	最高	最低	最高	最低	最高	最低	最高	最低
萧山	0.270	0.170	0.230	0.030	0.020	0.004	0.040	
	0.598	0.386	0.530	0.112	0.056	0.023	0.098	
诸暨	0.130	0.042	0.035	0.023	0.007		0.005	
	0.300	0.151	0.142	0.113	0.012		0.008	
余姚	0.213	0.062	0.087	0.063	0.408	0.006	0.050	
	0.514	0.199	0.251	0.201	0.120	0.043	0.134	
上虞	0.240	0.181	0.050		0.008	0.003	0.115	0.095
	0.517	0.407	0.067		0.018	0.007	0.259	0.215
嵊县	0.150	0.119	0.019		0.007		0.001	
	0.457	0.372	0.129		0.039		0.023	
新昌	0.146	0.108	0.032		0.007			
临海	0.163	0.075	0.249	0.030	0.004		0.085	
	0.421	0.205	0.617	0.119	0.034		0.214	
黄岩	0.166	0.104	0.072	0.049			0.064	0.046
	0.425	0.261	0.196	0.132			0.153	0.118
天台	0.262	0.149	0.067		0.018		0.071	0.001
	0.775	0.440	0.197		0.052		0.091	0.003
仙居	0.279	0.126	0.069		0.010		0.007	
	0.785	0.383	0.231		0.028		0.020	
宁海	0.288	0.069	0.057	0.051	0.006	0.005	0.006	
	0.784	0.212	0.175	0.149	0.020	0.017	0.021	
温岭	0.269	0.057	0.064	0.034	0.006		0.095	0.089
	0.635	0.276	0.288	0.238	0.195		0.330	0.321
衢县	0.215	0.027	0.110	0.095	0.024	0.020	0.161	0.121
	0.549	0.141	0.295	0.263	0.107	0.099	0.363	0.319
游龙	0.209		0.155		0.022		0.014	
	0.511		0.392		0.092		0.081	
江山	0.203		0.072		0.013		0.208	
	0.604		0.229		0.041		0.660	

续表

县别	田		地		山		荡	
	最高	最低	最高	最低	最高	最低	最高	最低
常山	0.192		0.185		0.017		0.278	
	0.647		0.623		0.255		0.600	
开化	0.193	0.178	0.081		0.018		0.334	
	0.515	0.478	0.290		0.042		0.802	
金华	0.203		0.123	0.043	0.010		0.013	
	0.454		0.330	0.110	0.020		0.026	
兰溪	0.205		0.054	0.035	0.014		0.010	
	0.527		0.139	0.090	0.036		0.026	
东阳	0.225	0.085	0.079	0.033	0.038	0.007	0.035	0.005
	0.492	0.186	0.172	0.172	0.083	0.014	0.076	0.010
义乌	0.276	0.140	0.056	0.039	0.034	0.014	0.031	0.012
	0.626	0.317	0.127	0.087	0.077	0.031	0.073	0.027
永康	0.496	0.117	0.373	0.026	0.024	0.014	0.018	0.009
	1.319	0.312	0.993	0.070	0.064	0.036	0.050	0.025
武义	0.272	0.043	0.210	0.043	0.012		0.009	
	0.107	0.112	0.222	0.112	0.031		0.025	
浦江	0.194	0.079	0.029		0.008		0.015	
	0.475	0.248	0.074		0.020		0.038	
汤溪	0.194	0.099	0.136	0.013	0.014	0.004	0.081	0.009
	0.431	0.245	0.318	0.076	0.030	0.007	0.159	0.017
建德	0.261		0.097		0.027	0.012	0.087	
	0.591		0.201		0.056	0.046	0.172	
淳安	0.203		0.146	0.086	0.047		0.063	
	0.442		0.332	0.216	0.141		0.172	
桐庐	0.272	0.330	0.031		0.007		0.004	
	0.628	0.456	0.074		0.016		0.009	
遂安	0.214		0.040		0.022		0.007	
	0.635		0.097		0.053		0.017	
寿昌	0.238		0.059		0.016		0.050	
	0.458		0.101		0.027		0.068	

续表

县别	田		地		山		荡	
	最高	最低	最高	最低	最高	最低	最高	最低
分水	0.281		0.076		0.023		0.036	
	0.788		0.194		0.059		0.092	
永嘉	0.180	0.156	0.141	0.096	0.008			
	0.469	0.420	0.387	0.285	0.095			
丽水	0.201		0.201	0.086				
	0.680		0.680	0.302				
青田	0.180	0.152						
	0.550	0.464						
缙云	0.190		0.053		0.003		0.006	
	0.593		0.165		0.009		0.200	
松阳	0.270				0.003			
	0.511				0.080			
遂昌	0.172		0.037				0.025	
	0.522		0.102				0.069	
龙泉	0.186							
	0.605							
庆元	0.171		0.154		0.002		0.140	
	0.576		0.474		0.006		0.434	
云和	0.179		0.083		0.001		0.165	
	0.668		0.287		0.004		0.571	
宣平	0.176		0.172				0.167	
	0.504		0.492				0.479	
景宁	0.139		0.025		0.001		0.124	
	0.466		0.075		0.003		0.371	
瑞安	0.219	0.201	0.189	0.166	0.082		0.073	
	0.598	0.573	0.275	0.244	0.147		0.131	
乐清	0.184	0.070	0.139	0.090	0.048		0.159	0.083
	0.520	0.301	0.395	0.309	0.220		0.408	0.272
平阳	0.177	0.140						
	0.492	0.492						

续表

县别	田		地		山		荡	
	最高	最低	最高	最低	最高	最低	最高	最低
泰顺	0.303	0.179	0.149	0.002				
	0.674	0.683	0.682	0.057				
玉环	0.148	0.139	0.065		0.022		0.039	
	0.517	0.395	0.210		0.106		0.395	
磐安	0.252	0.174	0.079	0.022	0.038	0.003	0.065	0.004
	0.645	0.189	0.200	0.056	0.097	0.007	0.170	0.011

资料来源：《浙江财政参考资料》（1941年5月），转引自关吉玉、刘国明编纂：《田赋会要第三篇：国民政府田赋实况（上）》，正中书局1943年版，第392—399页。

说明：表中所载每县税率，有两行数字，上行为附税税率，下行为正税税率。

安徽省旧有赋制复杂，既有“民”、“卫”、“渔”、“芦”之分，复有“马”、“因”、“学”、“籍”之别，亩分大小，征由粮柜，沿革既久，科则愈繁。其征收宗旨，概以收益为主，每年必视秋成之丰歉，以定实收之成数。安徽“民田”，曾于1928年，将“丁漕”、“杂耗”、“加捐”等名目，合并计算，定为每亩征银币若干。“卫田”亦今缴价升科，按照卫赋折成民田，不增不减，与民田一串征收。①

安徽省附加税多为县附加，因各县以举办地方事业，需款孔殷，筹款方法，以请加附税为唯一途径。在20世纪30年代中期，安徽省附加税额最高者为2元2角，如庐江县是；最低额为4角4分，如东流县是。每正税1元平均附加成数为1元零6分。所以安徽省附加税额虽不如川赣江浙等省附加税额之巨，但也超过正税以上。②

江西省“田地税目，在前清时至不一律，款目尤为繁杂，并解分征与折准银米，五花八门，其制之杂，无以复加”。1915年（民国四年），经过整理，归并为五种，即地丁、米折、屯银、余租、租课。③

① 金延泽、许振鸾：《安徽省土地整理处实习总报告》，见萧铮主编：《民国二十年代中国大陆土地问题资料》第28辑，台北成文出版社1977年版，第84450—84451页。

② 金延泽、许振鸾：《安徽省土地整理处实习总报告》，第84456—84465页。

③ 周炳文：《江西旧抚州府属田赋之研究》，第3294—3295页。

地丁是地粮、丁粮合并而成的。在清乾隆摊丁入亩之前，地粮、丁粮分立，地粮分一二三四等则，或上中下三等征收，丁粮按人征收。乾隆年间停止编审人丁，地粮、丁粮合而为一。江西额征地丁银 180 余万两。[①] 除了地丁正银以外，还有折色物料、本色物料、兵折、兵加、随漕等项附加。折色物料指颜料改征款项，额征银 34600 余两。本色物料指五倍子、桐油等物改征款项，额征银 43000 余两。兵折、兵加合计额征银 62700 余两。江西地丁银共计 1961 万两。米折即漕粮。漕粮正米附加合计 86.5 万石。地丁米折合银元数 935 万元，除以《赋役全书》所载江西全省田亩 3393 万亩，每亩税额为 2 角 7 分 5 厘 4 毫。[②]

江西屯田有军屯、民屯之分。过去军户认垦土地为军屯，民户认垦土地为民屯。1914 年，政府将所有屯田一律改归民有，根据不同情况征取一定费用后，发给土地所有凭证。屯粮科则，每亩科粮 1 斗 6 升至 2 斗不等，每石折银 4 钱，每征屯银 1 两加征耗羡 1 钱。[③]

余租是在康熙九年清查屯粮后形成的。政府根据应征屯粮，每亩加征 3 分，作为防卫津贴，由各县征解。到咸丰初年，漕粮停运，屯田星散，卫所机构形同虚设，遭到裁撤。朝廷有人提议改屯归民，但是因为兵灾之后，屯田荒芜，册籍焚毁，只好搁置起来。核计江西全省余租征额，为银 96160 余两，一般是减半征收。民国三年（1914 年），国税厅颁令改屯归民，将屯田作价卖给百姓，并取消余租。尚未缴价屯田，仍然须缴纳余租。该屯归民事宜，交清理官产处办理。但是“原有档案，辗转遗失，各县吏胥，恶其害己，皆去其籍，致国课之正供，几同史籍之缺文。其流弊所极，较之折米之飞洒诡寄，尤有过之！”[④]

江西省的租课有 13 项之多，兹列举如下，以见一般。

① 周炳文：《江西旧抚州府属田赋之研究》，第 3295 页。
② 周炳文：《江西旧抚州府属田赋之研究》，第 3297—3299 页。
③ 周炳文：《江西旧抚州府属田赋之研究》，第 3301—3302 页。
④ 周炳文：《江西旧抚州府属田赋之研究》，第 3305—3306 页。

芦课是政府对由江湖水淤积而成的洲田所征的税。随着时间的变化，洲田会由于坍塌而减少，也会由于土地的淤积而增加。一般来说，芦课也应随时增减。清道光中叶，屯田制度进一步完备，洲田分为民垦屯垦两类，根据洲田成熟丰稔程度，将芦课分为密芦、稀芦两种。民国以后，每两折征银元2元2角，另征手续费1角。只是洲田久未清丈，“洲渚之坍涨不一，而芦课之征数仍旧”，足见芦课征收之弊。[①]

江西省适宜鱼类生长的水面辽阔，滨临鄱阳湖各县，产鱼尤多。清朝时期，征收渔课各县，每县征银50两。民国以后，和芦课一样，每年折正银元2元2角及手续费1角。滨鄱阳湖各县，因为地方财政支绌，征收鱼税，导致渔课的征收困难，几至于名存实亡。各县所征鱼税，九江1800元，鄱阳780元，浮梁1200元，彭泽200元，湖口120元。[②]

滨临鄱阳湖的九江、星子、都昌、湖口各县，许多居民都以湖中产出为生，于是有湖课之征。[③]河课性质与湖课相同，惟征收河课县份较湖课更少。赣北诸县中，只有德安征收河课，每年23两8钱3分7厘。[④]新升课，只有彭泽县征收，指对新开辟的洲田征税。[⑤]官田，即为政府所有的田产，大都是没收所得。江西省只有定南县有这项收入，每年征银570余两。正银之外，征收耗羡，每银1两，收钱2千。[⑥]濠租，是对垦种护城河淤积土地所征的租税。“旧制，城郭四周，必深其濠，所以资防守也。年久淤塞，民间视为隙地，或垦为园圃，或开浚沟渠，官征其租，民赖其利。”江西省有30余县征收濠租，计征银1089两余。[⑦]地租主要是对政府部门周围由政府所有的小块土地所征租税。江西省有55县征收这类地租，计征银960余

① 周炳文：《江西旧抚州府属田赋之研究》，第3306—3307页。
② 周炳文：《江西旧抚州府属田赋之研究》，第3308—3309页。
③ 周炳文：《江西旧抚州府属田赋之研究》，第3309页。
④ 周炳文：《江西旧抚州府属田赋之研究》，第3310页。
⑤ 周炳文：《江西旧抚州府属田赋之研究》，第3309页。
⑥ 周炳文：《江西旧抚州府属田赋之研究》，第3311页。
⑦ 周炳文：《江西旧抚州府属田赋之研究》，第3311—3312页。

两。此外，还有司法衙门学田地租、祥刑坊地租、省城门地租、漕仓地租、各营监规地租等，只是到了民国以后，这些地租都有名无实。[①]清雍正五年（1727），江西省政府设立藉田，每县4亩9分，地租作为先农坛祭祀之用。根据光绪末年清查情况，各处藉田，或水冲沙压，难以垦复，或年久荒芜，无人佃种，所谓藉田租，也就有额无征了。[②]学田租原为书院膏火费，科举废除后，改作学堂经费。民国以后，每年征学田租78两，折征银元117元。[③]贾谷官租始自明代，以进城货物与长江赣江中的商船为征收对象。清康熙四十六年（1707），废止对货物及商船的征税，并由政府购买田地，收取地租作为抵补。乾隆二十八年（1763），拨作省会育婴堂经费。民国一仍其旧。[④]为了对江湖中遇到危险的船只进行救援，清康熙二十二年（1683）江西设置救生船。为了解决救生船运行所需费用，购田697亩7分，收租792石4斗3升8合。后又将每石租谷折银6钱，共征银470余两。除完纳丁漕外，其余拨充修造救生船只及舵工水手工食之用。民国以后，这一项税收仅剩240元。[⑤]清光绪二十六年（1900），九江道与美领事馆议定，准鸿安公司在九江江边设立码头，承租年限为12年，年纳租银400两，作为修补滨江码头及石岸道路破坏之用。是为码头租。民国以后照旧征收。[⑥]

江西省1927年划一丁米折价，化零为整，以往各项附加，一律废除，规定附加税不得超过正税15%。后因经费无着，附税又在增加。1928年，附税已相当于正税30%。到1933年，一些县附税已超过正税。萍乡县每两征附税12元2角2分，计超出4倍有余。玉山县米每石征附加税20元3角，超过正税4倍。1934年，江西省财政厅对附加进行限制，规定“团队附加”

① 周炳文：《江西旧抚州府属田赋之研究》，第3312页。
② 周炳文：《江西旧抚州府属田赋之研究》，第3313页。
③ 周炳文：《江西旧抚州府属田赋之研究》，第3313—3314页。
④ 周炳文：《江西旧抚州府属田赋之研究》，第3314页。
⑤ 周炳文：《江西旧抚州府属田赋之研究》，第3314—3315页。
⑥ 周炳文：《江西旧抚州府属田赋之研究》，第3315页。

不得超过正税 40%，附加总额不得超过正税 70%，并对各种临时摊派进行了取缔。1935 年，又将丁米等项名目取消，税率照前，并规定待航测办理完毕后即开征地价税。但是此后几年，附加一直在增加，直到 1939 年、1940 年才逐渐下降，1941 年则又大幅增长，超过 1936 年。[①]

表 4.2.10　1930 年代初江西省各县田赋正附税税率表

县别	等则	每亩正税税率银（单位：分）	正税每两附加税率（单位：元）	每亩正税税率米（单位：合）	正税每石附加税率（单位：元）
南昌	一则	7.48	0.98		1.70
	二则	6.33		58.7	
	三则	5.15		58.6	
	四则	4.39		58.6	
	五则	3.48		46.4	
	六则	2.29		29.4	
	外则	4.39			
	末则	2.17		36.6	
新建	一则	5.45	1.35	38.2	1.65
	二则	4.93		31.0	
	三则	3.42		18.6	
	四则	2.82		13.2	
	五则	1.89		3.8	
	六则	1.25			
	七则	0.42			
丰城	一则	4.73	1.04	58.9	1.79
	二则	4.30		53.5	
	三则	3.84		47.8	
	四则	1.35		16.9	

① 关吉玉、刘国明编纂：《田赋会要第三篇：国民政府田赋实况（上）》，第 334—335 页。

续表

县别	等则	每亩正税税率银（单位：分）	正税每两附加税率（单位：元）	每亩正税税率米（单位：合）	正税每石附加税率（单位：元）
进贤	一则	5.36	1.60	51.7	1.90
	二则	4.58		44.1	
	三则	4.06		39.1	
	四则	3.43		33.1	
	五则	2.81		27.6	
南城	一则	6.17	2.00	31.4	2.80
	二则	5.62		28.6	
	三则	4.83		24.6	

资料来源：江西省政府编：《二十四年江西年鉴第一回》；财政部档案，“二十三年江西省财政厅报部数”。转引自关吉玉、刘国明编纂：《田赋会要第三篇：国民政府田赋实况（上）》，正中书局 1943 年版，第 320—331 页。

说明：米每石折征 4 元，银每两折征 3 元。

据统计，江西全省耕地，约占全省面积的 1/10，农民 1712 万人，占全省总人口的 80% 以上。地方正税，除产销及盐附等临时捐外，岁入 1000 万元，其中田赋预算 800 万元，实收数 500 万元到 600 万元之间，约占全部收入的半数以上。欠赋原因，“由于疲玩者半，由于政府散失田赋图册，致无法清查者亦半。虽历经整理，而紊乱之状，迄未少减”。另外，“各县田赋附加，有抽至四十元以上者，附税之重无以复加”。①

广东省田赋，在改革前，十分复杂。银有丁银、补升银；饷有坦饷、盐饷、丁升银饷；租课有官租、杂租、渔租；米有民米、屯米、垦米、色米、原米、折米、则米、溢米、省米、信米、生黎米、畸零米、补生米；税有椰税；丁有峒丁、黎丁等项。1930 年，广东省进行田赋整理，改革税制，将原有丁米各项，化零为整，厘定新税率，以银元计征，征数总额分为十成，八成解省作为正税，二成留县扩充地方款。1933 年开始，开始调查各县田亩面积与地价，按照地价 1% 确定临时地税，并于 1934 年、1935 年启征。

① 周炳文：《江西旧抚州府属田赋之研究》，第 3331—3332 页。

地税征收总额，一半解省，一半留县。留县收入，又以二成办理全县事务，三成扩充区乡自治之用。[①]

福建田赋，因袭清朝旧制，分为地丁、粮米及租课三项。地丁征银，粮米征收实物。咸丰同治年间，粮米也改银两。租课系公有土地出租后所得的田租。随着时间的迁移，这些公有土地逐渐演化为私人土地，政府征收田赋，所以与其他民田已无差别。[②]

清时福建地丁原额123.3万两，粮米原额12.7万石。每年分上下两忙征收，上忙限完四成，下忙限完六成。太平天国运动以后，田赋册籍，大半散失，“致征收无据，银米日绌，当时官有平余，书有陋规，为之挹注，而纳税者之负担，乃不复平衡”。“民国初年，一切陋规，稍有铲除，并按县份限定粮书图差工伙，划一征收税率。六年以还，仍因驻军任意截留税收，政治遂失常态；此后军阀肆虐，一年之中除提征二三年正款之外，附加复逾数倍，赋税制度，荡然无存。十五年冬，革命军入闽，曾令年清年款，厉禁预借丁粮，并取消各项非法附加，顾为时无几，闽变又起，驯至前功尽弃，良可谓叹！”1932年，福建省政府改组，1934年起，改革财政，整理田赋。1935年，举办全省各县土地陈报，改订科则，进而实施坵地编查。“从此极度紊乱之闽省田赋，始渐纳入正规。”[③]

福建省田赋附加，从1914年开始。“因地方多故，变乱相承，日趋繁重”。1922年至1926年，“复受军阀把持，附加名目，如给养费、维持费、兵差费等，层见叠出，提征预借，一年之内，至再至三，老百姓负担，于斯为极”。南京国民政府成立后，“虽曾禁止预征预借及废除各种非法附加，顾为时无几，又为地方势力所破坏”。1932年，“（福建）省政府改组，收支始告统一”。1935年，根据第二次全国财政会议精神，废除不合规之田赋附加47857元。“福建省极度紊乱之田赋，因是逐步改善，其预期之效果，或去

① 关吉玉、刘国明编纂：《田赋会要第三篇：国民政府田赋实况（上）》，第208—209页。
② 关吉玉、刘国明编纂：《田赋会要第三篇：国民政府田赋实况（上）》，第350页。
③ 关吉玉、刘国明编纂：《田赋会要第三篇：国民政府田赋实况（上）》，第350—351页。

理想尚远，然具有成绩矣”。[①]（参见表4.2.11、表4.2.12）

表4.2.11　1931—1935年福建省田赋附加与省田赋正税比（单位：元）

年度	正税	省附加	省附加与正税之比（%）
1931	2066356	1758670	85.10
1932	3310336		
1933	1957391	946034	47.99
1934	1611724	860621	53.40
1935	3280252	596629	18.20

资料来源：关吉玉、刘国明编纂：《田赋会要第三篇：国民政府田赋实况（上）》，正中书局1943年版，第363页。

表4.2.12　1937年度福建省闽侯等县田赋正附税税率表（单位：元）

县别	地丁（每两应征税额）			粮米（每石应征税率）		
	正税	附税	合计	正税	附税	合计
闽侯	0.634		0.634			
古田	0.6521		0.6521			
屏南	2.0300	3.5800	5.6100			
闽清	0.4775		0.4775			
长乐	0.4735		0.4735			
连江	2.6500	3.4900	6.1400	5.80	4.38	11.18
罗源	2.5500	4.4300	6.8900			
永泰*	0.5021		0.5021			
福清	2.2200	2.2300	5.4500	6.00	4.50	10.50
霞浦	2.9500	4.6700	7.6200	6.30	5.18	11.48
福鼎	2.5200	4.5100	7.0300	6.16	7.70	13.86
宁德	0.5833		0.5833			
寿宁	2.3700	2.3200	4.6900	4.00	3.30	7.30
福安	2.8400	3.8900	6.7300			

① 关吉玉、刘国明编纂：《田赋会要第三篇：国民政府田赋实况（上）》，第362—363页。

续表

县别	地丁（每两应征税额）			粮米（每石应征税率）		
	正税	附税	合计	正税	附税	合计
平潭	2.5800	3.1500	5.7300	4.60	3.56	8.16
莆田	0.3767		0.3767			
仙游	2.5000	5.4000	7.9000	米 6.50	4.80	11.30
				屯米 4.60	3.66	8.26
金门	0.3900		0.3900			
晋江	2.6000	2.4600	5.0600	屯米 5.20	4.02	9.22
				膏米 6.00	4.50	10.50
南安	2.6000	2.4600	5.0600	米 5.40	4.14	9.54
				屯米 2.40	2.34	4.74
惠安	0.4832		0.4832			
同安	2.6000	2.5200	5.1200	秋米 16.00	11.90	27.90
				屯米 11.00	8.40	19.40
安溪	2.8204	2.5900	5.4100	5.40	4.14	9.54
德化	2.1200	2.1700	4.2900			
大田	2.0500	2.7300	4.7800			
龙岩	2.19400	2.37600	4.5700	7.00	5.10	12.10
长汀	0.6167		0.6167			
宁化	1.9200	2.0520	3.9720			
上杭	2.1740	2.2040	4.3780	3.91	3.25	7.16
武平	2.5000	2.4000	4.9000	留米 7.40	5.34	12.74
				省米 2.85	2.61	5.46
清流	2.1430	2.1860	4.3290			
连城	2.4000	2.3400	4.7400			
永定	2.3000	2.2800	4.5800			
云霄	3.0000	2.7000	5.7000	6.00	4.50	10.50
龙溪	2.2000	2.4000	4.6000	屯米 4.40	3.54	7.94
				屯米 2.20	2.22	4.42
漳浦	2.5000	3.0000	5.5000	4.60	4.26	8.86
南靖	2.2000	2.6900	4.8900	5.85	4.58	10.43

续表

县别	地丁（每两应征税额）			粮米（每石应征税率）		
	正税	附税	合计	正税	附税	合计
长泰	2.2000	2.2600	4.4600	4.60	2.98	7.56
貂安	2.4000	2.3400	4.7400	10.50	7.20	17.70
平和	2.3610	3.5170	5.8780			

* 表示已完成的土地陈报县份。

资料来源：关吉玉、刘国明编纂：《田赋会要第三篇：国民政府田赋实况（上）》，正中书局 1943 年版，第 351—354 页。

虽然在南京国民政府成立，经过田赋整理，法定税率有所调低，田赋类别等则得到简化，这种调整只是形式上的，并没有真正落实到赋税征收方面。一个重要的原因是地籍整理没有完成，所以，田赋畸轻畸重的问题并没有随着田赋整理而得到解决。

田赋的性质为封建性的租税，主要是根据面积和土地的等则征收，一方面科则繁杂，一方面负担有失公允。为实现平均地权的民生主义理想目标，孙中山提出开征地价税的主张。在孙中山的主张中，地价税不仅是地方政府的重要财源，同时也是解决农村土地分配不均的重要途径。开征地价税、实行溢价归公，是孙中山民生主义土地政策的核心内容，也是国民党反复强调要贯彻实行的主张。

1905 年同盟会誓词说："驱除鞑虏，恢复中华，建立民国，平均地权。"关于平均地权，同盟会宣言中解释道："文明之福祉，国民平等以享之。当改良社会经济组织，核定天下地价。其原有之地价，仍属原主。所有革命后社会改良之增价，则归于国家，为国民所共享，肇造社会的国家，俾家给人足，四海之内，无一夫不获其所。敢有垄断以制国民生命者，与众共弃之。"[①] 这可算作国民党对土地政策的首次阐释。

1923 年 1 月 1 日中国国民党宣言，在谈到国民党对国家建设计划及当前政策时指出："由国家规定土地法，使用土地法，及地价税法。在一定时

① 《孙中山全集》第 1 卷，中华书局 1981 年版，第 297 页。

期以后，私人之土地所有权，不得超过法定限度。私人所有土地，由地主估报价值于国家，国家就价征税，并于必要时，得依报价收买之。”[①]

在其他文献中，孙中山进一步阐述了开征地价税及溢价归公的理由。他说，地方之发达进步，必有出人意料之外者，而其影响于土地必尤大。“比方甲有一亩地是成为贫富不齐，乙有一亩地是在上海乡下。乙的土地，如果是自己耕种，或者每年可以得一二十元；如果租与别人，最多不过得五元至十元。但是甲在上海的土地，每亩可租得一万几千元。由此便可见上海的土地可以得几千倍，乡下的土地只能得一倍。”此利则众人之劳力致之，其成果为一部分地主坐享，实欠公平。解决的办法就是政府照价收税和照地价收买。地价由地主自报，因为政府可以依地价收买，地主必不敢妄报地价。孙中山说：“地价定了，我们更有一种法律的规定。这种规定是什么呢？就是从定价那年以后，那块地皮的价格再行涨高，各国都是要另外加税，但是我们的办法，就要以后所加之价完全归为公有。”[②]

国民政府《土地法》于1930年6月公布，1936年3月开始施行。《土地法》第233条规定：“土地税全部为地方税。但中央地政机关因整理土地需用经费时，经国民政府之核准，得于土地税收入项下指拨其款项，以不超过税款总额百分之十为限。”第234条规定：“土地及改良物除依本法规定外不得用任何名目征收附加税款，但因改良地区就起土地享受改良利益之程度特别征费者不在此限。”[③]

土地税分为地价税与土地增值税。地价税根据估定地价按年征收。“土地增值税照土地增值之实数额计算，于土地所有权移转或于十五年届满土地所有权无移转时征收之；乡地所有权人之自主地及自耕地，于十五年届满无移转时不征收土地增值税。”“乡改良地之地价税，以其估定地价数额千分之十为税率；乡未改良地之地价税，以其估定地价数额千分之十二至千分之

① 《孙中山全集》第7卷，中华书局1985年版，第3页。
② 《孙中山全集》第7卷，第388—389页。
③ 关吉玉、刘国明、余钦悌编纂：《田赋会要第四篇：田赋法令》，正中书局1944年版，第202页。

十五为税率；乡荒地之地价税以其估定数额千分之十五之千分之一百为税率；市地乡地所有权人之自住地及自耕地，于自住或自耕期内，其地价税应按纳税额八成征收之。”[①]

土地增值税税率，“土地增值之实数额超过其原地价数额百分之五十或在百分之五十以内者，征收其增益实数额百分之二十；土地增值之实数额超过其原地价数额百分之五十者就其未超过百分之五十部分，依前款规定征收百分之二十，就其已超过百分之五十部分征收其百分之四十；土地增值之实收数额超过其原地价百分之一百者，除照前款规定分别征收外，就其已超过百分之一百部分征收百分之六十；土地增值之实数额超过其原地价数额百分之二百者，除照前款规定分别征收外，就其已超过百分之二百部分征收其二百分之八十；土地增值之实数额超过其原地价数额百分之三百者，除照前款规定分别征收外，就其已超过百分之三百部分完全征收”[②]。

国民政府《土地法》还专门列举了“不在地主税”。所谓不在地主包括以下几种情形：“土地所有权人及其家属离开其土地所在之市县继续满三年者；共有土地，其共有人全数离（开）其土地所在地之市县继续满一年者；营业组合所有土地，其组合于其土地所在地之市县停止营业继续满一年者。”[③]根据1941年12月行政院“变通土地法规不在地主意义令”，“甲县住民置地乙县，离开其土地不满二十市里者，不以不在地主论”。[④]对于不在地主的土地税，应按其应纳地价税逐年增高，增高税率不得超过该土地应纳税率一倍；对于不在地主的增值税，应按其应纳税额加倍征收，但最高不要超过其增值数额。[⑤]

1942年10月，国民政府颁布《非常时期地价申报条例》（以下简称《条例》）。该《条例》指出，地价评定以最近3年内土地收益市价为根据。“标

---

① 关吉玉、刘国明、余钦悌编纂：《田赋会要第四篇：田赋法令》，第209—212页。
② 关吉玉、刘国明、余钦悌编纂：《田赋会要第四篇：田赋法令》，第213—214页。
③ 关吉玉、刘国明、余钦悌编纂：《田赋会要第四篇：田赋法令》，第217页。
④ 关吉玉、刘国明、余钦悌编纂：《田赋会要第四篇：田赋法令》，第241页。
⑤ 关吉玉、刘国明、余钦悌编纂：《田赋会要第四篇：田赋法令》，第217页。

准地价由县市地籍整理机关组织标准地价评定委员会评定之，前项委员会由估计专员及地方公正人士充任委员”。业主土地地价“得依照标准地价为20%以内之增减”，地价为征收地价税和土地增值税的依据。[①]

开征地价税，被国民党中央视为解决农村土地问题的一个重要途径。而要开征地价税，首先得完成地籍整理。

第三节　增加财政收入

国民政府整理地籍的另一重要目标，即是增加政府的财政收入，特别是夯实地方政府的财政基础，为县地方自治创造条件。民国时期施行分税制，通过确立中央政府与地方政府之间的收入与支出范围，建立事权与财权相称的财政体制。那么，在实践过程中，国家与地方之间的财政关系究竟怎样？与现代财政体制比较，民国时期财政体制具有怎样的特点？

一、民国时期的财政体制

民国时期财政体制的变化，可以分为三个时期。

（一）晚清至北京政府时期

清朝初年建立了高度中央集权的财政专权制度、解款协款制度和奏销制度。[②]财政以田赋为主体，税收十九出自田赋。[③]尽管是一种低水平的均衡，但是清初至清中叶，政府的财政管理是比较有成效的。这一时期，农民的田赋负担呈下降趋势。[④]清末财权逐步外移和下移，中央政府逐渐丧失财政管

① 关吉玉、刘国明、余钦悌编纂：《田赋会要第四篇：田赋法令》，第191—193页。

② 闫坤、崔潮：《我国近现代财政体制演进轨迹及其现实框架》，《改革》2012年第4期。

③ 方铭竹：《整理田赋之实际问题——考察江西田赋后之意见》（1942年4月），《财政评论》第7卷第4期，第77—78页。

④ Li Huaiyin, Fiscal Cycles and the Low-Level Equilibrium under the Qing: A Comparative Analysis, *Social Science in China*, Vol.36, No.1, http://dx.doi.org/10.1080/.

理的绝对控制权。[①]

传统的中央集权的财政体制在近代不得不面临着被解构的命运，这一方面是由于经济的发展，使政府财政的来源日益广泛而多元，政府间财政资源的分配因而成为可能。[②]另一方面，地方势力的加强，中央政府投鼠忌器，对地方利益立场不能漠然视之。再者，清末民初，西方宪政思想与财政理论的传播，对近代财政体制的构建之作用也不容忽视。如孙中山在《建国大纲》中所勾勒出的财政分权模式，就是以现代财政分权理论为基础展开的。

民国初财政部高级官员中，不乏谙熟现代财政理论者。在这样一些技术官僚的推动下，北京政府开始启动建设现代财政体制建设。

1912 年 3 月北洋政府内阁成立后，将晚清时期负责财务的度支部改称财政部。各省相继成立国税司，不久又更名为财政厅，作为地方一级财政管理机构。[③]

1913 年北洋政府颁布我国最早的分税制法律文件，也就是《划分国家税地方税法（草案）》及《国家费用地方费用标准案》。明定国家（中央）和地方两级税收的划分，将重要税源如田赋、盐税、关税等悉数划归中央。地方政府税源几乎全系清末各省、县开征的苛捐杂税，以附加方式为主。1914 年修正国家税、地方税的划分，国家税包括田赋、盐课、关税、厘金等 17 项；地方税包括田赋附加税、商税、牲畜税、粮米税、房捐等杂税杂捐 20 项。[④]在支出方面，国家支出的范围包括立法费、官俸官厅费等 14 项；地方支出的范围包括立法费、教育费等 10 项。[⑤]1915 年下令实行中央专款制度，确定一些税捐为中央专款收入，由地方征收后银行专户存储，按月上解中央，恢复向中央解款制度。[⑥]1919 年，北京政府颁布《县自治法》，确定县财政为

---

① 闫坤、崔潮：《我国近现代财政体制演进轨迹及其现实框架》，《改革》2012 年第 4 期。
② 贾德怀：《民国财政简史》，商务印书馆 1946 年版，第 82—83 页。
③ 曹金祥：《北洋政府时期周自齐的财政改革思想与实践》，《广东社会科学》2016 年第 2 期。
④ 闫坤、崔潮：《我国近现代财政体制演进轨迹及其现实框架》，《改革》2012 年第 4 期。
⑤ 《财政年鉴》，商务印书馆 1935 年版，第 2 页。
⑥ 闫坤、崔潮：《我国近现代财政体制演进轨迹及其现实框架》，《改革》2012 年第 4 期。

一级独立财政。[①]1923 年重新划分国家税和地方税，以关税、盐税、印花税及其他消费税等全国税率应划一的税种为国家税，田赋、契税等为地方税。[②]

但总体上看，由于北京政府时期中央缺乏驾驭地方的能力，地方对中央的命令不遵从，分税制没取得实效，实际上仍沿用中央解款制度。各地军阀把财政当成私库，自定税制，自设税目，自由征收。一些地方军阀截留税收，不上缴应解中央政府的款项，财政制度混乱。[③]1915 年各省向中央解款 2187 万元，到 1923 年仅为 628.9 万元。[④]田赋每年收数在 8000 万元至 1 亿元之间，约占总收入的 15% 至 21%。[⑤]但田赋收入并没有真正为中央政府所掌握，而是被地方控制，或是在纸面上抵充各省代付国家支出项目，或是干脆截留。这时中央政府比较可靠的税收是关税扣除债务支出后的一点关余以及盐余。[⑥]

1912—1922 年这十一年中，共发生内战 179 次，可谓兵连祸结。[⑦]庞大的军费开支业已成为政府的沉重负担，税收不足的情况下，只得各方举债。在这一时期，军事费和债务费合计占政府财政支出的 70% 左右。[⑧]

概而言之，北京政府的财政可分为两个时期。第一时期，1912—1916 年，财政由混乱逐渐走上正轨，关盐两税，收归中央，并发行国债，收支逐渐平衡。第二时期，1917—1926 年，由于军阀割据，导致财权分散。不仅专解各款停顿，常关税、印花税、烟酒税、盐税悉被截留，中央财政只好通过借债以资挹注。[⑨]

随着军阀割据的形成，国家财政体制也变得十分混乱。中央的权威只有在与控制北京政府的北洋派系有密切关系的省份中才能有些作用。中央对各

① 贾德怀：《民国财政简史》，第 640 页。
② 闫坤、崔潮：《我国近现代财政体制演进轨迹及其现实框架》，《改革》2012 年第 4 期。
③ 闫坤、崔潮：《我国近现代财政体制演进轨迹及其现实框架》，《改革》2012 年第 4 期。
④ 《财政年鉴》，商务印书馆 1935 年版，第一章，“解款专款之消长”。
⑤ 贾德怀：《民国财政简史》，第 697 页，“北洋政府历年岁入预算内重要收入百分率表”。
⑥ 杨荫溥：《民国财政史》，中国财政经济出版社 1985 年版，第 6—9 页。
⑦ 杨荫溥：《民国财政史》，第 6—9 页。
⑧ 贾德怀：《民国财政简史》，第 697 页，“北洋政府历年岁出预算内重要岁出百分率表”。
⑨ 《财政年鉴》，商务印书馆 1935 年版，第 1 页。

省的派款数是逐年递减的；在很多情况下，中央派款被地方截留；各省实际解款数额逐年减少，后来事实上已不复存在。这些事实表明，以中央集权为基础的各省解款，随着地方分权的形成而归于泯灭。①

（二）南京国民政府前期（1927—1937年）的财政体制

通览国民党历次中央会议的文件，会发现国民党许多时候都在高倡三民主义、高倡地方自治。1924年1月召开的国民党一大宣言指出："关于中央及地方之权限，采均权主义。凡事务有全国一致之性质者，划归中央，有因地制宜性质者，划归地方；不偏于中央集权制或地方分权制。"②

国民党文件中对于财政性质的收入，似乎也在延续孙中山先生的理解，即与任何一项政治权力一样，财政权也是人民赋予的，理应对人民的福祉负责。政府财政收入以公平负担、与民休息为前提。政府不要随便通过税收来加重人民负担，而要通过举办实业，增加政府财政收入。③财政支出以"能增进国家之福利"为目标。首要的是要增加国防费用，以建立一支组织完备的军队。如果当国家财政收入逐渐充裕，就应增加对公共事业的投入。④

在国民党的财政方针与南京国民政府的财政政策中，贯穿着一种军事目的与民生目标之间的紧张。很大程度上，南京国民政府的财政体制就是由这种内在的紧张型塑而成。

根据1926年国民党第二次全国代表大会《关于财政决议案》，"国民政府，须将国家及地方之各种税项之收入及支出，详细划分清楚"。地方预算要呈缴中央，中央可以决定其支出及收入，限制其税项征收，如果地方收入不敷支出，中央得给予补助。⑤要建立统一的财政收支制度⑥，政府须以国家

① 杨荫溥：《民国财政史》，第10页。
② 浙江省中共党史学会编印：《中国国民党历次会议宣言决议案汇编（一）》，第11—12页。
③ 浙江省中共党史学会编印：《中国国民党历次会议宣言决议案汇编（一）》，第100—101页。
④ 浙江省中共党史学会编印：《中国国民党历次会议宣言决议案汇编（一）》，第100—104页。
⑤ 浙江省中共党史学会编印：《中国国民党历次会议宣言决议案汇编（一）》，第100—101页。
⑥ 浙江省中共党史学会编印：《中国国民党历次会议宣言决议案汇编（一）》，第100页。

的中央银行及其分行为收入支出的总机关，各机关团体须将其所有款项保存在国家银行里。[①]

1927年，财政部长古应芬提出“划分国家收入地方收入暂行标准案”。盐税、关税、常关税等11项税收为国家收入，田赋、契税、牙税等12项税收为地方收入。并决定开征所得税、遗产税等5项收入作为国家收入，开征营业税、宅地税等4项税收作为地方税。国家支出包括中央党务费、中央立法费、中央监察费等19项；地方支出包括地方党务费、地方立法及自治职员费等14项。[②]

1928年，宋子文接任财政部长。7月1日至10日，财政部在南京主持召开了国民政府第一次财政会议，会议中心议题为统一财政。这次财政会议后通过了《统一全国财政案》《划分国地税收支标准案》《实行裁厘加税案》等议案，旨在革除随意性强、非理性的厘金，实行可预计、理性的新税，实施分级预算管理体制，使自清末到北洋政府时期中央政府与地方财政关系混乱状况逐步改善。[③]会议还决定对盐税、印花税进行整理；将牙税、当税扩充为营业税，归属地方，并于1929年1月1日起关税自主。[④]

这一次国地财政的划分，较之北京政府时期，地方得到的份额稍多。田赋、牙税、当税、营业税等都划归了地方。[⑤]国地采取独立的税制，有利于划分中央与地方财政的权利与责任。就国地收支划分来看，显然受到孙中山处理中央与地方关系的“均权”原则的影响。同时，也是对民国以来所形成的国地财政关系的一种承认。

当国民党在南京建立新政权的时候，中央政府也只拥有有限的权力。面对地方分裂的现实，南京国民政府要巩固并扩展其中央政府的权威，有

① 浙江省中共党史学会编印：《中国国民党历次会议宣言决议案汇编（一）》，第104—105页。
② 贾德怀：《民国财政简史》，第23—26页。
③ 武艳敏：《统一财政：1928年国民政府第一次财政会议之考察》，第127—128页。
④ 贾德怀：《民国财政简史》，第71—72页。
⑤ 贾士毅：《民国续财政史》，第28—29页，“南京国民政府与北京政府地方税目新旧比较表”。

几个棘手的问题必须解决。首先，国民政府法统的问题。南京国民政府也是武力征伐的结果，不得不高举孙中山这面旗帜，以解决其政治合法性问题。其次，晚清以来地方分裂主义势力强大，地方各自为政的现实，使新政府对于地方的利益不能不予以考虑。第三，新军阀所坚持的一党专制、中央集权的政治方略，与前二者之间的矛盾甚至是根本性的，协调三者间的关系无疑十分重要。鉴于此，南京国民政府应建立怎样的财政体制才会合乎时宜，就要颇费思量。首先，新政府的财政体制，在形式上应该与孙中山所设定的治国方略要保持一致；另外，地方利益要得到照顾；最后，不能根本改变中央集权的政治现实。[①] 结果就是，形式上，财政体制迈开了其现代化的脚步，内容上仍保留专制政体下财政制度的诸多特点，表面上，国地财政得到兼顾，实际上仍是偏重于中央。而且，随着政治形势的变化，后一方面更加凸现。

在“均权”口号下的税收划分实际上并没有做到均等。地方所得的一些税目，要么收数不大，如牙税、当税、屠宰税等；要么尚未举办，如营业税等；要么征收困难，如田赋。税源比较稳定的关盐统三大税种，则悉被中央政府归入囊中。地方财政不足，不得不仰仗中央补助，中央则正可以此作为羁縻地方的手段。湖北在 1931 年裁厘后的情形就是如此。[②]

另外，1928 年国地税法草案实施后，地方以省为主体，县级财政不免落空。在经费却没有着落的情况下，县政府只好就地筹款，无非是巧立名目向农民征敛，因此，农民负担日重一日。[③]

1931 年 11 月国民党中执委会议通过《推进地方自治案》，强调严格划分全县自治事务的范围，将县财政彻底整理。[④] 根据 1931 年 5 月国民党中执

① 武艳敏：《统一财政：1928 年国民政府第一次财政会议之考察》，第 128 页。
② 参见《湖北财政史略》，第 72—74 页，“湖北省 1927 年至 1932 年度财政收入状况表”；《湖北财政史略》，第 113—114 页，“湖北省 1933—1936 年财政收入状况表”。
③ 武艳敏：《统一财政：1928 年国民政府第一次财政会议之考察》，第 127 页。
④ 浙江省中共党史学会编印：《中国国民党历次会议宣言决议案汇编（一）》，第 100—106 页。

委通过的《中华民国训政时期约法草案》第五十七条："中央与地方课税之划分，以法律定之。"[①]1931 年 12 月，国民党第四届中执委会议通过《改善财政制度方案》，要求实行独立的主计制度、就地审计稽查制度、统一的国库制度。[②]

1933 年 10 月，担任国民政府财政部长近 6 年的宋子文获辞财政部长及行政院副院长。宋在任期间的各项举措，都旨在加强中央财力、实现财政收支平衡。通过他的努力，南京国民政府于连年用兵、军需浩繁的情况下，财政还能勉力维持并有所改进。时人称宋为蒋介石的军需官，但两人的施政理念并非完全相同。宋子文认为武力解决国内纷争的办法只是权宜之计，问题的根本还在谋社会政治的进步及经济的发展，他经过努力，在北洋政府形如乱麻的财政关系中，逐步理出头绪，初步创设具有现代色彩的财政体制，以规范政府行为，并有所裨补于民生。1932 年，当蒋介石为筹围剿红军经费要求财政部再发国债时，被他断然拒绝，于是不得不黯然去职。[③]孔祥熙继任财政部长，他留用了很大一批有经验的财政部人员并实质上继续了宋子文的政策。

1934 年 1 月，国民党第四届中执委会议通过《改革政制推进政治以实行三民主义案》再次强调，中央与地方实行均权制度。[④]同年 12 月，国民党中执委会议通过蒋介石、汪精卫联名提交的《划分中央与地方权责之纲要案》，从用人、行政、财政、军队、立法等方面，阐述了国地权责划分的基本原则。[⑤]

1934 年第二次全国财政会议对 1928 年税法进行修正，对县级财政的税

---

① 浙江省中共党史学会编印：《中国国民党历次会议宣言决议案汇编（一）》，第 401 页。
② 浙江省中共党史学会编印：《中国国民党历次会议宣言决议案汇编（二）》，第 47 页。
③ 姜良芹：《南京国民政府内债研究（1927—1937）——以内债政策及运作绩效为中心》，南京大学出版社 2003 年版，第 63—66 页。
④ 浙江省中共党史学会编印：《中国国民党历次会议宣言决议案汇编（二）》，第 106—107 页。
⑤ 浙江省中共党史学会编印：《中国国民党历次会议宣言决议案汇编（二）》，第 114—115 页。

源做了规定。1935年7月颁布《财政收支系统法》[①]。中央、省、县3级所得，中央收入有关税、货物出产税等独立税种及少数与地方的共享税种。省、县收入则大部分为共享税，或为与中央财政共享，或为省县之间共享。[②]在支出方面，中央支出科目13项，省支出科目17项，市县支出科目16项。[③]

中央政府得到了税额较大、征收便利的关、盐、统三税；又根据《建国大纲》的要求，将税额较小、征收困难的田赋等交给了地方，财政权力的划分最终通过征税权力体现出来。从上述南京政府国地财政收支体制的演变中可以看出，这是中央、省、县三者利益难以平衡的结果，而最终是中央掌握了对财政的绝对控制能力，也促进了中央与省行政上的密切联系，达到了中央集权的最高形式，因为它使以蒋介石为代表的国民政府不仅在军事、政治上占有绝对优势，而且在经济上也掌握了其他地方派系的饷糈来源，使他们不得不听命于中央。[④]

国民党与国民政府中央在确立国地财政收支体系的同时，为夯实中央与地方财政收入，也采取了一系列切实的措施。如进行关税自主改革[⑤]，进行盐税征收改革[⑥]，征收统税[⑦]，发行公债[⑧]，整顿田赋等，取得了一定的成效。关

① 贾德怀：《民国财政简史》，第26页。

② 苏日荣：《行宪后国地税收划分问题》，《财政评论》第18卷第4期，1948年4月。

③ 贾德怀：《民国财政简史》，第30—31页。

④ 潘国旗：《第三次全国财政会议与抗战后期国民政府财政经济政策的调整》，《抗日战争研究》2004年第4期。

⑤ 参见杨荫溥：《民国财政史》第二章第三节；阿瑟·恩·杨格：《中国财政经济情况（1927—1937年）》第三章；〔韩〕金志焕：《南京国民政府时期关税改订的性质与日本的对策——兼论1933、1934年中国关税改订与棉业的关系》，《抗日战争研究》2000年第3期；刘杰：《南京国民政府关税自主述评》，《中共郑州市委党校学报》2006年第5期。

⑥ 参见杨荫溥：《民国财政史》第二章第三节；阿瑟·恩·杨格：《中国财政经济情况（1927—1937年）》第三章；易继苍：《南京国民政府时期的盐税与统税改革》，《杭州师范学院学报》（社会科学版）2002年第5期；董振平：《论1927—1937年国统区食盐专商制与自由贸易制之争》，《盐业史研究》2003年第4期；张杰：《南京国民政府盐税整理与改革述论》，《民国档案》2008年第1期。

⑦ 参见杨荫溥：《民国财政史》，第50—51页；董长芝：《宋子文、孔祥熙与国民政府的税制改革》，《民国档案》1999年第3期；叶青：《从厘金始末看税制变迁的规律》，《地方财政研究》2004年第1期。

⑧ 杨荫溥：《民国财政史》，第58页。

税、盐税、统税成为国民政府中央财政收入的主体。①

就战前十年财政支出的结构来看，最大的花费主要在两个方面：一是军费，一是债务开支。两者合计，较高的年份在80%以上，较低的年份也超过60%。②可以留给建设用的钱太少了。在获得了改进的1934—1937年的各财政年度内，教育及各项建设费用仅占年度财政支出预算的1/8。③

国民党所谓的施政理念虽根据孙中山的三民主义展开，但对三民主义却作了“六经注我”式的修正。在国民党的施政理路中，三民主义渐渐地被抽去本质部分，仅具有口号的意义，包括财政权力在内的各项政治权力的运用，主要服务于巩固国民党统治地位的政治目标，而与孙中山先生的建国理想相去甚远。

（三）南京国民政府后期（1938—1949年）的财政体制

抗战爆发后，国民政府西迁重庆，国土大片沦丧，特别是经济素称发达的东南沿海地区的沦陷，关盐统三大税收锐减，而战争支出庞大，国民政府财政危机空前严重。1939年同1936年比，关税减少77%，盐税减少56%，统税减少89%。④国民政府财政赤字日益庞大。⑤为克服严重的财政危机，增加中央政府的收入，以应付当时的抗战局面，国民政府决定召开第三次全国财政会议。

其主要内容有：第一，1941年，将全国财政分为国家财政和自治财政两大系统。前者包括中央、省和院辖市的一切收支，后者则以县为单位。在这种体制下，省一级是虚悬的。前列省级收入，除商捐原为各县自卫队经费

① 贾德怀：《民国财政简史》，第698页，“国民政府历年度岁入预算内重要收入百分比率表”；阿瑟·恩·杨格：《中国财政经济情况（1927—1937年）》，第55—60页；贾德怀：《民国财政简史》，第698—699页。

② 贾德怀：《民国财政简史》，第699—700页。

③ 阿瑟·恩·杨格：《中国财政经济情况（1927—1937年）》，第163页。

④ 潘国旗：《第三次全国财政会议与抗战后期国民政府财政经济政策的调整》，《抗日战争研究》2004年第4期。

⑤ 杨荫溥：《民国财政史》，第101—102页。

来源，仍旧划归县地方收入外，其余一律并入国家财政系统。县为地方自治单位，下分乡镇保甲，简言之，县既为自治组织系统，同时又是政治基层机构。[①] 关于县收入，除县各级组织纲要中已曾规定者外，并议定由中央划拨印花税三成，遗产税二成五，营业税由原定20%以上，改增拨为30%以上。又规定县可以推行营业牌照税，使用牌照行为取缔税，以增加新税源。改订后的县自治财政收入，主要包括课税收入和特赋收入两大类。[②] 同时决定实行县乡财政统一征收，以扫除过去乡镇财政浮收滥报之弊。[③] 第二，田赋省属部分收归中央并改征实物。[④] 蒋介石说，财政政策要确定两个目标，一是国家财政收支能使之平衡，一是国民负担能使之平均。因此，"田赋划归中央，确立财政收支系统，与实行粮食和土地政策，都是目前抗战建国的根本问题"[⑤]。

为解决战时财政困难，国民政府采取了各种应急措施，包括增税、举债、发钞以及外汇管制等。[⑥] 为增加税收，国民政府一面建立起直接税体系，一面扩大间接税的范围，但税收已难作为平衡财政的主要手段而收到效果。税收在总岁入中的百分比，抗战期间各年度平均不到10%，其中最高的1937年，约为24%，最低的1940年，仅占5%。[⑦] 在税收不畅旺的情况下，通货膨胀成为战时财金政策的一个主要方面，即通过增发货币量，降低货币的购买力来转嫁财政赤字。1937年6月前，法币发行额为14亿元，到1945年8月，法

① 参见杨荫溥：《民国财政史》，第50—51页；董长芝：《宋子文、孔祥熙与国民政府的税制改革》，《民国档案》1999年第3期；叶青：《从厘金始末看税制变迁的规律》，《地方财政研究》2004年第1期。

② 杨荫溥：《民国财政史》，第58页。

③ 贾德怀：《民国财政简史》，第698页，"国民政府历年度岁入预算内重要收入百分比率表"；阿瑟·恩·杨格：《中国财政经济情况（1927—1937年）》，第55—60页；贾德怀：《民国财政简史》，第698—699页。

④ 贾德怀：《民国财政简史》，第699—700页。

⑤ 蒋介石：《第三次全国财政会议及全川绥靖会议开幕典礼训词》（1941年6月），《新湖北季刊》第1卷第4期，第6页。

⑥ 张兆茹等：《抗战时期国民政府的财金政策研究》，《河北师范大学学报》（社会科学版）1996年第3期。

⑦ 杨荫溥：《民国财政史》，第115—116页。

币发行额达到5569亿元，8年零2个月中增加了397倍。[①] 借债也是弥补财政亏空的一项重要措施，抗战期间内外债合计约占抗战总支出的4.5%。[②]

这一时期，田赋为中央财政提供了有效的支持。通过征实、征购、征借所谓的“三征”，国民政府掌握了大量的粮食实物。1941—1945年，国民政府计实收谷、麦达2.45亿石，平均每年达6000万石。[③] 抗日战争胜利后，国民政府恢复中央、省（市）、县（市）三级财政体制，乡镇财政仍列入县级财政管理。这一时期，抗战期间占首位的盐税，退居次要的位置；关税逐渐恢复其旧有的地位；占首位的却是货物税；政府对直接税寄予厚望，使有所发展，未能达到预期。[④] 由于国民党不顾人民的吁求，旋即发动全面内战，军需浩繁，财政支出的80%都用在了军事方面。[⑤] 财政支出失去控制，使实际支出连年为预算的数倍。[⑥] 而各项税收收入仅能满足岁出的16%左右。[⑦] 抗战期间的各种平衡财政的手段，如通货膨胀、田赋征实等，不得不仍然沿用。[⑧] 1945—1948年度，田赋征实、征借、征购的实收数达9240万石。[⑨] 地方财政已在较大程度上依靠各种随意的征敛。[⑩]

二、民国时期政府间财政关系

计量分析表明（参见附录四），民国时期中央集权下的分税制，使政府间的财政关系表现出如下特点：

① 杨荫溥：《民国财政史》，第157—158页。
② 张兆茹等：《抗战时期国民政府的财金政策研究》，《河北师范大学学报》（社会科学版）1996年第3期。
③ 杨荫溥：《民国财政史》，第119页。
④ 杨荫溥：《民国财政史》，第176页。
⑤ 杨荫溥：《民国财政史》，第172页。
⑥ 杨荫溥：《民国财政史》，第170页。
⑦ 杨荫溥：《民国财政史》，第176页。
⑧ 杨荫溥：《民国财政史》，第208页。
⑨ 杨荫溥：《民国财政史》，第197页。
⑩ 参见《湖北省武昌县37年度上半年度地方预算总表》，湖北省档案馆藏，档号：LSE2.2-46（1）。

第一，民国肇造，即提出财政分权体问题。但在北京政府时期，中央对地方的控制能力较弱，财政体制紊乱，财政分权很大程度上不过是中央政府的擘画，没有多少实际效果。南京国民政府成立后，中央对地方的控制能力得到强化，财政分权制度逐步得以确立，财政分权取得了一定的实效。

第二，民国时期的财政分权是以中央集权为前提的，政府间的财力分配和博弈关系，决定其财政资源的可得比例。整体来看，民国时期中央财政收入规模远超省地方，省财政收入规模又远超县地方。

第三，在南京国民政府前期，省地方财政收入增速超过中央，两者间关系向着均衡方向发展。不过日本的侵略行径破坏了这一进程。南京国民政府后期国地财政收入差额不断扩大。

第四，中央财政收入与支出结构对财政分权的作用显著。国税收入在中央财政预算收入中比重越高，中央对地方财政分权程度越高，表明税收充裕的情况下中央倾向于改善地方财政状况。军费支出在中央财政支出中占比越高，中央财政对地方的控制程度越高，表明中央财政支出的扩张会促使其强化对地方财政资源的挤压。1913—1946 年间，军费支出在中央财政预算支出中占比，最高年份达 86%，最低年份为 8%，平均为 38%。[①] 中央对地方的转移支付能显著增强中央财政与地方财政之间的联系，但巨额的非生产性支出侵蚀了中央财政的支付能力。

第五，县财政对省财政高度依赖。由于省县财政共享多项税收收入，省财政收入规模加大，县财政收入规模也将增加。

第六，经济发展状况对民国时期财政体制的运行有重要影响。工商业投资活跃，会增加税收，在税收分配比例有利于中央的情况下，工商业的发展增强了中央财政的控制能力。对地方财政而言，经济发展的意义也是不言而喻的。由于县财政收入以田赋附加为大宗税源，因此农业生产形势对县财政的自给能力能起到支撑作用。

---

① 由本人根据贾德怀《民国财政简史》和《中华民国统计年鉴》中的数据算出。

三、田赋与财政

如前所述，在 1941 年田赋划归中央前，田赋一直是地方财政的重要支柱。

（一）田赋与省财政

在表 4.3.1 中，1928—1934 年四川省田赋预算数根据其实收数补齐，然后求得田赋预算在总预算中的比重。统计分析可知，最大值为 57.04%，最小值为 4.95%，均值为 25.81%。

表 4.3.1　1928—1941 年四川省田赋预算在省预算中所占比重

年度	田赋预算数（单位：元）	田赋实收数（单位：元）	省总预算数（单位：元）	田赋预算占省总预算百分比（%）
1928	990317	990317	12002112	8.25
1929	1625319	1625319	19120770	8.50
1930	1816279	1816279	30140388	6.03
1931	1315588	1315588	26594110	4.95
1932	4616185	4616185	30765180	15.00
1933	8685848	8685848	46931364	18.51
1934	10063029	10063029	49035511	20.52
1935	27600000	24166681	67900000	40.65
1936	26000000	18511755	85550000	30.39
1937	19500000	8534213	86300000	22.60
1938	15821735		27737958	57.04
1939	30204826		61927032	48.77
1940	27506374	21159030	96071655	28.63
1941	53882564		104486913	51.57

资料来源：关吉玉、刘国明编纂：《田赋会要第三篇：国民政府田赋实况（上）》，正中书局 1941 年版，第 94—95 页，“民国十七年至三十年四川省历年田赋预算在省预算中所占地位表”。

由表 4.3.2 可知，贵州省 1931—1941 年间田赋在省预算中比重，最大值为25.36%，最小值为1.07%，均值为12.93%。田赋实收数约占预算数的八成。

表4.3.2 1928—1941年贵州省历年田赋预算在省总预算中所占比重

年度	田赋预算数（单位：元）	田赋实收数（单位：元）	省总预算数（单位：元）	田赋预算占省总预算百分比（%）
1928				
1929				
1930	761456			
1931	665260	560728	2623000	25.36
1932	621738	616260	2908397	21.37
1933	691113	530898	2911079	23.74
1934	691113		4567102	15.13
1935	76000		7075723	1.07
1936	753041	484465	7030914	19.71
1937	409757		7208888	5.68
1938	204878		3604444	5.86
1939	691118	546994	10388184	6.65
1940	1260327	1628698	13594384	9.27
1941	1645394		19395571	8.43

资料来源：关吉玉、刘国明编纂：《田赋会要第三篇：国民政府田赋实况（上）》，正中书局1941年版，第133—134页，“民国十七年至三十年贵州省历年田赋预算在省预算中所占地位表”。

由下表4.3.3可知，1931—1938年间，云南省历年田赋预算在省总预算中所占比重，最小值约为7%，最大值约为24%，均值为14.18%。田赋实收数约占预算数的八成以上。

表4.3.3 1928—1941年云南省历年田赋预算在省总预算中所占比重

年度	田赋预算数（单位：元）	田赋实收数（单位：元）	省总预算数（单位：元）	田赋预算占省总预算的百分比（%）
1928				
1929				

续表

年度	田赋预算数（单位：元）	田赋实收数（单位：元）	省总预算数（单位：元）	田赋预算占省总预算的百分比（%）
1930				
1931	150000	584239	3124857	24.00
1932	562500	557429	3301373	17.04
1933	625000	577159	3625472	17.24
1934	694920	585266	5465833	12.70
1935	822000	504778	3362039	18.84
1936	739800	609847	11232147	6.59
1937	748522		8759279	8.54
1938	374261		4379639	8.54
1939			8813513	
1940		2723029		
1941				

资料来源：关吉玉、刘国明编纂：《田赋会要第三篇：国民政府田赋实况（上）》，正中书局 1941 年版，第 162—163 页。

由表 4.3.4 可知，1931—1941 年间，广西省历年田赋预算在省总预算中所占比重，平均为 8.74%，最大值为 22.08%，最小值为 0.44%。田赋实收数约占预算数的七成六。

表 4.3.4　1928—1941 年广西省历年田赋预算在省总预算中所占比重

年度	田赋预算数（单位：元）	田赋实收数（单位：元）	省总预算数（单位：元）	田赋预算占省总预算百分比（%）
1928				
1929				
1930				
1931	2526121	2023116	13743816	18.38
1932	2924507	1956787	13243292	22.08
1933	2219072	1926429	23000197	9.65
1934	2011324	1873118	27570839	7.30
1935	1972626		34228114	5.76

续表

年度	田赋预算数（单位：元）	田赋实收数（单位：元）	省总预算数（单位：元）	田赋预算占省总预算百分比（%）
1936	2246123		43736544	5.14
1937	2089683		29635127	7.05
1938	1991852		16708080	11.92
1939	2134612	1169718	30803487	6.92
1940	1214190	4413088	33905269	6.53
1941	200000		44910200	0.44

资料来源：关吉玉、刘国明编纂：《田赋会要第三篇：国民政府田赋实况（上）》，正中书局1941年版，第182—183页。

由表4.3.5可知，在1928—1941年间，广东省历年田赋预算数，以1930年为最高，因为这年改订新税率，田赋统一征收，田赋预算数达7387121元。1931年度7104978元，仅次于1930年。1931年以后，“因田亩久未整理，绝户逃粮，未及清查，且征收之权，操诸书吏，弊端百出，致田赋预算逐年锐减”。1935年起，废止原有田赋，开征临时地税，田赋预算数又大幅增加。1936年田赋预算占省预算地位提高到近20%。1937年，抗日战争爆发，一些地区沦为日占区，田赋在省预算中的比重，每况愈下。[①]综计1928—1941年间，田赋在省预算收入中的比重约为22.20%，最高年份占85.01%，最低年份也占到10.44%。田赋实收数约占预算数的六成。

表4.3.5 1928—1941年广东省历年田赋预算在省总预算中所占比重

年度	田赋预算（单位：元）	田赋实收数（单位：元）	省总预算（单位：元）	田赋预算占省总预算百分比（%）
1928	5475563	1927944		
1929	5936384	4159859		
1930	7387121	3291747		
1931	7104798	3961608	34169941	20.53
1932		3409618	38284950	
1933			48992218	

① 关吉玉、刘国明编纂：《田赋会要第三篇：国民政府田赋实况（上）》，第235页。

续表

年度	田赋预算（单位：元）	田赋实收数（单位：元）	省总预算（单位：元）	田赋预算占省总预算百分比（%）
1934	4655642		54751384	85.01
1935	6083606		52680765	11.55
1936	6678817		34198518	19.53
1937	5286700		35833477	14.75
1938	2643350		17916739	14.75
1939	3829120	3455165	30070406	12.73
1940	4185810	4413088	39709851	10.54
1941	6255120	1730848	59940033	10.44

资料来源：关吉玉、刘国明编纂：《田赋会要第三篇：国民政府田赋实况（上）》，正中书局1941年版，第236—237页。

根据表4.3.6，1928—1941年间，湖南省历年田赋预算在省总预算中所占比重，平均值为20.98%，最大值为39.63%，最小值为11.28%。田赋实收数约占预算数的七成。

表4.3.6　1928—1941年湖南省历年田赋预算在省总预算中所占比重

年度	田赋预算数（单位：元）	田赋实收数（单位：元）	省总预算数（单位：元）	田赋预算占省总预算百分比（%）
1928				
1929				
1930		2300000		
1931	3372770	3100000	17113714	19.70
1932	3324000	2700000	15410716	21.57
1933	2855788		14312383	19.94
1934	2855539		14087543	20.27
1935	2955811		16483340	17.93
1936	3741614	3483953	19882919	18.82
1937	2813966	2905271	25013101	11.28
1938	3378057	780408	13570363	39.63
1939	6463000	3913651	24006036	26.92

续表

年度	田赋预算数（单位：元）	田赋实收数（单位：元）	省总预算数（单位：元）	田赋预算占省总预算百分比(%)
1940	6336950	3506545	29818588	21.25
1941	6616080		49011654	13.52

资料来源：关吉玉、刘国明编纂：《田赋会要第三篇：国民政府田赋实况（上）》，正中书局1941年版，第276—277页。

由表4.3.7可知，1928—1941年间，江西省历年田赋预算在省总预算中所占比重，平均值为29.23%，最大值为38.9%，最小值为18.25%。田赋实收数约占预算数的八成。

表4.3.7 1928—1941年江西省历年田赋预算在省总预算中所占比重

年度	田赋预算数（单位：元）	田赋实收数（单位：元）	省总预算数（单位：元）	田赋预算占省总预算百分比(%)
1928		5472203		
1929		4654638		
1930		4114364		
1931		4154912		
1932	4123708	3718507	17693063	23.30
1933	4448585	3841110	17143974	25.95
1934	6136129	3444749	22121227	33.82
1935	6917272		20807150	33.24
1936	9992050		26625295	37.52
1937	10612196		27275440	38.90
1938	4376754		12529357	34.93
1939	3166131		36590217	25.05
1940	7138339	6593306	39103876	18.25
1941	11621962		54378650	21.36

资料来源：关吉玉、刘国明编纂：《田赋会要第三篇：国民政府田赋实况（上）》，正中书局1941年版，第332—333页。

福建省预算，1928年因军事初定，尚未办理，各县田赋，多被当地驻军截留。1929年以后，虽有预算，亦系形式而已。直到1934年春省政府改组，收支统一，才有了实际意义上的预算，田赋预算数和实收数也才有了起色。1938年，“田赋预算虽形减低，而实收数实有超过”。1939年后，“以土地编查，颇收成效，田赋预算及其所占省总收入之地位，亦形增高”。1941年田赋改征实物，田赋预算在省总预算中地位，由1940年的14.76%急剧增加到31.22%，几占全部收入的三分之一。[①]

由表4.3.8可知，1928—1941年间，福建省历年田赋预算在省总预算中所占比重，平均值为17.56%，最大值为31.22%，最小值为8.25%。田赋实收数约占预算数四成五。

表4.3.8　1928—1941年福建省历年田赋预算在省总预算中所占比重

年度	田赋预算数（单位：元）	田赋实收数（单位：元）	省总预算数（单位：元）	田赋预算占省总预算百分比（%）
1929	2657534		13861699	19.15
1930	2657534		12056937	23.04
1931	3825026		27509737	13.09
1932	3310336		26180299	12.64
1933	2903425	1502790	16904137	17.17
1934	2472345	308120	19586934	12.62
1935	3876881	642564	19337046	20.05
1936	4403327	1141530	19424317	22.67
1937	5393540	2857606	27338454	19.72
1938	127067	1317453	15418392	8.25
1939	4233482	1951390	30382139	13.93
1940	4607106	5174474	31194786	14.76
1941	23427601		74986308	31.22

资料来源：关吉玉、刘国明编纂：《田赋会要第三篇：国民政府田赋实况（上）》，正中书局1941年版，第357—358页。

① 关吉玉、刘国明编纂：《田赋会要第三篇：国民政府田赋实况（上）》，第356—357页。

由表4.3.9可知，1932年浙江省地方实际收入为1800余万元，田赋收入约占57%。[1]

表4.3.9 浙江省1932年各项赋税收入比较表

税目	收入（单位：元）	在总收入中的百分比（%）
田赋	10248364	56.88
契税	823109	4.57
契纸捐	61542	0.34
箔类特种营业税	2200426	12.22
普通营业税	1980480	10.99
屠宰营业税	604829	3.35
典当营业税	88815	0.49
牙行营业税	347300	1.92
茧灶捐	22232	0.12
烟酒附税	178139	0.99
烟酒牌照税	157848	0.87
盐附税	1304647	7.26
合计	18017731	100

数据来源：叶干初：《兰溪实验县田赋之研究》，第3826—3827页，“浙江省二十一年度各项赋税收入比较表”。

下表4.3.10，1927—1937年十年间，湖北省田赋收入有所增长。1937年较之1927年，增长了15%—39%。田赋在财政收入中所占的比重，起伏较大。全面抗战爆发前，都在13%以下，最高年份为1927年，占到12.55%；最低年份为1932年，仅占0.5%。全面抗战爆发，逐年增加。[2]根据表4.3.10，1927—1941年间，田赋预算在湖北省预算中的占比，平均值为10.21%，最大值为22.19%，最小值为0.56%。1941年财政收支系统改订，省级财政并

① 叶干初：《兰溪实验县田赋之研究》，第3822页。

② 贾士毅：《湖北财政史略》，第113—114页；《湖北统计年鉴（1943年）》，第441—442页。

入中央财政，田赋也改由中央管理，这一状况从1942年持续到1946年上半年度。1946年下半年度，又恢复三级财政体制。在1946年下半年度的财政收入构成，课税占财政收入的19%，田赋占财政收入的11%，田赋占课税的56%。随着全面内战爆发，田赋征实继续进行，征实部分直接划拨为军公粮，田赋归属省财政部分事实上也不能完全为省财政所掌握。[①]

表4.3.10　1927—1941年湖北省历年田赋预算在省总预算中所占比重

年度	田赋收入（单位：元）	财政收入（单位：元）	田赋在财政收入中所占的比重（%）
1927	1691273	13477696	12.55
1928	1868355	16310951	11.45
1929	1601448	17513669	9.14
1930	1118509	22328235	5.01
1931	1268355	23600121	5.37
1932	96000	17023521	0.56
1933	1212400	17619814	6.88
1934	1530000	19092820	8.01
1935	1893200	20484093	9.24
1936	2353200	19828613	11.87
1937	2603200	26170767	9.95
1938	1301600	13085383	9.95
1939	3645538	25732787	14.17
1940	3235900	19318311	16.75
1941	6904694	31110032	22.19

资料来源：关吉玉、刘国明编纂：《田赋会要第三篇：国民政府田赋实况（上）》，正中书局1941年版，第298—299页，“民国十六年至三十年湖北省历年田赋预算在省预算中所占地位表”。

如表4.3.11所示，1928—1941年各省田赋预算在总预算中所占的比重，最小值为3.08%，最大值29.44%，均值为24.04%。如前所述，田赋实收数

① 《湖北省志·财政》，第112—113页，“民国时期湖北省级财政收入构成表”。

占预算数的比重，一般在六成以上。

表 4.3.11 1928—1941 年各省田赋预算在总预算中所占百分比比较

年度	田赋预算数（单位：元）	省市总预算数（单位：元）	田赋预算占总预算的百分比（%）	统计省市	
				数量	名称
1928	17655398	586852850	3.08	4	湖北、浙江、辽宁、黑龙江
1929	29456659	110200924	26.74	7	湖北、福建、浙江、河北、热河、辽宁、黑龙江
1930	33902978	125544744	27	8	湖北、福建、浙江、河南、河北、绥远、热河、黑龙江
1931	84871827	310977722	27.28	23	贵州、云南、广西、广东、湖南、湖北、福建、浙江、江苏、安徽、河南等
1932	85342199	292137158	28.12	24	贵州、云南、广西、广东等
1933	71332020	242267509	29.44	20	贵州、云南、广西、湖南、湖北等
1934	85387267	343563557	24.85	24	贵州、云南、广西、广东、湖南、湖北等
1935	126958491	466952197	27.19	27	四川、贵州、云南、广西、广东、湖南、湖北等
1936	137576104	506618712	27.31	28	四川、贵州、云南、广西、广东、湖南、湖北等
1937	106390107	455845499	23.34	22	四川、贵州、云南、广西、广东等
1938	59824145	217424783	27.51	22	四川、贵州、云南、广西、广东等
1939	77279145	362331998	21.33	16	四川、贵州、广西、广东、湖南、湖北等
1940	89523207	494167335	18.11	18	四川、贵州、广西、广东、湖南、湖北等
1941	196864428	718155352	25.2	20	四川、贵州、广西、广东、湖南、湖北等

资料来源：关吉玉、刘国明编纂：《田赋会要第三篇：国民政府田赋实况（上）》，正中书局 1941 年版，第 55—57 页。

（二）田赋与县财政

南京国民政府一直在努力加强县财政的地位。1929 年 5 月颁布《县组织法》，规定县政府下设财政局，掌管征税、募债、管理公产，以及其他财产事项。财政局长由财政厅委任，受制于县长，属财务行政性质。县财务立法权归县参议会。县财政重要事项，如县预算决算、县公债、县公产处分、县公共事业之经营管理事项。[①]

根据表 4.3.12，1935—1941 年间，四川省县地方田赋收入在县地方总预算收入中比重平均占 30.34%，最高占 45.76%，最低占 18.87%。

表 4.3.12　1935—1941 年四川省县地方田赋收入在县地方总预算收入中所占的比重

年度	县地方田赋收入（单位：元）	县地方总预算收入（单位：元）	田赋收入占县预算百分比（%）
1935	7605412	16625144	45.76
1936	8070750		
1937	10025435	30362139	33.02
1938	5277123		
1939	13614469	38414689	34.27
1940	13881350	70115004	19.80
1941	34970486	212681597	18.87

资料来源：关吉玉、刘国明编纂：《田赋会要第三篇：国民政府田赋实况（上）》，正中书局 1941 年版，第 96 页。

根据表 4.3.13，贵州 1941 年田赋收入占县地方总预算收入比重为 12.20%。

表 4.3.13　1935—1941 年贵州省县地方田赋收入在县地方总预算收入中所占比重

年度	县地方田赋收入（单位：元）	县地方总预算收入（单位：元）	田赋收入占县预算百分比（%）
1935			
1936		2544175	
1937			
1938			

① 贾德怀：《民国财政简史》，第 641 页。

续表

年度	县地方田赋收入（单位：元）	县地方总预算收入（单位：元）	田赋收入占县预算百分比（%）
1939		8208062	
1940		11188515	
1941	2827977	23173882	12.20

资料来源：关吉玉、刘国明编纂：《田赋会要第三篇：国民政府田赋实况（上）》，正中书局1944年版，第135页，“表二十七　贵州省县地方田赋收入在预算中所占地位表”。

根据表4.3.14，1935—1941年田赋收入在云南省县地方总预算收入中的比重，平均值为66.85%，最大值为82.54%，最小值为55.67%。

表4.3.14　1935—1941年云南省县地方田赋收入在预算中所占地位表

年度	县地方田赋收入（单位：元）	县地方总预算（单位：元）	田赋收入占预算百分比（%）
1935			
1936			
1937	1860480	2726068	68.24
1938			
1939	571432	2007919	82.54
1940	3363232	5517964	60.95
1941	5030000	27000000	55.67

资料来源：关吉玉、刘国明编纂：《田赋会要第三篇：国民政府田赋实况（上）》，正中书局1944年版，第164页。

根据表4.3.15，1934—1941年间广西省县地方田赋收入在预算中的比重，平均34.23%，最大值为39.22%，最小值为26.28%。

表4.3.15　1934—1941年广西省县地方田赋收入在预算中所占地位表

年度	县地方田赋收入（单位：元）	县地方预算（单位：元）	田赋收入占旧预算之百分比（%）
1934	2848542	7543235	37.77
1935	3052785	9245940	33.02

续表

年度	县地方田赋收入（单位：元）	县地方预算（单位：元）	田赋收入占旧预算之百分比(%)
1936	5181214	13211457	39.22
1937	6446770	17126309	37.64
1938			
1939	6273102	18347966	34.19
1940	6808168	21625361	31.48
1941	8251923	31785911	26.28

资料来源：关吉玉、刘国明编纂：《田赋会要第三篇：国民政府田赋实况（上）》，正中书局1944年版，第184页。

根据表4.3.16，1935—1941年间，广东省县地方田赋收入在预算中的比重，平均值为34.25%，最大值为55.95%，最小值为25.60%。

表4.3.16 1935—1941年广东省县地方田赋收入在预算中所占地位表

年度	县地方田赋收入（单位：元）	县地方预算（单位：元）	田赋收入占总预算百分比（%）
1936	7401424	13228187	55.95
1937	5151230	13520948	38.09
1938			
1939	7334524	28651662	25.60
1940	7334525	28651662	25.60
1941	9896345	38040471	26.02

资料来源：关吉玉、刘国明编纂：《田赋会要第三篇：国民政府田赋实况（上）》，正中书局1944年版，第237—238页。

根据表4.3.17，1935—1941年间湖南省县地方田赋收入在预算中所占比重，平均值为41.15%，最大值为54.28%，最小值为29.51%。

表 4.3.17　1935—1941 年湖南省县地方田赋收入在预算中所占地位表

年度	县地方田赋收入（单位：元）	县地方预算（单位：元）	田赋收入占预算之百分比（%）
1935			
1936			
1937	7147565	13169355	54.27
1938			
1939	7018187	16927721	41.46
1940	7054305	17928563	39.35
1941	7543318	25455392	29.51

资料来源：关吉玉、刘国明编纂：《田赋会要第三篇：国民政府田赋实况（上）》，正中书局 1944 年版，第 278 页。

从下表 4.3.18 可知，1934—1940 年间江西省县地方田赋收入在预算中的比重，平均值为 53.43%，最大值为 62.77%，最小值为 27.52%。

表 4.3.18　1934—1940 年江西省县地方田赋收入在预算中所占地位表

年度	县地方田赋收入（单位：元）	县地方预算（单位：元）	田赋收入占预算百分比（%）
1934	3673782		
1935	3361296	6104953	55.06
1936	5214564	8307582	62.77
1937	5318760	8676674	61.30
1938			
1939	4520646	7469409	60.52
1940	3741837	13593748	27.52

资料来源：关吉玉、刘国明编纂：《田赋会要第三篇：国民政府田赋实况（上）》，正中书局 1944 年版，第 333—334 页。

根据表 4.3.19，江西省临川县，田赋附加在县财政预算收入中的比重约为 72.8%。

表 4.3.19　1934 年江西临川县地方财政收入预算

科目	全年度预算（单位：元）	在总预算收入中的比例（%）
第一项田赋附加	138061	72.8
第一目地丁附加	86208	
第一节自治附加	18856	
第二节卫生附加	8082	
第三节教育附加	18858	
第四节建设附加	8082	
第五节团队附加	32368	
第二目米折附加	51853	
第一节自治附加	11343	
第二节卫生附加	4861	
第三节教育附加	11343	
第四节建设附加	4861	
第五节团队附加	19445	
第二项屠宰附加	1800	1
第三项学产收入	2296	1.2
第一目田租	2200	
第二目店铺租	96	
第四项公产收入	47	0.0
第一目房铺租	47	
第五项房铺捐	2000	1
第六项杂捐税收入	45419	24
第一目留县营业税	40000	
第二目杂收入	5419	
合计	513545	100

数据来源：周炳文：《江西旧抚州田赋之研究》，第 3388—3390 页，“临川县民国二十三年度岁入地方预算书”。

表 4.3.20，1935—1941 年间福建省县地方田赋收入在预算中所占比重，平均值 14.81%，最大值为 35.97%，最小值为 8.92%。

表 4.3.20　1935—1941 年福建省县地方田赋收入在预算中所占地位表

年度	县地方田赋收入（单位：元）	县地方预算（单位：元）	田赋收入占预算百分比（%）
1935	1641877	4564951	35.97
1936	833258	7377872	11.29
1937	1129978	11342361	9.96
1938	561838	6299930	8.92
1939	1540246	13105100	11.75
1940	2414988	15974280	15.12
1941	5071258	47257477	10.67

资料来源：关吉玉、刘国明编纂：《田赋会要第三篇：国民政府田赋实况（上）》，正中书局 1944 年版，第 359 页。

1935 年湖北省县地方岁入预算，田赋占到近 50%，说明田赋在湖北省县财政收入中重要地位。①（参表 4.3.21）

表 4.3.21　湖北省 1935 年县地方收入预算数及百分数表

	田赋附加	契税附加	牙税附加	屠宰附加	公产收入	学产收入	区署补助费	政款补助收入	其他	合计
预算数（元）	1649126	401871	46300	325249	54986	339978	70680	111640	429163	3428993
百分比（%）	48.09%	11.72%	1.35%	9.49%	1.60%	9.91%	2.06%	3.26%	12.52%	100.00%

资料来源：贾士毅：《湖北财政史略》，第 196—200 页；“湖北省二十四年度县地方收入预算分类表”，湖北省档案馆藏，档号：LSE2.1-1。百分比为本人计算。

1937—1941 年间，田赋附加预算数在财政收入预算中所占比重，一般在 50% 以上。抗战爆发之初，由于时局混乱，征收困难，田赋在地方财政中的比重有所下降，是年省县财政都靠中央补助才得以维持。但当政府迁居鄂西，征收工作走上正轨，田赋在地方财政中比重又接近战前水平。②（参见

① 贾士毅：《湖北财政史略》，第 196—200 页；“湖北省二十四年度县地方收入预算分类表”，湖北省档案馆藏，档号：LSE2.1-1。

② 关吉玉、刘国明编纂：《田赋会要第三篇：国民政府田赋实况（上）》，第 299 页，“湖北省县地方田赋收入在预算中所占地位表”。

表 4.3.22）田赋对县财政的重要性已可见一斑。

表 4.3.22　1937—1941 年期间湖北省县地方田赋收入在预算中所占的比重

年度	田赋收入（单位：元）	财政收入（单位：元）	田赋收入在财政收入中所占比重(%)
1937	3994037	14233373	28.06
1940	4711335	8334222	56.53
1941	12828624	25457211	50.39

资料来源：关吉玉、刘国明编纂：《田赋会要第三篇：国民政府田赋实况（上）》，正中书局 1944 年版，第 299 页，"湖北省县地方田赋收入在预算中所占地位表"。

由表 4.3.23 可知，就各省历年田赋收入在县预算总收入中的比重来看，平均约为 40%。

表 4.3.23　1934—1941 年各省历年县地方田赋收入在县总预算中所占地位比较

年度	县地方田赋收入（单位：元）	县地方总预算（单位：元）	田赋收入占总预算百分比(%)	统计省份	
				数目	名称
1934	2848542	7545235	37.77	1	广西
1935	68780971	12616825	59.21	13	四川等
1936	76558992	139854985	54.53	15	四川等
1937	83608607	202703475	41.25	15	四川等
1938	561838	6299930	8.92	1	福建
1939	55874289	154364667	36.20	12	四川等
1940	68613776	226814864	30.55	14	四川等
1941	141380415	567618291	24.91	15	四川等

资料来源：关吉玉、刘国明编纂：《田赋会要第三篇：国民政府田赋实况（上）》，正中书局 1944 年版，第 58—59 页。

除田赋外，另一项与土地有关的县地方收入就是契税，即对于土地买卖所征的交易税。由于收数短少，对财政贡献不大，鲜为论者所注意。下面试以浙江省为例略作说明。

清朝对于土地买卖，按土地价值银每两征税 3 分，典契税为买卖契税的一半。民国三年（1914），契税条例规定卖契按值课9%，典契按值课6%。契纸费每张收5角。[①]1915年改为“卖四典二”，即卖契按值课4%，典契按值课2%。1917年又改为“卖六典三”[②]，并收契纸费每张5角。[③]

浙江省田房契税，根据清户部则例，卖契按契价银每两纳税3分。典契在十年以内，概不纳税。若先典后卖，按典卖两契银数科税。辛亥革命后，浙江省议会临时议会议决改办移转税，卖契税千分之二十，典契税千分之十五，押契税千分之十。1914年，浙江省国税厅又将卖契税减为2%，典契税1%。1914年，财政部通令全国验契。从1914年5月1日起至1915年12月底止，浙江省开展验契。业主验契一张，在30元以上者缴纳查验费1元，注册费1角，30元以下者只缴注册费。金华验契收入共计15727.783元。1924年3月，浙江省财政厅将契税税率调高为“卖九典六”。由于增税导致更多的逃税行为，契税收入反而减少，1925年，又将税率减为“卖六典四”。[④]

1928年3月，国民政府财政部“以年来战争频仍，民间白契，隐匿未税者多所不免，为整理赋税保障产权计，爰拟订验契条例十二条，令饬各省财政厅转饬各县举办验契”。

浙江省据此制定“验契补充办法十四条”，规定“凡从前成立之不动产旧契，无论已税契未税契，须一律呈验注册，给予新契纸。每契一张，收验契纸费一元五角，注册费一角，附收教育费二角，其不动产价格在三十元以下之契，只收注册费一角。所有旧契不呈验者，与诉讼时不能作为凭证”。但是，较之1914年的验契，1928年的验契成效更微。调查显示：“大抵民三投验者十之五六，民十七仅十之一二而已。验契初意，在确定产权，清厘地籍，但每契一纸，收费达一元以上，迹近诛求，尽背原有目的。”从1928年11月起，在推收项下带征置产捐1元。1931年1月，改由契税项下带征，

① 叶干初：《兰溪实验县田赋之研究》，第3795页。
② 叶干初：《兰溪实验县田赋之研究》，第3795页。
③ 尤保耕：《金华田赋之研究》，第9197—9198页。
④ 尤保耕：《金华田赋之研究》，第9197—9198页。

卖契每元3分，典契减半。[1]

1932年，浙江省财政厅颁布“浙江省征收不动产移转契税章程”，规定绝卖按卖价6%征税，活典按卖价3%征税；赠与遗赠，估征产价6%，继承分析，估征产价3%。[2]

根据1933年9月颁布的《浙江省征收不动产移转契税章程》，民间土地买卖典当契税税率仍为“卖六典三”，但新增赠与遗赠税与继承分析税，赠与遗赠税照产价估征6%，继承分析税照产价估征2%。[3]

表4.3.24　1927—1934年度浙江省金华县契税契纸费及契税附加收数[4]

年度	契税	契纸费	带征置产捐	合计
1927	4258.255	1072		5330.255
1928	4595.31	1084.5		5679.81
1929	1784.49	355		2119.39
1930	4592.685	834.5	1757.2	7184.385
1931	4280.572	764.5	2139.076	7184.148
1932	3203.919	563	1652.004	5418.923
1933	3852.345	605.2	1940.67	6398.215
1934	1346.59	185	672.295	2203.885

由表4.3.24可知，浙江金华1927—1934年间契税收入年平均约5189元。但列入县财政预算的只有契税附加，即带征置产捐。1932年浙江金华财政预算收入139191元，其中田赋附加87293元，契税1000元，两项合计88293元，占总预算收入的63.42%。1933年全县财政预算收入为11852元，其中田赋附加72009元，契税附加1200元，两项合计73209元，占总预算收入的61.72%。1934年全县财政预算收入为114852元，其中田赋

① 尤保耕：《金华田赋之研究》，第9199页。
② 尤保耕：《金华田赋之研究》，第9197—9198页。
③ 叶干初：《兰溪实验县田赋之研究》，第3795页。
④ 尤保耕：《金华田赋之研究》，第9213—9216页。

附加68859元，契税附加1200元，两项合计70059元，占总预算收入的60.99%。[①] 兰溪契税预算收入1933年前为8000元，1933年增至15000元。[②]

由表4.3.25可知浙江契税的主要税率。契税收入在1932年浙江省总收入中约占5%。需要说明的是，这一契税收入包括乡村土地移转契税与城市土地移转契税两个部分。[③]

表4.3.25　20世纪30年代浙江省契税税率[④]

科目	税率	附注
卖契税	每两9分或每元6分	
典契税	每两4分5厘或每元3分	
补契税	每两9分或每元6分	无契纸费
带征置产捐	每两4分5厘或每元3分	典契减半
契纸费	每张5角	
申请书印花	每张1角	
新契纸印花	10元以下缴费1分，10—100元缴费2分，100—500元缴费4分，500—1000元缴费1角，1000—5000元缴费2角，5000—10000元缴费5角	
验契（30元以上者）	每张1元5角	
逾限递增一成纸价	每张1元零5分	七个月为限
注册费	每张1角	
教育附捐	每张2角	

说明：1.1914年3月1日以前白契未税者为旧契，无契纸费。2.1914年3月至1928年4月以前白契未税者为新契，须先验后税。3.契价在30元以内者为小契，无须呈验，只收注册费1角。

四、地籍弊端对地方财政的影响

由上面的分析可以看出，田赋收入在地方财政特别是县财政收入中的

① 尤保耕：《金华田赋之研究》，第9438—9439页。
② 叶干初：《兰溪实验县田赋之研究》，第3806页。
③ 叶干初：《兰溪实验县田赋之研究》，第3806页。
④ 尤保耕：《金华田赋之研究》，第9200—9201页。

比重很高，这就意味着，一旦田赋征收方面出现问题，地方财政特别是县财政的运转也会受到严重影响。实际情形即是，由于地籍混乱以及基层员吏的腐败，赋税征收的实收数与预算数差距较大。这对地方财政的消极影响也是显著的。

阮荫槐在其调查报告中，详细阐述了江苏无锡田赋对县财政的重要性以及田赋收入短收的情形。他写道："无锡田赋，占全县岁收 64.52%，为地方财政之大宗。惟以政府因无图册可凭，悉假手于胥吏，于是田赋异常紊乱，如藏册居奇，逃粮留赋，隐匿朦报，捲尾中饱，劣串垫票，无奇不有。公家受其侵蚀，收入日形短少；老百姓被其索诈，则致负荷益重，而且科则背理，负担不均。城市地价甚昂，顾所课税率，却与地价之农地，无所轩轾，不平熟甚！若不速确定课税标准，厘定公平科则，俾老百姓负担平均，则积弊愈深，而上下益交困矣。改革之道，总理在遗教中已昭示实施公平之地价税制，即由老百姓据实报价，政府依价抽税，良以土地之所以视为课税之物，以其能有收益，而收益之多寡，又恒表现于其价格，故以土地价格为课税标准，实至公且当。兼以无锡历年田赋积欠甚巨，自 1927 年迄今，新旧积欠至 100 余万元，是以徒负苛重之名，而无征足之实，从课以极低千分之六之地价税，亦必较现在实收为多。"[①]

清《赋役全书》所载江西省耕地面积为 33934762 亩，田赋每年可收 900 余万两，到 20 世纪 30 年代，仅收四五百万两。[②]

在浙江兰溪县，"自明万历编制黄册以来，历有清一代，虽亦曾有清赋之举，而未尝加以彻底之整理。数百年来，变化相寻，其间册页之散失，沧桑之变更，不知凡几。是以原有之册籍，离事实已甚远。如就田赋额一项而言，考黄册所载为一万五千余顷，而近仅及一万余顷，减少竟至三分之一，可以见其一斑。而紊乱之特甚，而弊实丛生。于是胥吏侵蚀，豪劣之抗隐，不一而足，莫可究诘，遂致额征年形短绌。"1930 年兰溪县田赋全年额征总

① 阮荫槐：《无锡之土地整理（下）》，第 18249—18270 页。
② 关吉玉、刘国明编纂：《田赋会要第三篇：国民政府田赋实况（上）》，第 333—334 页。

数为 256876.594 元，实征总数为 135608.282 元，实征数约占额征数的 53%；1931 年兰溪县田赋全年额征数为 241325.704 元，实征总数为 140322.472 元，实征数约占额征数的 58%；1932 年兰溪县田赋全年额征数为 292558.58 元，实征数为 116331.114 元，实征数约占额征数的 40%。“积欠原因，虽因时会不佳，年来谷价奇贱，而业主之习于疲玩，实为征收短绌之重要者也。富绅大户，则恃其封建势力，以不完粮赋为体面；零星小户，则因散处四乡，距城过远，数钱或数分之钱粮，即专需一人投柜完纳，殊为不便，因而习于延欠，永不投粮。会社祭产，则因系首事按年轮值，完粮者之姓名住址，不易查知，派警催征，亦属枉然。”①

如前所述，兰溪契税预算收入在 8000 元以上，一年收数不过 5000 元。契税收入“视乎产业移转多寡为衡，而产业转移之多寡，又随岁时收获之丰歉，社会金融之畅滞，老百姓富力之消长为转移，故征税之多寡，殊难前定”②。但是，兰溪契税征收确实存在着偷漏的现象，究其原因，主要在以下几个方面：“兰邑推收过户，悉由册书办理，民间每有赋粮移转，产权即得保障之错误观念，故产业买卖，多不照章投税。而册书及经征人，只图私利，罔顾公益，又漫无责任限制，故私自过户移粮，不向政府报告。过去政府，因无从查考，亦置之不闻不问之列，浸假成风，遂成不投税之习惯，此一也。政府征收契税，原为保障老百姓产权，非专为财政上增加收入着眼。故法律上对于未经投税之白契，虽不予保障，但法院阳奉阴违，每多亦予受理。致法律不能为已税者之保障，未税者固踌躇满志，即欲投税之老百姓，亦观望不前，此二也。该邑田地买卖，普通习惯，往往一产而有二业，即大皮小皮是也。其买卖成立后，只将大皮之契投税，小皮之契隐匿，又或一业写契若干张，只将轻价之契投税，重价之契隐匿。巧立名目，以图漏税，此三也。又在昔军阀时代，一般污吏浮收契税，及额外加征，或有意留难，私

① 叶干初：《兰溪实验县田赋之研究》，第 3632—3649 页。
② 叶干初：《兰溪实验县田赋之研究》，第 3806 页。

行处罚，种种弊病，使业户裹足不前。尚有未知纳税之多寡，不敢投税者，更有不明了经过投税后及呈验、可得法律之保障者，此其四也。又近年来米贱物贵，粮赋附税加重，农村经济已濒破产，不动产移转稀少，契税自随之减少，此其五也。”①

1911—1926年十五年间，浙江金华被拖欠田赋正附税达310590元。南京国民政府成立后，这一欠款被全数豁免。但此后田赋很难全数征收。最好的情况也只能收到八成左右。1927—1932年六年间，金华共积欠田赋正附税494754元。关于田赋短少的原因，“不外地籍失实，征收制度欠密，吏役侵渔，豪强抗匿，而小民因赋重而无力完纳也”。1927年实收数仅相当派额的76.15%，1928年为65.76%，1929年为31.58%，1930年为76.54%，1931年为33.63%，1932年为28.20%。②（参见表4.3.26）

表4.3.26　浙江金华县1927—1932年契税派额与实收数比较（单位：元）③

年度	派额	收数	短收数
1927	7000	5330.325	1669.675
1928	7000	4605.31	2394.69
1929	7000	2210.49	4879.51
1930	6000	4592.685	1407.315
1931	15000	5045.072	10719.428
1932	15000	4229.669	10770.331

关于契税短绌的原因，尤保耕在《金华田赋之研究》中进行了分析。一是税率太重。据估算，买卖价值100元的土地，要缴纳各种税费13.05元。此外，犹有“庄书之需索，中间人之烟酒饭资，以及房分地痞之索诈”。税率太重，老百姓就会想方设法地逃税。如田地买卖租赁不经过政府，沿用民

① 叶干初：《兰溪实验县田赋之研究》，第3807—3808页。
② 尤保耕：《金华田赋之研究（上册）》，第9220页。
③ 尤保耕：《金华田赋之研究（上册）》，第9219页。

间的契约，即所谓白契；买卖双方相互约定，短报契价；等等。二是“推收不善”。推收过户与征收契税有密切关系，金华过去由庄书办理推收过户，推收所成立后，推收员由庄书充任，“私自推收之弊，仍不能克，税契隐匿，自不能禁”[①]。

根据关吉玉、刘国明所据《田赋会要》所载，贵州省耕地面积有1835万亩，承粮面积不到1800万亩。广西省耕地面积为2989万亩，承粮面积为1508万亩。广东省耕地面积为3912万亩，承粮面积为2878万亩。

赋税收入短少势必严重影响到地方财政的运行。由于田赋收数不足，湖北各县财政入不敷出，只好采取各种非常规的做法来应对。[②]

通常的做法就是发行各种债券或者直接举债。1931年上半年，汉川县财政困难，只好以当年田赋作为抵押，向全县绅商富户借款共6000元。同年，广济县也以田赋作为抵押，向全县绅商富户借款5000元。[③]1932年蒲圻因为财政收入匮乏，发行赋税库券作为薪饷发给政府工作人员，由其自行销售。[④]1934年，咸宁以“田赋旧欠作抵”，向全县社会各界借款400元。[⑤]另外的办法就是预征田赋。1931年，阳新县也因政费紧张，共预征田赋1800元余。[⑥]

田赋改归中央后，其他各项收入未见增加，田赋收入则更加减少。1943年各县以税课收入为大宗，超过各县收入的半数，财产权利及公有营业之

---

① 尤保耕：《金华田赋之研究（上册）》，第9224—9225页。

② 参见李铁强：《土地、国家与农民——基于湖北田赋问题的实证研究（1912—1949年）》。

③ 《令广济县县长：呈一件为拟请本县暂发一元预收券五千元以养民力而维现状祈鉴核由（1931年9月）》，湖北省档案馆，档号：LS19-2-2849。

④ 《呈报余前任发行田赋税库券紊乱财政拟具收用办法仰祈鉴核由（1932年1月）》，湖北省档案馆藏，档号：LS19-2-2810。

⑤ 《为呈报因政费奇绌以二十二年田赋作抵向四区公所商会借款经过情形（1934年12月）》，湖北省档案馆藏，档号：LS19-2-2804。

⑥ 《单文尧：呈为呈请转令收回县局会印完粮执照抵换正式粮券仰祈鉴核饬遵事（1931年8月）》，湖北省档案馆藏，档号：LS19-2-2827。

收入合计约占三分之一，其他各种收入，所占比例都很小。[①]在田赋改归中央的情况下，税课收入又主要依赖中央分拨国税。1943 年国税已分配数占全省 70 县税课收入总额 39.1%，其中田赋占 35.6%；占全县岁入总额的 21.6%，其中田赋占 19.2%。[②]

1941 年度实施新县制经费，除由省库补助 100 万元，其余则由各县增筹。[③]1941 年县干部训练经费，自 8 月起，增为每期 7046 元，是年恩施、陨县两县拟各办 4 期，谷城、竹山、宣恩 3 县，拟各办 1 期。各该县干训所补助经费，除由省库按期各发3000 元外，其余亦由各县自筹。[④]县财政更形紧张。为弥补亏空，不得不多方设法。如 1941 年，阳新等县增创祠庙产业提成、牙行佣金等收入，[⑤]1942 年利用乡村剩余劳力，所推行的乡镇保造产等。[⑥]只是察诸实际，这些措施都收效不大。

本章小结

南京国民政府地籍整理的政策目标包括两个方面：一是实现孙中山的民生主义目标 —— 平均地权；一是增加财政收入。

计量分析表明，民国时期的地权分配是不公平的。作为近代化的结果，农村地价受市场经济的影响很大。因此，开征地价税的主张在中国是有实践依据的。要开征地价税，必须要先行整理地籍，详细了解土地的数量与利用

① 《（民国）三十二年度县地方预算构成》，湖北省政府编印：《湖北省统计年鉴》，1943 年，第 439 页。

② 《（民国）三十二年度中央分拨各县国税》，湖北省政府编印：《湖北省统计年鉴》，1943 年，第 440 页。

③ 《湖北省政府财政厅业务检讨报告目次（民国三十年一月至十月）》，湖北省档案馆藏，档号：LSE2.11-10。

④ 《湖北省政府财政厅业务检讨报告目次（民国三十年一月至十月）》，湖北省档案馆藏，档号：LSE2.11-10。

⑤ 《湖北省财政厅业务检讨报告目次（民国三十年一月至十月）》，湖北省档案馆藏，档号：LSE2.11-10。

⑥ 《湖北省政府财政厅三十一年业务检讨报告》，湖北省档案馆藏，档号：LSE2.11-12。

状况、业主真实情况等。同时，地籍整理还蕴含着国家试图恢复其作为产权保护者角色的目的。

国民政府的财政体制是一种中央集权体制下的分权体制。一些大宗税源为中央或省财政所控制，土地税是地方政府特别是县地方政府所特别依赖的财政收入。但是，当时土地税的征收面临着严重问题：一是收数不足，二是负担畸轻畸重。征收过程中腐败丛生，侵蚀着政府的公信力。鉴于此，必须通过地籍整理来解决偷税漏税的问题。

孙中山认为土地整理是县政建设的关键。他在《建国大纲》中指出："在训政时期，政府当派曾经训练、考试合格之员，到各县协助老百姓筹备自治。其程度以全县人口调查清楚，全县土地测量完竣，全县警卫办理妥善，四境纵横之道路修筑成功，而其老百姓曾受四权使用之训练……始成为一完全自治之县。"[①] 他说："土地问题能够解决，民生问题便可解决一半了。""解决民生问题，必须整理土地，要减轻老百姓负担，更须先整理土地，土地能够整理得好，政府便有一宗很大的收入，政府有了大宗的收入，行政经费便有了着落，便可整理地方，一切杂税固然可以豁免，就是老百姓所用的自来水和电灯用费，都可以由政府来负担，不必要老百姓来负担，其他马路的修理费和警察的给养费，政府也可向地税项下拨用，不必另向老百姓来抽警捐和修路费。"[②]

① 中国国民党中央委员会编：《国父全集》第一册，第751—758页。
② 贾品一：《湖北省办理土地陈报之经过》，第19946页。

第五章

南京国民政府乡村地籍整理的实施

南京国民政府地籍整理措施，有治标治本两个方面。治标之策，“以省时节力为原则，举办简易之土地测量，临时之土地登记，概括之地价调查，迅速之土地征收”。治本之策，“即依照法定步骤，举办繁重之土地测量土地登记，地价估计，地税征收，以期达到三民主义土地政策之实现”。[①] 其主要内容可以从三个方面加以叙述：一是政策方针的提出以及地籍整理机构的建立；二是土地测量的实施，包括土地陈报、简易清丈以及地籍测量；三是整理土地登记。

需要特别指出的是，在南京国民政府时期，中央与地方的关系存在着一种典型的“中心—边缘”格局。中心指中央政府控制的地区，与中央关系稍近的地区处于中心外围，关系疏远的则在这一格局的边缘。国民政府中央的政策往往是在中心地区才得到较好的贯彻。是故，无论是土地测量还是土地登记，都只在有限的范围内得到比较积极的实施。

第一节　国民政府的地政方针与地籍整理机构

通过对国民党中央以及国民政府的政策及法律法规文件的梳理，对南京

① 《新省会土地初步整理之商榷》，《地政通讯》1938 年第 2 期，第 1 页。

国民政府的地政方针可以有一个大致的了解。而对地籍整理机构的描述，则可以帮助了解国民政府进行地籍整理的体制机制。

一、国民政府的地政方针

《中国国民党第三次全国代表大会内政部政治工作报告》指出："值此国库涸竭，土地行政人才缺乏之日，举办大规模之整理，应行分别缓急，因议定暂行办法十条，大体由登记入手，而调查一项，改用抽查，所须经费即拟于登记时粘贴印花，随时筹集。盖如此省时节费，取其轻而易举也。一俟经费筹有办法，土地行政人才培养敷用之日，再行大地测量，以完成通盘之整理。"[①] 1926年，广东国民政府公布《土地登记征税法》，规定一切土地权利均需遵照规定申请登记，领取证书后才有法律保障。[②]

1928年召开的国民政府第一次财政会议，中心议题是裁军与划分国地财政收支问题，但对于土地问题也有所涉及，相关提案有六个。财政部赋税司提出的《整理财政大纲》中有关于田赋的专题。大会对这一提案的决议是："田赋虽已划归地方收入，惟为划一办法，免致分歧起见，自当积极实行清丈，以期厘定全国地价，制定划一地税，完成全国土地整理计划。至清丈经费之筹集，则各就各地情形，酌量仿照江苏宝山昆山办法，以举行田亩注册为着手整理之第一步。又我国旧制，重于耕田以轻于宅田，亦与赋税分配平均之原则不符，为矫正计，宜先就都会实行宅地税，此亦为改革田赋中之要着。"[③]

贾士毅提交《整理全国土地计划案》，分全国耕地为未开垦耕地及已开垦耕地两种。对于未开垦的边陲荒地，可以考虑由军队屯垦。对内地各省荒区，可以将邻省过剩人口就近移垦，以资调剂。对于已开垦耕地，则要实施

① 《抗战前国家建设史料（内政方面）》，《革命文献》第71辑，第10页。
② 谭峻、林增杰主编：《地籍管理》，第14页。
③ 关吉玉、刘国明：《田赋会要第三篇：国民政府田赋实况（上）》，第20—21页。

测丈。测丈前，应定期责令地主填报其土地的户名、区号、亩数及其他各项重要信息，作为清丈的依据。土地测丈完毕后，首先仿照过去鱼鳞图册，编订新册，“于土地之四至户名田号亩分等，详为填注。册首添绘田形总图，凡河道深广通淤，地势高低燥湿，逐细填注”。其次，仿照过去的黄册，编订归户册，“于各业户名项下，分填亩数田号税额”。另外，还要编清赋册，“于各田亩项下，凡关现行科则、赋额、地形高下、土质肥瘠、收获丰绌、纯益多寡等，均逐一填注，而于地价之贵贱，尤须特为注明”①。

大会税务组审查了贾士毅的提案，结论是：“整理土地计划一案，由大会交付审查后，并据全国经济会议移付四案：一、整理全国土地案；二、整理田亩清册案；三、整理全国替代提案；四、全国整理土地委员会组织条例。查第三案即系大会交付之案。一二两案，其性质亦复相同，本审查会因合并讨论，以土地整理，洵为今日切要之图，而按诸平均地权之办法，尤须从测量土地入手。财政部组织法第八条：关于土地整理，列为第六项，是财政部政治上之设施，土地整理一事，本属责无旁贷。惟查内政部有土地司，职掌土地整理事项；农矿部有计划农事之责，农事附属于土地，亦有联带研究之必要；他如各省民政厅、建设厅、财政厅，均各有职掌土地整理之规定；各省政府又得专设土地厅；各市县政府暂行条例，均得设立土地局。同一整理土地，彼此权限不同，殊为办事上之障碍。假令各行其是，微特系统混淆，以成效未著，百弊随之。全国政治将受莫大之影响，原提各案，靡不规划周详，有条不紊，本审查会以此案为国家经济宏规，既与他机关有联络关系，似应由财政部会同内政农矿两部，照第四案组织整理土地委员会，群确讨论，规定具体方案，颁布全国，以归一律，以便执行。”②

李天培提议成立清丈局，并举办清丈人员训练班，务必一年内完成清丈。大会认为李天培案可以归并到贾士毅案中办理。③

① 关吉玉、刘国明编纂：《田赋会要第三篇：国民政府田赋实况（上）》，第22—23页。
② 关吉玉、刘国明编纂：《田赋会要第三篇：国民政府田赋实况（上）》，第23—24页。
③ 关吉玉、刘国明编纂：《田赋会要第三篇：国民政府田赋实况（上）》，第24页。

总之，在国民政府第一次财政会议中，关于地籍整理的内容大致包括三个方面：第一，从速举行田亩注册；第二，实行清丈，以厘定全国地价，制定划一地税，完成全国土地整理计划；第三，其他如宅基地税并宜次第推行。①

1928年，内政部拟定“全国土地测量调查登记计划书草案”，计划地籍整理分三期进行。第一期，时间约为3年，主要任务：划定省县政府权限；筹设土地行政机关；培养测量登记人才；实行图根测量和水准测量；筹集经费等。第二期，时间约为3年，主要任务：绘制第一期测出之图；编制已登记完竣地方的簿册图表；实行地形测量及图根测量；实行第二期各县土地总登记等。第三期，时间约为3—5年，主要任务：实行剩余各县的测量登记；绘制全国总分地图；编制全国土地登记的各式册簿图表；结束改组地方土地登记机关等。②

表5.1.1是国民政府内政部关于第一期土地整理进行的具体措施。

表5.1.1　国民政府内政部关于整理土地进行程序表（1928年7月—1931年6月）③

事项	第一年	第二年	第三年
养成土地行政及技术人才	设立训练机构养成测量登记人才分发任用	同前	同前
实行调查测量登记	指定都会省会或其他设市地方先行依法办理调查测量登记土地事宜	1. 就第一次指定各区域督促进行；2. 推广施行区域渐及于各县。	1. 第一次指定各区域务于本年内一律办理完竣；2. 就第二次指定各区域内督促进行；3. 更推广其施行区域各县一律办理。
厘定土地分配标准	1. 私自土地之报价于登记时附带办理；2. 关于平均地权根本理论及各项土地法规之要义分别编印小册广为宣传。	1. 同前各款；2. 登记办理完竣地方依法课地价税。	1. 同前各款；2. 测量完竣并实行登记报价之后即行厘定分配标准准备实行平均政策。

国民党三届四中全会上，内政部所作“政治工作报告（1930年3月—10

① 关吉玉、刘国明编纂：《田赋会要第三篇：国民政府田赋实况（上）》，第24页。
② 国民政府内政部：《全国土地测量调查登记计画书草案》（1928年）。
③ 《抗战前国家建设史料（内政方面）》，《革命文献》第71辑，第15—20页。

月）”指出：“整理土地为本党施行主义与政纲最切要部分。迭经本部筹划一再催请立法院制定土地法公布，以作整理进行之根据。并遵照二中全会议决案内，完成县自治案所定程序，限令各省养成清丈人才，于二十一年年底初期清丈完毕。嗣奉国民政府命令，关于清丈事项，划归参谋部所辖全国陆地测量局办理，而土地法亦于本年六月三十日始行公布。”[①]

1934 年 1 月中国国民党四届四中全会召开，会上孔祥熙等提交了《整理田赋先实行土地陈报以除积弊而裕税源案》，获全会通过。提案认为，各省政府应根据地方实际情况，详订土地陈报规则，由县遴选公正绅士法团代表组织清赋机关，分区劝导老百姓如实陈报土地，以便政府编造征册并修订赋率；为提高地方政府的积极性，中央可明确规定，土地陈报新增赋额，留作地方经费，并用以抵补田赋附加；对于以前瞒报情形，概不追究，如果隐匿不报，一经查出，必严厉惩罚，可以没收隐匿田地。为鼓励老百姓检举，可以将部分罚款或没收田地奖给检举人；抽查土地陈报的工作人员须由政府考核任用；原有册书，由县委任为支薪员工，并要求他们将原有册书交出；各地测丈的人员必须是具有相关测绘知识的人员，对这些技术人员，政府可以通过考试并颁给执照。[②]

该案要点有三：第一，各省政府就地方情形详订土地陈报草章则，由县遴选公正士绅法团代表组织清赋机关，分区劝导老百姓从事土地陈报，以便政府从事编造征册更定科则等事宜。第二，由中央明白规定此次陈报新增之赋额准留充各该地方之经费并用以抵补附税。第三，凡有地无粮或地多粮少依限陈报者，一律准予拱补，城市无粮宅地尤须尽先举办，凡不陈报之土地即认为丧失产权，移转抵押继承均以土地陈报凭证为效。[③]

1934 年 5 月，国民政府第二次财政会议在南京举行。财政部长孔祥熙

① 《抗战前国家建设史料（内政方面）》，《革命文献》第 71 辑，第 32—33 页。

② 孔祥熙等：《整理田赋先实行土地陈报以除积弊而裕税源案》，《革命文献》第 79 辑，第 328—329 页。

③ 张德先：《江苏土地查报与土地整理》，第 14160—14161 页。

指出，这次会议的目的，“消极方面，在于减轻老百姓之担负解除其直接所受之痛苦；积极方面，则在发展实业，增加生产，以培养国家之富源”。国家“内承历年军事殃掌，水旱交侵之余，外遭世界经济恐慌之袭击”，农村经济日趋崩溃，非力图救济，不足以挽危机。“救济之道为何，实以整理田赋，减轻附加，及废除苛捐杂税为首，大会之讨论中心，亦即在此也。”①

会议关于地籍整理的提案，有土地陈报与土地清丈两部分。关于土地陈报的提案有：（1）财政部长交议“整理地方财政案”，关于土地陈报部分；（2）福建财政厅提议“整理福建田赋，拟先从办理土地陈报入手，务使田粮符合，负担平均，并以首县试行清丈，逐渐推广，以杜积弊，而裕税收案”；（3）甘肃省提议“整理田赋案”，关于土地陈报部分；（4）萧铮等“拟请确定整理田赋方针，应以改正地籍，重定税制，改革征收制度三者案”，关于土地陈报部分；（5）安徽省财政厅“国土地根本整理计划案”；（6）河北省政府提案“河北省田赋附加省县捐税各情形及拟议裁剪抵补计划案”，关于土地陈报部分；（7）湖南省财政厅“举行清丈田亩，厘定赋则案”，关于清查田亩期限部分；（8）翁之镛“试办清赋计划案”，关于整理土地税土地陈报部分。②

关于土地清丈的提案有：（1）福建财政厅提案“乙项关于办理清丈部分”；（2）甘肃财政厅提案“关于分期清丈土地部分”；（3）江西财政厅提议“请发行整理土地公债，田亩调查，以实施田赋治本方法案”；（4）张寿镛提议“整理土地并限制收费各案”。③

大会认真讨论了土地陈报问题。“土地陈报为中央整理田赋、厘正地籍之要政，早经四中全会决议办理，制定大纲。第二次全国财政会议汇集各关系提案，制定土地陈报纲要修正案，并经大会决议土地陈报纲要，照审查修正案修正通过，如关于文字再有应行修正之处，由秘书处办理，除照审查结

① 关吉玉、刘国明编纂：《田赋会要第三篇：国民政府田赋实况（上）》，第24页。
② 关吉玉、刘国明编纂：《田赋会要第三篇：国民政府田赋实况（上）》，第26页。
③ 关吉玉、刘国明编纂：《田赋会要第三篇：国民政府田赋实况（上）》，第27—28页。

果通过。土地陈报之举办，与纲要之制订，盖即第二届全国财政会议对整理田赋各案之决议也。”①

大会议决的“办理土地陈报纲要”，共计35条，内容包括陈报范围、陈报机构、陈报程序、期限、陈报手续、费用、优待与奖惩、溢额田赋之分配、免予举办情形、调解等十个方面。财政部根据会议议决的“修正纲要”，会同内政部拟具纲要草案，呈经行政院会议通过，于1934年6月31日以行政院命令公布。②

《办理土地陈报纲要》指出，陈报的土地包括“各省境内凡公有及私有一切田地、山荡等土地”。“各省办理土地陈报，由财政厅会同省地政机关或由省地政机关会同财政厅办理。”“土地陈报由主管机关令县饬区督率乡镇公所办理，县、区、乡、镇各设土地陈报办事处。”“由县政府先期召集各区乡镇长会议，俾认识陈报要义，然后成立乡镇办事处，分请公正士绅及公团、法团代表暨学校校长、教师申说陈报意义，嘱其分别预为劝导，务于实行陈报前全县人民明了陈报意义。”③

在立法方面，1930年，《土地法》正式颁布。④到1933年，江苏、浙江、江西等省，已有开始举办土地测量者。为了统一方法，1934年1月，颁布《土地测量实施规则》。⑤1935年，《土地法施行法草案》公布。1936年，《土地法》和《土地法施行法草案》正式施行。⑥地籍整理终于有法可依。

1935年9月，第一次全国地政会议召开，主要议题包括“关于土地法各编之施行日期及区域问题”“各省市先期举办地政者如何依法厘正问题”“各省市地政经费之通盘规划”“估计专员契据专员任用条例之是否仍照原案公

① 关吉玉、刘国明编纂：《田赋会要第三篇：国民政府田赋实况（上）》，第29页。
② 关吉玉、刘国明编纂：《田赋会要第三篇：国民政府田赋实况（上）》，第29—32页。
③ 《中华民国史档案资料汇编第五辑第一编》“财政经济（七）”，第194—195页。
④ 江伟涛：《南京国民政府时期的地籍测量及评估——兼论民国各项调查资料中的“土地数字”》，《中国历史地理论丛》，2013年4月，第28卷第2辑，第73页。
⑤ 《抗战前国家建设史料（内政方面）》，《革命文献》第71辑，第268页。
⑥ 江伟涛：《南京国民政府时期的地籍测量及评估——兼论民国各项调查资料中的“土地数字”》，《中国历史地理论丛》，2013年4月，第28卷第2辑，第73页。

布”等。出席会议的代表57人，分别来自除东三省以外各省、行政院属各部委，以及地政学院。提交议案70余起，决议案件36件。[①] 会议提案内容和议决结果如表5.1.2所示。

特别要指出的是，第一次全国地政会议，决议推行航空测量，并推内政部与陆地测量总局一起拟定中央与地方政府合作推行航测详细办法。内政部与陆地测量总局于是会同制定出《重要省区航空测量第一期计划概要》《中央航空测量队组织规则草案》《全年度经常事业各费概算表》等，根据上述方案，以参谋本部陆地测量总局为主管机关，拟定《完成全国军用图地籍图测量计划纲要》。[②]

表5.1.2 第一次全国地政会议提案及决议案列表[③]

<table>
<tr><th>提案名称</th><th>提交单位</th><th>大会决议</th><th>处理办法</th></tr>
<tr><td>厘正各省市地政机关组织案</td><td>内政部</td><td rowspan="10">以上十八案以内政部提案“各省市地政程序大纲草案”条文修正，通过删去“简易清理地籍程序”一节，增加“土地征收程序”一节；并将“整理地政机关组织各案”，以部拟“整理各省市地政机关办法草案”为基础，修正为六条，列入“各省市地政施行程序大纲”，作为“地政机关设立”一节</td><td rowspan="10">已将大会通过条文，咨请相关部签注意见，等到回复即呈行政院转请国民政府明令公布施行</td></tr>
<tr><td>提请确定各省市地政施行程序案</td><td>内政部</td></tr>
<tr><td>提确定各级地政机关之系统及组织并视地方财力及实际需要循序改组案</td><td>陕西省政府民政厅厅长胡毓威</td></tr>
<tr><td>地政机关之组织及职权应从速明白确定以利地政推行案</td><td>浙江省政府</td></tr>
<tr><td>地政机关内宜注重宣传增置办理宣传事务人员以期减少阻力便利推行案</td><td>甘肃省政府</td></tr>
<tr><td>各县应筹设地政机关案</td><td>山东省民政厅</td></tr>
<tr><td>请由内政部拟定各级地政机关组织条例呈请公布施行并于最短期内成立中央地政专管机关案</td><td>湖北省民政厅</td></tr>
<tr><td>请筹设全国地政机关案</td><td>云南省政府</td></tr>
<tr><td>为标本兼顾进行便利起见分两步整理土地案</td><td>福建省政府</td></tr>
<tr><td>土地陈报与土地测量应按地形繁简易分进行案</td><td>安徽省政府</td></tr>
</table>

① 《抗战前国家建设史料（内政方面）》，《革命文献》第71辑，第274—275页。
② 《抗战前国家建设史料（内政方面）》，《革命文献》第71辑，第367页。
③ 《抗战前国家建设史料（内政方面）》，《革命文献》第71辑，第275—284页。

续表

<table>
<tr><th>提案名称</th><th>提交单位</th><th>大会决议</th><th>处理办法</th></tr>
<tr><td>拟请确定土地整理实施程序依照省县财政情形分别实行土地陈报与土地清丈一二两项</td><td>江苏省会议代表刘支藩</td><td rowspan="8">以上十八案以内政部提案“各省市地政程序大纲草案”条文修正，通过删去“简易清理地籍程序”一节，增加“土地征收程序”一节；并将“整理地政机关组织各案”，以部拟“整理各省市地政机关办法草案”为基础，修正为六条，列入“各省市地政施行程序大纲”，作为“地政机关设立”一节</td><td rowspan="8">已将大会通过条文，咨请相关部签注意见，等到回复即呈行政院转请国民政府明令公布施行</td></tr>
<tr><td>请规定土地法施行日期分汇标准案</td><td>南京市政府</td></tr>
<tr><td>请规定土地登记区域白契补契免税办法案</td><td>地政学院代表汤惠荪等提</td></tr>
<tr><td>拟在登记区内废除契税以符法令而利地政案</td><td>河南省代表阎增才等提</td></tr>
<tr><td>举办地价税应就测量登记之省会县城市区商埠先试办次第推广以利进行案</td><td>陕西省政府</td></tr>
<tr><td>已经清丈土地宜即实行地价税以均负担案</td><td>浙江省政府</td></tr>
<tr><td>征收土地拟由地政机关核转征收计划宜令释明土地使用现状及定着物情形案</td><td>浙江省政府</td></tr>
<tr><td>请提呈中央迅速施行土地法案</td><td>云南省政府</td></tr>
<tr><td>确定各级地政机关之系统及组织并视地方财力及实际需要循序改组案</td><td></td><td rowspan="2">关于中央地政机关组织问题拟由大会建议中央应从速成立地政机关以利地政推行</td><td rowspan="2">已呈行政院核办</td></tr>
<tr><td>请由内政部拟订各级地政机关组织条例呈请公布施行并于最短期内成立中央地政专管机关案</td><td></td></tr>
<tr><td>确定地政机关职权化合原则案</td><td></td><td rowspan="6">以上六案原则通过请内政部转呈行政院召集相关机构从速详订办法施行</td><td rowspan="6">已根据大会通过原则呈院核办</td></tr>
<tr><td>各省市已设有地政机关者其境内所有沙田官产应悉归地政机关一并整理以明系统而一事权案</td><td></td></tr>
<tr><td>各机关保管土地除法律规定因公使用者外应一律拨交该管地政机关处理以一事权案</td><td></td></tr>
<tr><td>提议拟将河北省境内中央各部所辖各项公产一律划归地方经管所有公产收入拨充整理土地经费案</td><td></td></tr>
<tr><td>各省已废盐田灶地应划归各该省地政机关管理以一事权而清地籍案</td><td></td></tr>
<tr><td></td><td></td></tr>
<tr><td>请在地政机关内附设土地裁判所案</td><td></td><td rowspan="2">由部呈院转催从速订定土地裁判所组织条例公布施行</td><td rowspan="2">已照案呈院核转</td></tr>
<tr><td>凡已举办登记之省市应即成立土地裁判所案</td><td></td></tr>
<tr><td>请确定各省市地政机关经费案</td><td>内政部</td><td rowspan="2">根据“各省市地政经费筹集办法”原案条文修正通过</td><td rowspan="2">已将大会修正通过条文与财政部会同呈院核定公布施行</td></tr>
<tr><td>各省市地政经费应按照地政计划确定款额分年列入省市概算次第推进以舒财力而讲实效案</td><td>陕西省民政厅厅长胡毓威提</td></tr>
</table>

续表

<table>
<tr><th>提案名称</th><th>提交单位</th><th>大会决议</th><th>处理办法</th></tr>
<tr><td>拟请将所有入口农产品由海关附加税款或提高税率专款存储作为全国整理土地经费案</td><td></td><td rowspan="8">根据“各省市地政经费筹集办法”原案条文修正通过</td><td rowspan="8">已将大会修正通过条文与财政部会同呈院核定公布施行</td></tr>
<tr><td>贫瘠地区请由国库补助地政经费就地筹费应分年预征以舒民力而完大业</td><td></td></tr>
<tr><td>各省市整理土地经费以发行地政公债债款拨充并以整理土地收入为公债底款案</td><td></td></tr>
<tr><td>凡已征测量费之土地拟请免征第一次所有权登记费案</td><td></td></tr>
<tr><td>请明令规定所在地之银行应尽力协助抵借地政经费案</td><td></td></tr>
<tr><td>分别市地乡地征收测丈费案</td><td></td></tr>
<tr><td>各县应筹设地政机关案第四项</td><td></td></tr>
<tr><td>请由国库补助边瘠省区地政经费案</td><td></td></tr>
<tr><td>请从速于各县设立土地信用银行以发展土地经济及信用并促进土地的合理使用案</td><td></td><td rowspan="2">原则通过交内政部会同财政部核办</td><td rowspan="2">已咨商财政部</td></tr>
<tr><td>请中央设立土地银行案</td><td></td></tr>
<tr><td>各省市地政人员训练方案</td><td></td><td>改为“各省市训练初级地政人员办法大纲草案”各方签注意见交部参考</td><td>将原草案加以修正呈行政院核办</td></tr>
<tr><td>拟请推行航空测量整理地籍以收速效案</td><td></td><td rowspan="2">以上两案原则通过交内政部会同参谋本部陆地测量总局订定“中央与地方政府合作推行航测详细办法”</td><td rowspan="2">已由内政部派专员与陆地测量总局会商拟定办法</td></tr>
<tr><td>采用航空测量办理地籍图案</td><td></td></tr>
<tr><td>请根据实际困难修正部颁土地测量实施规则</td><td></td><td>建议内政部将“土地测量实施规则”咨送各省市政府各专家签注意见后，再行会商陆地测量总局详加修正</td><td>已通知各省市政府签注意见</td></tr>
<tr><td>察省情形特殊地亩测量宜暂缓办案</td><td></td><td>本案可由省政府申叙地方实际情形咨部核办</td><td>存备查考</td></tr>
<tr><td>拟将全国大三角测量于最短时间内完成案</td><td></td><td>大三角测量业经院议准于 1936 年开始办理</td><td>已呈院备案</td></tr>
<tr><td>请由内政部厘定各省整理土地期限案</td><td></td><td>交部核办</td><td>斟酌情形咨催办理</td></tr>
</table>

续表

<table>
<tr><th>提案名称</th><th>提交单位</th><th>大会决议</th><th>处理办法</th></tr>
<tr><td>凡已设地政机关之各省市应附设地质调查所专司调查各县土壤及地质以作改良土地利用设计标准案</td><td></td><td>原则通过交内政部会商实业部办理</td><td>已咨商实业部</td></tr>
<tr><td>在土地测量期间发生权利争议案件应先组织调解机关就地调处以减讼累而利进行案</td><td></td><td>县市组织法及区乡镇自治法对于组织调解机关已有规定，本案毋庸讨论</td><td>存</td></tr>
<tr><td>关于修正土地法案</td><td></td><td rowspan="4">关于修正土地法各案原则接受，交由内政部再咨各省市政府于一月内按照事实困难，附具理由签注意见汇内政部汇案，详拟具体意见呈院转咨立法院参考</td><td rowspan="4">已通知各省市政府签注意见送部汇集，详拟具体意见以便呈院核准</td></tr>
<tr><td>拟请斟酌各地实际情形建立立法院修改土地法以利地政推行案</td><td></td></tr>
<tr><td>拟请缩短公告期间案</td><td></td></tr>
<tr><td>国家对于承垦及代垦荒地人民应多加保护少于限制并将垦荒法规分别修定以利垦务而便实施案内原办法第三项</td><td></td></tr>
<tr><td>拟在登记区内废除契税以符法令而利地政案</td><td></td><td>由内政部会同财政部详定具体办法</td><td>已咨商财政部</td></tr>
<tr><td>登记完毕之区域对于逾期未登记之土地拟酌定补救办法案</td><td></td><td>关于登记处罚问题由各省市斟酌地方情形拟定办法专案咨部核办</td><td>已录案通咨各省市政府查照办理</td></tr>
<tr><td>拟请内政部从速制定土地登记所用之簿状书表图册案</td><td></td><td>登记书簿业由部拟定本案毋庸讨论</td><td>登记书簿表格正由部再事审修拟使土地法及施行法施行时即以部令颁行</td></tr>
<tr><td>拟请由主管地政机关主办不动产抵押登记借以周转金融调剂市面案</td><td></td><td>本案办法中“向财政部建议通令各发行银行准于准备金四成有价证券内提出一成专为收受不动产抵押之用”原则通过交内政部核办</td><td></td></tr>
<tr><td>各省城市或建设区域土地测量一时不克举办者得先举办地价申报，并咨内政财政两部会核，呈准行政院举办地价税及增值税案</td><td></td><td>本案原则可取，交内政财政两部参考</td><td>存备查考并已将原提案咨送财政部参考</td></tr>
<tr><td>土地法施行后应颁定土地税减免法规而将勘报灾歉条例及其他公用地免赋各项法令一律废止案</td><td></td><td>原则通过，交内政部会商财政部根据《土地法》第 237 条、第 238 条之规定拟定条例呈准公布施行</td><td>已咨财政部拟定草案再行呈院核办</td></tr>
</table>

续表

<table>
<tr><th>提案名称</th><th>提交单位</th><th>大会决议</th><th>处理办法</th></tr>
<tr><td>移民实边奖励垦殖借资整理土地案</td><td></td><td rowspan="6">以上六条合并讨论，除关于修改《土地法》部分应另案讨论外，其余关于垦荒事项通过原则由内政部转呈行政院召集相关机关从速议定边疆垦荒办法早日施行</td><td rowspan="6">已根据大会决议呈院核办</td></tr>
<tr><td>实行军垦藉固边防而安民生案</td><td></td></tr>
<tr><td>宁夏省移垦实边方案</td><td></td></tr>
<tr><td>厉行殖边以固国防案</td><td></td></tr>
<tr><td>切实查各省土地使用现状案</td><td></td></tr>
<tr><td>国家对于承垦及代垦荒地人民应多加保护少予限制，并将垦荒法规分别修正以利垦务而便实施案</td><td></td></tr>
<tr><td>关于铁道国土之征收志要时应予以便利案</td><td></td><td>《土地法》第365条已有规定</td><td>存</td></tr>
<tr><td>绥远省地政情内特殊应遵行政院二十四年四月十三日第2157号训令另定地政施行程序案</td><td></td><td>该省限于地方情形未能依据“各省市地政施行程序标准”施行《土地法》，可专案呈请中央核办</td><td>存备查考</td></tr>
<tr><td>各省市在正式清丈办理完竣后所有溢出之土地应概由该管省市地政机关管理，并制定处理办法，以清权益而增利用案</td><td></td><td>原则通过，由内政部在根据《土地法施行法》，从速订定“清查土地章则”，呈行政院核准施行</td><td rowspan="2">由内政部拟具草案呈行政院核准</td></tr>
<tr><td>华北土地整理办法案</td><td></td><td>华北各省如因事实困难，不能依法定程序办理土地测量者，得由各省依照《土地法》原则，拟定简易测量办法咨部核办</td></tr>
</table>

1936年《各省市地政施行程序大纲》颁布，其主要内容包括总则、地政机关设立程序、土地测量施行程序、土地登记手续程序、土地使用施行程序、土地税施行程序、土地征收施行程序及附则8章，乃是为施行《土地法》而订立。由于有了一个中央规范文本作为参照，各省可以根据各自的实际情况制定相应的规章，各省地政机构的设置、地籍测量的程序方法等渐趋一致。[①] 同年，《高等考试土地行政人员考试条例》等一批地政法规也获颁布。

① 江伟涛：《南京国民政府时期的地籍测量及评估——兼论民国各项调查资料中的“土地数字”》，《中国历史地理论丛》，2013年4月，第28卷第2辑，第73页。

表 5.1.3　1936 年内政部编订主要地政法规一览表[①]

法规名称	编订经过	颁布机关	颁布年月
高等考试土地行政人员考试条例	内政部以考选委员会函准中央政治学校附设地政学院，请举行高等考试时加列土地行政		1936 年 7 月 15 日，由内政部将上述三条例咨送考选委员会核办
普通考试条例考试土地行政人员			
特种考试土地测量人员考试条例			
修正水陆地图审查条例暨施行细则	由内政部根据“水陆地图审查条例暨施行细则”拟订	国民政府	1936 年 9 月 8 日
内政部地图审查委员会简章	由内政部依照《修正水陆地图审查条例暨施行细则》第二条制定	内政部	1936 年 9 月 17 日
内地各省荒地实施垦殖督促办法	由实业部拟订草案，与内政财政两部迭次会商修定	行政院	1936 年 9 月 10 日
整理江湖沿岸农田水利大纲及执行办法	由内政部与实业部暨全国经济委员会会商制定	行政院	1936 年 12 月 12 日

抗战爆发后，地籍整理受到阻遏。但与此同时，由于沿海地区及发达城市都先后沦陷，中央财政所依赖的关盐统三税尽失，田赋再次成为中央财政所必须依赖的税源，地籍整理也成为国民政府工作的重要方面。

1941 年 6 月，第三次全国财政会议在重庆召开。此次会议共收到提案 148 件，关于地税地政的提案有 14 件。包括万国鼎“建立标准版图制，编造初步地籍，以便整理田赋及其催征案”，“实施地价税，应即实施土地增值税案”，“实施地价税及战时折征实物办法案”；财政部长交议“遵照第五届八中全会暂归中央接管整理之决议，制定接管步骤、管理机构，及各项整理实施办法案，关于本案第二附件促进全国土地陈报办法案”；鲍德征“土地陈报实施办法应加修正统一，以利田赋整理案”；刘异“拟请修正院颁土地陈报纲要案”；周介春“拟请改正办理土地陈报各项规定程序，以资遵守，以

① 《抗战前国家建设史料（内政方面）》，《革命文献》第 71 辑，第 364—365 页。

利进行案”，“拟请迅速修订院颁办理土地陈报纲要，并规定办理土地陈报业务实施办法或通则，同行各省遵办，以免办法分歧，而利陈报进行案”，“请对办理陈报技术人员从手铨叙官等，俾广登进，以资策励案”；赵志尧“遵照国父遗教，拟具办理土地陈报后开征地价税及土地增值税实施方案，请讨论案”；李炳焕“拟请赶速完成土地陈报征收地价税案”；彭若刚“请确定土地管业执照法律地位，以增强民众对土地陈报信仰案”，“拟请征收有主荒地税以增加生产案”，“拟请修改土地陈报纲要，以符事实，以利遵守案”，“拟整理田赋及地政办法案”；祝平“为适应田赋改征实物需要，拟具土地陈报实施办法原则案”。①

第三次全国财政会议关于土地陈报议决有“全国土地陈报办法”和“修正办理土地陈报纲要”。② 根据行政院 1942 年 7 月颁布的《财政部土地陈报人员考核办法》，“各省办理土地陈报，每期不能如期办竣县份占举办县份 10% 以上者，该省主管人员应记过一次，占 20% 以上者记大过一次，占 30% 以上者撤职。”“各县主管人员办理土地陈报，逾期 1 个月以上者记过一次，2 个月以上者记大过一次，3 个月以上者撤职。”成绩优秀者则应给予记功加薪晋升等奖励。对于各县主管机关所设编查队的编绘员、查丈员及助理员等，也应根据成绩分别奖惩。③

1942 年，国民政府对《土地法》实行修正。同年 7 月，行政院颁布《非常时期地籍整理实施办法》，《实施办法》规定，在非常时期，地籍整理程序为土地测量、土地登记、规定地价。各地方办理土地测量，“如因仪器缺乏或其他技术条件不具备时，得采用简易程序”。土地测量调查地籍时，按户分发土地登记申请书，指导土地所有权人或其他代理人查对原图亩分并填写申请书。在每一区测量完竣，应将地籍图公布，定期举办土地登记，并于开办登记时派人按户收取土地登记申请书，限期令赴该区登记处所呈验土地权

① 关吉玉、刘国明编纂：《田赋会要第三篇：国民政府田赋实况（上）》，第 37—38 页。
② 关吉玉、刘国明编纂：《田赋会要第三篇：国民政府田赋实况（上）》，第 38 页。
③ 关吉玉、刘国明、余钦悌编纂：《田赋会要第四篇：田赋法令》，第 56—57 页。

利证件，核对原图亩分及缴纳登记费。登记机关收到申请登记证件后，应尽快审查依次公告，公告时期最短不少于 1 个月，公告期满无异议即发给土地权利证书。在办理登记前，要公布标准地价，以便老百姓在办理登记的同时也能申报地价。[①]

根据 1942 年 6 月内政部公布施行的《标准地价评定委员会组织规程》，“凡举办地价申报之县（市）均应设置标准地价评定委员会”，地价申报处处长、副处长、主管课长、估计专员为当然委员，另外还应包括县（市）政府代表 1 人，县（市）党部代表 1 人，县（市）田赋管理处代表 1 人，地方公正人士 1—4 人。标准地价评定委员会委员为义务职，由地价申报处处长担任委员会主席，地价申报处处长副处长处理日常事务。[②]

土地测量应以市亩为计算单位。调查地价应于测丈地亩时与地籍调查同时举办，其主要内容包括：土地坐落四至、种类、土质及面积，土地所有人、典当人及租用人姓名住址，土地最近三年市值及收益价格，土地使用与固定设施状况。每区段地价调查完竣后，应即计算标准地价。地价区分别编划后，应就同一地价区内各地段依然照其最近三年市值后收益价格为总平均计算。[③]

1944 年，行政院发布《地籍测量实施规则》，规定地籍测量实施之程序、测绘之方法、应用之测量仪器、应达到之精度以及绘制地图之种类与图纸之纸质、规格、应用线号、符号及注记事项等，而各种实施细则，则由地方根据实际情形制定，经中央核准后实行。[④]

通过国民党中央、国民政府以及相关部门的会议文件、法律法规的梳理分析，不难看出，国民政府已形成了一套标本兼治的地籍整理政策方针及实施办法，使地籍整理可以循序开展，依规进行。

---

① 关吉玉、刘国明、余钦悌编纂：《田赋会要第四篇：田赋法令》，第 193—196 页。

② 关吉玉、刘国明、余钦悌编纂：《田赋会要第四篇：田赋法令》，第 196—198 页。

③ 关吉玉、刘国明、余钦悌编纂：《田赋会要第四篇：田赋法令》，第 198—200 页。

④ 江伟涛：《南京国民政府时期的地籍测量及评估 —— 兼论民国各项调查资料中的“土地数字”》，《中国历史地理论丛》，2013 年 4 月，第 28 卷第 2 辑，第 73 页。

二、国民政府的地籍整理机构

国民政府建立从中央到地方、体系完整的地籍管理机构，以推进土地测量与土地登记整理。

（一）中央地政机关

民国成立后，中央地政机关为内务部，统筹领导全国土地行政事宜。1913年秋，内务部设立“全国土地调查筹备处”，旋即裁撤。[①]1914年1月，北京国民政府成立全国经界筹备处，蔡锷任委员长。1915年6月，全国经界局正式成立，并制定了《经界法规草案》。后来蔡锷离京赴滇，反对袁世凯称帝，经界局事务，遂告停顿。[②]南京国民政府成立后，于内政部设土地司。[③]

1931年1月，设立中央地政机关筹备处，以吴尚鹰为主任。吴尚鹰因病辞职后，中央地政机关筹备处被撤销，中央土地行政仍归内政部土地司管理。《土地法》规定，“地政机关，分中央地政机关与地方地政机关。中央地政机关，于国民政府所在地设立之，直辖于行政院，对于地方地政机关有监督指挥之责。地方地政机关，为省地政机关及市县地政机关”[④]。

1936年内政部土地司改称地政司。计分四科：第一科掌握组织、经费及人事；第二科掌理测量、登记；第三科掌握估价、租佃、征收、地权调整；第四科掌理土地使用、重划、都市设计。1941年7月在内政部增设地价申报处，筹划举办规定地价工作。1942年7月于行政院下设地政署，郑震宇

① 国民政府内政部土地司：《中国土地行政概况》（1934年），第1页。
② 江伟涛：《南京国民政府时期的地籍测量及评估——兼论民国各项调查资料中的“土地数字”》，《中国历史地理论丛》，2013年4月，第28卷第2辑，第73页；石攀峰：《民国时期我国地政机关组织的变迁》，《宜宾学院学报》2012年第10期，第49页；内政部年鉴编纂委员会：《内政年鉴（第C册）》，商务印书馆1936年版，第150页。
③ 冯小彭：《土地行政》，台湾五南图书出版公司1981年版，第57页。转引自石攀峰：《民国时期我国地政机关组织的变迁》，《宜宾学院学报》2012年第10期，第50页。
④《中华民国史档案资料汇编第五辑第一编》，“财政经济（七）”，第132—133页。

为首任署长，将内政部土地司及地价申报处裁并。内设地籍、地价、地权三处。1947 年 5 月，地政署又改为地政部。该部主管业务单位计有地籍、地价、地权、地用四司。①

（二）省地政机关

根据《中国国民党第三次全国代表大会内政部政治报告》："于省则呈请中央将各特别区废除，易为行省，依照省组织法从事改革。省以内之道制，一并裁撤。"②

民国初年，因为垦殖或整理田赋的需要，一些省成立了相关机构。如察哈尔垦务总局、青海省垦务总局、陕西省清查田赋筹备处、江西省之垦务总局、福建省土地调查筹备处、吉林省土地清丈局、广西省清赋总局、辽宁省之官地清丈局等。1926 年，广东设立土地厅。其后，各省办理地政所设机关，有称土地整理处、土地局、清丈处、地政筹备处等，有的隶属于民政厅，有的隶属于财政厅，名称不同，组织也纷繁复杂。③

江苏省在 1928 年 2 月成立土地整理处，旋即改为土地整理委员会。1930 年改组为土地局，隶属于民政厅。朱文鑫任局长，设三课。第一课职掌测丈，第二课职掌登记，第三课职掌总务。职员则分局长、课长、课员、技正、技士、技佐、办事员、录事等职。原有测丈队改组为测量队，以一总队直辖 4 个分队。1932 年 9 月，经省政府委员会议决，提高省局职权，直隶于省政府，局长由民政厅长赵启騄兼任。1933 年 10 月，省政府改组，荐任曾济宽为局长。1934 年曾氏另有任用，改由祝平继任。④

浙江省 1927 年设立土地厅，旋即裁撤，地政事宜，划归民政厅办理。1929 年，为筹办清丈，成立省土地局。1931 年奉命裁并，归并省民政厅。

① 石攀峰：《民国时期我国地政机关组织的变迁》，《宜宾学院学报》2012 年第 11 期，第 50 页。
② 《抗战前国家建设史料（内政方面）》，《革命文献》（第 71 辑），第 1 页。
③ 石攀峰：《民国时期我国地政机关组织的变迁》，《宜宾学院学报》2012 年第 11 期，第 51 页。
④ 国民政府内政部土地司编：《中国土地行政概况》（1934 年），第 2 页。

全省土地行政事务，由民政厅第四科主管。重要事情则需要由省政府决定；组织测丈队，管理队务，内分行政事业两部。行政方面，设总务、技士、文牍、审核、会计、出纳、储藏、庶务各员；事业方面，设大三角测量、小三角测量、图根测量、清丈各队，每队设队长。另设调查、求积、制图、印刷、统计、发照各员，分任各项职务。①

江西省于1928年3月成立省土地局，隶属于省政府，办理全省土地事宜。1930年10月，因经费紧张，奉令裁撤。后因举办航空测量，于财政厅附设田赋清查处。因航空测量事务繁杂，设立江西省土地整理处，以田赋清查处处长熊漱水为该处处长。处内分设2科，及调查、计积、制图、造册4组，掌理各项职务。②1934年6月，省土地整理处改组为省土地局。③

安徽省1927年设土地局，1928年改设全省土地管理局，1929年改为土地整理委员会，几经改动，1931年成立土地整理处，掌理全省地政事宜。④根据安徽省"土地管理处组织规程"，"本处直隶于安徽省政府"，处设正副主任各一人，综理全处事务，下设三课，分掌下列职务：第一课，掌理关于土地测量、计算、绘制图册之计划，覆核及测丈人员之训练考核并保管仪器，暨其他技术事项；第二课，掌理关于调查、登记、给照、统计及宣传事项；第三课，掌理关于文书、会计、庶务及不属于他课事项。又设委员9人至11人，内兼任4人、专任5人至7人协助主任厘定各种章则，评判第二级土地争议汇件，覆核评判地价，并研究地政进行事项，秘书室一人至二人，办理机要事务，及审核各课文稿。⑤

湖北省1926年设立政务委员会土地股，后改为建设厅土地股；1927年改为农工厅第四科，又改为民政厅土地股，掌管土地事宜。1932年12月，扩充为土地科，下设行政、清查、清丈三股，派定股长、技士等员，分任各

① 国民政府内政部土地司编：《中国土地行政概况》(1934年)，第3—4页。
② 国民政府内政部土地司编：《中国土地行政概况》(1934年)，第4页。
③ 江西省土地局编：《江西省土地行政报告书》(1935年)，第2页。
④ 国民政府内政部土地司编：《中国土地行政概况》(1934年)，第4页。
⑤ 金延泽、许振鸾：《安徽省土地整理处实习总报告》，第84747—84748页。

项职务。[①]

截至1933年，设立地政专管机关者，计有江苏、浙江、安徽、湖北、河南、青海等省及上海市。由民政厅及财政局设科办理者，计有湖北、湖南等省。设股办理者，有河南省。其余如浙江省则于民政厅附设测丈队，云南省设置全省清丈处，宁夏设置垦殖总局，江西、察哈尔、四川等省，则因情形特殊，财政困难，省地政机关尚未成立。[②]

根据1935年4月5日国民政府公布的《土地法施行法》，“省地政机关为地政厅，在成立前省地政事宜暂由民政厅设科办理。”“市县地政机关为市地政局及县地政局，在成立前市县地政事宜暂由他局科办理。”[③]

根据1936年颁布的《各省市地政施行程序大纲》，各省市设立或完善地政机关，划一其内部架构，并统一名称。[④]部分省地政机关的组织结构如表5.1.4所示。

表5.1.4　部分省市地政机关组织一览表（1936年）[⑤]

省市别	地政机关名称	内部组织
安徽省	地政局	内部分设第一第二第三科，并设立测量队及各县市土地登记处
湖北省	地政局	内部分设第一第二两科，并设立测量队及各县市土地登记处
青海省	地政局	内部分设第一第二两科及秘书室，并设立测量队及各县土地登记处
广东省	地政局	内部分设第一第二第三科，并设立测量队及各县市土地登记处
云南省	财政厅清丈处	内分第一组第二组第三组第四组
宁夏省	地政局	内部分设第一第二两科，并设立测量队及估价委员会
绥远省	垦务总局	

① 国民政府内政部土地司编：《中国土地行政概况》（1934年），第5页。
② 《抗战前国家建设史料（内政方面）》，《革命文献》第71辑，第266页。
③ 《中华民国史档案资料汇编》，第五辑第一编“财政经济（七）”，第198—199页。
④ 黄桂：《土地行政》，第12—14页，转引自程郁华：《江苏省土地整理研究（1928—1936年）》，第20页。
⑤ 《抗战前国家建设史料（内政方面）》，《革命文献》第71辑，第366页。

（三）县市地政机关

南京国民政府成立后，各县市地政机关也纷纷成立，主管全县市地方行政事务。这些县市地政机关在各地的地籍整理过程中，发挥了比较重要的作用。

安徽省“土地管理处组织规程”规定：“本处测丈各县土地得斟酌各县情形，设置分处或专员办理之。”又“土地整理章程”第三条：“实施土地整理时，应由省土地整理处专办，必要时，得于各县设立土地整理分处。”1935年4月5日国民政府公布的《土地法施行法》规定，“市县地政机关所在地，应设土地裁判所，直辖于中央土地裁判所。”[①] 根据安徽省土地管理处“土地评判委员会规程”，设立各县初级土地评判委员会，委员会委员有“县土地整理处二人”[②]，安徽各县“初级土地评判委员会规程”第三条规定：“本会设委员五人，以左列各项人员组织之：该县县长；县土地整理处二人；县农会一人；由该县长就当地公正士绅中遴保一人。”又第六条：“关于整理土地发生左列事项时，由本会评判之。关于经济纠纷事项；关于业权争议事项；关于登记清丈事务之发生异议事项；关于县土地整理处委托或咨询事项；关于其他争议事项。”又第七条：“凡评判事件，以委员过半数之出席，及出席委员过半数之决议行之。”[③]

江苏省于1930年在镇江、江宁等县设立土地局，至1932年，丹阳、青浦、松江、南汇、奉贤等二十二县相继设立。县土地局内分四科：第一科职掌总务，第二科职掌测丈，第三科职掌登记调查，第四科职掌审核地价。[④]

1931年浙江省各县设立土地整理办事处或清丈处，办事处设主任一人，秉持县长命令，综理办事处一切事宜。下设事务员、技术员、指导员等各若干人。其组织详细情形，列表如下：

① 《中华民国史档案资料汇编》第五辑第一编，“财政经济（七）”，第133页。
② 金延泽、许振鸾：《安徽省土地整理处实习总报告》，第84739—84740页。
③ 金延泽、许振鸾：《安徽省土地整理处实习总报告》，第84740—84743页。
④ 国民政府内政部土地司编：《中国土地行政概况》（1934年），第3页。

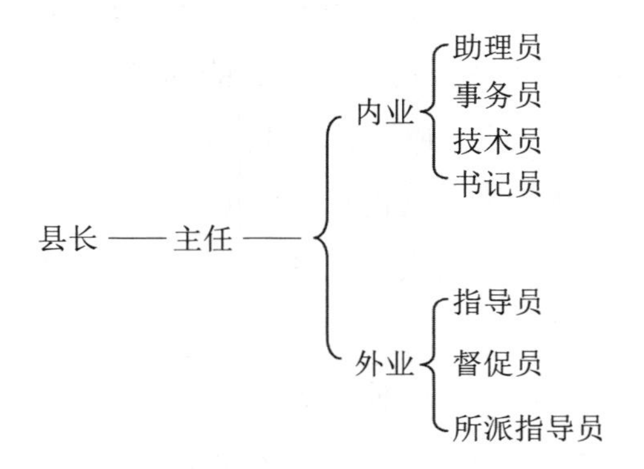

根据嘉兴县政府“土地陈报办事处规则”，其主要职责包括：分发陈报单；查核陈报注意事项；核算陈报费；指导陈报手续，并解决疑义及争论；督促各村里委员会依照办法大纲积极进行；抽查各区陈报土地是否核实；汇编总册。其中主任秉承县长命令，综理全县土地陈报计划，并解释疑义，且应随时巡察各村里委员会及办事处各职员勤惰奖惩事项；技术员兼巡回指导员秉承县长及主任命令，掌理测丈绘图，并巡视各村里会指导陈报手续，及抽查陈报土地是否核实各事项；事务员根据县长及主任指令，负责保管及分发陈报单据，核算陈报费，进行簿籍登记，编造全县总册事项；驻区指导员秉承县长主任命令，在指定区域内常川居住，指导各村里会办理陈报手续，并督饬进行事项。总之，县市政府土地陈报处之责职，非在实际办理陈报，而在转达上下命令意旨与监督进行。①

金华县土地陈报办事处于1929年5月1日成立。根据《金华县政府土地陈报办事处规则》，办事处有主任1人，文牍1人，办事员3人，指导员及宣传员9人，书记1人，公役1人。另外，还有民政厅派来的助理员8人。办事处工作人员共计23人。“县府土地陈报办事处不过总其成，其直接办理者则为村里委员会。”全县9区204村里委员会，“各以村里长副及闾长组织

① 董中生：《浙江省办理土地陈报及编造坵地图册之经过》，见萧铮主编：《民国二十年代中国大陆土地问题资料》第39辑，台北成文出版社1977年版，第19438—19442页。

之”，共408人。另有工薪人员340余人，协助人员（管册人，即庄书）400余人，总计金华全县在各村里委员会从事土地陈报的工作人员超过1000人。[①]

浙江各县办理土地陈报工作人员，可分为常时任用及临时雇用两部分：常时任用者，如土地陈报办事处内部各职员，及巡回村里的指导员助理员等，面积广阔县分，有用至百数十人者。综计各县市政府常时任用各级职员，约达1900人；这类人员，均由各县经过相当训练。临时雇用者，如缮写总册、核算亩分，及办理复查抽丈等临时职员，全省各市县综计，约达3500余人。村里委员会为直接办理土地陈报机关、工作人员，除原有村里职员外，多有雇用有给职员相助理者，全省各市县，合计15800余村里，工作人员，约达156400余人。故土地陈报，自开办至结束，省县市村里并计，前后共计各级工作人员，达162800余人，其因职务上有连带关系者，犹不计在内，事功之巨，可以想见。[②]

第二节　土地测量

土地测量，即测定土地界线的长度、方向，从而确定其面积和位置。[③]

北洋政府时期，就有清丈田赋之议。1914年，中央设立全国经界局，各县设立经界事务所，并颁布修正《调查田亩办法大纲》，其时东三省业已实行清丈，热河也着手调查。后因时局影响而停顿。[④]

1928年全国第一次财政会议指出：“田赋虽已尽归地方收入，惟为划一办法，免致纷歧起见，自当积极实行清丈，以期厘定全国地价，制定划一地税，完成全国土地整理计划。”[⑤]“整理土地，为今日切要之图，而按诸平均地

① 尤保耕：《金华田赋之研究》，第9098—9103页。
② 董中生：《浙江省办理土地陈报及编造坵地图册之经过》，第19451—19452页。
③ 练天章编：《土地测量》，第1页。
④ 刘世仁：《中国田赋问题》，第96—99页。
⑤ 关吉玉、刘国明编纂：《田赋会要第三篇：国民政府田赋实况（上）》，第20—21页。

权之办法，尤须从测量土地入手。”[①] 根据国民政府 1930 年 6 月 30 日所颁布的《土地法》，“未经依法为地籍测量之土地，不得为所有权之登记”[②]。

可见，国民政府关于田赋整理的政策中，地籍整理被视作核心问题。因为田赋的种种弊端，皆由地籍不明所致，田赋问题的最终解决，也必须以政府掌握有确切的地籍资料为前提。确切的地籍数据的获得殊非易事，其唯一可行的途径就是实施清丈。但是，实施清丈又是一项十分复杂的工作，需要专门的人才、巨额经费，这都不是政府一时能够办到的。

在一份关于湖北田赋问题的文稿中写道：“鄂省田赋，向极复杂，有田少而赋重者，有田多而赋轻者，亦有有田而无赋者。迩年以还，各县更设种种赋税附加，自为收用，以致税率轻重不一，附捐名目太多，胥吏缘以为奸，实征平均不及五成，库帑国民，交受其病，意者多认为弊之渊薮所在，其信然乎？言整理者，咸以清丈为归依，不知此事体大，当兹国家千疮百孔之日，尤未易行！”[③]

南京国民政府时期因时制宜，确定了土地测量的治标治本之策，治标之策土地陈报、简易清丈，治本之策为地籍测量。

一、土地陈报

土地陈报，是由业主自行报告其土地面积、位置等，政府对业主报告情况进行抽查。其主要步骤包括：首先，划分界段。“就各县乡镇区域勘定界址，并视乡镇面积之大小，并依山川河流之天然分界，或道路及其他可资识别界线划为若干小段，以为编查地号起讫单位。每段面积视坵块大小，以

① 关吉玉、刘国明编纂：《田赋会要第三篇：国民政府田赋实况（上）》，第 23—24 页。
② 《中华民国史档案资料汇编第五辑第一编》，“财政经济（七）”，第 132 页。
③ 《呈为折呈整理田赋暨会计意见仰祈鉴核采纳施行事》（1934 年），湖北省档案馆藏，档号：LS19-2-2510。

一千亩至三千亩为度。”[①] 其次，分段测丈，“划界分段时采用平板仪测定导线，布置导线网，并以计算每段总地积，以为审核陈报地积之用。”[②] 业户按坵填送调查票。土地调查票由各甲长发给各业户，业户不在当地者可交由佃户转送。业户或代理人应将空白调查票逐项填写。然后交给编查员，编查员会逐张核对。[③] 第三，绘图编查。编查员应按段开始编绘，以每段东北角第一坵为起点，按坵挨坵次向西南编绘，核算地积以市亩为标准，无亩分者实行丈量，有亩分者实行抽丈。其同一业主同一地目土地，其坵块相连而面积各在三分以内者，应并坵编号。[④]

由于这种方法相对简单易行，成为民国时期土地测量的主要方法。土地陈报分为二期。第一期主要在抗战前，有 16 省 411 县进行了土地陈报。第二次全国财政会议以后，土地陈报进入第二阶段，有 13 省 448 县进行了土地陈报。[⑤]

（一）抗战前的土地陈报

1914 年，“浙省国税厅以各县田赋沿习日久，官厅征粮册籍，毫无确实证据。光复以来，紊乱情形，较昔尤甚。为清厘户册整理旧册，以为将来清丈预备计，爰于四月拟定编审粮户办法，通令各县遵照举办。”[⑥] 1915 年 1 月，金华县奉令举办土地陈报，由庄书挨户调查，编成田赋清册，作为整理田赋的基本依据。[⑦] 到 1916 年 12 月，调查结束，共编 30225 户，涉及田亩 28 万余亩，占全县土地面积的 1/5。据报告：“编审成效如何？稽阅旧案，不复可考。惟清册由庄书编造，则真确难期，业主缴纳编费，需索不已。结果半途而废，未尝作为征粮根据，编审之原意全失，今惟推收所案橱中，堆置若干

① 关吉玉、刘国明、余钦悌编纂：《田赋会要第四篇：田赋法令》，第 362—370 页。
② 关吉玉、刘国明、余钦悌编纂：《田赋会要第四篇：田赋法令》，第 362—370 页。
③ 关吉玉、刘国明、余钦悌编纂：《田赋会要第四篇：田赋法令》，第 362—370 页。
④ 关吉玉、刘国明、余钦悌编纂：《田赋会要第四篇：田赋法令》，第 362—370 页。
⑤ 关吉玉、刘国明、余钦悌编纂：《田赋会要第四篇：田赋法令》，第 172—173 页。
⑥ 尤保耕：《金华田赋之研究》，第 9089 页。
⑦ 尤保耕：《金华田赋之研究》，第 9089 页。

破烂不堪之旧册，徒供虫蛀鼠啮而已。”[①] 可见，这次陈报的效果并不理想。

1929年4月，浙江省民政厅拟具“全省土地陈报办法大纲二十一条”及“施行细则二十条”，要求全省据此施行土地陈报。根据《浙江省土地陈报办法》，浙江省土地陈报主办机关“省为财政部浙江省田赋管理处，县为县田赋管理处，乡镇得设立土地陈报办事处”[②]。

土地陈报前要做好对民众的宣传与陈报人员的培训工作。

首先要做好宣传工作。浙江省政府要求各市县政府于着手办理之前，必举行扩大宣传，其方式有二：

一是实地宣传。“召集各乡镇长、保甲长及地方公正绅士开会，说明此次举办土地陈报之意义及手续，务使家喻户晓。”[③] 民政厅调派自治专修学校学生分赴各市县帮同办理土地陈报宣传事宜，各市县政府“召集各乡镇长、保甲长及地方公正绅士开会，说明此次举办土地陈报之意义及手续，务使家喻户晓”[④]。要命令各村里召集村里职员，及民众宣讲土地陈报的方法及好处；同时并饬令公安局及各公安分局、各村里委员会各就辖境，向民众直接宣传。内容要点是从前因土地纠纷引起诉讼的弊端，经过土地整理明晰产权的益处。省民政厅还函请县党部及通俗教育馆宣传员，协助宣传土地陈报，务使家喻户晓，民众无不了解土地陈报的意义及其需要，以陈报工作得以顺利进行。[⑤]

一是文字宣传。民政厅印发了一些小册子，如《快去把土地陈报》《土地陈报要义》等，还印发了大小传单十余种，这些小册子和传单转发或仿印分发各村里委员会。另外，印发土地陈报印送大纲细则；编写浅明白话宣传品分贴各处；张贴各种标语图画；将土地陈报的大纲、细则及疑义解释刊登

① 尤保耕：《金华田赋之研究》，第9093页。
② 关吉玉、刘国明、余钦悌编纂：《田赋会要第四篇：田赋法令》，第362—370页。
③ 关吉玉、刘国明、余钦悌编纂：《田赋会要第四篇：田赋法令》，第362—370页。
④ 关吉玉、刘国明、余钦悌编纂：《田赋会要第四篇：田赋法令》，第362—370页。
⑤ 董中生：《浙江省办理土地陈报及编造坵地图册之经过》，第19465—19468页。

公报，使民众知晓。省民政厅强调："如遇某区域民众，对于土地陈报特别不了解，或竟至发生阻挠情形时，得由区公所或村里委员会呈请县府出示布告，详为解释。其他若衢县等处，更制大字粉布标语张挂城乡交通要道，石印彩色标语分贴城乡各要道，及各茶馆酒肆，并选撰简明文字，每日送各影戏院插演。"总之，文字宣传，虽然由于普通老百姓多不识字，其效果可能不如实地宣传好，但两者应该并行不悖，以使相互补充。①

在人员培训方面，"编查员等由县就地招选，施以技能及精神训练，然后分派各乡镇工作"②。为训练举办土地陈报的各类人员，浙江省组织举行土地陈报讲习会。浙江省民政厅于 1929 年 7 月 1 日、15 日分两次开办讲习会，人员由各县市政府选派。每次一星期，学习内容包括土地整理概论、土地陈报的意义及手续、按坵编号方法等实际问题。学习期满，即令返县，向村里职员宣讲。在 1929 年 10 月间，先后将警官学校第五队学生 90 人、测量讲习所学生 162 人、财务人员养成所学生 46 人、招考的测丈人员 210 余人，分期培训一周至二周。在培训期间，除讲习有关土地各问题外，并在杭市县闸口西湖松木场一带，分次实习测量及丈算方法。训练期满，即任命为土地陈报助理员，赴成绩较逊各县，协助县长办理土地陈报。③

除了省民政厅组织的培训，各市县举行土地陈报讲习会，人员由各村里选送。关于学员资格，兰溪县有下列三项规定：小学以上毕业或有相当程度者；年龄 40 岁以下 20 岁以上者；具有村里职员被选举权者。依人数多寡，分若干组训练，均以一星期为限。上课时间自每日上午 9 时至 11 时，下午 2 时至 4 时。培训教师由技术员以及各驻区指导员担任，学习的主要科目为陈报大纲暨施行细则，填陈报单、丈量、绘图、收费计算、土地陈报罚则等。为了帮助学员增长政治智能，村民会议四权行使、填联环保结、警卫等也作

① 董中生：《浙江省办理土地陈报及编造坵地图册之经过》，第 19465—19468 页。
② 关吉玉、刘国明、余钦悌编纂：《田赋会要第四篇：田赋法令》，第 362—370 页。
③ 董中生：《浙江省办理土地陈报及编造坵地图册之经过》，第 19447—19451 页。

为培训内容。训练期满发给结业证书，派回各村里办理土地陈报。[①]

浙江省民政厅考虑到办理土地陈报过程中，定会发生很多困难，需要设立指导员来进行监督。因此将民政厅所办自治专修学校一二两期学生360人，在实习及暑假期内派回原籍，帮同指导，书面报告各市县办理情形。省民政厅还派主管科技士分赴各县，实地考察，纠正错误，提出办法。[②]一面命令各地新政指导员，特别注意土地陈报事宜，考查各助理员工作。温州、台州等县，或因灾欠太重，或因土匪骚扰，或因崇山峻岭，办理陈报，均较困难。于是将其划五个督促区域，并从省民政厅派出督促专员，督促各县办理陈报。1930年4月末，各县总册陆续报省后，一面招聘审核员80余人，从事审核；一面派抽查员10余人，到已报各县抽查陈报结果。至于各市县的土地陈报指导人员，则都由办事处委任，分区常驻巡回指导。各村里办理土地陈报人员，即按期齐集指定地点开会，讨论解决疑难问题，而各区土地陈报指导员，则都由县政府规定资格由各区村里委员会选送。经测验录取后，加以训练一星期，期满后，复加测验，合格者分别指派各区为土地陈报指导员。这些指导员分赴各区后，即指导各村里长副暨受训人员，并解决一切陈报疑难问题。[③]

浙江省土地陈报，根据民政厅颁布的“浙江省土地陈报办法大纲及施行细则”，包括查编、陈报、丈量、造册、审核、公告等步骤。

第一步，土地查编。在土地查编前，要做好前期调查，主要调查地目、土质、收益及最近三年内平均地价，并考查民间计亩习惯，以及业佃情形等。[④]在发放陈报单之前，要先经过查坵编号，按号发单，按户催收。查坵编号的方法是：各村里委员会的办理员，须先将全村里查勘一遍，根据天然地势，如河流道路等，划为若干段，假冠以字，如天字段、地字段等；再就

① 董中生：《浙江省办理土地陈报及编造坵地图册之经过》，第19445—19447页。
② 董中生：《浙江省办理土地陈报及编造坵地图册之经过》，第19447—19451页。
③ 董中生：《浙江省办理土地陈报及编造坵地图册之经过》，第19447—19451页。
④ 关吉玉、刘国明、余钦悌编纂：《田赋会要第四篇：田赋法令》，第362—370页。

每段，由每坵土地的形状，依其经界，画在草图上；并按坵顺次编一假定地号，每段编号均从第一号起，换言之，即各段分别按顺序编列。段的范围约以1000亩为限，其村里的面积如过于狭小而不及1000亩者，可无须划段。一面查明每坵的业主，包括公有土地的管理机关，私有土地业主的姓名、住址。如业主远出时，即向佃户、租户及邻人等打听清楚，记在草簿上。然后将草图草册，照查编的号数，填写在陈报单上，并按号发给业主，令其限期陈报。等业主填好送给办事处，即核收应纳的手续费，并在草簿的名号下，加盖“已收”戳记。陈报期限到后，即检查草簿，命令未报告各户赶紧陈报，或由村里委员代为调查填报。至于各村里土地价格及收获量，亦先调查其概数，以与业主所报互相对照。[①]

土地陈报的第二步是业主陈报。每一乡镇土地编查完竣后，乡镇陈报处即将乡镇所有土地调查票逐坵并户，归入陈报单内，然后定期召集业户或代理人审核其证明文件。[②]根据省民政厅颁发陈报单式，县政府印发到各村里，由村里委员会，按照坵号，分给各业主。令其于收到陈报单后两个月内，将单内各事项，照式逐一填写二份，送到村里委员会审核。审核完后，以一份存村里委员会，一份转呈县政府。

关于业主陈报各种具体情况的处理，民政厅有详细规定。（1）公有地陈报。公有土地由管理人陈报；无管理人时，由村里委员会查报；国有的荒山荒地，也由村里委员会查报。如系公有土地，由老百姓开垦而未进行登记者，由开垦人承报；又如原系私产因嗣绝无主，又无人管理者，应由村里委员会查报。（2）私有地陈报。团体所有的，则由代表人陈报，须将代表人的姓名附记于备考栏内；个人的，即由个人用自己日常使用的真实姓名住址陈报，不得用旧户名，或某记某堂，祖先名字等，但须将这些名称，记入备考栏。倘土地的所有权，虽非团体所有，但不属于一人而为二人以上所共有

① 董中生：《浙江省办理土地陈报及编造坵地图册之经过》，第19468—19471页。
② 关吉玉、刘国明、余钦悌编纂：《田赋会要第四篇：田赋法令》，第362—370页。

的，这种共有的私有地，陈报时，应由关系人共同陈报。如人数太多，其姓名不能在陈报单业主栏填写完全时，得只填某某等字样，把共有人的姓名，另纸填好，黏贴在陈报单备考栏上。（3）代理陈报。业主如因事故，不能自己陈报的时候，可以委托他人代理陈报，但要附上业主的委托证明，并且要在陈报单上备考栏内记明事由。（4）并单陈报。同业主的二坵或二坵以上互相毗连的土地，地目相同，或地目不同而甲项地目附属于乙项主要地目的，虽其等则不一样，也可并作一单陈报。（5）分别陈报。同一户的土地，因道路、河川等间隔或地目不同的，及同一业主的土地，因地目不同，且无正副可分的，虽同在一处，也不能并作一单，须依照间隔情形，及地目项数，分别陈报。（6）土地陈报后遇有转移、变更、分割、添附等情况，应由双方邀同证人向所管村里委员会说明，并领取填报单填注陈报。（7）粮多地少或粮少地多的土地，陈报时不问其粮额多少，须依其所管实在亩分陈报；有地无粮，或有粮无地的土地，陈报时，无地的当然不必陈报，只要另外用纸把有粮无地的情形叙述明白便可；有地无粮的，就要照所管实在亩分办理陈报。（8）土地有所谓大卖小卖、大皮小皮、大租小租、田骨田皮、田底田面等名称：大卖、大皮、大租、田骨、田底是属于业主的；而小卖、小皮、小租、田面、田皮是属于永佃户的。根据法律永佃户的权是永佃权，业主的权是所有权，所以仍应由业主陈报，但须载明佃户或使用人的姓名籍贯住址租值以及期限等，并于陈报单“期效”格内注明永佃字样。（9）将土地典押于他人，而不作为卖绝的，这也要归业主陈报，因为所有权仍属于业主。（10）业主如远在他方行迹不明，或因其他原因过期不报的，佃户或受典主，得代为陈报，于备考栏内将情形注明，所垫手续费，日后由业主偿还。（11）凡已垦种而办理纳税登记的土地，得由占有人说明理由，觅保陈报；其有证据者，并须附送证据。[①] 由这些看似繁琐的规定中，不难发现，当时乡村土地产权归属问题已相当复杂。因此，土地陈报确实具有一定的难度，需要各种

① 董中生：《浙江省办理土地陈报及编造坵地图册之经过》，第 19471—19480 页。

类型的所有权人积极配合。

对于逾期不报的业主，浙江省也规定了处罚措施。第一种措施为所谓“土地标管”，即收归政府管理。其办法是：（1）逾期未报的土地，统由村里委员会公告，或以书面通知业主，经村委会证实确系故意不报的，要进行“标管”。（2）凡土地远出在外，或非居住本县者，由村里委员会责成管理人陈报；如无管理人时，应先调查清楚并代填陈报单；一面通知该业主限期将手续费照缴，倘到期不缴，即作故意不报论，予以“标管”。（3）凡各村里未报土地，其业主系女性，或未成年的幼童，由村里委员会代填陈报单，同时并向其收取手续费；倘不缴纳，即作故意不报论，予以“标管”。（4）凡各村里的公有土地，有管理机关者，如逾限不报，呈请县政府核办；其他无管理机关的公有土地，统归村里委员会在限期内陈报。（5）凡村里委员会对于逾期不报土地，必须予以“标管”时，应遵照所令规定办法，详叙案情，呈请县政府核准后，方可执行，并须于事后专文呈报县政府转呈民政厅备案。第二种处罚措施为罚款。“各业主逾期未报，准照杭州市办法，每亩加罚过息金六分，准予补报，免处标管。”当然，在实践过程中，因为对于标管土地处理困难，“过息金”又很难征收，上述两种办法都很少实行。[①]但是可以相信，有这样一些严厉的处罚措施，对一些胆小怕事的业主，还是可以起到震慑作用的。在后面的论述中会发现，尽管地籍整理存在各种不足，但仍然取得了一定的成效，与这些严苛的制度规定不无关系。

土地陈报的第三步是土地丈量。陈报工作完成后，“县处即开始审核陈报单及户地联络图等，如发现疑义，即予派员复查，或择区择段抽丈”[②]。原定办法，于业主陈报时，应将原管实在亩分，丈量确实，计算其面积，并绘示坵形图于陈报单空白处，但各市县业主能自丈量者不多，业主只能照自知亩分填写，请村里委员会代为测丈。县市政府本应组织查丈队，将陈报结

① 董中生：《浙江省办理土地陈报及编造坵地图册之经过》，第19480—19483页。

② 关吉玉、刘国明、余钦悌编纂：《田赋会要第四篇：田赋法令》，第362—370页。

果，择要复查抽丈；各市县政府因限于经费人才，多未能举行，因此各市县土地陈报清册内代丈亩分一栏填注，多付阙如。[①]

土地陈报的第四步是造册。按照图册的用途，可分为草册（即草簿）、清册、总册三种。草册为村里职员实施查坵编号时所用底册，其格式由各村里自定。仅记业主姓名、住址、地目及亩分概数，并暂编坵号，每坵一行，以与草图对照。清册由村里委员会根据调查草图草册及业主缴送的陈报单，对照编造，每坵编一号数，每行填列一号，须详记字段、地号、坐落、地积、地价、地目、收获量、业主姓名及住址，佃户或使用人姓名及住址；地积一项，更析为自报亩分、调查亩分、代丈亩分。每册之首，附上土地分段编号图，以资核对。清册编造两份，以一份连同陈报单呈县，以一份存村里委员会，如遇有移转、变更、分割、添附及更正错误等事项，应呈报县政府，分别核办注册。[②]按照图册的内容，分为乡镇坵领户册、乡镇户领坵册、全县户领坵册。乡镇坵领户册以乡镇为单位，乡镇坵地编查完竣后，即根据调查票编造，上只载地号、地目、地积及土地坐落等项，并于颁发管业执照后，于册内注明管业执照号数。乡镇户领坵册即分乡归户册，系公告后根据土地陈报单编造。全县户领坵册即为全县并乡归总册，依照业户住址归户，其办法就是按照各乡镇户领坵册所载各项，按户滕缮一份，然后将每业户全县所有的土地归集于一户，作为征收赋税的根据。[③]

兰溪县开始编造图册时，由办事处指派督促检查员前往各“图”，会同乡镇长副暨编造主任、编造员，按“图”划分“图”界，树立旗帜，并沿界钉立木桩，木桩上书明“某都某图图界”字样。嘉兴县的做法是，由承办人员于出发查编时，先查明现在缴粮区域各该庄的界线，绘成各该庄分界图，并树立红旗以为标志。图界划清后，由督促检查员带领绘图员、查编员前往各该图查明图的面积，指定编查起点及终点。如该图面积较大，须分若

① 董中生：《浙江省办理土地陈报及编造坵地图册之经过》，第 19483—19484 页。
② 董中生：《浙江省办理土地陈报及编造坵地图册之经过》，第 19484—19486 页。
③ 关吉玉、刘国明、余钦悌编纂：《田赋会要第四篇：田赋法令》，第 362—370 页。

干段，然仍须与各段相联络，拼成总图。每一庄土地面积过大者，得按照固有天然形势，再划为若干段分绘，但每段以500亩上下为限。绍兴县更规定要标示边界上的特殊土地附着物，如河流、道路、桥梁、壩、树林、庙宇、坟、塔等，以便段图完成后，即可据以拼凑全图，并可与邻“图”之图相拼合。各“图”在开始编造图册时，先由督促检查员召集乡镇长副，以及闾邻长等开会，责成各闾邻长和乡警按户通知各业户，届时要带上所执管业凭证。如业主居住他处，应由佃户转知，不得推诿。绘图员等到地编绘，各地镇长副、闾邻长及乡警等协助办理。如绍兴要求各业主在自己各坵土地上标立木桩或竹桩，书明业主姓名、住址暨佃户或使用人姓名住址等项，以便绘图的同时可以开始调查，此项标示责令佃户或使用人准备。[①]

最后，颁发土地管业执照。土地陈报完竣，进行公告后，县田赋管理处即将发照日期通知业户，业户呈验陈报证明单，由办事处人员查对图册，按坵颁发土地管业执照。[②]“审核手续完竣后，认为陈报户粮亩分等项有不实之处，由县处分造清册，令饬乡镇陈报处，分段悬牌公告，并另行项目出示周知业户。如有异议，应在公告期内，申请查明更正之。”[③]公告期满后，即将全县各目土地面积、地价、收益、户号、地号等项分别予以统计。[④]

业户陈报田地亩数应以市亩为标准。如果地方习惯不以市亩计量的，要根据1亩等于6000平方尺的标准折合，登记入册。业户契载亩分多于折合册亩者，应据实列报其新增亩分，并在调查票及陈报单内注明。业户陈报应用真实姓名，不得用过去的堂号登记。无主土地由所在地的乡镇公所暂管，三年仍无人过问者转作公产。[⑤]

浙江省民政厅规定，各县土地陈报以7个月为期限，即1928年5月1日

① 董中生：《浙江省办理土地陈报及编造坵地图册之经过》，第19608—19611页。
② 关吉玉、刘国明、余钦悌编纂：《田赋会要第四篇：田赋法令》，第362—370页。
③ 关吉玉、刘国明、余钦悌编纂：《田赋会要第四篇：田赋法令》，第362—370页。
④ 关吉玉、刘国明、余钦悌编纂：《田赋会要第四篇：田赋法令》，第362—370页。
⑤ 关吉玉、刘国明、余钦悌编纂：《田赋会要第四篇：田赋法令》，第362—370页。

开始，11 月 30 日结束。[①] 浙江原计划办45 县，“惟因战事影响，业务进展困难，时作时辍，致各县均不能如期办竣”。延期至 1930 年 4 月底，才草草结束。[②]

江苏省于 1933 年由财政厅拟定土地陈报办法，呈请省政府核准实行。[③] 土地查报以清赋为主要目的，以户为纲，按丘查报。[④] 土地查报由县政府督率各区长乡镇长负责办理。[⑤] 县政府于土地查报开始以前将土地查报单印就发交各区转发各乡镇长，再由各乡镇长分发各业户，每户以一张为原则。[⑥]

业主领到查报单后，即将其所有土地，按照其所属乡镇划分，分别填报，在一乡或同一图者填一单，限期填送，连同证明文件，交由各该业主住在地之乡镇事处审查。[⑦] 填写查报单时要求：第一，业主的真实姓名；第二，土地所在地的区乡镇与原征粮面积；第三，土地种类及坐落；第四，亩积；第五，原粮户名及粮额。[⑧] 土地查报“实行挨户验串，无串或遇土地纠纷时应查验其契据”；其田地亩数，应与原额每图亩分相符，如有误差，即应认真核查。[⑨]

乡镇办事处，在收到业主所填的查报单及证明文件后，应分别审查核对，若无错误，即在证明文件上加盖“报讫”戳记，随后将该项文件发还；若有不属本乡的查报单，应即分别转送各该所属乡镇办事处复查。[⑩]

各乡搜集的查报单，要于查报开始后一个月内汇集审核送交区办事处整理造册，呈送总办事处编造总清册。[⑪] 土地查报为便利业主填报起见，对于未税白契，须准呈验，并免处罚，即隐匿田亩，亦准免补粮额，既往不咎，

① 尤保耕：《金华田赋之研究（上册）》，第 9103 页。
② 尤保耕：《金华田赋之研究》，第 9110 页。
③ 张德先：《江苏土地查报与土地整理》，第 14181—14185 页。
④ 张德先：《江苏土地查报与土地整理》，第 14185—14187 页。
⑤ 张德先：《江苏土地查报与土地整理》，第 14185—14187 页。
⑥ 张德先：《江苏土地查报与土地整理》，第 14202—14203 页。
⑦ 张德先：《江苏土地查报与土地整理》，第 14202—14203 页。
⑧ 张德先：《江苏土地查报与土地整理》，第 14188 页。
⑨ 张德先：《江苏土地查报与土地整理》，第 14185—14187 页。
⑩ 张德先：《江苏土地查报与土地整理》，第 14202—14203 页。
⑪ 张德先：《江苏土地查报与土地整理》，第 14202—14203 页。

但须先行办理土地纳税登记。[①]

江苏省专门制定了关于土地查报的奖惩办法："乡镇办事处主任，在二十三年（1934年）三月二十日以前将所管区域之土地查报办竣者记功一次；区办事处主任在二十三年（1934年）四月十五日以前将所管区之土地查报办竣者记功一次；能查报隐匿田地，使查报田地超过原额者，区办事处主任及乡镇办事处主任分别记功二次。"有关惩处的条款有："区办事处主任，及乡镇办事处主任，不能于规定期限内办竣所管之土地查报者记过一次；所管区乡镇之查报土地少于原额土地者，区办事处主任及乡镇办事处主任分别记过二次并从严追究；各办理土地查报人员，如有奉行不力者，由区乡镇办事处主任分别惩处之，其有重大情形者，据实呈报总办事处请示惩处办法。"[②]

土地陈报从宜兴、溧阳、江阴、镇江四县试行。江苏省财政厅令饬四县成立各级查报办事处，[③]并由各县召集区、乡镇长及地方团体公正绅士开会讨论土地查报的进行办法，一面印制查报单册及各种宣传品，宣传品要求措辞简明通俗，方便民众阅览，一面令饬各级党部、学校协助劝导老百姓办理查报。[④]

镇江县总办事处会同县土地局发表告民众书，"其内容即发挥保障老百姓产权减轻老百姓负担两种意义"[⑤]。各区长与指导员往各乡指导宣传，督促查报。总办事处函县党部转各区分部，切实宣传土地查报事宜，以消除乡民误会。又令教育局分发宣传书于各区乡小学校长，帮助宣传，并于课暇时，对于学生详明解释土地查报的利益，以便转告其家人。[⑥]

土地查报需要取得册书的协助，镇江县长不得不亲自召集全体册书训

① 张德先：《江苏土地查报与土地整理》，第14185—14187页。
② 张德先：《江苏土地查报与土地整理》，第14209—14210页。
③ 张德先：《江苏土地查报与土地整理》，第14215页。
④ 张德先：《江苏土地查报与土地整理》，第14181—14185页。
⑤ 张德先：《江苏土地查报与土地整理》，第14212页。
⑥ 张德先：《江苏土地查报与土地整理》，第14220页。

话："各册书赴乡工作，每名每月由总办事处发给食宿川资十五元，每催征吏每名每月十元，不准索取民间分文，违者依法重究。"[①] 在查报期内，所有各图的图书册书，须携带旧册住在各该管区乡镇办事处，协助业主查对号码、科则及粮额等事项，并备业主询问。[②] 土地查报于必要时须令原征粮册书携册下乡，驻在乡镇办事处，以便业主查对，务使所报之粮确属其田，确符其则，务使素称参错复杂的"户"、"粮"、"地"、"则"及"都图乡镇区划"等项关系井然有序。[③]

根据《镇江县土地查报施行细则》，填注查报单时，应根据田地等则分别填注，已测丈区域土地应将其清丈亩数注明于备改栏（如业主不明田地等则时，则由册书里书等代为查填）。如业主不知所管各类地的亩分时，则由册书查册填注。土地查报时，如业主无单串呈验，即以契约或其他证明文件呈验，并须由闾邻长、乡镇长、册书、催征吏盖章证明。[④]

在土地陈报开始时，宜兴县县长亲赴各区召集乡镇长士绅，作恳切的演讲，并召集学生家长谈话，分发宣传品；党部、农会及新闻界，也予以积极帮助，以唤起老百姓对于土地查报的注意。[⑤] 宜兴县总办事处要求各区聘请知名士绅，为土地查报参事，以资协助。并组建常务参事会，每周举行常会一次，其任务包括：接受总办事处的咨询；调解土地纠纷；协助办理土地查报；提供土地查报的建议。[⑥]

宜兴县因土地久未清查，几经沧桑变易，土地查报，所有纠纷，势必同时暴露。若完全由司法解决，不仅老百姓不堪其苦，政府亦不胜其繁。故遇细小纠纷，除责成乡镇长随时随地调处者外，还组设县区各级调解委员会，处理各项土地权利粮赋争执事件。调查称，由于调解委员会的作用，宜兴县

① 张德先：《江苏土地查报与土地整理》，第 14213 页。
② 张德先：《江苏土地查报与土地整理》，第 14202—14203 页。
③ 张德先：《江苏土地查报与土地整理》，第 14185—14187 页。
④ 张德先：《江苏土地查报与土地整理》，第 14523—14526 页。
⑤ 张德先：《江苏土地查报与土地整理》，第 14278—14279 页。
⑥ 张德先：《江苏土地查报与土地整理》，第 14279—14280 页。

于土地查报时，土地纠纷虽有两万余起之多，查报工作并未受到太大影响。[①]

下面是江阴县关于土地陈报的布告。布告详细说明了土地陈报的意义，办法及拒不陈报可能面临的惩罚。

江苏省江阴县土地查报之布告

我们为什么要办土地查报？简单讲来，有下列几种：第一，是要晓得全县的土地究竟有多少？使本县土地册籍有真确的记载；第二，要晓得土地确实坐落和业主的真实姓名，将来一并详载册籍，以便稽放，使老百姓的田地不致被人侵占，而产权有所保障；第三，要使有地无粮的土地，一律入册承粮，得以巩固产权；第四，使有粮无地的老百姓，得豁除其赔赋，以解除其痛苦。看了上面的几种理由，就可以明了土地查报，对老百姓是有很大的利益了。其次是我们怎样去办理土地陈报呢？这是一件极简单的事，就是由本政府印刷土地查报单，交发区公所，转发各乡镇公所，散发各业户，然后由各业户将所管有土地，照单开项，并背面"注意"事项，限五日内填注清楚，连同最近年分粮串，或通知单、契据、田单或其他证明文件，送交地催征员，或现年圩甲长，审核盖章，将查报单转送，老百姓方面的手续，就此完了。所以不过一举手之劳，并且绝不收取分文用费，实在没有困难可言。不过省方顾虑到恐有疲顽老百姓，延抗不报，必存破坏，所以在土地查报办法内，特别规定惩罚办法，现在写在下面，望大家注意，切勿违犯：业户在规定期限内查报者，概不收费；逾期在一月以内者，每亩收手续费一角，不满一亩者，以一亩计算；逾限在一月以上，匿不呈报者，其所有土地，悉归公有。切望各业户拿出新国民的精神来，一致奋起，如期填报，倘有疑问，尽可向就地区公所及乡镇公所询问，万勿延误。[②]

① 张德先：《江苏土地查报与土地整理》，第14280—14282页。
② 张德先：《江苏土地查报与土地整理》，第14350—14352页。

江阴县规定，业主住在甲乡而管有田产系在乙乡，为便利业主起见，得在甲乡镇填一查报单，由本乡镇长代为审查盖章后，转送该田产所在地的区乡镇公所汇编入册，如由业主迳向田地所在乡镇填报，更为清楚完善。[①]关于白契问题，江阴县老百姓购买田产，大都均为白契，此次土地查报，恐持白契者将被处罚，故多数乡民不敢陈报。江阴总办事处接得报告后，当即布告民众，凡持白契陈报者，政府并不处罚。[②]关于亩法问题，江阴县总办事处训令各区分办事处，本县民间习惯，计算土地亩分数，有以户部弓为准的，也有以工部弓为准的，各处情形颇不一致。土地查报，其最要目的在于调查粮户真实姓名，及粮隐田亩，务使所报土地亩分数，较原额增加，因此各区填报土地时，其计算亩分弓尺，应按旧习惯，勿使原有亩分减少为原则。[③]

江苏省溧阳县共有鱼鳞册二千余本，均散落于二十余册书手中，其他归户细户等册亦然。在土地陈报时，县政府勒令各册书将所私藏图册一并缴还政府；县政府给他们安排永久职务。[④]于是将各册书召集到县政府，一面派警将各册书住宅监视，以防消息泄露，册书家人私运册籍他往。各册书见势不妙，终于将全部册籍缴出。[⑤]册籍收回后，县政府旋即拟定“册书暂行服务规程”及“各册书任用条例”，规定各册书仍在政府内担任田赋征收与土地登记工作[⑥]，尽管册书仍然消极怠工。[⑦]

溧阳县规定，关于已押土地的填报，认为凡典抵未绝卖者，概归所有权人填报；土地出卖而粮未过户者，应由卖主指明买主督促填报，并将未经推收手续附注于备改栏内。关于有粮无田、有田无粮土地的填报，凡有粮无田者，亦须尊章领单填报，只是需要在备改栏内，注明有粮无田原因，将来由

① 张德先：《江苏土地查报与土地整理》，第 14355—14356 页。
② 张德先：《江苏土地查报与土地整理》，第 14371—14372 页。
③ 张德先：《江苏土地查报与土地整理》，第 14371—14372 页。
④ 张德先：《江苏土地查报与土地整理》，第 14416—14421 页。
⑤ 张德先：《江苏土地查报与土地整理》，第 14423 页。
⑥ 张德先：《江苏土地查报与土地整理》，第 14425 页。
⑦ 张德先：《江苏土地查报与土地整理》，第 14285—14286 页。

县府呈报财厅核示；如有纠纷未决者，更须注明纠纷原委。有田无粮者，由办事处另册登记。关于地号错乱及地号不明土地，要将不明原因注明备改栏内，并送册书查照鱼鳞册填写。关于新涨地及领垦地的填报，新涨地依照公地手续填报；领垦地由垦种人填报，其未领照纳税者，准予暂缓纳税，但须另册登记。凡原图被数乡分开土地，由各乡镇长负责填报，以乡镇属之田地所在地乡长填齐后交区公所汇编。乡区跨图田地之填报，当以跨图为原则。漏未填报之责任，有粮者册书负责，无粮者由乡镇长负责。无证明文件土地的填报，得由乡镇长证明确属业主者，但须另册登记，送交公断委员会审查。各业主呈验粮串，应以 1933 年为准。①

由江阴等县施行土地陈报的情况来看，有以下几个方面的特点：第一，江苏各县政府尚能遵从省政府指示，积极推进土地陈报。第二，各县土地产权复杂状况一如浙江，在登记过程中的处理方法也与浙江办法相似。第三，在土地陈报过程中，对于册书所掌握的鱼鳞图册有很大程度的依赖。第四，如果县长能雷厉风行，对付册书也并非完全没有办法。所以，土地陈报除了要求业主配合外，更需要以县长为首的各级官吏能认真做事。

江苏省江阴等 4 县查报期限为两个月。第一期办理成绩比较好。其中溧阳新增田亩 45.5 万余公亩，宜兴新增田亩 26 万余公亩，江阴新增 10 万余公亩。随后吴江、太仓、金坛、江都、沛县、兴化、萧县、睢宁、扬中、泰兴、铜山、沭阳等 13 县相继开始办理陈报。②

在筹备第二期土地陈报时，江苏省财政厅即拟定甲乙两种办法。甲种办法，将“乡镇长呈报”改为“由测丈队实行道线测量，及区乡界线或地形测量”，每乡分为若干段，每段测量面积若干，业户陈报面积，必须与之相等，图籍井然，亩分较为确实。然后再根据此项陈报结果，造册征粮，比较方便，将来只须补行分户测量即可完成清丈工作。其繁琐程度与中央办

① 张德先：《江苏土地查报与土地整理》，第 14394—14399 页。
② 《中国土地问题之统计分析》，正中书局 1941 年版，第 78 页。

法相埒，但其功效，则较中央办法为大。[①] 乙种办法仍从编查入手，然后陈报。其编查方法如下：第一，各县办理土地陈报时，先决定全县土地区划，其原有都图界址明确，或办理义图具有成效县份，应以原征粮图为标准来制定土地区划；其他地方，则必须以现行自治区域为标准来制定土地区划。第二，全县土地区划的标准决定后，应根据各乡镇所辖旧都图区域，或旧都图所在新乡镇区域，按照村庄次序，比对划分清楚，由总办事处编制乡镇都图比对表册，交给各区乡镇办事处对照改正。第三，各县办理土地陈报时，要在每一乡或都图，根据其自然地形，划为若干段，每段面积在二千亩至三千亩之间。第四，乡镇或都图顺序根据千字文，每乡（或图）确定一字；乡图之下分段号次，由各区按照乡镇或都顺序编定，呈总办事处查核。第五，各县应于业户填报开始前，编造粮户清册与地号清册。根据以上办法，先将粮户地号两清册编好后，然后开始陈报。要求各业户缴送呈报单时，根据粮户清册，核对其户名、缴税凭证、号码、亩数、应纳税额等项，并填入粮户清册；再根据地号清册所载土地坐落四至、分丘号次，填入陈报单每行阡头字号一栏，务使地号清册与陈报单之阡头字号一致，利于陈报后户领、丘领二册的编造。[②]

1935年湖北省政府拟定黄冈等十二县为第一期试办土地陈报，后因水灾及经费原因，选定鄂城等六县施行，计划1938年完成。原定续办的六县，因为抗战爆发而停办。湖北省政府颁布《整理田赋甲乙两种暂行办法》，甲种办法是“就户问田、就田问赋”，这种办法在耕地面积较大县份施行。其具体办法是由县政府根据田赋征收簿制作业户陈报单，陈报及调查完成后，再根据田赋额推算亩数，并估计地价，编造登记册。乙种办法是“就田问户，就户查赋”，这种办法在耕地较少县份施行。其具体办法是，业户填写陈报单，陈报及调查审查完毕后，再将业户陈报面积换算成

① 张德先：《江苏土地查报与土地整理》，第14489—14492页。
② 张德先：《江苏土地查报与土地整理》，第14492—14500页。

60 平方丈为 1 亩的标准亩，据此计算每户应纳田赋，并估计地价，编造登记册，因鄂西、鄂北各县系改土归流，原有田赋赋率十分轻微，计算田地面积的习惯与湖北其他地方也不相同。鄂西各县大都以田地产量为标准，鄂北各县大都以稞担为标准。湖北省政府颁布“鄂西各县整理田赋简章”、“鄂北八县整理田赋暂行办法”，要求在鄂西调查产收，在鄂北调查稞石，以推定亩数。就湖北各县实施情况来看，潜江等 30 余县以甲种办法办理；松滋等 7 县以乙种办法办法办理；秭归等 9 县以调查产收办法办理；郧县等 17 县以调查稞石办法办理；嘉鱼等十二县没有办理。其中乙种办法的效果较好。①

根据《江西省土地陈报实施办法》，全省土地陈报事务由省田赋管理处主办，各县土地陈报事务由县田赋管理处主办。县田赋管理处在举办土地陈报期间，设立土地陈报编查队，各乡镇设立土地陈报编查分队办事处。县田赋管理处以及乡镇办事处都要成立土地纠纷调解委员会。编查队乡镇办事处、县乡镇土地纠纷调解委员会、乡镇地价评议委员会，均于土地陈报外业开始时成立，外业完成时撤销，但土地纠纷调解委员会可以根据情况延长存续时间。② 县调解委员会设委员 7—9 人，除田赋管理处处长副处长、田赋管理科科长、县司法审判官为当然委员外，“其余由县处处长就县内公正士绅法团代表遴聘之”。“乡镇调解委员会设委员五人至七人，除乡镇正副主任及乡镇公所之民政或经济干事为当然委员外，其余由乡镇主任遴选当地公正士绅法团代表呈请田赋管理处聘任之。” ③ 各县乡镇地价评议委员会设委员 5 人，“除以乡镇处正副主任、乡镇公所之民政经济干事及土地编丈员各一人为当然委员外，其余由乡镇处主任遴选当地公正士绅及熟悉土地情况之老农，呈请田赋管理处聘任之” ④。办理土地陈报的程序包括筹备、划界分段、调查地

① 秦孝仪主编：《革命文献》第 116 辑，第 244—245 页。
② 关吉玉、刘国明、余钦悌编纂：《田赋会要第四篇：田赋法令》，第 329 页。
③ 关吉玉、刘国明、余钦悌编纂：《田赋会要第四篇：田赋法令》，第 341 页。
④ 关吉玉、刘国明、余钦悌编纂：《田赋会要第四篇：田赋法令》，第 344—345 页。

价、插标编丈计积绘图登册、复查抽丈、业户陈报、审核、公告、归户、统计、改订科则、造册、颁发土地管业执照。[1]江西省拟定的土地陈报工作实施进度如表 5.2.1 所示。但事实上并没有按照这一进度表来执行。

表 5.2.1　江西省办理土地陈报各县工作实施进度表

县别	土地测量		土地登记		开征地价税
南昌	1932 年 8 月	1934 年 1 月	1934 年 10 月	1936 年 6 月	1936 年 7 月
安义	1934 年 10 月	1934 年 12 月	1936 年 3 月	1936 年 12 月	1937 年 7 月
新建	1934 年 7 月	1935 年 2 月	1935 年 11 月	1937 年 4 月	1937 年 7 月
进贤	1934 年 10 月	1935 年 6 月	1937 年 2 月	1937 年 11 月	1938 年 7 月
清江	1935 年 5 月	1936 年 1 月	1937 年 4 月	1937 年 12 月	1938 年 7 月
东乡	1935 年 5 月	1936 年 6 月	1937 年 7 月	1938 年 1 月	1938 年 7 月
新淦	1936 年 11 月	1937 年 6 月	1937 年 12 月	1938 年 8 月	1939 年 7 月
丰城	1934 年 7 月	1936 年 7 月	1940 年 9 月	1941 年 2 月	
高安	1934 年 7 月	1936 年 7 月			
临川	1935 年 11 月	1936 年 8 月	1940 年 11 月	1941 年 6 月	
金溪	1936 年 4 月	1936 年 9 月	1940 年 2 月	1940 年 10 月	
峡江	1936 年 11 月	1938 年 6 月	1939 年 10 月	1940 年 6 月	
吉水	1936 年 12 月	1938 年 12 月	1940 年 7 月	1941 年 2 月	
吉安	1936 年 8 月	1939 年 4 月	1941 年 5 月		
崇仁	1936 年 6 月	1939 年 12 月			
泰和	1936 年 10 月	1940 年 9 月			
宜黄	1936 年 8 月	1941 年 5 月			
永丰	1936 年 10 月				
乐安	1937 年 2 月				
安福	1941 年 1 月				
永新	1941 年 1 月				
莲花	1941 年 1 月				

资料来源：关吉玉、刘国明编纂：《田赋会要第三篇：国民政府田赋实况（上）》，正中书局 1943 年版，第 336—338 页。

[1] 关吉玉、刘国明、余钦悌编纂：《田赋会要第四篇：田赋法令》，第 330 页。

江西省土地陈报办法与湖北省比较相似。在土地较多的县份，采取按粮推亩的办法；在土地较少的县份，采取履亩问田的办法。

根据按粮推亩办法，县政府依照征粮册籍，印制业主陈报单，交各区区长转发各保甲业主，详细填写名下田产面积、位置、等则、税额、地价、收获量以及佃户姓名、租额等。在要求业主自行陈报的同时，县田赋整理委员会派调查员到各区保挨户调查业主真实姓名及必须陈报的各项信息，然后将其调查结果与业主的陈报单一起呈送县田赋整理委员会。田赋整理委员会如果发现二者之间有出入，就会组织复查。在确认没有错漏之后，按粮推亩，确定每亩标准地价。然后根据上述情况造具登记册两份，一份上缴省财政厅，一份留存县政府。①

根据履亩问田办法，在业主自行陈报的同时，县田赋委员会的调查员直接到乡间地头，调查每块地业主姓名等情况，以与业主陈报信息核对，确认没有问题后，按 60 方丈为一亩，合成亩数，确定标准地价，然后编纂成册，一份上缴省财政厅，一份留在县政府里。江西省规定，上述工作必须在 90 天内完成。②

清查全县各区、保、甲内田亩事宜，由各该区、保、甲长负责办理；清查田亩清册分为三种，均由县政府依照规定册式，分别区、保、甲清册，制发二份；每一甲内田亩，即由该甲甲长，按照保甲制划定界线，将所辖境内之田亩，逐一分别标记，调查该项田亩之业主姓名、住址、田亩坐落、地名、亩数及石数，承佃人姓名或系自佃、原纳赋额及田则，在清册内详细登记，限五日办竣，以一份存甲备查，一份送该管保长备查；每一保内田亩，即由该保保长按照所管各甲长送到各甲田亩调查清册后，即切实复查，有无遗漏未报田亩。复查相符，然后汇齐各甲清册，编造该保田亩登记清册二份，限十日办竣，以一份存保备查，一份送该管区长存查；每一区田亩，即由该区区长，按照所管各保长送到各保田亩登记清册后，再为复查，于十五

① 周炳文：《江西旧抚州府属田赋之研究》，第 3465—3466 页。
② 周炳文：《江西旧抚州府属田赋之研究》，第 3467—3468 页。

日内依照保次，汇编该区田亩登记清册二份，以一份存区备查，其余一份，呈送县政府查核；县政府接到各区查报的田亩登记清册后，即按照各区田亩登记清册所列业主、田亩、赋额与旧有征册，逐户核对，如有短少，责令复查，若粮多田少，准予照减，粮少田多，则即照“田则”增加，以求公允。其有田无粮之户，则照则升科，并呈报省财政厅备案；县政府将核定应纳赋额，详细填注于纳税额凭证之上，令各区保甲长，转发各花户收执，以后应凭以完纳赋税；县政府将各区田亩登记清册核对无讹，赋额亦厘定公允后，即据以编造实征册，分为下列三种，将区、保实征册，发交各区、保长收存；县实征册由田赋经征处保管，作为催征的粮据；各县清查田亩及编造田赋实征册，以两月为限，以便据以组织义图。清查田亩期间，各区、保、甲长得酌给津贴，以及所需笔墨纸张等费，由县政府拟具预算，呈经省财政厅核准，于县地方预算中预备费项下开支。①

陕西省于1936年开始举办土地陈报，着手办理土地陈报县份，计有咸阳、南郑、城固、沔县、褒城、安康、宁羌、西乡、洋县、汉阴、略阳、石泉、紫阳十三县。到1938年，共有咸阳、南郑、城固、沔县、褒城五县完成土地陈报。②

根据表5.2.2，从1934年至抗战全面爆发前夕，广西省办理土地陈报县份达45县。

表5.2.2　广西省举办土地陈报工作实施进度表

工作时期	办理县数	县名
1934年6月—1935年3月	1	扶绥
1934年11月—1936年11月	1	武鸣
1935年4月—12月	1	龙津

① 曹乃疆：《江西义图制之研究》，见萧铮主编：《民国二十年代中国大陆土地问题资料》第73辑，台北成文出版社1977年版，第38653—38660页。

② 《中国土地问题之统计分析》，第81页。

续表

工作时期	办理县数	县名
1935年6月—1936年6月	15	扶南、左县、明江、上金、同正、思乐、凤山、龙茗、宁明、雷平、那马、上思、凭祥等
1935年7月—1936年7月	6	田阳、万承、都安、崇善、乐业等
1936年3月—1937年3月	1	天保
1936年4月—1937年3月	7	镇远、敬德、向郡、东兰、平治、田东、靖西
1937年1月—11月	2	河池、西隆
1937年2月—1938年6月	9	百色、田西、万岗、南丹、天峨、隆山、凌云、怀集
1937年7月—1938年12月	2	灌阳等

资料来源：关吉玉、刘国明编纂：《田赋会要第三篇：国民政府田赋实况（上）》，正中书局1943年版，第191—192页。

1934年，福建省各县采取以户为经办法，试办土地陈报。由于地方不靖，或者人才缺乏，未能全力进行，所以没有取得成效。1936年，选择治安较佳，交通便利县份，整理地籍，有成绩的县份有长乐、金门、闽侯等15县。1936年底，改用以地为经办法，实施坵地编查，重新办理陈报手续，成绩尚佳。[①]

（二）抗战期间国统区的土地陈报

抗战期间的土地陈报，主要是在大后方各省进行。

贵州省土地陈报，1935年9月筹议，1936年秋在省财政厅内设立土地陈报处，着手实施。根据《贵州省各县（市）隐匿漏编田土检举奖惩办法》，“各县（市）土地陈报处业户所有匿报漏编新垦成熟暨地多粮少之田土，限于三十一年五月十五日以前向各该县（市）田赋管理处申请补编升科”；“隐匿漏编之田土未经业户或代管人遵限申请编查者，该管乡镇（联保）保甲长于三十一年六月十六日以前向各该县（市）田赋管理处据实检举，自六月十六日起并准由老百姓密告”；“各县（市）田赋管理处对于乡镇（联保）保甲长检举及老百姓密告之隐匿编漏田土，应先就有关册籍详细审核，再行派经办

① 关吉玉、刘国明编纂：《田赋会要第三篇：国民政府田赋实况（上）》，第365页。

推收人员前往勘查”；“乡镇（联保）漏编田土在五户以下者该乡镇长记大过一次，十户以下者记大过两次，十五户以上者撤职。保漏编田土在二户以下者，该保长记过一次，在四户以下者记大过一次，六户以下者记大过二次，八户以上者撤职”；“乡镇（联保）保甲长清查检举隐匿漏编田土有渎职受贿藉词敲诈情事经查觉者，由各该县政府予以撤职并移送军法机关处分。”[1]

1937年3月先以贵阳县作为试点，同年9月完竣，成绩尚可。于是将全省各县分为五期，按次举办。到1941年5月底，先后完成。全省82县陈报完毕，总计花了4年5个月，耗费经费168万余元，陈报所得耕地面积为1830余万亩，每亩平均费用不到0.1元。[2]贵州省土地陈报进度如表5.2.3所示。

表5.2.3　贵州省分期举办土地陈报工作进度表

期别	批次	时间	县数	县名
第一期		1937年3月—9月	1	贵阳
第二期	第一批	1937年10月—1938年3月	3	安顺、定番、龙里
	第二批	1938年4月—9月	4	清镇、平壩、贵定、修文
第三期		1938年10月—1939年3月	11	遵义、桐梓、绥阳、开阳、息峰、普定、镇宁、罗甸、长寨、广顺、大塘
第四期	第一批	1939年6月—11月	14	关岭、安龙、黔西、郎岱、盘县、普安、安南、兴仁、瓮安、平越、卢山、麻江、都匀、平丹
	第二批	1940年1月—6月	14	织金、毕节、紫云、贞丰、册享、兴义、余庆、黄平、施东、独山、三合、八寨、荔波、望谟
第五期	第一批	1940年7月—11月	17	湄潭、台拱、丹江、赤水、大定、沿河、天柱、清溪、同仁、下江、松桃、镇远、榕江、德江、威宁等
	第二批	1940年12月—1941年4月	18	水城、仁怀、正安、思南、印江、后坪、江口、省溪、玉屏、石阡、三穗、锦屏、黎平、永从、都江等

资料来源：关吉玉、刘国明编纂：《田赋会要第三篇：国民政府田赋实况（上）》，正中书局1943年版，第136—137页。

①　关吉玉、刘国明、余钦悌编纂：《田赋会要第四篇：田赋法令》，第265—266页。
②　关吉玉、刘国明编纂：《田赋会要第三篇：国民政府田赋实况（上）》，第136页。

根据表 5.2.4，四川土地陈报分四期进行。1938 年 12 月—1939 年 5 月为第一期，完成温江等 9 县；1939 年 5 月—1940 年 2 月为第二期，完成灌县等 17 县；1940 年 1 月—12 月为第三期，完成彭县等 23 县；第四期为 1941 年 4 月—7 月，完成 18 县。

表 5.2.4　四川省分期举办土地陈报工作实施进度表

期别	工作时期	办理县数	县名	备注
第一期	1938 年 12 月—1939 年 5 月	10	温江、双流、江北、乐山、富顺、忠县、长寿、南充、江安	已完成
第二期	1939 年 5 月—1940 年 2 月	17	灌县、郫县、崇宁、内江、井研、简阳、永川、巴县、大足、荣昌、眉山、蒲江、大邑、泸县、涪陵、什邡、金堂	已完成
第三期	1940 年 1 月—12 月	23	彭县、新繁、资中、资阳、璧山、彭山、夹江、青神、犍为、乐至、中江、三台、绵竹、罗江、铜梁、峨嵋、广汉、江津、合川、隆昌	已完成
	1940 年 10 月		垫江、武胜等	尚在进行中
第四期	1941 年 4 月—7 月	18	威远、纳溪、南部、大竹、遂宁、绵阳	已开办
			仁寿、荣县、南溪、合江、邻水、广安、岳池、蓬溪、潼南、射洪、盐亭、安县	拟办

资料来源：关吉玉、刘国明编纂：《田赋会要第三篇：国民政府田赋实况（上）》，正中书局 1943 年版，第 105 页。

全面抗战爆发后，福建省会迁到永安，继续推进土地陈报。[①] 到1941 年，共有长乐等 38 个县举办了土地陈报。[②]（参见表 5.2.5）

① 《修正地政局廿七年度工作计划（1938 年 7 月—12 月）》（1938 年），《土地改革》1938 年第 1 卷第 1 期，第 10—11 页。

② 《中国土地问题之统计分析》，第 82 页。

表 5.2.5　福建省分期举办土地陈报工作实施纲要

期别	工作时间	办理县数	县名
第一期	1936 年 10 月—1938 年 5 月	4	仙游、永春、德化、同安
第二期	1938 年 1 月—1939 年 3 月	4	莆田、南安、永安、建瓯
第三期	1938 年 7 月—1940 年 5 月	4	连城、尤溪、长汀、邵武
第四期	1938 年 11 月—1940 年 2 月	5	蒲城、顺昌、明溪、宁化、龙岩
第五期	1939 年 4 月—1940 年 8 月	6	南平、大田、崇安、清流、建宁、泰宁
第六期	1939 年 6 月—1941 年 3 月	6	将乐、宁洋、上杭、永定、三元、水吉
第七期	1940 年 1 月—1941 年 5 月	6	沙县、闽清、古田、建阳、松溪、南靖
第八期	1940 年 6 月	4	漳浦、漳平、武平、永泰
第九期	1940 年 10 月	5	政和、宣德、屏南、罗源、平和
第十一期		6	晋江、惠安、龙溪、海澄、云霄、诏安
第十二期		4	闽侯、长乐、德江、福清

资料来源：关吉玉、刘国明编纂：《田赋会要第三篇：国民政府田赋实况（上）》，正中书局 1943 年版，第 365—366 页。

湖南省土地陈报，1937 年开始举办。先选择祁阳、澧县作为试点，由于遇到阻碍，祁阳县土地陈报筹备了一段时间后停止。澧县土地陈报 1938 年 6 月完成。原计划在临澧、安乡、攸县、安仁 4 县推进土地陈报，由于武汉失守，日军进犯湖南，湖南省会长沙也处在危急状态，土地陈报于是停止。①

抗战全面爆发后，湖北省政府西迁到恩施。为增加政府财政收入，湖北政府决定在后方国统区推进地籍整理。先是计划在恩施、建始两县举办土地清丈，但不久即告停止。1941 年后，为实施田赋征实，开始进行土地陈报。到抗战结束，后方各县基本完成。②

到 1941 年底，举办过土地陈报的县份共有 12 省 583 县，以贵州省 82 县及浙江省 76 县为最多，福建省 44 县及广西省 45 县次之，四川、河南、

① 关吉玉、刘国明编纂：《田赋会要第三篇：国民政府田赋实况（上）》，第 281 页。
② 《均县田赋粮食管理处三十五年度业务概况报告》（1946 年），湖北省档案馆藏，档号：LS24-1-847。

陕西等省更次之，而以江苏、湖北、湖南、安徽等省为最少。[①]

1941年，中央接管田赋后，各省地籍整理工作，乃由中央积极推进。

1941年5月，行政院颁布《加速限期完成陈报办法》，规定对“各县办理土地陈报提前办竣或依限办竣而成绩优良者”“从优叙奖”；对“未能依期办理或虽完竣而成绩劣下者”“从严议处”；土地陈报成果误差超过10%以上及等则误差超过2则以上者，由财政部严予议处；“各省主管陈报机关对于县陈报机关所需行政事业各费”应按期或提前发给；“各省办理陈报县份之县行政人员”要根据其工作业绩分别奖惩。[②]

1942年5月，国民政府行政院颁布《修正财政部各县（市）土地陈报办事处组织暂行规程》，对各地土地陈报组织机构的设置问题做出具体规定。各县土地陈报办事处隶属于省田赋管理处或其他主管土地陈报机关。办事处设处长1名，由县长兼任。副处长1名，由省主管机关遴选并报财政部备案。下设2股，有股长2人，股员4—6人。办事处对县土地陈报负实际责任。[③]根据《财政部各县（市）田赋管理处土地陈报编查队及编查分队组织通则》，各县要设立土地陈报编查队与编查分队，人员除队长与分队长外，还应包括测绘员、查丈员、技术员等。[④]

1942年7月，行政院颁布《修正土地陈报纲要》，规定：土地陈报分筹备（调查宣传训练）、划界分段、绘图编查、业户陈报、审核复查抽丈、公告、统计、改订科则、造册、颁发土地管业执照等阶段。各县办理土地陈报应根据乡镇区域勘定界址，划界时以天然地形为原则，各乡镇还要划分地段作为编查陈报的单位区域，每段面积在1000亩—3000亩之间。地段划定后，即分段按坵编号并实施查丈，计算土地面积以市亩为标准。业户陈报须与土地编查同时进行，业户陈报的内容包括姓名、住址、各坵土地坐落四

① 关吉玉、刘国明编纂：《田赋会要第三篇：国民政府田赋实况（上）》，第63页。
② 关吉玉、刘国明、余钦悌编纂：《田赋会要第四篇：田赋法令》，第163—164页。
③ 关吉玉、刘国明、余钦悌编纂：《田赋会要第四篇：田赋法令》，第21—22页。
④ 关吉玉、刘国明、余钦悌编纂：《田赋会要第四篇：田赋法令》，第23—24页。

至、地价、地目、土质、收益、面积、佃户或使用人姓名住址等。业户、保甲长须在陈报单签字盖章或按手印，各段土地陈报编查完成后造归户册。复查抽丈手续完成后，改订科则。改订科则以地价为准，必要时参考地目、土质、收益确定。土地陈报完成后编造户领坵册、坵领户册，并颁发土地管业执照，土地陈报限期 8 个月完成。隐匿不报土地在土地陈报结束作为公产为乡镇公所管理。[①]

1942 年 4 月，财政部颁发《土地陈报业务竞赛实施办法》，确定了土地陈报的实施标准，包括“划界分段之确切适中”，“查丈绘图之精确迅速”，“图册窗体之整齐清洁”；“审核归户之确切无误”，“各项经费之确实编造”，“册籍编缮之迅速整洁”，“图册管理之良好”；“设计之周密”，“经费之节约”，“器材之节省”，“成果之圆满”等。[②]

1942 年 1 月，财政部颁发《土地陈报督导计划纲要》，认为第二期土地陈报涉及范围广，有 448 县。以每县 80 人计，需要 35000 余人。加上时间紧迫，计划要在 1942 年年底以前完成。为了保证土地陈报的顺利实施，财政部拟向各地派出督导专员、督导主任、督导员等负责督促推进。督导工作分七大区，即川康区、粤桂区、闽浙区、皖赣区、湘鄂区、陕豫区、甘青区。每大区派出督导专员 1—2 人，由财政部人员充任。每大区下分 4—5 组，每组负责 15—20 县，有督导主任 1 人，督导员 3—5 人，由督导专员任命。[③]

1941 年至 1945 年期间完成土地陈报县数为 410 县，湖南、四川、广西、甘肃等完成县份较多。抗战胜利后，土地陈报仍在继续，完成县份尚有增加。参见表 5.2.6。

---

① 关吉玉、刘国明、余钦悌编纂：《田赋会要第四篇：田赋法令》，第 157—160 页。
② 关吉玉、刘国明、余钦悌编纂：《田赋会要第四篇：田赋法令》，第 167—168 页。
③ 关吉玉、刘国明、余钦悌编纂：《田赋会要第四篇：田赋法令》，第 172—178 页。

表 5.2.6 中央接管田赋后全国各省办理土地陈报县数一览表[①]

省别	财政部接管后计划办理县数	停办县数	截至 1942 年底完成县数	1943 年以后接续办理县数	1943 年以后新增县数	实际完成县数
浙江	45	30	1	14	2	17
安徽	20		15	5		20
江西	40	25	7	8	1	16
湖北	26	3	5	18		23
湖南	57	2	20	35	7	62
四川	45	7	45		15	53
西康	4	2	1	1		2
福建	22		22		2	24
广东	14			14		14
广西	60	5		55		55
河南	44	9	33	2		35
陕西	28		27	1		28
甘肃	61		57	4		61
合计	466	83	233	157	27	410

二、简易清丈

简易清丈方法，即在地籍测量实施前，一些地方限于技术与经费，采取传统方法来丈量土地，以步弓为工具，对土地逐亩逐坵进行人工测量。实施丈量时，按照田地的天然形状，先决定其方向，绘一相似图。沿坵界的转角，及分界之处，布设标点，植立标旗，两丈量员各拿弓尺的一端，在各个标点间，逐坵依次进行。一人收弓尺，一人放弓尺，将所得的弓尺数，登记在丈量草测内的地形图上。如是四边形，取两对边之和除以 2，再将所得两数相乘。[②]如地形不规则，可划分为多个三角形，分别丈量，其底线及垂线依次记载在丈量草册的图形内，再根据这些数据计量田地亩数。[③]

① 《抗战建国史料 —— 田赋征实（三）》，《革命文献》第 111 辑，第 2—3 页。

② 《丈算须知》，《浙江省土地陈报特刊》，第 38—39 页。

③ 河南南阳县整理田赋委员会：《河南南阳县土地清丈专刊》（1935 年），第 6—15 页。

田地面积以亩为单位，以5尺为一弓，每方弓计25方尺，240方弓或6000方尺为一亩。坵地丈量后，按划分的天然形状计算面积。其方法如下：

（1）设为长方形或正方形，亩数等于长乘宽除以240方弓；

（2）设为三角形，亩数等于底乘高乘以二分之一除以240方弓；

（3）设为梯形，亩数等于上底加下底乘以高乘以二分之一除以240方弓；

（4）设为不等边四边形，先划一对角线成为两个三角形，以此对角线为三角形底边，求两个三角形面积之和，除以240方弓，即得亩数。

其他各种形状以此类推，总之是求出土地面积的方弓数除以240方弓，得出该地块的亩数。①

这种方法的优点在于操作简单，一般稍有计算能力的乡民都能掌握。缺点是所得图籍只能是一个大概的草图，并不十分精确。当然，较之土地陈报，所获信息要丰富与准确。因此，在一些地方得以试行，在北京政府时期，就有一些地方开始了土地清丈。如江苏宝山、昆山、南通，浙江海盐、黄岩等。南京国民政府成立后，湖北、江苏、四川等省的少数县份也曾举办过简易清丈。

黄岩清丈，自雍正六年（1728）举办一次后，垂二百年余，土地迄未整理。咸丰辛酉年间（1861），复遭兵灾，鱼鳞户籍，荡焉无存。同治六年（1867），该县知事孙熹，曾发起清丈，手续未备，旋遭阻力而止。民国五年（1916），知事汤赞清呈准省政府，举办土地清丈。②

黄岩清丈经费，拟定每亩田随粮带征清丈费一角，分作两年征收，每年征5分，以田亩6000顷计算，约可得60000余元；若遇经费不足时，约酌收方单费以补助之。县治设局，“办理全县清丈事宜；设研究所，招致测量生，到所研究，再行实习数日，以期娴熟，而归一律；各乡于清丈时，设分局所，为栖止测量员，及会晤绅耆评议员监察员之地也”。清丈三年为限：筹备清丈阶段，自1916年3月16日起，至11月15日止，内计8个月。实行清丈，分两期：第一期自1916年11月16日起，到1917年5月15日止，

① 河南南阳县整理田赋委员会：《河南南阳县土地清丈专刊》（1935年），第6—15页。

② 陆开瑞：《黄岩清丈经过及其成绩观测》，第18787—18792页。

内计6个月；第二期自1917年10月16日起，至1918年4月15日止，内计6个月；清丈办理清理时期，须在1919年1月15日前止。丈量全县分十区，除城厢为一区外，四乡照原有自治区，划分九区。每分区内，按乡镇区域之大小，得划分数丈区。每分区定丈量班六班，每班设丈量员1人，助理1人，丈手2人。其丈器则用旧弓尺制造皮带，或参用步弓，以循习惯。每丈一区，先就平田酌分地段，依次推及山地房屋。一面预令地保传知各业主，先期插签、标明姓名亩分，不得遗漏，届时令业主跟同测丈。有彼此争执，纠葛不清，并命先时邀评议员评议，或后时报局察核办理，不得于丈量时，有所阻挠。不论上中下则，一概评请照旧办理，其新升科者，酌量暂从下则。①

为培训测量技术人员，黄岩开办了"丈绘讲习所"。在清丈时期，共开办丈绘讲习所二期，并招考稽核员一次；在清理时期，开办清理人员帮办讲习所二期，并招考图册校核员二次。②

关于丈量用什么用的弓尺，黄岩曾专门讨论。1916年9月5日，黄岩召开第二次特别会议，确定这次清丈所用弓尺，拟按照木匠尺五尺九寸为一弓，制成新弓，呈请省长暨财政厅核准施行。浙江省政府要求，"丈弓须照权度法，以米突尺制造，俾符部章，以资齐一"。黄岩"以乡愚狃于习惯，只信用工部营造尺，而米突尺都莫能解，易启疑惧，转滋障碍"，提出了一个折中方法，"仍照惯例，以五营造（尺）为一弓（每弓合木匠尺五尺九寸）制成弓步器，免致误会；而核算造报，仍遵照权度法，以一营造尺，合米突尺为百分之三十二，五营造尺，为一步，度于定制舆情，可以兼筹并顾"，省政府同意按此方法施行。③

1916年10月，黄岩呈请省长准许举行清丈试办。因为西二区宁溪乡一带，庄稼最早收获，于是确定为试办区域，作为"丈绘讲习所"毕业生的实习场所。11月10日，在该乡开始测量。每丈一村，先测村界，及"天然界

① 陆开瑞：《黄岩清丈经过及其成绩观测》，第18792—18796页。
② 陆开瑞：《黄岩清丈经过及其成绩观测》，第18804页。
③ 陆开瑞：《黄岩清丈经过及其成绩观测》，第18860—18861页。

之可以分号者”，依道线法，或交会法，用三千二百分一缩尺（即以一米厘代一丈），绘画略图。其道线间各点，立椿记标，注明边长，作为丈量的根据。丈完一村，将全村分为若干号，编为一二三四次序，每号约在三四十坵之间。号内之田，亦分次序。村图分号，号图分坵，各画在一张纸上，不得并绘。号图缩尺，分为三种，一为普通用者，以2厘米代一弓；二为坵形过小用者，以4厘米代一弓；三为坵形过大用者，以1厘米代一弓。在进行测量时，根据实际需要斟酌采用，必须在图旁对缩尺做出标注。在清丈进行过程中，一是土地情形复杂，丈量人员技术不熟练，二是业主怀疑阻拦，需要反复解释，进展并不顺利，不过总算完成。[①]

县政府之所以任用了一些技术不熟练清丈人员，主要是由于人手不够。主持清丈人员，只想快速完成，催促甚急，以致清丈过程十分草率。丈量不求其实，图籍不符其地。黄岩县丈量总局派人巡视各区，要求对于清丈事务加以改进，其主要方法包括：一是要求测量人员在丈量时活用测量知识。各区丈量成绩，“虽以开办伊始，手续不娴，以致较预计亩数，相差甚巨，然拘泥成法，执滞不化，亦为一大原因”。所以由“丈务长”，函知各稽查员，转饬各丈组，此后务宜酌量地形，随时变通，活用学理，同时采用交会法及几何学知识，减少处处实量手续，务使对于亩积误差，不出许可范围，对于进行速度，设法增加。二是严格管理“丈务人员”。自各区同时并主后，需须要丈量工作人员很多，招聘人员，品质甚杂，故各区丈量成绩，均未达到要求。清丈局有鉴于此，将“丈组主任”、“丈生”以及“助理员”等，加以甄别，规定凡不识文字、不谙矢形及对角线之丈量法的，不得担任清丈工作。三是撤换个别稽查员。东南一区，坵形亩积，开阔易丈，成绩反而居于下乘。清丈总局异常愤慨，认为各丈员办事不力，皆系稽查员林秉镛、卢税天，督率无力所导致，因此将两人撤换，以免效尤。[②]

黄岩举办清丈，所有丈员薪水，按月支给。后来，因为各区工作，进行

① 陆开瑞：《黄岩清丈经过及其成绩观测》，第18869—18872页。
② 陆开瑞：《黄岩清丈经过及其成绩观测》，第18874—18876页。

异常滞慢，不肖丈员，皆故意延宕工作，希望借此多领报酬。以致清丈开始开支浩繁，引致省政府批评黄岩清丈局即改变方针，采用包丈制，以冀短缩时间，减少浪费。所谓包丈制，即清丈员薪给的多少，由工作成绩决定。执有包丈执照者，不论是否黄岩人，都可从事清丈工作。①

黄岩清丈，自改包丈以后，初为40组，续后至60余组，还增加不少附组。所谓附组，指一些人自备测量工具，附于正式组之下，开展丈置工作。清丈名义上分九区，实则任各丈员，自由丈量。凡平原旷野，则争先恐后；若树木荫蔽，或荆棘塞途，则互相推诿，丈务草率，还在其次。虽经整顿，也无改进。

由于包丈制存在严重问题，饱受诟病。到1920年7月，黄岩清丈陷于停顿，可以说是前功尽弃。②

迨至1925年，县民朱文劭为会稽道道尹，“垂念桑梓”，特调遣熟悉测绘的鄞县知事江恢阅到黄岩任职，责其继续举办。江恢阅于1926年1月8日接事后，即召集全县士绅，讨论进行办法。根据前定办法，推出董事20余人，分区担任，共设清理员320余人，按图清查。各乡皆设立清理分所，考虑到一区之大，非少数董事所能督促，于每区复设区董以分其任。清理员履亩时，或查对困难，设村董以资辅助。以一县广阔面积，清理员达300多人，不能无提系的枢纽，于县公署设清丈清理处，以总其成。综理一切清理事宜，拟定奖惩规则，呈经省长核准，公布施行。③

黄岩清丈清查工作1926年开始，1931年才全部完成。④

截至1932年6月，浙江完成简易清丈的县份有桐乡、黄岩、嘉兴、吴兴、绍兴。其余各县有试办一二都图者，有完成全县面积三分之一者。⑤

湖北省政府原计划用地籍测量方法测丈土地，但因人才及经费问题，改

① 陆开瑞：《黄岩清丈经过及其成绩观测》，第18876—18878页。
② 陆开瑞：《黄岩清丈经过及其成绩观测》，第18920—18922页。
③ 陆开瑞：《黄岩清丈经过及其成绩观测》，第18931—18933页。
④ 陆开瑞：《黄岩清丈经过及其成绩观测》，第18897—18899页。
⑤ 董中生：《浙江省办理土地陈报及编造坵地图册之经过》，第19639—19640页。

用简易清丈方法。1933—1937年间，武昌、汉阳、汉川三县完成清丈。

根据1935年7月颁布的《湖北省各县土地清丈规则》，各县在清丈前要依据自然地理形势划分若干段，按段作图解道线，各网道线均独立闭塞。道线测定后，即依据道线点用光线法或弧切法进行户地清丈。清丈户地完毕后，再依据原图算定每段面积及各起地面积。①

清丈方法，最初一律用桐油和猪血涂染了绳子，参用竹尺进行丈量，后改用平板仪测丈。②丈量时保甲长及业主均须到场。但这些保甲长并不配合，乱报业主姓名。所以登记时发现很多无主田地，又得复查，耗时费力。③武昌土地清丈，共计耗费近30余万元，“所得不过基本粗放的地图，基本粗放的户领坵册”④。

举办了简易清丈的省份，还有江西、湖南、四川、广西、云南、宁夏、河南等省。其中云南的清丈工作进行得较好，全省办理完竣的达110县。其次为宁夏省，测丈完竣的有8县。再次为江西省，举办了清丈的虽然有22县，但有数字可查的只有9县。四川、广西两省因举办土地陈报，土地清丈没有积极推进，四川仅清丈了5县，广西清丈了2县。⑤

到1930年，广东省大部分沙田已进行了清丈。据关吉玉、刘国明所编纂《田赋会要第三篇》记载，“广东省沙田，多在广潮两属，田额约在三百万顷以上，而实际纳税者，止及半数。民国初年，曾拟定清丈办法，然未实施，十五年间，虽经清丈，成效甚微。迨十七年后，方划分全省沙田为九属，依次实施清丈，至十九年止大部沙田均已清丈完毕”⑥。

湖南则由于障碍重重，举办县份不甚多。⑦湖南清丈工作1933年开始，

① 缪启愉：《武昌田赋之研究》，第12084—12085页。
② 缪启愉：《武昌田赋之研究》，第12083—12084页。
③ 缪启愉：《武昌田赋之研究》，第12088页。
④ 缪启愉：《武昌田赋之研究》，第12090—12091页。
⑤ 关吉玉、刘国明编纂：《田赋会要第三篇：国民政府田赋实况（上）》，第62页。
⑥ 关吉玉、刘国明编纂：《田赋会要第三篇：国民政府田赋实况（上）》，第245页。
⑦ 关吉玉、刘国明编纂：《田赋会要第三篇：国民政府田赋实况（上）》，第62页。

1937年完成，举办土地清丈县份有常德、汉寿、沅江、南县四县。[①]

三、地籍测量

整理土地的根本方法是地籍测量。时人有云："整理土地，必依近代科学方法，测量土地继之以绘图计积及调查，再由业主申请政府登记，政府加以审核，举行公告。公告无异议后，即正式登收地籍册，同时办理所有权状。于是政府有册图可凭稽，老百姓有状可凭，土地始可谓根本之整理。"[②]地籍测量有陆地测量和航空测量两种。[③]

陆地测量包括大三角测量、小三角测量、图根测量、户地测图、计算面积、绘图、造册等几个方面。[④]

三角测量，其目的在于选定适当的三角点，并求出其经纬度，方位角以及高程，为以后地籍测量的依据，是测量的基础。三角测量是将测量地区划分为若干三角形，测定一边作为基线，同时测出各角，以数学方法算出各三角形之边，则各点的位置得以确定。[⑤]三角测量常以各点间的距离远近而分为大三角与小三角。[⑥]

陆地测量以大三角测量为控制测量的基础，内分为基线测量、天文测量、本点测量、补点测量四种。（1）基线测量。基线是三角测量的基础，选作基线的地段须地势平整，土质坚硬而可展望自如，能与各三角点相联络，其长度以4000公尺上下为宜。用带状或线状的不变金属尺往返数次量度，并取其中数。（2）天文测量。在基线附近或特别重要处选一天文观测点使与基线相联络，测其经纬度及指角以便推示三角系各点的经纬度及指角。

① 关吉玉、刘国明编纂：《田赋会要第三篇：国民政府田赋实况（上）》，第281页。
② 贾品一：《湖北省办理土地陈报之经过》，第19948页。
③ 关于现代地籍测量技术问题，可参阅詹长根等编著：《地籍测量学》，武汉大学出版社2011年版。
④ 周炳文：《江西旧抚州府属田赋之研究》，第3485—3517页。
⑤ 国民政府内政部：《全国土地测量调查登记计画书草案》（1928年）。
⑥ 江伟涛：《南京国民政府时期的地籍测量及评估——兼论民国各项调查资料中的"土地数字"》，《中国历史地理论丛》，2013年4月，第28卷第2辑，第74—75页。

（3）本点测量。如果说基线测量、天文测量为三角测量的基础工作，那么本点测量可谓大三角测量的主要工作，本点相互距离自 20 公里至 50 公里。（4）补点测量。补点测量的作业要点：各点距离为 10 公里至 20 公里。[①]

小三角测量基于大三角系内的本点或补点，以网形或锁形测定的小三角点为图根测量的根据，内分一等点测量、二等点测量及水准测量三种。（1）一等点测量。各点相互间隔自 4 公里至 8 公里，其配置在方 6000 公尺的方眼内为一点。（2）二等点测量。各点间距离为自 2 公里至 3 公里，其配置在方 300 公尺内为一点。[②]（3）水准测量。三角点测出后，平面坐标虽定，但要画出各地地形的高低，就必须进行水准测量。水准测量分一等水准测量及二等水准测量。一等水准测量可沿重要道路作成环线，环线长度自 300 公里至 500 公里，每点间隔约 2 公里；二等水准测量自最近水准点起以达三角点于沿路线中各测点。测水准点的标准，在沿海各地，以海平面为基准；在内地，则以一点为假定基准，测出各点。[③]

图根测量指根据三角测量的成果，测定多数已知点，直接作为户地测图的依据，实施的方法与精度，以适应户地测图所需要为原则，就已完成小三角测量直接边长在 2 公里以下区域内施行，分道线法与交会法二种。

（1）导线分本导线、支导线二种，总称经纬仪导线。每一本导线总距离以 8 公里为限，点数应在 15 点左右；每一支导线总距离以 4 公里为限，点数应在 30 点左右。导线点选定后，须埋设标桩，埋设时应于点的附近比较合适的地方，标示点的名称及号目，以便认识。导线边长，在五百分一测图区域，以在 100 公尺内较合适；一千分一测图区域，以在 150 公尺以内为合适。以上区域，除特殊情形外，边长最短不小于 30 公尺。至二千分一测图区域，以在 250 公尺以内较为合适；四千分一以上测图区域，以实

① 李显承：《杭市县办理土地陈报之经过及其成绩》，见萧铮主编：《民国二十年代中国大陆土地问题资料》第 38 辑，台北成文出版社 1977 年版，第 19339—19342 页。

② 李显承：《杭市县办理土地陈报之经过及其成绩》，第 19343—19346 页。

③ 国民政府内政部：《全国土地测量调查登记计画书草案》（1928 年）。

地情形酌定。

（2）交会法。交会法又分为三角图根补点及导线线图根补点。三角图根补点在边长过大及不易为导线闭塞的小三角点地域内，补选道线图根补点于道线点的两侧，不易测量距离的地域按户地原图图幅所需要测定，并须以三方向的座标表示其位置。①

户地测图工作可分为补助图根测量、户地界址测量、暂编地号的编定及原图拼接四个步骤，通常清丈即专指这一阶段而言。其所用仪器为大号平板仪、平台仪、测锁、钢卷尺、布卷尺、竹卷尺、精制米卷尺、明骨三角板、测斜照准仪等。②

计算面积，于地籍原图上用求积仪测算或用几何方法计算出面积。③

制图，根据地籍原图缩绘或摹绘，一般形成四种图，即地籍公布图，用以举办土地登记；户地图，颁发给业主以明示产权；一览图，用以编造图册而查考地籍；总图，除为表明全县地形及土地整理情况外，一县的行政、军事、工程、交通、建设等均可适用。④

浙江省陆地测量首先于1929年施行于省会杭州及市郊。

到1934年4月，第一期清丈嘉兴、吴兴、海盐、平湖、长兴、余姚、萧山、海宁八县，计嘉兴已测成小三角93万亩，图根10.4万千亩，清丈2.7万千余亩；吴兴小三角已测成，测成图根17万亩，清丈3万余亩，且已有一部开始发照；长兴测成小三角35万亩，图根18.5万千余亩，清丈7.1万千余亩；海宁测成小三角40万亩，图根8.2万千余亩，清丈2.2万千余亩；平湖测成小三角55万亩，图根1.4万千亩，清丈1.3万千余亩；海盐小三角测量，1934年4月内可以全部完成，图根测成6.7万千余亩，清丈1.2万千余亩；萧山测成小三角90亩，图根24.8万千余亩，清丈13.5万千余亩；余姚

① 李显承：《杭市县办理土地陈报之经过及其成绩》，第19346—19353页。
② 李显承：《杭市县办理土地陈报之经过及其成绩》，第19357—19360页。
③ 江伟涛：《南京国民政府时期的地籍测量及评估——兼论民国各项调查资料中的“土地数字”》，《中国历史地理论丛》，2013年4月，第28卷第2辑，第74—75页。
④ 江伟涛：《南京国民政府时期的地籍测量及评估——兼论民国各项调查资料中的“土地数字”》，《中国历史地理论丛》，2013年4月，第28卷第2辑，第74—75页。

测成小三角 75 万亩，图根 31 万亩，清丈 20 万亩，一部分已开始发照。[①]

1931 年经江苏省政府会议议决“江苏全省土地整理进展规划”，如表 5.2.7，计划分为 6 期，从 1930 年到 1941 年，须耗时 12 年。省设测量总队，下分图根清丈、督查、事务等股，每股设主任一人，其下又设若干员；各县又设测量队长、导线组、清丈组、绘算班等。[②]

表 5.2.7　江苏全省土地整理程序表[③]

开办期别	整理程序／县别	设立县土地局筹备清丈之年度	实施清丈		整理从前已办清丈业务		实施登记		备考
			开办年度	完成年度	开始整理年度	完成整理年度	开始年度	完成年度	
第一期	镇江		1930	1935			1931	1936	该县土地局业于 1929 年 5 月成立
	江宁		1931	1936			1932	1937	该县土地局业于 1929 年 8 月成立
	丹阳	1931	1932	1936			1933	1937	
	武进	1931	1932	1937			1933	1938	
	无锡	1931	1932	1936			1933	1937	
	常熟	1931	1932	1936			1933	1937	
	吴县	1931	1932	1937			1933	1938	
	昆山	1931			1932	1933	1932	1934	昆山、宝山两县前经清丈或可缩短时期
	宝山	1931			1932	1933	1932	1934	
	嘉定	1931	1932	1934	1933	1935			
	上海	1931	1932	1934	1933	1935			
	奉贤	1931	1932	1934	1933	1935			
	崇明	1931	1932	1935	1933	1936			
	启东	1932	1933	1937	1934	1938			
	川沙	1932	1933	1936	1934	1937			
	金山	1932	1933	1934	1934	1935			

① 董中生：《浙江省办理土地陈报及编造坵地图册之经过》，第 19823—19826 页。

② 潘沺：《江苏省地政局实习调查报告日记》，见萧铮主编：《民国二十年代中国大陆土地问题资料》第 118 辑，台北成文出版社 1977 年版，第 62627—62634 页。

③ 汤一南：《江苏省土地局实习报告书》，第 61116—61117 页。

续表

开办期别	整理程序 县别	设立县土地局筹备清丈之年度	实施清丈		整理从前已办清丈业务		实施登记		备考
			开办年度	完成年度	开始整理年度	完成整理年度	开始年度	完成年度	
第二期	南汇	1932	1933	1937	1934	1938			
	青浦	1932	1933	1936	1934	1937			
	松江	1932	1933	1937	1934	1938			
	太仓	1932	1933	1937	1934	1938			
	吴江	1932	1933	1937	1934	1938			
	海门	1932	1933	1937	1934	1938			
	南通	1932			1933	1938			南通、如皋两县清丈从前虽经开办尚须继续办理
	如皋	1932			1933	1938			
	扬中	1933	1934	1935	1935	1936			
	江浦	1933	1934	1937	1935	1938			
	六合	1933	1934	1937	1935	1938			
第三期	高淳	1933	1934	1937	1935	1938			
	句容	1933	1934	1937	1935	1938			
	溧阳	1933	1934	1937	1935	1938			
	溧水	1933	1934	1936	1935	1937			
	金坛	1933	1934	1938	1935	1939			
	宜兴	1933	1934	1938	1935	1939			
	江阴	1933	1934	1937	1935	1938			
	靖江	1934	1935	1938	1936	1939			
	东台	1934	1935	1940	1936	1941			
第四期	泰兴	1934	1935	1938	1936	1939			
	泰县	1934	1935	1939	1936	1940			
	江都	1934	1935	1938	1936	1939			
	仪征	1934	1935	1937	1936	1938			
	高邮	1934	1935	1940	1936	1941			
	兴化	1934	1935	1939	1936	1940			
	宝应	1934	1935	1938	1936	1939			
	盐城	1934	1935	1940	1936	1941			
	阜宁	1934	1935	1940	1936	1941			
	淮安	1935	1936	1939	1937	1940			
	淮阴	1935	1936	1939	1937	1940			

续表

开办期别	整理程序 县别	设立县土地局筹备清丈之年度	实施清丈		整理从前已办清丈业务		实施登记		备考
			开办年度	完成年度	开始整理年度	完成整理年度	开始年度	完成年度	
第五期	泗阳	1935	1936	1939	1937	1940			
	涟水	1935	1936	1939	1937	1940			
	沭阳	1935	1936	1939	1937	1940			
	灌云	1935	1936	1939	1937	1940			
	东海	1935	1936	1939	1937	1940			
	赣榆	1935	1936	1939	1937	1940			
	宿迁	1936	1937	1940	1938	1941			
	睢宁	1936	1937	1939	1938	1940			
第六期	邳县	1936	1937	1940	1938	1941			
	铜山	1936	1937	1940	1938	1941			
	萧县	1936	1937	1940	1938	1941			
	沛县	1936	1937	1940	1938	1941			
	丰县	1936	1937	1939	1938	1940			
	砀山	1936	1937	1939	1938	1940			

在进行地籍测量前，江苏省先在各县举办土地调查。土地调查的步骤分为三步：

第一，初步预查。其主要事项有图册簿书的征集；乡镇村及界址调查；土地呈报书及通知书的收集与整理；地主姓名簿及乡镇长姓名的编制；地方经济及地方习惯调查。[①]

第二，实地调查及地价等则调查。实地调查系查明各户地邻接界址，以确定各业户所有权。实地调查事项包括：各起地目、地主及地界之调查；根据地目对呈报书、通知书、实地调查簿及其他书类的整理。实地状况编造可根据如下类别，如水田、旱田、沙田、盐田、滩田、荡田等；宅地、荒地、交通用地、堤防用地、市政用地、林场用地、垦牧用地、坟墓地等；江河湖渠沟。[②]

① 汤一南：《江苏省土地局实习报告书》，第61125—61126页。
② 汤一南：《江苏省土地局实习报告书》，第61128—61129页。

第三，覆核调查包括争执地调查；疑义地调查；迄无呈报或通知的民有地及国有地调查。[①]复查为最后一步调查，为确定产权整理土地的基础。根据“江苏省土地调查规则”，初步调查与实地调查均由清丈队调查员办理，而复查由主管长官指派人员办理。复查事项有：争执地经公断委员会函请复查者；契据专员审时认为尚有疑义请求复查者；因代理人或代表填报错误者提出证明请求复查者。[②]

江宁县预查准备工作，一面注重宣传，一面考选人员。在宣传方面，一是文字宣传，编制白话海报，遍贴各区乡镇；二是演讲宣传。由县土地局组织预查组，到各地向民众整理土地的意义。[③]

江宁县在考选预查人员时，以熟悉地方情形，及有相当学问者，方为合用。这些人才的搜罗，一半由县内各区保送，一半公开招考，定额60名。保送的30人分为五组。江宁共分十区，先在第一、第三两区施行，因这两区邻近省会，方便与测量清丈队联络。五组先集中于两区工作，其余八区则依次推行。县土地局委任“公正人”进行监督，凡区满十乡镇，任用公正人1人，每区至少以有2位公正人为限。[④]实施步骤事前，已筹划进行程序，先召集乡镇长谈话并阐明土地整理的意义，一面对于预查员即行实地试验训练以便工作，再行开始绘制界址图、乡草图及乡闾长姓名表、乡庄新旧名称表、编造地主姓名簿及假地号再分发及收集土地呈报书等。[⑤]

镇江县预查组于1929年6月成立，由地政人才养成所毕业学生30人组成。预查步骤如下：宣传整理土地主旨及其利益；调查地主姓名及其土地所在；分发呈报书限期由地主呈报；收集呈报书；整理呈报书预备清丈。[⑥]镇江办理预查先由城厢市入手，城厢预查计分为两大区，一位城内区，一为城外

① 汤一南：《江苏省土地局实习报告书》，第61111—61112页。
② 汤一南：《江苏省土地局实习报告书》，第61130—61132页。
③ 汤一南：《江苏省土地局实习报告书》，第61120页。
④ 汤一南：《江苏省土地局实习报告书》，第61120—61122页。
⑤ 汤一南：《江苏省土地局实习报告书》，第61119页。
⑥ 汤一南：《江苏省土地局实习报告书》，第61119页。

区。先从城内着手，城内又按地图依街道形势及面积划分十小区，每小区设置预查员二人担任该区工作，于1929年7月间同时开始进行。预查人员张贴布告及标语，进行宣传。调查地主姓名及“土地所在”时，预查员备有手簿，按户询问记入，同时并发给呈报书。城厢调查完竣，即着手乡区调查。计分七区，成立调查员五组，各组中监查及助理监查委员，由前城厢的预查员担任，各乡预查员则是各区保送经考试合格者。分设办事处于各乡区适中地点。乡间预查其步骤与城厢大致相同。只是城市多系宅地，街道门牌有图可稽，至乡间则阡陌相连，地产分界非经介绍不易明了，所以在调查及分发呈报书外，须绘界址略图以便编定地号而便利清丈界址图的绘制。先画村界或圩界，然后将村内或圩内每坵圩地皆一一画入，同时注记其地主姓名及亩分并依次确定地号，其向导人则由乡长或由乡村长推荐当地人充任并给与津贴。①

地籍测量步骤，先测大三角，即省图根；然后测小三角，即县图根；再测导线或碎部图根；然后办户地测量；于是制图求积。户地测量或清丈时，须同时调查地主姓名亩分等。有不主张测大三角者，如昆山、如皋等县，为无大三角。上述两县制的图本身无误，但不能合并。因为欲成全县之图，必须先有县图根，而要县图根，须先有省图根，而后才可测县图根。②

到1937年，江苏省大三角测量，东西干线已成，共有63点。小三角测量，以县为单位，至1937年6月止，已完成者有江宁等42县，继续办理中者有阜宁等共6县。导线测量，根据小三角千分之一之每一原图十点，二千分之一之每一原图十六点，已完成者有12县，正在办理中者有泰兴、江浦、六合、金坛、句容等县。户地测量，已完成者有25县。③

陆地测量耗时较长，需费甚巨。相比较而言，航空测量似乎要更加迅捷经济。1930年，参谋本部陆地测量总局，开办航空测量研究班，召集各省测

① 汤一南：《江苏省土地局实习报告书》，第61120—61122页。
② 潘沺：《江苏省地政局实习调查报告日记》，第62627—62634页。
③ 潘沺：《江苏省地政局实习调查报告日记》，第62627—62634页。

量局职员，入班训练6个月，1931年设立航空测量队，施测军用地形图。[1]

江苏省地政局拟定江北19县航测办法，确定经费为47万余元，在1938年内可以测完航测照片，1939年内能将所制蓝图呈送地政局，1940年全省测量完竣。[2]

航空测量首在无锡施行。1934年10月中旬，无锡航空测量分队，在测量局航空测量队组织成立，分航摄组、纠正组、控制组、复照组、调绘组。[3]托办业务定于1937年10月开始，并定于1938年底以前将全部航撮工作办理完成，地籍蓝图定于开始工作后第五个月起陆续交付，至1938年年底，全部交清。[4]

陆地测量总局航空测量队无锡分队暂行组织规则[5]

第一条　本分队依据航空测量队组织规则第12条之规定组织之。

第二条　本分队隶属于陆地测量总局航空测量队，办理无锡航空土地测量事宜。

第三条　本分队组织，分为分队部，及控制、航撮、纠正、复照、调绘五组，其编制依附表之规定。

第四条　分队长承队长之命，管理分队一切事宜。

第五条　分队附辅助分队长处理分队一切事宜。

第六条　控制组主任秉承分队长之命，督率所属人员，测定控制点及计算等各业务。

第七条　航撮组主任，承分队长之命，督率所属人员，实施空中摄影业务。

第八条　纠正组主任，承分队长之命，督率所属人员，实施冲洗镶

① 黄桂：《航空测量之回顾与前瞻》，第1页。
② 林诗旦：《江苏省地政局实习调查报告日记》，第59826—59828页。
③ 阮荫槐：《无锡之土地整理（上）》，第17845—17846页。
④ 潘沺：《江苏省地政局实习调查报告日记》，第62718—62721页。
⑤ 阮荫槐：《无锡之土地整理（上）》，第17595—17597页。

嵌晒印各业务。

第九条　调绘组主任，承分队长之命，督率所属人员，实施调查绘图业务。

第十条　书记军需，承分队长之命，分辨分队之文牍经费各事务。

第十一条　分队航测专门人员之俸给，除原薪外，得按照军政部之规定，酌支飞行加给。

第十二条　航空测量分队办事细则另定之。

第十三条　本组织规则如有未尽事宜，得呈请修正之。

第十四条　本规则自呈准之日施行。

航撮组任空中航摄工作。成立后即从苏州飞机场出发，实施航摄业务，工作人员9人。全县分五区航测，该组航摄连试车及飞京修理，共计飞行28次，实照航线126条，航片4653片，面积1957公里。[①]

控制组主要是根据江苏省土地局所测无锡全县主要图根点，用经纬仪行三点法，测角前方用交会法或导线法测量，作为对空中照片进行纠正的基础，实施面积约1280平方公里。

控制组业务分为选点、观测、计算三部分。在照片上选定位置，根据测定的三角点，以经纬仪用三点法，测角前方用交会法或导线法测量。凡选定的控制点，须在照片上极明显的天然位置，均须与邻片重复。凡选定的控制点，须在实地用测针刺孔，并以该孔为圆心，用红墨水绘一直径为3厘米的圆圈。凡观测控制点，其水平角垂直角，均须二测回以上的观测，每测回均须正测反测各一次。

全县计算业务分为四区进行。第一区在南桥镇及南方泉镇一带，第二区在东亭镇及寺头镇一带，第三区在洛社镇及胡台镇一带，第四区在安镇甘露镇及梅村镇一带。各乡因地形荫蔽，桑园繁密，不能全用测角交会法定点，

① 阮荫槐：《无锡之土地整理（上）》，第17846—17847页。

所以业务进行利用导线法及光线法的时候很多，其交会法与导线法的作业，各为五分之二，光线法作业约五分之一。迄1935年4月下旬，工作全部完成。共实测3063点，刺上照片应用者1943点，合实地面积1320平方公里。图幅合82整幅半，平均每幅须应用控制点24点，每平方公里需要控制点2点。[①] 控制组的工作成绩如表5.2.8所示。

表5.2.8　无锡分队控制组每月成绩统计表[②]

<table>
<tr><th colspan="2" rowspan="2">点别</th><th rowspan="2">测算种类</th><th colspan="4">数量</th><th rowspan="2">合计</th></tr>
<tr><th>1934年12月至1935年1月</th><th>1935年2月</th><th>1935年3月</th><th>1935年4月</th></tr>
<tr><td rowspan="8">实测点</td><td rowspan="2">交会点</td><td>观测数</td><td>474点</td><td>195点</td><td>288点</td><td>226点</td><td>1183点</td></tr>
<tr><td>计算数</td><td>291</td><td>186</td><td>224</td><td>482</td><td>1183</td></tr>
<tr><td rowspan="2">导线点</td><td>观测数</td><td>387</td><td>256</td><td>481</td><td>77</td><td>1201</td></tr>
<tr><td>计算数</td><td>200</td><td>278</td><td>481</td><td>242</td><td>1201</td></tr>
<tr><td rowspan="2">光线点</td><td>观测数</td><td>79</td><td>102</td><td>86</td><td>412</td><td>679</td></tr>
<tr><td>计算数</td><td>79</td><td>102</td><td>86</td><td>412</td><td>679</td></tr>
<tr><td rowspan="2">合计</td><td>观测数</td><td>940</td><td>553</td><td>855</td><td>715</td><td>3063</td></tr>
<tr><td>计算数</td><td>590</td><td>566</td><td>791</td><td>1136</td><td>3063</td></tr>
<tr><td colspan="3">应用控制点</td><td>613</td><td>383</td><td>330</td><td>617</td><td>1943</td></tr>
<tr><td colspan="3">实测图幅</td><td>21幅</td><td>19幅</td><td>20幅</td><td>21幅</td><td>82幅</td></tr>
<tr><td colspan="3">实测面积</td><td>346平方公里</td><td>304平方公里</td><td>320平方公里</td><td>350平方公里</td><td>1320平方公里</td></tr>
<tr><td>平均</td><td colspan="3">每幅实测点37127点，控制点23551点</td><td colspan="4">每方公里实测点2321点，控制点1472点，每分站每天测实测点3094点，控制点1963点</td></tr>
<tr><td>附记</td><td colspan="7">1. 实测点系设站观测之点，应用控制点系刺上照片应用之点，实测图幅每幅实地面积为16平方公里。
2.12月至1月栏系自1934年12月22日起至1935年1月31日止。
3. 全期外业除在途四天外平均每分站实测123.75天。</td></tr>
</table>

① 阮荫槐：《无锡之土地整理（上）》，第17851—17857页。
② 阮荫槐：《无锡之土地整理（上）》，第17851—17857页。

纠正组任纠正空中照片，及晒印照片等工作。工作人员，连调用者共 9 人，于 1934 年 12 月上旬成立，筹备各种用品及材料，12 月中旬根据航摄组送南京软片，开始晒印照片。1935 年 1 月，纠正航摄照片图，至 5 月底，纠正工作，除零星补照者外，大体均已完毕，计晒印照片 8200 张，纠正一千分一田亩原图 523 幅，二千分一田亩原图 1591 幅（图幅长 40 公分，宽 50 公分）。①

复照组任纠正照片图，复照放大工作。该组业务，由测量总局制图科第二股职员兼办，根据四千分一之纠正照片，及二千五百分一之纠正照片，用湿版复照，放大为二千分一，及一千分一底版晒印蓝图，以资调绘。自 1935 年 2 月开始工作，至 5 月底，计复照一千分一田亩原图 523 幅，二千分一田亩原图 1400 幅。并继续复照及晒印未完成蓝图，至 1935 年 6 月底，已大致完成。②

调绘组担任绘制田亩蓝图、调查实地田亩有形的坵界，及补测田亩不清等处地形的工作，计工作人员 63 人，于 1935 年 4 月成立。因人员多系由江苏省土地局调用，间有新委者，对于调绘工作，素乏经验，故在 4 月间，实地训练较久，至 5 月间方正式作业，至 10 月底完成。③

各起地的面积计算，就实测原图上的界址，用量积仪及三斜法计算，以求得每起地确实的亩分数。④ 将各起地亩分求出后，再观其总亩数在二千分一比例原图时，是否为 1200 亩；在一千分一比例时是否为 300 亩，在五百分一比例时是否为 75 亩；若否，则有误差。其界限在二千分一为 12 亩，在一千分一为 3 亩，在五百分一为 0.75 亩；否则超出界限，须重算。若在界限内，则须分配误差于各起地内。⑤

① 阮荫槐：《无锡之土地整理（上）》，第 17859 页。
② 阮荫槐：《无锡之土地整理（上）》，第 17863 页。
③ 阮荫槐：《无锡之土地整理（上）》，第 17865 页。
④ 阮荫槐：《无锡之土地整理（上）》，第 17709—17713 页。
⑤ 潘沺：《江苏省地政局实习调查报告日记》，第 62916—62918 页。

截至1935年底，无锡清丈队组成绩，计测成二千分一和一千分一地籍原图322幅，累计丈竣面积13万市亩。[①]江苏省随即制订“航测淮阴等十九县二千分一及四千分一地籍蓝图”规划，其大略如下：第一，测区范围。测区范围为淮阴、涟水、阜宁、盐城、兴化、东台、灌云、东海、赣榆、沐阳、泗阳、宿迁、邳县、睢宁、铜山、沛县、萧县、丰县、砀山十九县，其总面积约计51800方公里（合7771.8万余亩）。第二，测图比例。测区内采用的地籍蓝图比例尺，定为二千分一与四千分一。第三，业务。包括航空摄影、控制点测量、纠正、附照放大为地籍蓝图。第四，时期。1937年8月开始，于1938年11月以前将全部航摄工作办理完成，地籍蓝图定于开始工作后第五个月起陆续交付，准航测区内应测之小三角点应由省地政局负责办理，定于1938年9月底以前完成。第五，精度。长度误差定为二百分一（二千分一图）及一百五十分一（四千分一图）。第六，地籍蓝图。应由测量局用白底蓝晒纸晒印三份，以便调绘之用。第七，调绘。关于地籍蓝图之调查清绘业务，概由省地政局办理。第八，经费。航测经费定为四千分一比例者，每平方公里为8元1角，用二千分一比例者，每方公里为15.3元，共477180元，由江苏省地政局负责。[②]

根据江西省制定的《土地整理计划》，拟将全省（南昌除外）80县，划为三区，分三期举办。新建等10县为第一区，在第一期举办；崇仁等30县为第二区，在第二期举办；宜黄等40县为第三区，在第三期举办。预计8年完成，经费预算为1046万元。[③]江西省政府决定采用航空测量的办法，担任江西省航空测量任务的是国民政府参谋本部陆地测量总队航空测量分队，计分队部8人，航撮组5人，测量组15人，纠正组14人，制图选点组7人，调绘组94人，连同协助人员，共计148人。[④]

① 阮荫槐：《无锡之土地整理（上）》，第17791页。
② 林诗旦：《江苏省地政局实习调查报告日记》，第59833—59835页。
③ 周炳文：《江西旧抚州府属田赋之研究》，第3474—3475页。
④ 黄桂：《航空测量之回顾与前瞻》，第3页。

江西航空测量的实施程序与无锡航空测量程序近似，分为五项：第一项，航撮。使用空中摄影机，将地面形状，撮成照片，以供纠正制图之用。第二项，控制。三角测量，采用三角网法，将所摄县域划分为东西南北中五区，测基线5条，由中区基线，与其余4区基线，互为三角线，边长1000公尺左右。四面展开，满布全县，并逐点铺设石灰标志，使航撮时可以映入底片之内。再用自动制图机，根据二万分之一底片，与实测三角点，选定显著之天然目标点，为纠正的控制点，而标记其影像位置于七千五百分之一或五千分之一照片上。每张照片选定4点，每点距离约为350公尺，同时由制图机求得控制点平面位置相当尺度之坐标，以供纠正之用。第三项，纠正。即使用纠正仪，根据控制点，纠正放大二千五百分之一照片，将航撮时各底片的撮影倾斜及飞机与地面垂直距离不等之影像，按照尺度完全改正，并使其撮影在同一水平面上。再将这些照片，依据控制点，紧密镶嵌，贴合于图版上，即成照片原图。然后划分图廓，编订幅号，以供复照之用。第四项，复照。将已纠正的二千五百分之一照片镶嵌图，放大为一千分之一，制成底版，晒印蓝图。第五项，调绘。航测图上的坵地影线，虽可一目了然，但坵地的真正界址及其地目，则非经实地勘测不能确定。在着手调绘之先，选择显著目标，或原图上容易识别的物体，如道路、河流、建筑物等，相与对照，决定原图与实地相应位置，再采四周靠近图廓的清晰影线，量其实地上相应距离，以检查原图的比例尺是否为千分之一，然后视察坵地影形状，用铅笔按蓝图影线调绘，并查明地目，在各坵地内注记。其有影线模糊部分，用平板仪补测。全图调测完竣，即着手清绘。①

江西省地籍测量首先从南昌县开始。1932年8月，江西省政府饬令陆地测量局，组织小三角测量队，在南昌进行小三角测量，为航空测量做准备。到1933年7月底，共测定三角点1949个，并在每个点挖设航空标志，铺上石灰，作为航空摄影的参照物。航空测量分队用空中摄影机，将铺设航

① 黄桂：《航空测量之回顾与前瞻》，第3页。

空标志地域内的各坵土地，分别拍摄到二万分之一及七千五百分之一的底片上，最后制成比例为千分之一的地图。[①]

南昌县的航空测量历时共18个月，花费193118.23元，制成宽40公分、长50公分，图幅共8615幅，完成地籍图17230张，约合实地面积258万亩。接着，又派人对地籍图进行实地调查比对，逐坵划分界址，查明地目，以及市镇、村庄、道路、山川的名称，详细注明，并将森林遮蔽和拍摄不清楚的地方，用人工测量方法加以补测。按照上述步骤获得的地籍图，经江西省土地局勘明，与实际状况相差甚微。江西省政府据此认为，航空测量是整理地籍的一种有效方法，决定加以推广。[②]

从1934年5月起，以新建等十县为第一期航测对象，着手实施。截至1935年2月底，新建、义安两县田亩航测已经完成，进贤县完成了十分之九，丰城县完成二分之一，高安、临川两县也航测了一部分。对航测地图进行调查比对的工作也进展较快，共制成地籍图6778幅。[③]

表5.2.9显示，1928—1935年间，开展了地籍测量的省份有江苏等13省。

表5.2.9　各省市土地测量进行状况（1928—1935年）[④]

省名	机关名称	测量章则	测丈程序	已测地方	平均每亩经费	全年经费
江苏	江苏省土地局测量队	测量队组织章程及办事细则并测量业务实施规划	先办大三角，次及小三角、导线测量以及户地清丈	截至1933年已丈面积69.5万亩，上海、奉贤、昆山等9县已丈完	0.3元/亩	
浙江	先为土地局后改组为民政厅测丈队	土地局规程及三角图根户地测量规则并测丈队暂行服务规则	先办大三角，次及小三角导线测量以及户地清丈	杭州市杭县已清丈完，萧山等8县正在进行	0.5元/亩	

① 周炳文：《江西旧抚州府属田赋之研究》，第3470—3473页。
② 周炳文：《江西旧抚州府属田赋之研究》，第3470—3473页。
③ 周炳文：《江西旧抚州府属田赋之研究》，第3473页。
④ 《中国土地问题之统计分析》，第86—87页。

续表

省名	机关名称	测量章则	测丈程序	已测地方	平均每亩经费	全年经费
安徽	省土地局测量队	土地测量规划等	由小三角测量起，次及图根测量及户地清丈	安庆城八都湖、大通市、芜湖市已清丈完成，现正在进行怀宁县第一二区田亩清丈	0.6 分 / 亩（不含登记费）	96000 余元
江西	土地局航空测量队	土地整理处组织规程及土地局组织规程	先测小三角，后用航空摄影测量户地	南昌县已测完，现正航测新建等 10 县	0.3 元 / 亩	土地局每月 2800 元，航测费每月 30000 余元，合计年需四五十万元
湖北	民政厅测量队	土地清查大纲及土地测量规则并各种测量实施细则	城市地用小三角，或交会图根，乡间地用平板仪测量（名为清查）	汉口武昌等市地已测完，武昌汉阳汉川等县已测 300 余万亩	0.2 元 / 亩	40 余万元
湖南	财政厅清丈田亩测量队	清丈田亩章程及清丈人员服务规则并测量业务实施规则	由三等三角测量及图根导线测量并户口清丈	现正进行常德沅江汉寿南县四县清丈	0.2 元 / 亩	40 余万元
河南	先设土地筹备办事处后改为地政筹备处	地形区段图测量实施细则及暂行奖惩规则	由小三角测量起，次及图根导线户地清丈	开封县中一七三自治区及郑州市已清丈完，现正清丈汜水县	测丈费 0.07 元 / 亩，合计登记费 0.2 元 / 亩	仅地政厅筹备处每年需 30000 余元，其业务费系临时支拨
甘肃	民政厅土地科及陆地测量局	依部颁规则办理	由小三角测量起，次及导线户地清丈	以兰州市为试办区		
福建	民政厅土地管理处	土地整理办法纲要及土地整理处组织规程	由小三角测量起，次及图根户地清丈	以福州市为试办区		
广东	民政厅测量队及各市县土地局	测量队组织规程及测量业务实施细则	由交会图根测量起，次及导线测量户地清丈	中山县户地测量已丈竣 22100 余顷		
广西	财政厅清理田亩总局及各县清理田亩分局	清丈田亩总分局章程及测丈业务实施细则	由小三角测量起，次及导线测量并户地清丈	宁镇结两县已清丈完竣		407842 元
云南	财政厅清丈处各县分处	清丈外业实施规则及清丈法规目录簿表等	先办小三角，次及导线测量户地清丈	已清丈完竣者有昆明等 12 县	0.4 元 / 亩	
宁夏	垦殖局清丈队	清丈地亩条例及评定地价委员会规则等	尽各县已垦之热地用弓丈量	中卫金绩两县已丈量完成		

表5.2.10显示，地籍测量已在全国一些省份，并取得了一些成绩。全国已测量五万分之一图幅数25684幅，二十万分之一图幅数1767幅。

表5.2.10 全国测量五万分一及二十万分一图幅数与进行状况（1933年）[①]

地域别	五万分一图				二十万分一图			
	图幅数	已测成图幅数	未测图幅数	限期完成年限（1931年起）	图幅数	已测成图幅数	未测图幅数	限期完成年限（1931年起）
浙江	350	320	30	1年	37	37	0	
安徽	325	94	231	6年	44	44	0	
江西	480	190	290	5年	54	54	0	
湖北	478	302	176	5年	58	58	0	
湖南	534	60	474	8年	57	57	0	
四川	930	126	804	10年	100	40	60	6年
西康	1120	0	1120	8年				
河北	446	180	266	6年	42	42	0	
山东	380	80	300	7年	49	49	0	
山西					68	68	0	
河南	502	264	238	6年	53	53	0	
陕西	629	152	477	8年	65	65	0	
甘肃	1029	0	1029	10年				
青海	1680	0	1680	10年				
福建	392	0	392	9年	41	4	37	5年
广东	706	157	549	5年	76	76	0	
广西	700	32	668	10年	63	63	0	
云南	840	44	790	10年	110	110	0	
贵州	379	114	265	9年	51	51	0	
辽宁	745	426	319	8年	82	82	0	
吉林	764	75	689	9年	98	98	0	
黑龙江	1675	202	1473	10年	158	158	0	

① 《中国土地问题之统计分析》，第82—83页。

续表

地域别	五万分一图				二十万分一图			
	图幅数	已测成图幅数	未测图幅数	限期完成年限（1931年起）	图幅数	已测成图幅数	未测图幅数	限期完成年限（1931年起）
热河	540	0	540	8年				
察哈尔	547	0	547	8年				
绥远	547	0	547	8年				
宁夏	520	0	520	10年	30	0	30	5年
新疆	3200	0	3200	10年	340	0	340	6年
蒙古	3446	0	3446	8年				
西藏	1800	0	1800	8年				
总计	25684	2818	22868		1676	1209	467	

表5.2.11显示，1935年7月至1936年6月，已开办户地测量的县已达86县，涉及面积32792万亩。

第三节　土地登记整理

如前所述，以往田地买卖过程中的过户手续，称为“推收”；将土地卖出为“推”，土地买进为“收”。这种土地的流转照理应由政府举办，以便政府掌握土地所有权变动的情况，从而建立田赋征收所需要的正确的地籍数据凭册。但是，近代以来，地政紊乱，民间土地买卖，常由民间里书或册书办理。刘世仁指出，各县推收事务，仍沿用“里书”。里书没有薪给，所以办理推收时便会向粮户需索笔资、单钱等。其数额各县甚至各乡均不相同，有时还会因为粮户的贫富而有高下。粮户陈报推收时如果不能满足里书的要求，里书就会借故刁难，或者拖延不办，或者兜留契卷。由于害怕里书刁扰，一些粮户在地权变更时干脆隐匿不报，带来田赋征收有田无粮、有粮无田等种种弊端。[①]

① 刘世仁：《中国田赋问题》，第113页。

表 5.2.11　各省市土地测量成绩（1935 年 7 月—1936 年 6 月）[①]

区域别	测量成绩							绘图成绩								
	大三角		小三角		图根			户地		县（市）图		分区图		分段图	
	完成点数	完成面积（公亩）	完成点数	完成面积（公亩）	已办县数	完成点数	完成面积（公亩）	已办县数	完成面积（公亩）	完成幅数	面积（公亩）	完成幅数	面积（公亩）	完成幅数	面积（公亩）
总计	70	24000012	18296	543579215	73	1001470	80455757	86	327929065	409	1983199	708	5049060	311257	69962974
江苏	64		9982	496768204	42	620373		26	140819060					25147	
浙江	6	24000012	432	30000015	13	63578	47421270	13	43737042	1	506000	77	4020666	63190	15318007
安徽			432					7	43907592	10				2000	
江西					3	930	16425	3	31733			2		13728	11087781
湖北			230	6144000	1	6490	1904640	9	32120138	3		7		6525	
湖南			32	750000	5	150447	146000000	5	27942501	13	13455006	10		3760	5430004
河南			178	4478976	1	6216	4478976	2	3112280	272		14		194	
福建			23	1408580	2	10000	1408580	2	1408580	2		34		165831	
广东			4927			154941		12	29814448	10	308393			2128	34781675
广西			1303			248	6987202	1	85819	38		301			
宁夏			30		1	560		1	417500	59	287500				
南京			462	3200000	1	8607	3000000	1	1446449			212	613785	14000	
上海			212		1	59509		1	2572165	1	5275100	17		4548	
北平			15	829440	1	3802	222290	1	168040			3	107040	213	107040
天津			13		1	1630	416473	1	74533			12	133612	10297	
青岛			25		1	4139		1	251185			19	178955	414	288467

① 《中国土地问题之统计分析》，第 88—89 页，“表 48 各省市土地测量成绩”。

国民政府从整顿土地推收制度入手，对土地登记制度进行改革。其目的在于：第一，确定产权，免除土地纠纷。因为产权如不确定，不仅土地纠纷丛生，并将来征收地价税及土地增值税，也无确实根据。第二，使土地移转便利，并促进金融流通。农地虽出很高利息，亦难告贷，因放款者不易知借款者土地所在、地质优劣，以及所有权是否确定。第三，消除胥吏敲诈，增加财政收入，平均业主负担。①

一、土地登记法规修订

1922年5月21日，北京政府以教令第七号公布“不动产条例”，内容计分总纲、登记簿册、登记程序、登记费及附则五章，共一百五十二条，为我国土地登记法嚆矢。然各省尊令施行者，为数寥寥，且因土地测量，多未举办，土地面积登记，都由业主自行填报，很不准确；一些业主不申请登记，也不能进行追究。因此，已办理者，毫无成效可言。故该条例于确定土地权利的目的，仍未能万全达到。1930年6月30日，国民政府公布《土地法》，关于土地登记，特立第二编详加规定。②

《土地法》规定，“土地登记，谓土地及其定着物之登记”。所有权、地上权、永佃权、地役权、佃权、抵押权等土地权利的取得、设定、转移、变更或消灭，应依法登记。③

根据《土地法》第二百三十九条，“地政机关为地价之估计，应将所辖区内之土地就其地价情形相近者，划为地价区，前项地价相近情形以估计时前五年内之市价为准”。第二百四十一条规定，“估计地价应于同一地价区内之土地参照其最近市值或其申报地价，或参照其最近市值及申报地价为总平

① 谌琨：《江苏之土地登记》，见萧铮主编：《民国二十年代中国大陆土地问题资料》第32辑，台北成文出版社1977年版，第16177—16181页。
② 谌琨：《江苏之土地登记》，第16154—16156页。
③ 《中华民国史档案资料汇编》第五辑第一编，“财政经济（七）”，第133页。

均计算”。第二百四十六条规定，“标准地价自公告之日起三十日内，同一地价区内之土地所有权人认为计算不当时，得以全体过半数人之联署向主管地政机关提起异议”。第二百四十五条规定，“地价每五年重新估计一次，但因地价有重大变更时不在此限”。根据第二百五十八条、二百五十九条之内容，在估定地价时，还须估定土地改良物价值，改良物包括建筑改良物与农作改良物两种。“附着于土地之建筑改良物或其他性质相同之工事为建筑改良物，附着于土地农作物其他植物及土壤改良为农作改良物。”①

《土地法》规定，进行土地登记时，“地政机关应备登记簿及登记地图”。“登记簿于一宗土地，应备一份用纸，土地有定着物者，登记于土地标示之次”。“登记簿得就地方情形，分区登记之，但应于簿面标明某区登记簿字样。”“登记簿每一份用纸，分为登记号数栏、区段号数栏、土地标示部、所有权部及他项权利部。又于土地标示部，设标示事项栏、地价栏及标示先后栏。于所有权及他项权利二部，各设权利事项栏及权利先后栏。登记号数栏，记载土地在登记簿开始为登记之次序。区段号数栏，记载土地所在地之区段号数。标示事项栏，记载关于土地之标示及其变更事项。地价栏，记载申报地价或卖价。标示先后栏，记载登记标示事项之次序。所有权利事项栏，记载关于所有权之事项。他项权利部权利事项栏，记载关于所有权以外权利之事项。权利先后栏，记载登记各权利事项之次序。”②

《土地法》第六十五条规定，申请登记时应出示的文件包括：申请书、证明登记原因文件、土地所有权证明或土地他项权利证明、依法应提出的书据图式。③第七十一条规定：“证明登记原因或土地权利状不能提出时，应取具乡镇坊长或四邻或店铺之保证书。”第八十九条规定：“土地所有权登记完毕时，应给申请人以土地所有权状。前项所有权状，应记载登记号数、收件年月日、收件号数、所有权人姓名、土地标示区段号数、登记年月日，由主

① 《中华民国史档案资料汇编》第五辑第一编，“财政经济（七）”，第159—162页。
② 《中华民国史档案资料汇编》第五辑第一编，“财政经济（七）”，第134—135页。
③ 《中华民国史档案资料汇编》第五辑第一编，“财政经济（七）”，第136—137页。

管地政机关长官签名、加盖官印，并将登记簿、他项权利部权利事项栏记载之事项，照录于所有权状之后幅，并附分段图。”第九十条规定：“土地所有权以外权利登记完毕时，应给申请人以土地他项权利证明书。前项证明书，应记载登记号数、收件年月日、收件号数、登记人姓名、所有人姓名、土地标示区段号数，登记原因及年月日、登记标的、权利先后栏次序、登记年月日、由主管地政机关签名、加盖官印。”[①]

关于土地所有权登记程序，《土地法》一百零六条规定，“土地有分合、增减或塌没或其他变更时，所有权登记人应即申请登记”。第一百零八条规定：“土地分割为独立地段时，应依下列规定登记。第一，于新登记用纸内登记号数栏，记载新登记号数，于表示事项栏，记明因分割由登记某号移载字样，于相当权利事项栏，转载关于所有权或所有权以外权利之登记，并于所有权以外权利之登记后，记明与某号土地共同的权利标的字样。第二，于前登记用纸内标示事项栏，登记残余部分，记明他部分因分割移载于登记某号字样，涂销前标示事项及栏数，并于相当权利事项栏内，记明与登记某号土地共同为权利标的字样。”第一百一十条规定：“土地一部合并于他土地时，应依下列规定为登记：第一，于他土地登记用纸内标示事项栏，记明合并部分由登记某号移载字样，并涂销前标示事项及栏数，于相当权利事项栏，由前登记用纸转载关于所有权或所有权以外权利之登记，并记明由登记某号某权利事项某栏转载，及仅合并部分为权利标的的各字样。第二，于前土地标示事项栏，登记残余部分，记明他部分因合并移载于登记某号字样，涂销前标示事项及栏数。如与登记某号土地共同为权利标的时，于相当权利事项栏记明之。”[②]

关于所有权以外权利登记程序，《土地法》第一百一十六条规定：“申请为地上权设定或移转之登记时，申请书内应记明地上权设定之目的及范围。其登记原因定有存续期间或地租并付租时期者，亦同。”第一百一十七条规

① 《中华民国史档案资料汇编》第五辑第一编，“财政经济（七）”，第139—140页。
② 《中华民国史档案资料汇编》第五辑第一编，“财政经济（七）”，第143—144页。

定："申请为永佃权设定或移转之登记时，申请书内应记明佃租数额，其登记原因定有存续期间，付租时期或有其他特约者，亦同。"第一百一十八条规定："申请为地役权地役权设定之登记时，申请书内应记明需役地及供役地之标示，并地役权设定之目的及范围。"第一百二十条规定："申请为典权设立、转典或让与之登记时，申请书内应记明典价数额。其登记原因定有回赎期限或绝卖期限者，亦同。"第一百二十一条规定："申请为抵押权设定之登记时，申请书内应记明债权数额。其登记原因定有清偿时期，利息并其起息期及付息期，或于债权附有条件或其他特约者，亦同。"①

关于登记费，《土地法》第一百三十三条规定："申请为第一次土地所有权登记，按照申报价值，缴纳登记费千分之二。申请为土地权利取得、设定、移转、变更或消灭之登记，缴纳登记费千分之一。"关于领取土地所有权证明的收费标准，《土地法》第一百三十三条规定："土地或权利价值不满一百元者二角"；"土地或权利价值在一百元以上者五角"；"土地或权利价值在五百元以上者一元"；"土地或权利价值在一千元以上者二元"；"土地或权利价值在五千元以上者五元"；"土地或权利价值在一万元以上者十元。"②

1934 年，第二次全国财政会议召开并制定《土地陈报纲要》。《纲要》第十八条规定要"厉行田赋推收"③。

1942 年 10 月行政院颁布《各省县颁发土地管业执照办法》，要求各省县在办理完土地陈报后，要按规定颁发土地管业执照。土地管业执照应在改订科则后 6 个月内颁发完毕。土地管业执照应包括以下信息：土地面积、坐落、地类、地目、四至、土地收益、陈报产价、科则及赋额、地号、执照字号、颁发日期等。土地管业执照应根据编查坵号每号填发一张。④

1942 年 6 月，财政部颁发《办理各县（市）业户总归办法》，《办法》

① 《中华民国史档案资料汇编》第五辑第一编，"财政经济（七）"，第 145—146 页。
② 《中华民国史档案资料汇编》第五辑第一编，"财政经济（七）"，第 147 页。
③ 《革命文献》第 116 辑，《抗战建国史料 —— 田赋征实（三）》，第 22 页。
④ 关吉玉、刘国明、余钦悌编纂：《田赋会要第四篇：田赋法令》，第 163—164 页。

指出，各县（市）业户总归户由各县（市）田赋管理处办理；一户一页，填注的内容包括业户的姓名、住址、土地面积（或收益）、坐落乡镇及应纳赋额等；一乡（镇）一册，以业户姓氏笔划为序编订。[①]

根据国民政府的土地法规，土地登记制度具有以下特征：第一，土地登记为强制登记，体现了国家提供产权保护的强烈动机；第二，土地登记的产权是一组权利束，反映出现实产权的复杂程度；第三，产权登记的绝对效力，表明国家保护公私产权的良好意愿。

二、土地登记整理实施

北京政府时期，浙江省即开始对土地登记进行整理。1917年5月，浙江省长公署颁发“修正浙江省推收粮户规则”，限令各县一律成立推收所，此后“凡买卖不动产时，依照本规则之规定，赴该管推收所请求推收，或非买卖行为，因分析继承等事故而移转户粮者，一律推收”[②]。

浙江金华“民间分割析产，则报告庄书，由庄书查对庄册无误，将所分业户姓名亩数赋额以及字号坐落等项，各为记入清理田赋细号册，发给业户，然后再赴各县投税”，这一细号册，也是金华民间地权凭证之一。[③]

经过几年的延展，金华县推收所在1921年2月20日成立除在县设总所外，还在农村设立分所，有主任推收员等20余人。[④]根据金华县公署布告：“嗣后买卖不动产者，务须遵照规则，呈请推收，领取加盖县印户折为凭。所有以前过户清单并拔单，截至本年二月二十日以后，一概不得沿用。倘有推收所成立后发给上项各单者，迅即持向推收所换给户折，以凭管业。”[⑤]

① 关吉玉、刘国明、余钦悌编纂：《田赋会要第四篇：田赋法令》，第165页。
② 尤保耕：《金华田赋之研究》，第9169页。
③ 尤保耕：《金华田赋之研究》，第9071页。
④ 尤保耕：《金华田赋之研究》，第9181页。
⑤ 尤保耕：《金华田赋之研究》，第9168页。

但由于土地册籍掌握在庄书手中，对推收的整顿也就不能有效地进行，“于是推收过割，仍多沿用推单拔单，飞洒诡寄之弊，更属难免，推收所形同虚设”[①]。庄书掌握着土地册籍，对县政府加以羁縻的意图努力抵制，政府实际上也奈何他们不得。在县政府的公文中，记录了几个庄书被传唤的实事。如1921年8月21日，县政府曾传唤庄书应志荣：“带同承管四十都三图推收底册即日来署，以凭过割而重粮赋。”1926年10月24日，县政府又申斥庄书黄维新：“黄维新始终抗传不到，其承管名下应填送申请书及契税下百余户……时隔数月，亦无影响。”[②]

黄岩清丈以后的推收，弊端一如往昔。一是268个推收员散布四乡，各自为政。推收所远居城厢，耳目虽周，监督不易。二是推收员没有固定的薪水，只好靠推收时勒索为生。三是因推收费担负之重，与推收员敲诈之甚，民业买卖，往往不进行推收。[③]

如果清丈后，不及时改革土地登记制度，清丈成果，也就付之东流。因此，黄岩县制定“推收简章”：第一，推收员推收时，须令业主按图索骥，或同业主到地头核对，认定没有差错，然后凭交易契据，按号推收。推收范围，以本字图为限。第二，推收员每届十一月，到县政府备价领取推收单，慎重保存。推收时，按号填给业户收执，粘附契内，永作证据；单内各项，须逐一填注，署名盖章，图形四邻号数，填绘尤须详细，不得误漏浮收。第三，推收员每届二月底，须将积余推收单并推收单存根，及误写作废的推收单连同“万户册”，一并呈送县政府验收存查。第四，收取推收费，每次推收应按亩积合并计算，规定如下：田地山塘因买卖而推收者，每亩规定银元4角，因取赎或兑换赠与而推收者，每亩规定银元2角，因分产而推收者，每亩规定银元8分；屋基移转，每间收费银元4角，但空基仍依前项按亩收费；田地山塘，每次推收不及半亩者，应依第一项减半收费，其在一亩以上之零数，未及

① 尤保耕：《金华田赋之研究》，第9169页。
② 尤保耕：《金华田赋之研究》，第9169页。
③ 陆开瑞：《黄岩清丈经过及其成绩观测》，第19184—19185页。

半亩者，亦同；山田每亩在六坵以上，每加一坵，得加手续费银元 2 分。[①]

凡不动产卖典赠与遗赠继承分析等，自立契之日起 6 个月内，为纳税期间，纳税税率规定如下：活典，照典价征 3%；活卖，照卖价征 6%；赠与遗赠，照产价估征 6%；继承分析，照产价估征 2%。上述各项，仅为税契之正税，而附加之捐，一如田赋。黄岩契税附加，以新旧契而不同。新契，即在 1928 年 3 月末以后成契者，应征契税，绝卖 6%，活卖 3%；置产捐，绝卖 3%，活卖 1.5%；契纸价 5 角；申请书印花 1 角；贴契印花，按亩计算，五亩以下起贴 3 分。旧契，即在 1928 年 3 月末以前成契者，计分大小二种契价，在 30 元以上者为大契，未满 30 元者为小契。税率如下：大契应征契税如新契，验契费 1.5 元，注册费 1 角，教育费 2 角，追加罚金 1.05 元，契纸价 5 角，申请书印花 1 角；贴契印花如新契；小契应征契税如新契，注册费 1 角，契纸价 5 角，申请书印花 1 角；贴契印花如新契。

假设一人以百元代价绝卖田五坵，面积 3 亩者，除契价之外，尚有下列各种耗费：契纸费价 0.5 元，契税 6 元，置产捐 3 元，贴契印花 0.03 元，申请书印花 0.1 元，推收费 0.8 元，合计 10.43 元。若为旧契则须契纸价 0.5 元，契税 6 元，验契费 1.5 元，注册费 0.1 元，追加罚金 1.05 元，教育费 0.2 元，申请书印花 0.1 元，贴契印花 0.03 元，推收费 0.8 元，合计 10.23 元。

而中间人等烟酒茶饭之资，地痞恶棍等之索诈还不包括在内，所以购置产业，杂用耗费，往往占及正价之二三成，如是奇重负担，成为土地移转的最大障碍。契税既重，民皆短报，或极力逃避。浙江省府有见于此，于 1931 年通令各县组织不动产评价委员会，评定该区不动产之标准价格，而为纳税依据，以免老百姓短报。但此项组织由于本地人士主持，令其估定地价，或反引起流弊。所以黄岩未有这项组织，仅由县政府调查各区地价，确立相当标准，规定活卖至少须在 20 元以上，绝卖至少须在 30 元以上，倘报契价不

① 陆开瑞：《黄岩清丈经过及其成绩观测》，第 19077—19079 页。

及此数，认定为短报，须加以处罚。[1]

如表 5.3.1 所示，黄岩县 1927—1932 年间契税征收，除 1927 年比较理想外，其他各年皆不甚理想。说明土地登记整理所取得的进展是有限的，并没有改变黄岩县土地过割拒不登记的状况。

表 5.3.1　黄岩县 1927—1932 年契税派额与收数[2]

年度	派额	收数	盈余	短少
1927	6000	15398.911	9398.911	
1928	10000	9242.311		757.504
1929	10000	1477.496		8522.504
1930	7000	1856.451		5143.549
1931	15000	5009.449		9990.551
1932	15000	7912.061		5511.439

1931 年 9 月，浙江省财政厅颁发"修正浙江省户粮推收规则"。根据该规则，"凡户粮之推收，应由县政府或财政局就田赋征收处或验契税契处内附设推收所办理。业主买卖不动产，应由买主于立契成交后六个月内，赴推收所请求推收。其因继承分析赠与遗赠等事故而移转户粮者，由承受人依限请求推收。业户请求推收时，应填具申请书，呈验已投税之契据，推付凭证及近三年粮串，并缴推收手续费。不分田地山塘每亩征收银四角，其不及 1 亩者以 1 亩计算。其系继承分析赠与而改立户名者，应将原有户折及近三年粮串，并关于继承分析等事之证件，一并呈验。业户请求推收不用真实姓名者，经人举发货查实后，处以 1 元以上 15 元以下之罚金。推收所将业户印契等件，查验相符后，即予推粮过户，换给新户折，其办理时间，不得逾 10 日。"[3]

根据《修正永嘉县政府地政处办法土地权利书状规则》，"第一次土地所

① 陆开瑞：《黄岩清丈经过及其成绩观测》，第 19088—19092 页。
② 陆开瑞：《黄岩清丈经过及其成绩观测》，第 19094 页。
③ 尤保耕：《金华田赋之研究》，第 9170—9171 页。

有权登记公告完毕，应公告发给土地所有权状日期，其公告以登报及通知行之”，“业户领取第一次土地所有权状，应携带原收件回执，原粮串及原证件呈验无误发给”，“他项权利经审查无误予以登记后，即通知申请人携带原收件回执，前来领取证明书。”土地所有权如有移转或变更，“须将原土地所有权状撤销，换给新土地所有权状”①。国民政府所颁《各省市地政施行程序大纲》第二十一条，“依法办理土地登记区域，原有推收所应即停止推收，由主管地政机关办理登记”②。永嘉县“因地制宜”，制定《永嘉县各区旧粮推收过户暂行办法》，规定“本县已开办地价税区域”，“由主管地政机关办理移转登记，原有推收所不再重新推收”，“未办理土地登记区域，其土地移转仍由原推收人员办理推收事宜”，产权交易过程中的推收程序如下：第一，“由出卖人于登记申请书上，依式填注承粮户名、粮号、亩分，及寄坐都图”。第二，地政机关编造新收开除清册，送由推收所转饬推收员推收过户。第三，“推收员接到地政机关新收开除清册后，应按照清册所列项目，推收过户”。第四，手续费每坵 4 角，由新业主负担。③

1934 年前后，兰溪县设立土地移转推收处。推收处设主任 1 人，受县长指挥监督，清查全县地粮，办理全县推收事宜。下设助理 4 人，书记、推收员各若干人。各区设立分处，各推收分处设主任 1 人，副主任 1 人，助理员 1 人至 3 人，推收员及书记各若干人。第一区由县推收处直接办理，第二区设有马涧分处，第三区设有水亭分处，第四区设有永昌分处，第五区设有女埠分处。各分处的推收员由原有册书改任，各区区长兼任该区推收分处副主任，另委乡镇长为其所在乡镇的督促检查员。④

根据《兰溪实验县土地移转推收过户暂行规则》，“凡土地之买卖、继

① 《修正永嘉县政府地政处办法土地权利书状规则》（1938 年），《永嘉地政月刊》1938 年 9 月第 1 期，第 11—12 页。
② 《永嘉县政府布告》（1938 年 5 月 10 日），《永嘉地政月刊》1938 年 9 月第 1 期，第 14 页。
③ 《永嘉县各区旧粮推收过户暂行办法》（1938 年），《永嘉地政月刊》1938 年 9 月第 1 期，第 10 页。
④ 叶干初：《兰溪实验县之田赋研究》，第 3781—3782 页。

承、分析、赠与、遗赠及其他依法取得土地所有权者，应依法申请过户”；“移转土地推收户粮由本府设立土地移转推收处办理之”；“移转土地应就业产所在地之都图立户承粮，不得寄图寄户”；“移转土地应由新业主预向该管推收员领取移转过户申请书，移转确定之际，由新旧业主会同证人及该管乡长或镇长签名盖章，逐项据实填就交与新业主，连同该项产业之凭条执照或其他足资证明移转之文件，一并送交该管推收员核验填报移转过户证”；“本规则施行后都图旧用之开帖及发帖改为土地移转过户申请书，旧用之发帖改为土地移转过户证，原用之开帖发帖即一律废止”；“新旧业主填写土地移转过户申请书时，均须用真实姓名并注明详细住址，不得沿用堂名及某房某记字样，如系共有地应将共有人姓名住址逐一填写，其人数多至三人以上者，应另附名单”；“新旧业主如系法人或其他机关团体时（如公司、宗祠、寺庙、学校、衙署等），应以该机关团体之名称为业主姓名，但应附填管理人之姓名住址”；“一号土地只一部分过户者，应于移转过户申请书备考栏内，注明分割亩分及其他情形”。[①]

在土地买卖后，除了办理产权登记外，还要及时办理纳税登记，即所谓“升课”。粮随地转，地粮合一，以避免奸狡之徒“将官产冒认为私产，或意图以升课方法，侵占他人之土地，或以自己之土地积欠有年，伪报失粮，请求升课，以免旧欠”[②]。因此，“凡申请升课之土地，应经所管册书会同乡镇长调查确实，复经登报公告后，再予升课给证管业。至升课纠纷所在，或亩分不符，或四至不清，或与地邻争执不决，均应派员实地丈量，以期准确，并绘具鱼鳞图加入鱼鳞册，以保永久。同时绘具图说，将丈实亩分，通知升课申请人，发给管业证，以凭管业”[③]。

根据《兰溪实验县升课暂行规则》，“凡本县失粮地（即无粮地）、溢管地（即粮少地多），均准自行投报免罚升课”；“凡申请升课之土地应经调查

① 叶干初：《兰溪实验县之田赋研究》，第3783—3788页。
② 叶干初：《兰溪实验县田赋之研究》，第3811页。
③ 叶干初：《兰溪实验县田赋之研究》，第3811—3812页。

属实后方得发给土地管业证”；“凡申请升课之土地如须丈量应收取丈量费”，“乡地每亩一角，田每亩一元，山每亩三角，塘每亩三角”；“凡申请升课之土地曾经丈量者，应于手续费完毕后将丈量结果通知申请人”；“办理升课人员如有营私舞弊情事应依法惩办。”[①]

兰溪鱼鳞册原有两份，一份存县，一份分交各都图册书掌管，县存鳞册虽不齐全，而各册书所有，则大都存在。册上户各有名、有图、有字号、有四至、有亩分、有地别，如再加以业主真实姓名、住址，则与办理坵地图册的目的，初无二致。虽缺少坵地联络图，而鳞册上坵各有图，有字号，有四至，查证起来还比较方便。兰溪县政府决定将鳞册及奉颁坵地清册所载各项，分别归纳，而另造一坵地归户册。[②]各都图坵地归户册编造完竣，调查属实后，无论公有私有共有之田地山塘坟地等，均按原编字号，发给土地管业证一张，其效力与原有契据并重。全县共新编 800912 坵号，共 125498 户。[③]此后土地移转，由册书报请分处发给移转证，方许过户，各册书现用的“发帖”，即予取销。[④]

1933 年 6 月 29 日嘉兴县长呈民财两厅文中写道：“本年征册，已先参照坵地清册项目，另订新格式付印，将来办竣一庄，即可填注一庄。对于此后征收粮赋，自更便利，再俟本年串票造竣后，拟即先行根据该两庄册载业主姓名住址，分发田单，并先就该两庄试办推收。凡查有真实业主之姓名与承粮户名不同者，即可断定此户未经过户，随时责成该业主申请推收，倘能如此紧接联络办理，则本案之效果，当可立见。至该两庄自经澈查后，各户欠赋甚多，从前因不知欠户姓名住址，以致无法推收；现经实地查编后，是项困难，始可迎刃而解。”

这里的两庄，即嘉兴国五庄与永十四下六庄，这两庄根据上述征册征收

① 叶干初：《兰溪实验县田赋之研究》，第 3812—3820 页。
② 董中生：《浙江省办理土地陈报及编造坵地图册之经过》，第 19780—19781 页。
③ 董中生：《浙江省办理土地陈报及编造坵地图册之经过》，第 19803—19804 页。
④ 董中生：《浙江省办理土地陈报及编造坵地图册之经过》，第 19814 页。

的结果如何？嘉兴县巡回抽查员刘光夏呈县长文中写道："奉派会同财局人员，试征国五、永十四下六两庄二十二年份（1933年）上期地丁税银，遵即随带册串，先赴国五庄，按册逐户征收，共计征起459户，计正税银一百零一元四角九分六厘，约征起全庄造串额七成以上。续办永十四下六庄，共计征起51户，计正税银八十九元二角五分六厘，约征起全庄造串额四成以上。"国五庄系属城区繁华市镇，地价较贵，故征收较顺利。永十四下六庄均属乡区，地价米价低廉，故征收较不利。①

从浙江各县的土地登记整理来看，仍然没有完全消除册书的影响。事实上，只要册书还在发挥着作用，老百姓对于政府所呼吁的土地登记就不会有特别的兴趣。

据汤一南报告，江苏省各县地籍图册，很不完备，科则亩数，都没有详细登入。老百姓不知应完税额，书吏因之大显神通。虽江苏省财政厅迭次通令改革，但是因鱼鳞失而书吏藏有底册，因此串册刊造，全凭其办理，以致弊窦丛生。推收过割，全凭粮书册书，捏造册串，张冠李戴，指鹿为马。粮户推收，任意过割，或有田无粮，名曰板荒；或有粮无田，称之伪户。②

1931年颁布《江苏省土地登记暂行规则》，对土地登记时的清丈通知书的发放、登记申请、申请记载、申请受理、契据审查、登记公告、登记记载事项等，都有详细规定。

关于清丈通知书的发放，规定清丈队将某区域土地清丈完成，造就地籍册与复制图，送交登记处举办登记，该处即照地籍册上所载之业主姓名、住址、地号、亩分等，填写清丈通知书，一面布告定期开始登记，一面将通知书交乡镇长或地保或图正或册书或催征吏等，定期发交业主，并饬通知业主，早日申请登记。发给清丈书距开始登记的时间大约半月左右。③

关于登记申请，规定："登记应由土地所有权人或代理人申请之（但代

---

① 董中生：《浙江省办理土地陈报及编造坵地图册之经过》，第19693—19699页。
② 汤一南：《江苏省土地局实习报告书》，第61335—61341页。
③ 谌琨：《江苏之土地登记》，第16212—16214页。

理人申请时应将所有权人授权书一并提出），申请登记时，应提出申请书及证明登记原因文件。如为第一次所有权登记，并应于登记期限内，将其土地所有权领状之小票，粘附于申请书内，向该管县土地局申请（这项小票系于办理登记时，由县土地局先行发给，作为换领所有权状的凭证）。若于土地所有权的登记，如有永佃权、地上权、地役权、典权、抵押权之存在时，应于申请书内申叙之；或因证明文件因抵押或其他关系，业经予给他人，其申请登记时，应由所有权人会同抵押权人或其他关系人提出证明文件，向该管县土地局申请之，此皆申请登记应具之手续也。”[①]

业主接得清丈通知书后，检查通知书所载各项内容，如认为正确无误，则依照规定日期，携带证明文契，前往登记收件处，领填登记申请书申请登记，并缴纳登记费。如业主因特别事故，不能亲自申请登记时，可请托他人代为申请，只是须由所有人填具授权书。又如申请人之证件不足或遗失，必须觅其确实铺保或四邻保证，并填具保证书。又如土地设定有他项权利者，必须填具他项权利清折。登记收件处接得申请文件及登记费后，一面登录于收件簿，一面发给登记费数据及证明文契数据。[②]申请书应记载下列事项：土地标示，登记原因，申请标的，申请人之姓名、籍贯、年龄、住址、职业；申请人为法人时，其名称事务及代表人姓名；县土地局之名称及年月日。所谓申请标的，“即各项土地权利之丧失变更是也”。土地所有权登记时，如有各种他项权利，如永佃权、地上权、地役权、典权、抵押权存在，应予以说明。[③]

关于申请书的受理，《土地登记暂行规则》指出，申请人提出申请书后，不论其合法与否，均应接受。[④]

业主的申请登记手续，如已完毕，土地局则将申请人缴呈的证件，一一

① 汤一南：《江苏省土地局实习报告书》，第 61230 页。
② 谌琨：《江苏之土地登记》，第 16212—16214 页。
③ 汤一南：《江苏省土地局实习报告书》，第 61231 页。
④ 汤一南：《江苏省土地局实习报告书》，第 61232 页。

审查。如经审查无问题者，10日内予以公告。如发现证件不足或不确或可疑时，则由土地局通知业主补足证件或加具保证，或予驳回；审查通过后，予以公告。凡准予公告的土地，则通知业主携带证明文件收据，到局取回证件，如在公告期间无人提出异议，立即予以登记；否则，交公断委员会判决后，始予登记。凡经登记的土地，则饬业主携带原来缴呈的证明文件，领取土地所有权状，并缴纳凭证费。[①]

关于土地登记的契据审查，在《江苏省土地登记暂行规则》中，并未规定，只在江苏省土地局对土地登记所编订图表数据中，见有契据审查报告书格式一份，审查报告应将下列各项审查所得情形，逐项分条填报。包括：第一，土地标示。如坐落、种类、四至界限、面积、着定物情形、申报地价、申报定着物现值、田邻土地概况、现时使用状况使用人姓名、使用人与所有权人的关系等。第二，所有权来历。包括各契据及移转实况；最近契据记载所有权人是否为申请人名字或者最近别号，如非申请人时详述其关系并其所以为申请人的理由；检验凭据，包括所有权的粮串、租约、房捐收据、继承遗嘱、赠与书据、法院判决书及其他证明所有权的书据；契据记载所有权人不止一人时，应查明各个人姓名住所。第三，所有权以外的权利关系。如列举权利种类内容及述其来历；权利关系人姓名住所；四邻界线关系及各关系人的姓名住所。第四，保证书调查。出具保证书的保证人，或有关系的其他证明人，其姓名职业住所及其土地权利义务人之关系，调查确实，为简要说明。第五，备考事项。其他足以证明所有权以及权利的物件；契据专员审查结果意见。[②]

关于覆丈的申请，规定业主如认为清丈通知书上亩分不符，或因争执纠纷，或因买卖分割等情事，则往登收计件处，填具覆丈申请书，申请覆丈，同时缴纳覆丈费，取得覆丈费收据。土地局接得覆丈申请后，通知业主及其

① 谌琨：《江苏之土地登记》，第16212—16214页。
② 汤一南：《江苏省土地局实习报告书》，第61232—61234页。

关系人定期覆丈，覆丈完竣时，土地局将覆丈结果通知业主及其关系人，业主接得通知后，检同证明文件，申请登记，其手续与欠款所述相同。①

关于登记公告，《江苏省土地登记暂行规则》指出，县土地局对土地登记申请书，应揭示公告。公告的期限：县土地局接收申请书后，应于十日内揭示公告。公告应公示 3 个月，公示张贴的地方为能引起公众注意的地方。公告事项包括：土地所有权登记人的姓名、籍贯、住所；土地坐落四至、面积及其附属设施；所有权以外权利关系，及权利人的姓名、住所；申请登记年、月、日；土地所有权关系人提出异议期限。公告期满三个月后，无异议的土地，县土地局应即为所有权登记，既经所有权登记后，其权利已经确定，则以后的土地移转，自有登记簿为根据。②

关于登记费，江苏省“土地登记暂行规则”第 24 条所定经费，包括土地所有权证每张应缴的费额——抄录费与阅览费，皆依《土地法》规定。官署或公有机关所有土地，一律照章收费，以示平允。县土地局所收凭证费，须按旬解交省土地局核收，以资监督。③

登记期限规分为筹备期限与登记期限。筹备期限以 2 个月为限，登记期限以 6 个月为限。若有必要，得加以延长。登记期限，当以该县土地局公布之日起算。④

登记罚则包括两个方面内容。一方面为防止登记人员失职，一方面为限制所有权人拖延，致土地权利的清理，延宕时日。依“暂行规则”第 38 条规定，“登记人员于本规则规定之费用外，浮收款项，查明属实者，由各县土地局呈请县政府送该管法庭，依法惩治”。土地登记为政府应负责的一种行政责任，亦为整理土地的一种入手办法，因此，对于登记者的负担，力求减轻。若职员额外浮收，不仅逾越权限，违反职务，而且使费用加重，阻碍

① 谌琨：《江苏之土地登记》，第 16212—16214 页。
② 汤一南：《江苏省土地局实习报告书》，第 61234—61235 页。
③ 汤一南：《江苏省土地局实习报告书》，第 61217—61238 页。
④ 汤一南：《江苏省土地局实习报告书》，第 61267 页。

登记进行。若办理人员对于土地所有权人申请登记事件，故意迟现或错误，依第39条规定，应按情节轻重，分别记过罚薪或免职。至于土地所有权人，如不遵守登记期限，故意迟延，应有相应处罚措施。依照第40条规定，申请登记逾限期一月，依照前述缴费额，加半收费；若逾两月加一倍征费；逾3个月加2倍收费；如至3个月以后，尚未申请登记，应由该管县土地局揭示催告。自催告之日起，满4个月后，仍延不申请，此项田地即以无主论，依第23条规定"凡现所有权人之土地，概为公有"。也就是说，无主之地，即为公地，当请省政府处理。如果土地所有权人，有正当理由，于登记期限内申请延期者，则当别论。[①]

江苏省各县土地局于每镇乡清丈完毕后，应随时按照上述登记条例接办土地登记。如遇有面积较大的乡镇，得划分若干部分，分期开办。登记开办时依据清丈图，遵照登记分段办，以一镇为一分段，绘制分段规定登日期并附略图布告；如遇街市与几个镇乡交互毗连划分不易者，得察其情形，归并毗连各镇。被归并各乡镇内土地行政需赖地方协助时，各该镇乡长合作办理。登记开办时应将江苏省"土地登记暂行规则"择要布告，行文须求简明。登记区域为距离县土地局较远者，应择适当地点分设登记收件处、问讯处，以便老百姓就近申请，登记办理完竣后即行撤裁。前项分设的登记收件处、问讯处，应由县土地局遴派合适人选主持办理。乡所设登记收件处，接收申请书及证明文件，应于三日内汇送县土地局。县土地局审核文契的公告期限应以文契送到之日起算，按照法定日期在土地所在地公告。老百姓呈验各项证明文契，除授权书、保证书应存局备查外，其单契串据应于审查完竣发给审查通知书时一并发还，并在原单契上加盖"此后应凭某某县土地局所有权状执业"字样戳记。土地申请书年月日栏后应附注随缴登记费计×元×角×分字样。土地公告期内，如有发生异议者，应检齐各权利关系人证明文契，移送公断委员会审查公断；但公断委员会应候公告期满后开始审查。土

① 汤一南：《江苏省土地局实习报告书》，第61267—61268页。

地所有权状颁发时，应由县土地局呈送该管县政府核盖印，再予颁发。[1]

另外，关于几种特殊土地的登记，江苏省土地局文件也做了特别详细的说明。

第一，关于活卖地登记。江苏社会习惯，关于土地典权的设定，不称典而曰活卖。其典价常超出于土地总价值，典期也比较长。这种典权，一经设定，所有土地的一切使用、处分、收益等权利，均操诸承典人之手。故在出典者，则多视为产权已经转移；在承佃者，亦多视为主权业经取得，仅契约上之规定，非绝卖而为活卖。因此承典人的权利，不免因所有权登记期满，而有连带丧失其权利的危险。因此，江苏省土地局规定：凡典契订期在10年以上者，承典人可以申请所有权登记；但典期在10年以下者，原则上应由原所有权人会同承典人申请登记。但有下列情形之一者，亦得由承典人申请所有权登记：典期未满，原所有权人愿意放弃申请所有权登记而有书据证明者；已逾典期而不回赎者；典期未定，经过30年后，承典人得申请所有权登记。[2]

根据“江苏省土地登记暂行规则”，“凡所有权人将其土地或其定着物出典于人，并将典物契据或其他证件交于典权人执管，所有典物赋税亦由典权人完纳者（其由出典人完纳者同），准由典权人依照江苏省土地登记暂行规则第七条之规定，以代理人资格，代出典人申请登记。除在申请书上他项权利关系及他项权利人姓名一栏据实填写，暨呈缴证件外，并应由局或区乡镇登记分处通知出典人，补具授权书，以符定章。如出典人及其家属均行踪不明，亦准由典权人代为申请登记，除在申请书上他项权利关系及他项权利人姓名一栏据实填写，暨呈缴证件外，并应取具典物所在地乡镇长或四邻或店铺之保证书，以资证明，而照周密”[3]。

第二，关于飞洒插花地登记。江苏省飞洒插花地甚多，例如嘉定超岸乡的西北部，飞在太仓县境内；西胜塘乡，飞在昆山青浦二县交界处。这类地

① 汤一南：《江苏省土地局实习报告书》，第61268—61271页。
② 谌琨：《江苏之土地登记》，第16260—16266页。
③ 潘沺：《江苏省地政局实习调查报告日记》，第62610—62622页。

形既与其他土地不同，办理登记，也不得不有例外的规定。根据江苏省土地局 1934 年 2 月 28 日训令各县土地局的办法："如清丈时，发现所丈县份有邻县飞洒插花及其他奇零地形情事，可会同两县，清丈议界，呈报民政厅依照部颁条例分别办理。一面先将所丈之地，一并登记于所在地县份图册内，注明俟议界确定定案。"[1]

第三，关于坟地登记。根据"无主荒坟义冢土地登记办法"，无主荒坟及义冢，其所有权如属于乡镇公所者，应由各该乡镇长，以该公所名义，代表申请登记，其办法悉依照规定办理。其所有权如非属于乡镇公所者，应由该县地政局，以公有土地名义，代表登记。上乡镇公所申请登记无主荒坟及义冢照章收取登记费。[2]

第四，关于畸形区域登记。根据"江苏省各县畸形区域整理办法"，固有区域太不整齐，如犬牙交错地等；固有区域或狭或畸与县治距离太远，或交通甚不便利者；固有区域与天然形势抵触过甚碍交通者；各县及其昆连之县有前之情事之一者，应即切实查明详细列表绘图立说呈报民政厅查核。整理原则为：合于土地之天然形势；便于行政管理；交通便利；其他特殊情形需要。[3]

第五，关于登记纠纷，根据《土地法》第三十四条规定，"关于土地权利，在登记程序进行中发生之争议，由土地裁判所裁判之"[4]。各县土地局还须公断委员会，县土地局长、财政局长、建设局长为当然委员，同时聘请地方士绅若干人。公断委员会的作用就是调节土地登记过程中的产权纠纷问题。[5]

第六，关于公私立机关团体未有证明文件申请记，应如何办理。江苏省地政局的解释是："公立机关团体所有土地，如无证明文件者，应由主管

---

① 谌琨：《江苏之土地登记》，第 16268—16269 页。
② 林诗旦：《江苏省地政局实习调查报告日记》，第 59945—59948 页。
③ 林诗旦：《江苏省地政局实习调查报告日记》，第 60049—60050 页。
④ 谌琨：《江苏之土地登记》，第 16270 页。
⑤ 江苏省地政局：《江苏省土地行政报告》（1936 年），第 17 页。

人详叙原由，具书作证，再予派员勘查，其私立者仍应取具四邻保证或殷实铺保。”

第七，为土地登记公告期满后，如有住居客地之利害关系人声明异议，应如何处理。江苏省地政局的解释是：“查公告期满，本不得申请异议，但确系住居客地，有充分理由及确实证据者，准交公断委员会办理，呈候本局核定。”

第八，关于共有土地登记。共有土地所有权状，业主项下只填领衔申请人姓名，而缀以“等几人”字样，无庸列举。只是共有人相互间所有地积及权利关系，有无足资证明的文件，应令呈验后，始可准予登记；清丈地籍册图，原编假定地号，业经业主申请将二起或三起合并一起登记。又有将一起分二起或三起，对于地号索引簿等之地号，究应如何办理？江苏省土地局的解释：“查田地连接一起，确为一个地主者，得予合并。但于各种应行登记之簿册，仍照原编定各地号分别登载，一面于被合并地号各登记用纸内，记明‘本地号土地已合并于某地号内’，同时并将标示事项栏数加以红线涂销。又一起地分为二起或三起者，如果面积不过于畸零，自可准予分割。惟应根据原号编为某号之几，并于原号附记栏记明，以上合并与分割，均经本局解释有案。”

第九，其他特殊情形的处理。如田地买卖往往有劈单、代单、将单、抵单等种种，当来登记时，询其原单何在，年远者因无从查考，年近者亦瞠目不能言，令其请人填保证书以保证之，又以关于法律，无人取保。甲田与乙田互相接连，本为分号，现在业主要求并为一号，甚有亩分多数亦欲要求合并者。乡间池河往往为二人所有，或为数人所有，如果由一人来登记，将来设有纠纷，谁负其责？祖遗墓田宗祠基地为子孙共有，设兄弟四人共有墓田一块，应由四人共来登记，则四人姓名当共注于登记簿上，似无疑义，然填给所有权状，是否亦四人一并填入，抑分填四姓，未有先例。江苏省土地局认为，劈单、代单、将单、抵单等种种，如有其他证件足资证明其原契确已遗失，可无庸取具保证书，否则得取具保证书，以昭慎重；田地连接一起，确为一个地主者，得予合并，但于各种必须登记的簿册上，仍须按照原编定各地号分别登载，一面于被合并地号各登记用纸内记明“本地号土地已合并于某地号内”等字样，同时并将标示事项及栏数加以红线涂销，至所有权状只须填发一份；各起土地内包容有池河者，于公告内应特加标明，俟公告期满无人提出异议，即予登记。

江苏省土地局于1935年2月拟定《各县办理土地登记实施程序》，要求各县于每一区段（乡镇或都图保圩等）绘制原图、誊写图、求积及地籍调查完竣后，应即以该区域为单位，开办土地登记，并在该区设登记收件处。每一区段开始登记时，由登记收件处会同乡镇长、连同清丈通知书通知各业主，于指定日期携带证明文件，到指定场所，凭图核对；核对无误后，应即填具登记申请书，申请登记。每一区段开始登记前，由县政府出示布告。凭图核对时，业主如有异议，应即声明缘由，经由乡镇长及四邻的证明，得当场更正，或申请覆丈。申请覆丈时，应按照覆丈规则办理。业主不能到场时，须委托其佃户，或其他代表人，携带业主授权书代表到场。登记收件处对于无异议的起地，应即收受其业主登记申请书及证明文件，载入登记收件簿，并掣给收据。业主倘不如期到场，由登记收件处，派员同乡镇长携带图簿，挨户催告，并随时核对测图，收受登记申请书及证明文件。如业主住处离该区段过远者，得由收件处呈报县土地局，另行催告。催告期限定为一个月。催告期满后，业主延不履行登记手续者，如经过三年仍无人过问者，视为无主地，作为地方公产，在暂管期内的滋息，及作为公产后的收入，悉数拨充地方事业经费。催告期满，应即公告，公告期限定为一个月。公告期满，应即发给土地所有权状。业主于指定日期到场履行登记手续者，其登记费得于发给所有权状时缴纳之，其不遵照指定日期到场登记者，其登记费应于申请时缴纳。各县土地局应随时派员督促指导各区段办理土地登记事宜。凡办理或协助土地登记人员，由县局呈省考核成绩奖励。[1]

---

① 谌琨：《江苏之土地登记》，第16339—16342页。

关于估计地价，可分为下列五种步骤：第一，统计登记结果。土地总面积多少，已登记地目多少，未登记之地目多少等，均须加以统计。第二，地价调查。江苏省因各方材料太少，不易调查，虽在各种契据上，能获得一部分地价，多不实，所以只有靠口头询问，但乡人多不说实话，或以多报少，或以少报多，必须多问数人，采其较多数者。第三，划分地价区。地价区的划分，乡地当较城市为易，乡地之划分包括宅地、农地、坟地、荒地，并确定地价，如宅地 120 元，农地 80 元等。市地以街道划分地价区，按地位重要与否，而分为各种等级。第四，估计。即将城乡地价，加以精密估计。第五，公告。县政府县地政局联名公告，业主有异议时，可提出县地政局处理。①

江苏各县办理土地登记，原定由县土地局第三课办理，后因事务纷繁，特于第三课下，设一登记处专司其事。登记处为办理起便利起见，又分为几处：第一，收件处。收件处为专收申请人的申请文件而设，如各县业务扩张时，可以酌设若干收件分处。第二，问讯处。问讯处系为便利申请登记人询问关于登记一切手续而设。第三，代书处。代书处系为便利老百姓申请土地登记及抄录登记节本而设。代书人概不支薪，代书申请登记各项文件，得收代书费大洋 1 角。又代缮呈文及抄件，每百字收代书费大洋 4 分，如有额外需索，或故意留难，由申请人向县土地局报告，以凭核办。②

根据《江苏省县土地局办理登记人保证规则》，江苏省规定办理土地登记人员，必须取具确实保证，如有亏挪舞弊情事，均以保证人质问。办理登记人员到差以前，须先取具保证书，其在本规则实施以前到差者，应一律遵照补具。保证书分甲种保证书及乙种保证书。甲种保证书以殷实商店经县土地局派员查对属实者为限；乙种保证人，以现任公务员或声望素著的公正绅士得县土地局局长认可者为限。办理人员除直接征收款项及经管老百姓呈验契据各员，应取具甲种保证书外，其余均应取具乙种保证书。保证人须于保

① 林诗旦：《江苏省地政局实习调查报告日记》，第 59810—59814 页。
② 谌琨：《江苏之土地登记》，第 16191—16195 页。

证书上，依式填写，签名盖章；其甲种保证书，并应加盖商店戳记。办理登记人员，在任职期内，如有亏挪侵蚀公款，及其他舞弊受贿，损失公款契据或畏罪逃窜逸情形，应由保证人负完全责任。[①]

江苏省为提高登记技能，特于省土地局设立土地登记人员训练班，将各县办理登记人员，调省切实训练，训练后，仍分发回县服务。截至1934年12月止，训练班共毕业两班。第一班共有50人，修业期间为40日，于1934年4月开学，5月毕业。第二班共有40人，修业期间为两月，于同年5月开学，7月毕业。（参见表5.3.2）根据《江苏省土地局训练登记人员办法大纲》，训练讲授与实习并重，其重要科目有本省现行土地法规、土地法、登记簿记载法、清丈及绘算常识、土地经济与土地政策概要、登记实习。训练班开办及经常用费，归省土地局负担，至各学员膳宿书籍用品等费，悉归自备。各县土地局或筹备处现任职员，送省训练，仍支原薪，其他学员由保送各县于征收清丈费项下支给每人补助费20元。[②]

表5.3.2 江苏省镇江等12县选送训练登记人员学额表[③]

县别	第一学期	第二学期	共计人数
镇江	5	3	8
丹阳	4	4	8
武进	7	2	9
嘉定	4	4	8
上海	2	6	8
青浦	4	4	8
无锡	7	2	9
吴县	7	2	9
常熟	2	7	9

① 谌琨：《江苏之土地登记》，第16204—16206页。
② 谌琨：《江苏之土地登记》，第16197—16201页。
③ 谌琨：《江苏之土地登记》，第16202—16203页。

续表

县别	第一学期	第二学期	共计人数
松江	2	6	8
奉贤	4	4	8
南汇	2	6	8
总计	50	50	100

为了取得地方士绅的支持，江苏省土地局还颁布了《各县土地登记协助委员会章程》。根据章程，土地登记协助委员会由县长会同县土地局长遴选地方公正人士 5—9 人组成，每半月由县长召集开会一次，讨论土地登记事宜，为县土地局提供咨询。①

江苏省关于土地登记方面的实施办法可以说规定到了极为详细的地步，其主要内容与《土地法》的基本原则保持了一致，但又根据江苏省的实际做了一些补充。通过这些繁杂的条规，政府宣示了其作为产权保护者的角色及权力，这反映出江苏省政府在完善其公共管理职能方面的努力。

安徽部分地区曾为中共土地革命的根据地，在这些地区“人民所有田土契约文据多被焚弃损失，人民对于土地权多感困难”②。根据1932年6月颁布的《剿匪区内各省农村土地处理条例》：“凡经赤匪实行分田之县或乡镇，于收复后，为处理土地及其他不动产所有权之纠纷，及办理一切善后事宜，得设农村复兴委员会”。“农村复兴委员会，处理被匪分散之田地，及其他不动产所引起之纠纷，一律以发还原主，确定其所有权为原则。”③

“凡被赤匪分散，而经界未毁之田地，业主提出其原有契据，经乡或镇农村复兴委员会审查属实者，应令业主呈报地价及税额，转报区及县农村复兴委员会，前项审查期间，自接受业主提出契据之日起，不得逾十五日。”县农村复兴委员会，接据乡或镇农村复兴委员会报告后，“应为假登记，并

① 江苏省地政局：《江苏省土地行政报告》（1936 年），第 17 页。
② 《抗战前国家建设史料（内政方面）》，《革命文献》第 71 辑，第 66 页。
③ 《中华民国史档案资料汇编》第五辑第一编，“财政经济（七）”，第 178—180 页。

于一星期内，汇案公告之，经过一个月后无异议者，即为所有权之登记，并换给管业证书”，“凡被赤匪分散而经界未毁之田地，若原契遗失，或被焚毁者，原业主得开具亩数，坐落界地，由本乡镇或邻乡镇农村复兴委员会之委员二人以上之保证，出具书状，经所管之乡或镇农村复兴委员会，审查属实者，应令业主呈报地价及税额，转报县农村复兴委员会核定之。”县农村复兴委员会复核后进行公告，三个月后无异议，即为所有权之登记，并给予管业证书。[①]

凡田地经界已毁，不易恢复原状者，其业主应提出原有契据，无契据者，应取保证书，报经农村复兴委员会审查属实后，应由乡或镇农村复兴委员会，斟酌地理情状，划为若干小区，定期召集区内业主会议，并呈报县农村复兴委员会备案。“区内业主会议，各以其原有契据，或保证书状所载之亩数，坐落界址为根据，指明田亩原状，经到会业主，公开审查，互相承认后，乡或镇农村复兴委员会，即为划定界址。”[②]

安徽八都湖试办区地亩经清丈后，即开始办理登记事宜。无税地应由原业户按照该地价格，缴纳二十分之一之地价，溢额地应补缴三年粮赋，其有粮无地或地少粮多者应分别减免粮赋；前条应缴地价及补缴粮赋于登记时，一并缴足，发给所有权状，再通知该管县政府，按亩升科；原业户逾规定时期不缴清粮赋地价，即将该无税地，及溢额地划出标管。[③]但是土地登记遭八都湖业主的极烈反对，其理由有三：“违背总理遗教：只有申报地价，而从未有估价之说；靡费公款：多设一机关，多一笔开销；滋生弊端：估价人员学识经验，私道德有优劣，估价遂有不公允之虞，容易导致纠纷与各种弊端。”

土地处接得是项条陈意见后，批复如下：

① 《中华民国史档案资料汇编》第五辑第一编，“财政经济（七）”，第180—181页。
② 《中华民国史档案资料汇编》第五辑第一编，“财政经济（七）”，第180—182页。
③ 金延泽、许振鸾：《安徽省土地整理处实习总报告》，第84666—84667页。

安徽省土地整理处批

原具呈人八都湖圩民代表王华生等

呈为免设试办区地价评判委员会，条陈意见请采择由

呈悉：查土地法原则，前于民国十八年（1929年）一月十六日，经中央政治会议第171次会议议决通过，送立法院；其第一项内开："征收土地税以地值为根据——总理主张由老百姓（即土地所有权者）自由申报地价，以所申报之数额为征税标准，但政府得按照申报之价收买之。其目的在使老百姓不敢因图避免少数地税，致将地价短报，用意至善。查政府于此种情形中，收买老百姓土地，普通办法系将其土地拍卖所得之卖价，先照原地主之价偿还，除归政府所有。但此种办法，在实施时，每为社会上及经济上一时的情形所迫，致生窒碍。（例如加拿大之云奇华市，于欧战后之数年间，将欠缴地税之土地每次拍卖，少有应之者。又青岛在德人管理时，关于此点，感受同样困难。）兹拟此办法，略加以补充：关于都市之土地，在老百姓申报地价后，政府再加以估定，每年征收地税，以政府估定地值为标准；至于征收土地增益税，则以申报地价为标准，但政府仍保留其按照申报地价收买之权。似此于实行上较为便利也。"等语，又土地法第四编第238第239等条，对于申报地价与估计地价二种，均经明白规定。是土地登记，应以申报地价为标准，而政府将来征收土地税，则以估计地价为根据。八都湖试办区地价评判委员会暂行规则，前经依法拟定，呈奉省政府第332次常会议决通过在案。事关法案，碍难变更，拟呈前情，合行批示，仰即知照，

此批。[①]

根据安徽省土地整理处指示，八都湖土办理地登记。土地登记的各种册籍编造如下：第一，登记簿。此簿系记载申请书内下列各事项：（1）土地

① 金延泽、许振鸾：《安徽省土地整理处实习总报告》，第84667—84671页。

坐落、种类、面积、四至；（2）定着物及现值；（3）四邻土地概况；（4）现时使用状况，并使用人之姓名，及使用人与所有权人的关系；（5）有无共有权及他项权利的关系；（6）共有权人及他项权利人的姓名；（7）土地价值及原纳税额；（8）申请人的姓名、籍贯、年龄、住址、职业，申请人为法人时，应记明其机关名称及代表人姓名；（9）其他应记明之事项；（10）附呈契据、粮串等证明文件及件数。第二，登记收件簿。此簿系登记处接受业主申请书时，将收件日期、收件号数申请人姓名、住址、登记标的登记入之簿册。第三，公告簿。系登记处接受申请书后，于五日内，将左列各事项，登报公告，确定产权。（1）申请为所有权登记人之姓名、籍贯、住址；（2）土地坐落、四至、面积及其定着物；（3）所有权以外的权利关系，及其权利人的姓名、籍贯；（4）申请登记年月日；（5）于该土地有权利关系人提出异议的期限。第四，土地登记证存根簿系公告期满，而无异议者，即为产权之确定，由土地整理处转请省政府发给土地登记证之存根簿。第五，登记总图分区图分段图，系发给土地登记证时，连同此项实测分段地图，粘附于红契。[①]登记簿、登记收件簿、公告簿、土地登记存根簿、测图及他项权利证明书存根，依据土地法规定，应永远保存，并应备具副本，以防遗失，使政府对于全国土地，无论属于公私，皆得有所考查。[②]

湖北习惯，推收事宜由册书办理。百姓买卖田产，由买主请求经管册书，向卖主经管册书办理田赋移转手续，并给一张凭单作为产权转移的根据。[③]为了整顿这种私相授受的情形，1928 年 8 月，湖北省财政厅公布买卖田地没有办理手续的农户补办手续的《补契办法》。《办法》规定，百姓因天灾人祸等不可抗力将买入土地的凭证丢失，可申请补办。补办时，要先到县里请领申请表，按照要求填好，并取具四邻保结，以及可以证明产权的文件，交到县政府。县政府接到申请后，须将相关内容制成布告，在该户主田

---

① 金延泽、许振鸾：《安徽省土地整理处实习总报告》，第 84707—84710 页。

② 金延泽、许振鸾：《安徽省土地整理处实习总报告》，第 84710 页。

③ 《湖北县政概况》第一册，第 235 页。

产附近公示1月，如无异议，便可办理。手续办完后，前缴各种证件加盖公章后一并发还。每补办一份收手续费0.2元，如果以前没有缴税得补契税。[①]

1929年5月，湖北武昌县颁布《湖北省武昌县推收户粮章程》，规定："不动产之业户应一律遵章推收，领取承粮户折，违者照应完田赋加倍处罚"；"凡业户请求推收时，须缴验红契，并将买主及卖主原有承粮户折同时呈缴，以便推收换折"；"凡因继承、分析、赠与施舍等类移转所有权之业户"，请求推收时，也应如土地买卖一样办理。[②]

为办理民间土地过户手续，各县开始设立推收所[③]，但推收工作并不顺利，有的县由于经费的问题，推收所设立后又裁撤，推收工作有的交给过去的册书、里书，有的则在田赋征收机构内安排1人代办。[④]

百姓买卖田地多不愿意到县政府办理推收手续，主要就是为了逃税。鉴于有地无粮的问题之严重，1934年10月，武昌县颁布《无粮田地升科暂行办法》，规定："无粮田地，不论公有私有，均应报请升科"；"责成各区保甲长按所辖境内无粮田地切实清查劝导申请升科，如有不服劝导者，应随时呈报县政府核办"；"凡逾限不报之隐匿田地，准许老百姓随时举发或密报，俟查实时，得由罚金或卖金内提三成奖给举发人或密报人。"[⑤]

匿地避税现象依然严重。1937年11月，湖北省政府通过《湖北各县田地推收过户规则》，规定：各县田地推收过户事项由县政府经征处办理，未设经征处县份由税契室办理；田地买卖、继承、分家、赠与、互换等各种形式的产权转移，新业户要在六个月内申请推收过户；办理推收人员受到业户过户申请，应认真登记，并填写承粮户折，户折上的主要内容包括粮户姓名、不动产种类、座落面积四至等；业户应由本人或委托代理人向经征处或

① 缪启愉：《武昌田赋之研究》，第12109—12110页。
② 缪启愉：《武昌田赋之研究》，第12113—12114页。
③ 《湖北县政概况》第一册，第104页。
④ 缪启愉：《武昌田赋之研究》，第12096—12099页。
⑤ 缪启愉：《武昌田赋之研究》，第12095页。

税契室申请推收，不得委托旧日里书代办或向其私自过户；办理推收过户的手续费为，上中下各则田地每亩收 1 角，特下则田地每亩收 5 分；业户缴纳手续费后，应立即发给新户折，并发还缴验证件，同时将旧户折注销；产权转移时，应以田地所在地区立户，不得登记在另外村庄；经征推收组应设有推收登记册、户领坵册、坵领户册；办理推收人员如有故意刁难或浮收手续费者，一经查实，即须严惩；各区联保主任及保甲长对于有产权变动的业户应催促业主在期限内过户。[①] 由于大部分地方都没有进行有效的土地测量，土地登记整理的效果并不理想。

武昌、汉阳、汉川完成清丈后，根据“湖北省发给土地所有权状规则”，土地丈量完毕，应由临时土地登记处公布清丈图单，并将登记通知发给业主，业主在五日内携带契据或其他证明文件，申请登记。登记处收到业主交来的各种资料后，即与当地的联保主任或保长审查核定，并登记在鱼鳞册上。同时在原件上盖验讫年月日戳记，及经手人的私章。在三日内业主凭所执收据，领取产权证明，如业主原契遗失，或因其他原因无法提交时，应说明原因，取具土地四邻业主担保证明，缴给登记处审核并在田产附近公告，如果七天内无人提出异议，便可产权证明。[②]

江西省土地交易过户手续一直由架书办理，弊端重重。[③] 针对这一问题，有人提出了整顿办法，“将推收事宜，提归官办，由各县财政局设立推收专所，以前架书原管推收户册及实征底册，一律呈缴。凡民间田地买卖，规定于立契成交后，由买主携带原契或老契，会同卖主赴推收所将应完丁米过割清楚，由推收所发给官印单，为推收过户承粮之凭证。再由买主检同契纸印单，送交财政局契税处税契。如无印单者，认为粮未过割，不予盖印收税。嗣后民间买卖田产，如无官印单呈验，但凭契纸，皆为无效。一面再由推收所编造坵领户册及户领坵册，于过粮时将新户的名、住址及粮额，登记入

① 《湖北各县田地推收过户规则》，湖北省档案馆藏，档号：LSE 2.12-2（1）。

② 缪启愉：《武昌田赋之研究》，第 12086—12087 页。

③ 周炳文：《江西旧抚州府属田赋之研究》，第 3403 页。

册，并查照以前架书所缴之原册，将旧户名，予以除销。次年即凭此新册，造串收粮，如此则民间隐匿及架书蒙蔽之弊，可以祛除矣”[①]。

1933年，江西财政厅颁布命令，要求各县推收承办人，一律须查验红契，才能办理业主之间的钱粮交割。江西财政厅还制定了“推收过割查验证”的标准版式，每一件查验证都有编号，上面必须注明的内容包括买卖双方所住区都图甲，交易地产的数量，地产的红契字号，以及收取多少手续费等。推收承办人按要求填好“推收过割查验证”，交县政府审查。推收手续费每亩不得超过5角。如果推收承办人违反上述规定，县政府就要追收其登记底册，并取消其推收承办人资格。[②]

江西省还试图通过恢复义图制，来加强地籍管理，一方面保证田赋的征收，一方面促进土地登记。

时人有云：“义图之制，江西自古即有，惟洪羊（杨）乱后，老百姓流离死亡，其制乃渐颓坏，省政府有鉴于此，觉义图旧制颇称完善，实为整理田赋剔除积弊之要政，对于清理积欠，均由图甲中负责，故飞洒诡寄侵蚀中饱之弊，不至发生。义图完成，在省库可望收入之增加，在粮户可免追呼之痛苦。”[③]

调查称，江西义图之设，大都起于清代漕运兑本色之际，其时，完纳期限綦严，逾期有罚，民间为避免重罚起见，于是创办义图，立约共守。各图田赋，设立缴纳期限，由图甲长收齐后，赴县城粮柜缴纳，年清年款，不能拖欠。田地买卖的推收过户，也处理得十分认真。一般所谓飞洒、诡寄、侵占、私吞这些弊端，在义图中较少发生。太平天国运动后，漕粮停运改折，完期宽展，民欠渐多，义图消失过半，即存留者也没有以前那样完善。[④]

1915年，江西财政当局鉴于鼎革以来，旧有义图废散，田赋紊乱，积

① 周炳文：《江西旧抚州府属田赋之研究》，第3532—3533页。
② 周炳文：《江西旧抚州府属田赋之研究》，第3425页。
③ 周炳文：《江西旧抚州府属田赋之研究》，第3403页。
④ 曹乃疆：《江西义图制之研究》，第38473—38475页。

弊日深，整顿措施，除确定额数，归并税目外，只有整顿义图，以去积弊，增加税收。于是拟定“筹办义图通则”颁布施行，至1920年又略加修正。主要措施是，对原有义图，举凡粮有定数，按年照额全完者，仍准其存在，其有托名义图包揽钱粮，以及历年积欠的“局董”“都图长”等，一律取消。[①]

江西各县筹办义图，各根据地方实际情形：或合一姓为一义图，或合一村为一义图，或联合数村数姓共成一义图，悉从民便，但务须普及全县。义图之内，不必强分总董、都长等层级，亦不准沿用“局”之类的名称。以前旧制，图有图长，甲有甲首，今仍其旧。一甲的甲首由业主公推殷实耆民充任，图长由各甲首值年轮充，但有都堡组织而无图甲的地方，即名都长、堡长（其制与图甲同）；如都、堡之下有图甲者，不得设都、堡长。[②]

在县城内设立义图董事会，由县知事遴选素有声望的，殷实正绅若，充任董事，而以县知事为会长，于董事中推举一人为干事，辅佐会长处理会务，并得设书记、庶务各一人，受会长、干事指挥，办理会务，并应详报立案。董事会专负筹办义图之责，并得随时召集各乡耆绅，筹议进行方法，及考察各图所办义图的成效，以及议决其他义图一切事项，只是不得经手钱粮，包揽代纳。[③]

义图成立后，图内业主钱粮，责成各甲甲首，按户催收，限日缴齐，开具户名及应纳粮额，交由图长汇齐，并邀各甲甲首按期赴县柜清完并拿到串票，并限日齐集，将串票按户发放，以纳税规定日期前三日或五日为集中缴税之期，后三日或五日为发放串票之期。在缴税的日子里，无钱缴纳者，处罚业主；在发放串票的日子里，无串发放或缺少串票者，罚图长甲首，其罚则由各图自行公议规定，或分限酌加，或一次议罚，其最高额不得逾应纳正赋十分之一，所罚之款，归各本图作为公债存储，或购谷备荒，或公修陂、

① 曹乃疆：《江西义图制之研究》，第38485—38486页。
② 曹乃疆：《江西义图制之研究》，第38486—38487页。
③ 曹乃疆：《江西义图制之研究》，第38487页。

塘、堤、堰，均详细写入规则中。[①]

办理义图经费，向农民摊派。最高以应纳正赋 2% 为限。至图长甲首如何匀配支给，由各图公议，也写入义图规则之中，呈县核定。[②]

凡全完义图，无论旧有、新立，均于全完之日，由县政府照褒奖条例，给予匾额，以示鼓励。[③]

义图业主银米底册，应由经管册书，于每年田赋开征前，照录一份，送交图长甲正，以备查考。县政府于开征前制发的易知由单到图后，由该图长甲首查对册书录送之册，数目相符，即行散给各业主，遵照完纳，不得拖欠。[④]

义图内如遇有买卖田亩、产权变更之事，应即行推收过割，不得有飞洒抱纳之情形，凡由册书（或架书）办理图内推收过割者，应随时开单送交图长甲正，以便稽核而利催征，不得违误。[⑤]

江西高安县义图始建于清康熙五十年（1711），编全县为一百五十五图，每图分为十甲。数百年来，百姓相沿成习，视为当然，绝少拖欠。

高安县各义图，为办事便利起见，组织全县义图联合会，以总理全县义图事务，会址设于县城。其组织，由全县 155 图中，每年轮推图长 31 人为当班，由当班图长中，互选 6 人为代表，长川驻会，负传达政府命令，督饬各图长办理征解赋税，及其他应办事宜，并负责调解各图间发生之纠纷。义图联合会驻会代表，遇有不能解决事项，则召集当班图长或全县图长会议解决。义图联合会代表，均不支薪，但得酌给伙食费，会内设书记一人，得由代表兼任，办理文书及会计事宜，并得酌用夫役。其驻会代表伙食费，书记薪金及夫役工食与会中办公用费，由县政府照例拨付，如遇有特别事故不敷

① 曹乃疆：《江西义图制之研究》，第 38490—38491 页。
② 曹乃疆：《江西义图制之研究》，第 38491—38492 页。
③ 曹乃疆：《江西义图制之研究》，第 38492 页。
④ 曹乃疆：《江西义图制之研究》，第 38494—38495 页。
⑤ 曹乃疆：《江西义图制之研究》，第 38496 页。

开支时，由全县义图会议筹措。

至驻会代表的选举，定于每年12月1日，由上届代表于10日前发出通告，并呈报县政府派员监选，选举代表会由当班图长组织。当班图长分上、中、下、南、北乡五组，每组须有额定人数三分之二以上出席，方得开始投票，并应由当班图长亲自出席，否则以放弃选举权论，但有正式委托书者，不在此限。选举结果，应由开票员作成报告，呈由监选人转呈县政府，查明当选人，发给当选证书，当选人不愿当选时，应于接到证书后5日，呈报县政府，通告该组各当班图长，重新选举。①

江西省靖安县义图，创立于清道光年间。自清同治以后，变更都图名称，使都图合一。每都分编十甲，设一义图，都图长曰当年，亦称大粮户，由各甲轮充，十年一周，经理图会之事。各都图于县城各设图公馆，以便办公。每甲设小粮户一二人，由甲内花户公推粮赋较多者担任，无一定任期，如非怠职，即可久任其事。这种义图组织，相沿办理，并未受到破坏。② 其经费来源，约有下述三种：一是都图"基金"。各都图在举办之初，或按田赋额，或根据业主财力，酌量捐钱，作为都图公共基金，公放生息，利息收入作为都图经费。二是各甲户会款。各甲在义图成立时，设立户门会，甲内凡十六岁以上六十岁以下农民皆须入会，各量力出钱一二百文不等，作为存款，所收利息，用于该甲轮充当年时雇请单催，以及平时津贴小粮户，多余部分则作为纳税时的赔补。三是逾限罚金。对逾限不完之户，按照田赋额银每两加罚一二百文，米每石加罚二三百文不等，这些罚金用作本甲办公经费。③

1930年，江西省令各县筹设财政局，将经征人员改隶财政局，并核减人数及费用。同时地方需用浩繁，每随粮带征附捐。于是业主不再积极投柜完纳，常需各甲长当年协催。由图长经收汇缴，粮柜按单销欠，再取纳粮串票交图长发给农户。县政府以临时图长经收税款，大多不照实数缴县，产生

① 曹乃疆：《江西义图制之研究》，第38503—38505页。
② 曹乃疆：《江西义图制之研究》，第38517—38518页。
③ 曹乃疆：《江西义图制之研究》，第38523—38524页。

许多弊端。良好图规，渐行败坏。[①]

1932年6月，江西省财政厅以全省财政，入不抵出，困难臻于极点，认为必须整顿田赋，以裕税收。而整顿田赋，固以实行土地清丈，为治本举措，但是土地清丈不是很快就能完成，治标办法，在于有恢复县义图组织。[②]江西省财政厅，既决意办理义图，遂调取高安、靖安、安义三县保存较好的义图成规，拟定《江西省各县义图通则》，提经省务会议通过，令饬各县遵照：凡从前未设义图，或虽有义图，尚未普及的县份，限令赶紧筹办成立；若有名为义图，实由土劣把持，不能照额全完者，亦即勒令取销，从速依照通则规定，改组具报。[③]根据《各县办理义图进行程序》，分为三期，限以三月，务使简捷易行，统限于1933年1月15日以前，一律具报完成。[④]

江西省财政厅，为使各县义图健全起见，令饬各县拟具标准式样，呈厅核准，然后转饬全县义图，参照订定各该图义图公约，以资信守。

鄱阳县某某都某某图公约

第一条：本图设图长一人，每甲设甲正甲副各一人，甲正由粮户推举本甲品行端正，纳赋较多者充之，图长由各甲正挨年依次轮充，甲副由甲正择用。□甲正轮充图长之年，仍兼充原甲甲正。

第二条：图长受县政府之指挥监督，甲正受图长之指挥监督，承催本图本甲各粮户清完田赋事宜，甲副协助甲正，办理催完事项。

第三条：图内田赋清完期限，第一期自本年十月起至月底止，第二期自十二月一日起至月底止，照额全完，不得蒂欠。

第四条：验票清图日期，第一期定于本年十一月十日，第二期定于次年一月十日，均由图长督同甲正于期前十日，通知各粮户，届时持票到图验明盖戳。

①　曹乃疆：《江西义图制之研究》，第38497—38499页。
②　曹乃疆：《江西义图制之研究》，第38565页。
③　曹乃疆：《江西义图制之研究》，第38567页。
④　曹乃疆：《江西义图制之研究》，第38587—38591、38605页。

第五条：粮户无票交验者，应由图长于三日内赴柜垫完，掣票转给该甲甲正，即由甲正垫还图长，再由甲正将串转给欠户，限令欠户于五日内还垫，并按照正税处以百分三十之义图罚金，同日清缴。如欠户不依限将前项垫款及罚金照数清缴时，即由图长开单报告县政府派警严行追办。

第六条：如田地完整，粮户他往，应责成佃户或亲属代完，事后准其扣抵租谷，或如数归还。

第七条：义图罚金，除以二成为本图公积金外，以四成充图甲办公费，以四成充图长、甲正垫款息金。

第八条：公积金，应共同商议存放殷实户生息，无论何人，不准挪用。

第九条：图长交接时期，以每年二月间行之，旧任应将所有田赋底册、账簿、公积金等，移交新任接收。

第十条：值年图长，每届交代前，须将全年收支账目，召集全图甲正，开图务会议，公同核算无讹，再行开单公布，以昭大信。

第十一条：图长、甲正均为义务职，概不给薪，亦不准以任何名义派收款项。

第十二条：本公约内规定之年月日，均以国历计算。

第十三条：本公约如有未尽事宜，得由全图会议议决，呈请县政府修改之。

第十四条：本公约自呈奉核准后发生效力。[①]

为重建义图，1932年10月高安县政府依据省颁江西省各县义图通则，拟定“高安县义图办事通则”，规定义图图长综理图务，直接对县政府及粮户负责，甲长、滚催协助图长，办理征解事宜，直接对图长及粮户负责，各

① 曹乃疆：《江西义图制之研究》，第38614—38618页。

图丁、米由各图自定全数清完期限，但至迟上忙不得过农历九月底，下忙不得过次年二月底，米折不得过十二月底。

每年地丁开征前，图长即须向县政府请领粮额通知单，转由各甲长分发各粮户，并督催各粮户遵限完纳，限满即行召集图务会议，开验粮票，对无票粮户，照成规从重处罚并由图长垫完掣串转给，限日连同罚款，一并清缴，如再迟延，加倍处罚，不服者呈由县政府处罚。每年米折开征时，图长除由县请领通知由单，分饬甲长敬发粮户外，并召集图务会议，决定由图汇收解缴日期，最长不得超过限后十日。再行通告各粮户遵照缴纳，倘有逾限不缴，即照例处罚，不服者呈请县政府惩办。前项罚金全部留作本图公积金，或充办公费及图甲长垫款息金。

图长或甲长经手征解丁米时，对于已经完清粮户串票，须于本图自定令完期限后十日内转发各户收执，如有延忽，由图内花户报告县政府查明惩办。图内田亩，遇有买卖过割时，由粮户报由甲长转报图长登记，再由图长分抄清单，送县交粮柜分别定册。每年轮值甲长及滚催交代时期，于农历二三月间进行，亦得照各图旧日习惯。轮值甲长及滚催交卸，应由图长召集图务会议，将轮值任内经手一切账目核算清楚后，再当众移交下任接替。[①]

安义县政府也拟定整理义图办法，令饬各义图及半散图、散图遵照办理。要求根据实征册的图甲户名次序，将所有承粮户名及额定赋税，一律填列册内，并加以细查，将业主姓名、住址、田亩坐落各栏，一律详填。如有隐匿不报，或捏伪虚报者，查实重办；举发隐匿及伪报者，从优给奖并准依举报者之请求，代守秘密。[②]

在一些县份，恢复义图的工作颇有成绩。到1935年，临川“综计全县四百九十一图，均已次第完成”[③]。（参见表5.3.3）另外如江西东乡县原有义图158图，1934年新编84图，全县仅有2图尚未编完。义图设图长甲正，轮流

① 曹乃疆：《江西义图制之研究》，第38505—38508页。
② 曹乃疆：《江西义图制之研究》，第38541—8543页。
③ 周炳文：《江西旧抚州府属田赋之研究》，第3405页。

当值，管理一年田赋催征事宜。[①]截至1935年年底，全省各县已大部完竣。[②]

表 5.3.3　1935 年临川县义图统计表

区别	都数	图数	甲数	户数	丁米数额		水冲沙压逃亡绝户	
					丁银（两）	米额（石）	丁银(两)	米额（石）
第一区	12	85	850	17867	7395.171	3363.12	346.146	157.196
第二区	8	61	610	13702	6353.379	2884.905	78.161	35.433
第三区	11	53	530	15154	8414.247	3821.146	144.424	66.083
第四区	7	29	290	8100	9186.804	1892.083	156.955	69.980
第五区	13	61	610	14657	8874.450	4037.660	357.857	155.299
第六区	14	78	780	16088	7189.166	3265.222	275.329	126.944
第七区	7	60	600	160181	8814.952	4000.942	71.776	32.042
第八区	8	67	670	16760	7869.510	3573.180	177.368	74.356
合计	80	494	4940	262509	64097.679	26838.258	1608.016	717.333

数据来源：周炳文：《江西旧抚州府属田赋之研究》，第 3306—3307 页。

根据表 5.3.4，抗战前土地登记办理，以江苏、江西、湖北、广东等省成绩较好。

表 5.3.4　各省市土地登记业务进展一览表（1936 年）[③]

省市别	正式登记	注册发照
江苏	奉贤等 17 县已完成登记	
浙江		杭县等 14 县市
安徽		八都湖试办区怀宁县属部分业已登记完竣，东流县属部分正在办理中
江西	南昌市及南昌新建安义等县登记正在办理中	
湖北	武昌等 9 县市城区土地开始办理登记	

① 周炳文：《江西旧抚州府属田赋之研究》，第 3409 页。
② 曹乃疆：《江西义图制之研究》，第 38633—38635 页。
③ 《抗战前建国史料（内政方面）》，《革命文献》第 71 辑，第 368—372 页。

续表

省市别	正式登记	注册发照
河南	开封城关区登记完竣，郑州市汜水县正在办理中，开封郑县四乡已开始登记	
湖南	常德汉寿沅江南县四县已开始举办登记	
青海		
福建	闽侯正在办理登记中	
广东	南海等 11 县及广州汕头 2 市	
广西		南宁
云南		昆明等 57 县已开始发照
宁夏	先由宁夏省城试办	
南京	城区及下关区已测竣区域	
上海	沪南等 16 区及特别区	
北平	预定先由城区举办登记俟城区登记完毕再行推及四乡	
天津		
青岛	现正分区办理土地登记	已领图照区域换发土地权利书状

随着抗日战争的爆发，大片国土沦陷，地籍整理工作整体受到了影响，但是，由于中央财政对田赋的依赖程度加深，国民政府中央对地籍整理仍然是高度重视。

1942 年 6 月，财政部颁布《三十二年全国各省县市举办业户总归户推进办法》，要求已办陈报或清丈县份按户领坵册或登记簿办理总归户，应在 1943 年 4 月底完成；未办陈报或清丈县份按旧有征粮底册办理总归户，应在 1943 年 5 月底完成。[①]

根据《云南省田赋管理处接管各县属耕地登记事宜暂行办法》，“本省各县属田赋推收事宜，其办法除未经实施耕地清丈之镇越等十九县及中甸县第一、二、四、五各区应另案规定外，至业经清丈之昆明等一百一十县及中甸第三区应仍暂照旧案办理耕地登”。各县耕地事宜，统由各该县田赋管理处

① 关吉玉、刘国明、余钦悌编纂：《田赋会要第四篇：田赋法令》，第 165—166 页。

办理。耕地登记的内容包括土地权利移转、典权之设定与变更等。办理耕地登记者，准免予购买官纸缴纳契税但必须缴纳登记费或照费，“杜卖报请登记者，由买主照地价缴纳登记费百分之五”，“出典报请登记者，由典主照典价缴纳登记费百分之三”。[①]

根据《广东省田赋管理处整理各县田赋册籍暂行办法》，“凡业户管有田亩，当调查编册时，查定面积如有不符，或段号之内划分不清者，准由业户填具申请书申述原委，由田亩所在地乡保长签证，送请县田管处派员会同乡保长召集申请人前往会勘测丈明确，予以更正，并依其实测地积按照原计定地价核定赋额”。“业权人姓名住址调查编册如有错误者，送县田管处项目办理。”“业户管有田亩，当调查时有误编段号，或倒置错乱，及因自行分割而有不符者得申具原委，由田亩所在地乡保长签注呈请县田管处派员会同乡公所测勘更正之。”“业户管有田亩，当调查时因乡界划分未清，误将田亩重编，致使一田两赋者，业权人得将田亩面积坵数坐落四至填具申请书，由田亩所在地乡保长之签证送请县田管处派员会同各该乡公所按址勘测清楚后准予注销。”“查勘人员旅离费由县田管处支给，不得藉端需索申请人。”“县田管处对于查勘案件，如有发觉扶同隐匿等情弊，申请人及查勘人员、乡镇公所负责人应予从严惩处。”“申请更正日期以三个月为限。”[②]

本章小结

为了推进地籍整理，南京国民政府制定了一系列的方针政策、法律法规。同时，还建立了从中央到地方堪称完备的地籍管理机构、地籍测丈队伍，显示出南京国民政府重建地籍管理系统的决心。

地籍整理比较精准的方法是地籍测量。但是，限于经费、人才，特别是

① 关吉玉、刘国明、余钦悌编纂：《田赋会要第四篇：田赋法令》，第277—280页。
② 关吉玉、刘国明、余钦悌编纂：《田赋会要第四篇：田赋法令》，第298—299页。

受到时局的影响，地籍测量只在很少地方得以实施。在一些地方，为节约经费与时间起见，采取了简易测丈的办法。比较普遍的做法是土地陈报，这显然是受到时局等因素的制约而采取的一种治标之策。相比于其他方法，土地陈报更加依赖于县域各级行政人员的努力及乡村业主的合作，其中县长的责任心又居于首要位置。

土地登记的目的是为了巩固土地清丈成果，增加政府的税收，并保障国家在产权确立方面的权威。无论是国民政府中央还是地方政府，关于土地登记都出台了比较完备的举措。但是，在土地测量取得实质性进展之前，土地登记的推进仍然不能摆脱册书人等方面的影响。

地籍整理不仅需要国家的积极推动，还需要地方社会的积极配合，但从实践过程来看，尽管国家强力推进，乡村社会的积极性并不高，显然影响了地籍整理的进展。随着抗日战争的爆发，已取得的成果毁于一旦，赓续进行的地籍整理也因为政策措施的调整以及战争环境的制约，效果进一步受到影响。

第六章
南京国民政府乡村地籍整理的绩效分析

在实施地籍整理的地区，都取得了一定的成效，主要表现为承粮面积增加，政府税收增长，土地登记系统有所改进，土地税率有所调低，在一些县份尝试开征地价税。但是，整体而言，进展又是有限的。

第一节　对地籍管理的影响

经过土地整理的区域，地籍管理系统得到一定程度的完善，表现为政府所掌握的耕地面积有所增加，土地登记制度得到初步的改进。

一、承粮面积有一定增加

经过地籍整理，湖北各县的课税耕地面积数都有增加[①]，综合计算，承粮面积增加了 1277 万余亩，增加了 110%。（参见表 6.1.1）

① 参见李铁强：《土地、国家与农民——基于湖北田赋问题的实证研究（1912—1949 年）》，第四章第三节。

表 6.1.1　1927—1940 年湖北各县地籍整理前后耕地面积变化表（单位：亩）

县别	整理前（a）	整理后（b）	b 为 a 百分比
武昌	1057696	1213712	114.8%
汉阳	675000	2301565	340.9%
汉川	742000	1114024	150.1%
咸宁	372745	537911	144.3%
蒲圻	237020	476242	200.9%
鄂城	480122	753494	156.9%
孝感	694756	1222342	175.9%
安陆	393013	719112	182.9%
黄陂	573972	1248809	217.5%
咸丰	114152	384395	337%
宣恩	102715	229194	216%
来凤	116728	137889	118%
恩施	166714	967404	580%
建始	204769	559672	273%
利川	170038	658663	387%
巴东	160414	648129	404%
五峰	27502	270106	982%
鹤峰	56059	194681	347%
郧县	300000	712651	238%
均县	234333	560051	154%
谷城	364705	833433	229%
秭归	99141	526297	531%
长阳	111366	695580	625%
兴山	65191	219946	337%
襄阳	2165343	2193181	101%
光化	445747	666626	150%
陨西	184964	488211	264%
竹溪	150000	634477	423%
房县	184864	420460	163%

续表

县别	整理前（a）	整理后（b）	b为a百分比
南漳	302195	1023458	339%
保康	97328	236355	243%
宜城	381097	824858	216%
竹山	132111	665666	504%
总计	11563800	24338594	210%

数据来源：湖北省政府秘书处编译室编：《新湖北季刊》，第1卷第4期，1940年12月。

根据表6.1.2，湖南澧县等7县土地陈报后，承粮面积增加了77余万亩，增加了21%。

表6.1.2　湖南各县土地陈报前后耕地面积增加表[①]

县别	总面积	陈报前耕地面积（亩）	陈报后耕地面积（亩）	较陈报前增减比较	增减百分比
澧县	3933000	1099447	1399852	+240405	+22%
安乡	1878500	544440	682709	+138209	+25.4%
益阳	4638000	879310	1132841	+253531	+28.8%
宜章	2770500	205187	254892	+49705	+24.2%
攸县	4054500	586869	630642	+43773	+75%
资兴	3787500	192586	237250	+44954	+23.3%
蓝山	1501500	185586	191745	+6159	+3.3%
合计	22563500	3693135	4469931	+776696	+21%

江苏镇江等4县在完成土地查报后，田亩面积有所增加。[②]由表6.1.3可知，镇江县经过土地陈报，重新划分了各类田地的等则，对原来田亩数、新增田亩数、减少田亩数、实际田亩数，有了一个比较准确的数据。

① 《抗战建国史料——田赋征实（三）》，《革命文献》第116辑，第110页，“湖南省各县土地陈报各项成果表”。

② 张德先：《江苏土地查报与土地整理》，第14475—14488页。

表 6.1.3　江苏镇江县土地查报后各则田地统计表[①]

旧科则	新等则	原额亩分	新增亩分	坍江绝户亩分	实在亩分
公庄潮田	一等上则	184	25	13	196
沙潮田	一等中则	37972	117	851	37238
山田园市地	一等下则	417970	4957	1620	421307
沙潮地	二等上则	16117	502	703	15916
芦岸地	二等中则	43648	1830	527	44951
公庄山田	二等下则	4770	37	无	4807
山地	三等上则	167688	1811	95	169404
荒白地	三等中则	9362	279	无	9641
山塘荡滩	三等下则	135320	22798	429	157689
合计		833031	32356	4238	861149

截至 1934 年 8 月，江苏省宜兴县土地查报后各则田亩之溢出数及总数如表 6.1.4 所示。总计新增课税田亩 4 万余亩。虽然与原额还有 1 万余亩的差距，但已是不小的进步。

表 6.1.4　江苏宜兴县全县土地新旧熟额统计表[②]

旧科则	新等则	旧有原额（亩）	截至 1933 年份止启征成熟田亩数（亩）	查报后报熟拱科亩数（亩）	新增熟额（亩）
平田	一等上则	1215925.7541	1115302.3751	115072.5787	35409.2036
高田	一等中则	1920.7857	16237.9477	16612.3037	374.3535
低田	一等下则	35503.8692	29072.7896	32587.6501	354.8633
平芦苇田	二等上则	2291.1760	1267.5000	1333.7403	66.2377
极高极低山竹地	二等中则	52038.8452	40189.2602	4227.526	938.2402

① 张德先：《江苏土地查报与土地整理》，第 14475—14488 页。
② 张德先：《江苏土地查报与土地整理》，第 14337—14338 页。

续表

旧科则	新等则	旧有原额（亩）	截至 1933 年份止启征成熟田亩数（亩）	查报后报熟拱科亩数（亩）	新增熟额（亩）
蓄草平芦苇低	二等下则	4877.6838	2041.0541	2254.6515	213.5974
蓄草高茶地	三等上则	2738.7666	1687.5038	1950.0317	262.5279
旧草低滩荡塘	三等中则	73225.6054	38337.2871	39088.0288	750.7417
蓄草极芦苇	三等下则	11360.8904	9945.0848	10867.7061	929.6298
总计		1416073.3764	1254084.8024	1296533.2024	42452.3951

江苏省江阴县土地查报完成后，新增田地达 28731 亩，其中漕田 8000 余亩，沙田 2 万余亩。如表 6.1.5 所示。

表 6.1.5　江苏江阴县土地查报后各区溢出田亩一览表①

区别	漕田（亩）	沙田（亩）
第一区	942.24	1006.04
第二区	625.08	2000.00
第三区	3912.56	无
第四区	无	13092.77
第五区	82.90	425.33
第六区	158.14	3512.33
第七区	320.88	无
第八区	144.13	无
第九区	169.66	无
第十区	204.19	无
第十一区	1050.00	无
第十二区	78.05	无
第十三区	262.32	无
第十四区	744.77	无
合计	8694.92	20036.47

① 张德先：《江苏土地查报与土地整理》，第 14391—14392 页。

根据表 6.1.6，江苏镇江等 7 县经过土地陈报，课税面积增加 200 余万公亩，合 41 万亩，较原额增加 37%。

表 6.1.6　江苏各县土地陈报前后耕地面积增减情形（单位：亩）[①]

县别	陈报面积	陈报前面积	增加亩数	增加百分比
镇江	6771224	6534339	235884	3.63
宜兴	7935900	7705085	172376	2.31
江阴	7393171	7459338	455364	5.48
溧阳	8762433	8307070	455364	5.48
萧县	15075322	8184308	6891015	84.19
庐阳	19326327	8737610	10588717	121.18
江都	14296408	11539978	2756430	24

根据表 6.1.7，陕西咸阳等县在土地陈报后课税面积增加了 1000 余万亩，增加了 126%。

表 6.1.7　陕西各县土地陈报前后耕地面积增减情形（单位：亩）[②]

县别	陈报面积	陈报前面积	增加面积
咸阳	4248838	2410193	1838645
南郑	3870636	2415178	145458
城固	5383579		
沔县	323063		
褒城	4244955	843074	3401881
安康	2262285	505180	1757105
宁羌	4035054		
西乡			

① 《中国土地问题之统计分析》，第 79 页，“表 42 江苏省各县土地陈报（民国二十三年至二十四年）”。
② 《中国土地问题之统计分析》，第 80—81 页，“表 44 陕西省各县土地陈报（民国二十八年）”。

续表

县别	陈报面积	陈报前面积	增加面积
洋县	5287393	1983001	3304302
汉阴		83958	
略阳		36939	
石泉			
紫阳			

根据表 6.1.8，福建长乐等县经过土地陈报，耕地面积增加了 100 余万亩，增加了约 58%。

表 6.1.8　福建各县土地陈报前后耕地面积增减情形（单位：亩）①

县别	陈报面积	陈报前面积	增加亩数	减少亩数
长乐	1184821	1335394		200573
闽侯	3585872	2787152	798720	
宁德	696889	623131	73758	
永泰	687965	546376	141589	
闽清	1220000	733333	486667	
古田	186754	1427313		
沙县	2278740	1617600	661140	
莆田	6927237	6144000	783237	
惠安	1114662	870829	243833	
金门	130490	122880	7610	
长汀	772213	1825757	1054544	

如表 6.1.9 所示，江西南昌等 13 县土地测量完成后，土地增加 227 万亩，增幅达 23%。

① 《中国土地问题之统计分析》，第 82—83 页，“表 45 陕西省各县土地陈报（民国二十六年四月）”。

表 6.1.9　江西十三县土地测量前后亩额比较表

县别	测量前面积（旧亩）	测量后面积（市亩）	增溢数
南昌	1238918	1464061	225143
安义	202761	330504	127743
新建	1179562	1442793	263231
进贤	504143	1110082	605939
清江	692294	948837	256093
东乡	500397	641434	141307
新淦	478360	581961	103601
丰城	1438478	1961431	522953
临川	1089451	1406649	317198
金溪	605978	633030	27052
峡江	415640	436282	60642
吉水	460022	893472	433450
吉安	1124131	1349800	225699
合计	9930225	13199886	2269751

资料来源：关吉玉、刘国明编纂：《田赋会要第三篇：国民政府田赋实况（上）》，正中书局 1944 年版，第 338—339 页。

如表 6.1.10 所示，浙江黄岩清丈后，耕地面积增加 60000 余亩，增幅达 9%。

表 6.1.10　浙江黄岩清丈前后田地种类及亩数比较表[①]

	清丈以前		清丈以后	
产别	田地种类	亩数（亩）	田地种类	亩数（亩）
田	1. 则田	534451.714	1. 则田	524205.698
	2. 官学田	715.611	2. 山田	24822.887
	3. 觉慈寺田	29.678	3. 涂田	18186.281
	4. 不差觉慈寺田	17.214	4. 溪田	1946.492
	5. 中津利涉田	447.7		

① 陆开瑞：《黄岩清丈经过及其成绩观测》，第 19042—19046 页。

续表

	清丈以前		清丈以后	
产别	田地种类	亩数（亩）	田地种类	亩数（亩）
田	6. 东南涂田	8378.442		
	7. 西北涂田	329.97		
	8. 西北末等涂田	18325.816		
	9. 觉慈寺涂田	326.77		
	10 民垦沙涂田	2883.393		
	11. 台州卫屯田	1197.953		
	12. 县屯田	690.71		
地	13. 则地	69509.1717	5. 则地	106784.228
	14. 官学地	179.529	6. 山地	6147.337
	15. 觉慈寺地	12.517	7. 涂地（即涂荡）	6521.68
			8. 溪地	6147.516
山	16. 则山	51114.003	9. 则山	51114.003
	17. 觉慈寺山	20		
塘	18. 则塘	8829.190	10. 则塘	14646.590
	19. 官学塘	21.1142		
总计		697414.669		761022.640

如表6.1.11所示，浙江衢县六庄清丈宣战后，增地面积共达31304亩。[①]

表6.1.11　浙江衢县清丈前后耕地面积增加数[②]

地别		原有额征数（亩）	丈实亩分数（亩）	增加实数（亩）	增加百分数
有粮地	田	15099	30128	15039	199%
	地	9005	13053	4048	145%
	山	1622	8541	6919	526%
	塘	1253	1430	177	114%

① 董中生：《浙江省办理土地陈报及编造坵地图册之经过》，第19755—19762页。
② 董中生：《浙江省办理土地陈报及编造坵地图册之经过》，第19755—19762页。

续表

地别		原有额征数（亩）	丈实亩分数（亩）	增加实数（亩）	增加百分数
无粮地	田				
	地		1887	1887	
	山		283	283	
	塘		2952	2952	
总计		26979	58284	31305	216%

根据表 6.1.12，浙江省各县经过土地陈报增加面积近 1200 万亩，增加了约 46%。

表 6.1.12　浙江各县（市）土地陈报前后耕地面积增加情形（1930 年）①

县市别	耕地总面积（亩）	陈报前面积（亩）	增加面积（亩）	增加百分比（%）	减少面积（亩）	减少百分比（%）
杭州市	1924218	7098649	3699233	50.8		
杭县	8783664					
海宁	6575619	5233066	1337553	25.5		
富阳	5721262	3671898	2049364	55.8		
余杭	4427875	3152709	1275166	40.4		
临安	2415424	1305213	1110211	85.1		
于潜	1375093	1032238	342855	33.2		
新登	1429393	775444	653949	84.3		
昌化	939727	484702	455025	93.8		
嘉兴	9021675	8056287	965385	11.9		
嘉善	4269188	3245090	1024098	31.5		
海盐	5428728	3584185	1844583	51.5		
崇德	3681391	3082402	598919	19.6		
平湖	4370162	3044122	1326040	43.5		
桐乡	3429249	3173123	76126	2.4		
吴兴	11605019	9667235	1937784	20		

① 《中国土地问题之统计分析》，第 79 页，“表 43 浙江省各县土地陈报（民国十九年）”。

续表

县市别	耕地总面积（亩）	陈报前面积（亩）	增加面积（亩）	增加百分比（%）	减少面积（亩）	减少百分比（%）
长兴	4889646	4709070	180576	3.8		
德清	3308846	3342423			33578	1
武康	3425504	2608100	817404	31.3		
安吉	2721930	1937103	784827	40.4		
孝丰	5272053	3814132	1457921	38.2		
鄞县	13553127	5418174	8134953	150.1		
慈溪	6046870	5173726	873144	16.8		
奉化	8507816	7001015	1506201	21.5		
镇海	5426795	3319157	2107638	63.5		
象山	5415841	1597395	3818446	240.3		
南田	1119079	464089	654990	141.1		
定海	6044166	2521636	3531430	140.5		
绍兴	17817137	13834503	3932643	28.7		
萧山	6416805	5179139	1237666	23.8		
诸暨	9881315	6971688	2909628	41.7		
余姚	9976649	5486814	4489835	81.8		
上虞	7657586	6486812	1170714	18		
嵊县	5688340	4459576	1228764	27.6		
新昌	4283607	1936783	2346824	121.2		
定海	6406051	4553076	1852975	40.7		
黄岩	9779076	4203811	5575235	132.6		
天寿	5283953	2423545	2855403	117.6		
仙居	4152087	1870616	2281471	121.9		
宁海	8000286	4937771	3062515	62		
温岭	3757433	3868653			111220	2.9
总计	37638069	25854054	11860842		837272	

根据表6.1.13，安徽经过土地陈报，共增加面积1000余万亩，增幅约为117%。

表 6.1.13　安徽各县土地陈报前后耕地面积比较[①]

县别	总面积（亩）	陈报前面积（亩）	陈报后面积（亩）	较陈报前增减比较（亩）	增减百分比（%）
舒城	4008750	687341	814035	+126594	+18.4
潜山	2137500	185522	553244	+367721	+198
休宁	3612750	361369	471672	+110303	+30.5
无为	4378500	1715019	1679282	-35737	-2.08
宁国	4014000	212063	724161	+512598	+242
太平	3480000	92951	234698	+141746	+152
绩溪	1467750	114132	300681	+186549	+163.7
太湖	3191550	337646	717749	+380103	+112.5
太和	36307500	108691	2266000	+2157308	+1984
黟县	679500	165295	265410	+100615	+60.87
歙县	3354300	300851	595649	+294707	+98
立煌	4983000	297586	397287	+99702	+33.2
霍邱	4851450	2337234	2952161	+614927	+26.3
泾县	3012000	209873	1021400	+811527	+389
颍上	2655750	474493	2166570	+1692077	+356.6
临泉	3197100	904406	2750961	+1846555	+204
阜阳	5424600	1977718	5063689	+3085971	+156
岳西	2368350	513536	229184	+115648	+102
霍山	3833256	227881	260041	+32159	+14
合计	97257606	10823608	23464874	12641267	+116.7

根据表 6.1.14，河南省经过土地陈报，耕地面积增加了 1600 余万亩，增幅约为 58%。

① 《抗战建国史料——田赋征实（三）》，《革命文献》第 116 辑，第 110 页，“安徽省各县土地陈报各项成果表”。

表 6.1.14 河南各县土地陈报各项成果表

县别	总面积（亩）	陈报前亩数	陈报后亩数	较陈报前增减比较（亩）	增减百分比（%）
巩县		318374	690953	+372579	+117
商水	1052589	557123	1045538	+488415	+87.6
灵宝		880882	880882		
洛宁		218299	356377	+138037	+63
阌乡		274836	300765	+25930	+9.4
荥阳		372593	567959	+195366	+52
息县		580693	2220978	+1640285	+282
卢氏		55747	355940	+299544	+532
新蔡		731884	1698806	+966922	+132
嵩县	5724014	440923	533429	+92506	+20.9
镇平	2189518	819242	931427	+112185	+14
上蔡		397554	1951188	+1553644	+391
潢川		562858	1014732	+451874	+80
光川		371648	791618	+419970	+113
遂平	1136751	266791	1103909	+837118	+31
舞阳	1312137	716084	1233502	+517419	+72
淅川		327026	362528	+35502	+11
内乡	3126544	709696	1046579	+336883	+47
鲁山	5875200	536209	812064	+275855	+51
宝丰		297000	976844	679844	+229
泌阳	2455556	539342	1293633	+754291	+140
西华		478726	1330083	+851357	+178
邓县		2254497	2884561	+630064	+28
唐河	3233853	2647718	2283917	-263747	-11
新野		764798	928740	+163942	+21
伊阳		295995	340219	+44224	+15
渑池	1134663	312584	336365	+23781	+7.6

续表

县别	总面积（亩）	陈报前亩数	陈报后亩数	较陈报前增减比较（亩）	增减百分比（%）
扶沟		1434790	853540	-581250	-40
鄢陵		950650	1271298	+320649	+34
固始		621646	685649	+64003	+10
商城	1508284	211548	281029	+69842	+33
郾城		957353	1382986	+425633	+44
新安	872000	139310	398627	+259317	+190
宜阳		378176	760355	+168700	+101
郏县	1456000	470857	767742	+296885	+63
孟津		166522	375222	+168700	+101
密县		124464	848683	+724229	+582
新郑		242933	866203	+623270	+256
长葛		447305	680491	+223186	+52
临颍		872907	1302562	+129655	+15
许昌		1026864	1327494	+300629	+29
临汝		657291	1284215	+626924	+95
伊川	1207327	660995	1063339	+402344	+61
洛阳		941746	1244300	+302554	+32
陕县		821498	657311	-164187	-20
合计		27855956	44083949	+16227993	+58.2

福建省仙游等54县土地陈报前承粮面积为827万亩，陈报后承粮面积为2313万亩，增加了180%。[①]

如表6.1.15所示，通过土地清丈，全国增加承粮面积1451余万亩。土地陈报为全国增加承粮面积8023余万亩。经过土地整理，除了广东承粮面积减少外，其他各省均有增加，增加面积达1.6亿余亩。

① 关吉玉、刘国明编纂：《田赋会要第三篇：国民政府田赋实况（上）》，第371页。

表 6.1.15　1943 年以前各省土地整理前后亩额比较表

省别	统计县数	整理前亩额（旧亩）	整理后亩额（市亩）	比较		备注
				增	减	
甲 田亩清查						
湖北	6	5107676	6723374	1615698		
	12		4883502			
广东	95	40610000	28780690		11829310	
小计	113	45717676	40387566	1615698	11829310	
乙 土地清丈						
江西	9	9930135	23199886	3269751		
湖北	3	2474696	4629303	215607		
湖南	4		4192994			
四川	5	1992000	2425000	433000		整理后市亩尚有新津县生产地 285000 市亩尚未列入
广西	2		2245157			
云南	41	3432941	10798443	7365502		
	69		25089565			
宁夏	8	961782	2255556	1295793		
小计	141	18791534	64835804	14516653		
丙 土地陈报						
江苏	7	8770161	11938619	3204238		
浙江	76	38788432	56454104	17665672		
安徽	1	1076625	1013896	27271		
湖北	6	2751628	4957916	2026288		
湖南	1		1334352			
四川	43	16359816	25873704	9513888		
河南	28	24443394	39976066	15532672		
陕西	24	2245177	23671076	21425899		
	2		1019838			
甘肃	6	2871833	5350799	2478966		

续表

省别	统计县数	整理前亩额（旧亩）	整理后亩额（市亩）	比较		备注
				增	减	
福建	39	8270914	16452419	8161502		
	15		6679360			
广西	45		12839557			
贵州	82		18354357			
小计	575	105577980	226006063	80236396		
合计	629	170087190	331229433	161142243	11829130	

资料来源：关吉玉、刘国明编纂：《田赋会要第三篇：国民政府田赋实况（上）》，正中书局1943年版，第63—65页。

受到各种因素的影响，地籍整理只是取得有限的进展，因此，承粮面积的增加也是有限的。

如浙江土地陈报中，就遇到许多问题，“因科则太繁，矫正田赋不易；或因寄粮问题，清理困难，或因坵地零碎，幅图广大，编造不易，以及其他各种原因，致令图册无法（或不易）编造者”。

浙江金华在土地陈报结束后，土地亩数仍然未完全查清。金华土地额征数有141万亩，实征数为121万亩，经过土地陈报，土地亩数为140万亩，虽然较实征数增加了20余万亩，但较原额征数仍短少1万余亩。[①] 关于金华土地陈报不甚理想的原因，尤保耕写道：“坵地清册向未办过，又未受过训练，对于新政缺少经验，兼之限期迫促，事属创举，着手不易……草图编绘完竣，即行多雇人手，分期传知各业主，速即携带号册折据等到场指报，并分派人手，查对册据，清查地粮，及请当地熟悉土地之人查对土地陈报。又有一种业户，土地在甲图，人住乙丙丁等图，路隔均数理或数十里不等，必须雇人赶至业主家催报，倘遇业主不在，当将坵地图册情形告知家属。而家属住在地，尚未开办坵地图册，其意义不甚明了，未见详细转告家长。事隔数日，仍未持册指报，又再雇人前往催报……若无业主前来指报，又再雇人

① 尤保耕：《金华田赋之研究》，第9118页。

前往催报……若业主前来指报，承粮都图户名字号亩分，均无从查悉。”[①]尤保耕感叹道：“动员一千余人，耗银七八万两，其事功可谓艰巨矣。然其效用如何，则不能不令人大失所望。语以整理田赋，则无承粮户名，不能据以征赋。语以确定产权，则办理草率，不尽不实，官民皆知。他若悬为目的之减轻不平负担，改善农村经济，解决佃业纠纷，无一不成泡影。而取费甚重，期限猝迫，强民之所不能，卒至派警四出而守提，劳扰甚矣。”[②]

根据嘉兴督促检查员严季明呈县府文：“面积甚大，往返不便，兼之农民知识薄弱，每多误会；查现办两庄，客粮隐匿甚多，不能不精密调查，加以注意。因此多延时日；目测亩分均难准确。”[③]根据东阳县政府第二科长报告：“坵形零碎，幅图广大，编造不易；科则太繁，矫正田赋不易；因寄粮问题，致令整理困难。”[④]1932年10月，衢县政府在呈民政厅文中写道：“田佃相离三四里，或十余里者率为常事，是则就田问佃，殊非易事。业主散处全县，例如本县详口（南乡）之田，业主居住上方（北乡），粮亦寄出他庄，路途相差百八十里，就佃问业，就业问承粮户名，颇感困难。即或问到，时间经济，所费必属不赀。每一业主，所有田业，散处各乡，而粮多归并一庄或数庄，历代子孙相传，买卖相沿，中间不知经过几许推收。其田地坐落何处？是何土名？原拨系何细号？亩分各计若干？现时业户，大多确实不知。此所以难于按丘查填也。每一业户化名至数十，分隶数庄，既知业主姓名，而该地用何户名承粮？粮寄何庄？业主尚多不知，司册生更属茫无查考。盖业主只知某庄共有粮额若干，某佃应缴租税若干，司册生只知本庄某户有粮若干，均不知土名、细号、亩分。或固知之，因利害相关，亦不肯切实报明也。催粮胥吏，只知某户即系某人，而某坵地属于何人？用何户名承粮？亩分多少？亦均属不知，此承粮亩分及承粮户名之

① 尤保耕：《金华田赋之研究》，第9157—9158页。
② 尤保耕：《金华田赋之研究》，第9126页。
③ 董中生：《浙江省办理土地陈报及编造坵地图册之经过》，第19707—19712页。
④ 董中生：《浙江省办理土地陈报及编造坵地图册之经过》，第19707—19712页。

所以难于查填也。”[①]

1929年12月，浙江兰溪县柱甘区向县府报告：“业主陈报者寥寥。”关于其原因，根据浙江兰溪县政府呈民政厅文：“清册已造成者，计45村，因舛误者甚多，须经营审查令饬补正后，方可编造总册。”根据嵩山区新岭村委员会呈县府文：“属村地处僻隅，民多鄙塞，谷坞幽峻，山岭崎岖，到处羊肠，难同蜀道，蜿蜒地势，气候酷寒，东西约有五六里之阔，南北计有十七里之长，共计约有五千余亩，划分十三段。绘写草图草簿时，业主又不能实地前来一一指点者居多。故每号必将从前鱼鳞册查阅后，始可下笔，因是工作延长至今，犹未完竣。”根据“兰溪土地陈报指导员工作周报”：“本周调查结果，漫云清册不克依期完成，即草图草簿大半亦未编竣，且间遇村里中之职员托故外出，踪迹难寻，催无从催，助无从助。又遇腐化职员，任你频催，急如星火，而终持其迟缓态度者。”[②]

浙江黄岩在清丈时，由于经费困难，对于所谓“灶地”就没有清丈。调查指出：“黄岩灶地名虽曰灶，而实早与县境民田无异，且系接壤插花，犬牙相错。同一地段，首尾均系县管。中间任听老百姓自由赴场报升，科则亦无一定标准。不但国家粮赋因以紊乱，老百姓诉讼，亦由是起。在场既无审判职责，在县又无册籍稽考，病国病民害尤较甚。若其县属清丈，而场属独异，则愿丈者难免望，忌丈者借以阻挠，既不足资清厘，而亦无此政体。故在清丈筹备时期，即由黄岩县知事，咨商黄岩场林芬场知事，会丈灶地，但终以盐场经费无着，且其秘密不愿为人揭破，故灶地终未清丈，实为大憾。”[③]由于采取的是简易方法，黄岩清丈结果，虽得完成图册，改征新粮，但欲求彻底的地籍整理，还须采取以下几项措施：“图根宜补测；面积宜抽查也；旧亩宜折新也；执照宜补发也；图册宜改造也。未丈

① 董中生：《浙江省办理土地陈报及编造坵地图册之经过》，第19707—19712页。
② 董中生：《浙江省办理土地陈报及编造坵地图册之经过》，第19522—19526页。
③ 陆开瑞：《黄岩清丈经过及其成绩观测》，第18859—18860页。

区域：山场清丈；灶地清丈。”[①]

浙江土地陈报，自1929年5月初开始，至1930年4月底结束，办理一年，承粮面积增加了46%，增加幅度不可谓不大。但以全省2062万人口繁殖的程度，推算已垦土地，当然不止这个数。[②]

关于浙江土地整理，有人总结道："吾人所谓编造坵地归户册之成功，乃指其在能以少数经费，短促时间内有如此成绩也；非谓其方法无瑕点也。例如，第一缺点：册之结果不正确，此即办理人员亦公认者；惟彼等之意，以为只求大体无误，细小之错误可不计也。且鱼鳞册之亩分，曾经弓丈，虽不若测量之正确，总比目测较强，故不正确之程度尚不妨碍其整理田赋。第二缺点：为无粮地或鳞册无字号之土地无法查明也，盖坵地归户册暨根据鱼鳞册而编造，故鱼鳞册内无字号之土地，坵地归户册亦必无法填入，故仍不能查明也。似与整理土地之初意相违。"[③]

湖北土地测量采取都是比较简易的办法，如简易清丈、土地陈报或者类似做法，即便如此，也只是少数县份得以开展。抗战爆发前，武昌等三县进行了土地简易清丈，松滋等十二县进行了按粮推亩；抗战爆发后国统区数县进行了土地陈报。[④]

1941年，湖北咸丰土地陈报时使用的界桩皆为木质，几番风雨侵蚀，疆界又难免混淆；坵图方位配赋间欠准确；丈算受技术限制，准确度不高；业户姓名，偶有音同字异错误；陈报后因全县整编保甲及实施新县制，归并乡镇，原有保甲番号全部变更，乡镇名称地域亦多改变，但是陈报图籍所载乡名保别却没有及时更改；县有公学产土地，因清理机关不能遵令如期整理就绪，有无侵冒，较难查对；地价因评算方法繁密，百姓有不明白者；进行复查的人手太少，经过复丈土地平均不到10%，误差较大；少数业户未能遵

① 陆开瑞：《黄岩清丈经过及其成绩观测》，第19172—19179页。

② 董中生：《浙江省办理土地陈报及编造坵地图册之经过》，第19507—19510页。

③ 董中生：《浙江省办理土地陈报及编造坵地图册之经过》，第19819—19820页。

④ 参见李铁强：《土地、国家与农民——基于湖北田赋问题的实证研究（1912—1949年）》，第四章第三节。

章将坵标地号抄记，地号观念，尚未普遍深入民间，虽有公告，查对坵起，也较困难。[①] 而“已办土陈各县，因当时事繁时促，承办人员技术优劣不齐，复为物力财力所限，错误势所难免，老百姓借口土陈错误尚须复查更正，拖延不缴。”[②] 所以，即使在进行了地籍整理县份，在田赋征收时仍会出现因地籍不明，田赋征收单不知寄给谁的情况。[③]

通城县会计主任郭良遂认为通城地籍整理进展毫无成绩的原因主要有两个方面：“一则多由老百姓无知，有畏不陈报或以多报少者，一则多由负责委员之自身，即系土著之地主阶级，或与此阶级有间接关系者，如此，欲求破除情面，彻底登记，夫何可得？故所谓登记田亩，即无异为少数人开财源，徒苦民众而已。”[④]

根据表 6.1.16，1940 年前后，全国承粮面积与耕地面积之比，约为 73%，那就是说，以政府所掌握的耕地面积数，至少还有 27% 的耕地没有纳入政府掌控范围。完成了土地陈报的浙江省，承粮面积超过耕地面积 60%。如前所述，这里的耕地面积也还不是浙江真实的耕地面积。可见，被隐匿耕地面积数是惊人的。

表 6.1.16　1940 年前后全国土地面积、耕地面积暨承粮面积比较表（单位：市亩）

地域	土地面积	耕地面积	承粮面积	耕地面积占土地面积百分率（%）	承粮面积占耕地面积百分率（%）
江苏	165427500	85296000	69799923	51.56	81.83
浙江	156055500	41658000	44508903	26.69	160.23
安徽	211030125	73128000	30762362	34.65	42.07
江西	259633500	43339000	33114574	16.69	76.41

① 《湖北财政厅业务检讨报告目次（民国三十年 1 月至 10 月）》，湖北省档案馆藏，档号：LSE2.11-10。

② 《本省（民国）三十五年办理田赋征实征借概述》（1947 年 3 月 1 日），湖北省档案馆藏，档号：LSE2.31－2。

③ 《本省（民国）三十五年办理田赋征实征借概述》（1947 年 3 月 1 日），湖北省档案馆藏，档号：LSE2.31－2。

④ 《呈为遵令密复条陈整理田赋意见并附赍欠粮各户及欠赋数目单敬祈鉴核示遵由》（1934 年），湖北省档案馆藏，档号：LS19-2-2821。

续表

地域	土地面积	耕地面积	承粮面积	耕地面积占土地面积百分率（%）	承粮面积占耕地面积百分率（%）
湖北	279245250	64500000	42880312	23.07	65.15
湖南	208386500	50206000	56864000	16.08	73.41
四川	646963125	155448000	42776892	24.03	27.52
西康	577399230		3402708		
河北	211528875	109132000	79691009	51.59	73.11
山东	212228150	100450000	90865339	45.41	90.46
山西	234630000	72879000	55812094	31.06	76.58
河南	243584615	98499000	92259037	40.44	93.72
陕西	281135250	45629000	30869914	16.13	67.65
甘肃	587259000	26167000	21741195	4.46	83.09
青海	1045788750	7807000		0.75	
福建	178107375	21094000	18729912	11.84	88.78
广东	331960875	40989000	28780690	12.35	70.19
广西	328385250	27493000	16544151	8.37	60.21
云南	605520000	26215000	25804800	4.33	98.43
贵州	269217375	23173000	17964160	8.61	77.52
绥远	521293500	17086000	17177704	3.28	100.54
察哈尔	418435875	15526000	15518822	3.71	99.95
宁夏	412364150	1864000	2041999	0.45	110.62
辽宁	482734115	70108000	66319258	14.52	94.59
吉林	425069250	78279000	61013606	18.41	77.81
黑龙江	674434125	61138000	46517760	9.07	76.08
热河	288645000	25650000	16170396	8.89	63.04
新疆	2742626250	14913000	12619547	0.54	84.62
西藏	1823681625				
合计	17343873395	1397646000	102538578	8.06	73.02

说明：（1）土地面积及耕地面积：国民政府主计处统计局编民国二十九年（1940）统计提要。（2）承粮面积：安徽、湖南、四川、西康、福建、云南六省为民国三十年（1941）财政部田赋管理委员会及赋税司查报数，山西、陕西、绥远、察哈尔、新疆及东北四省为民国二十一年（1932）主计处统计月报数。（3）其他为1940年前后各省统计公布数。转引自关吉玉、刘国明编纂：《田赋会要第三篇：国民政府田赋实况（上）》，正中书局1944年版，第47—49页。

二、土地登记缓慢推进

土地测量完竣后，须依法进行登记。最早施行土地登记的地方为江苏、河南以及南京。登记情况如表 6.1.17 所示。

表 6.1.17　1931—1934 年间江苏、河南、南京土地登记进行状况 ①

项目	江苏	河南	南京
章则	江苏省土地登记暂行规则	河南省试办土地清丈区土地登记暂行规则	南京市土地登记暂行规则
登记地方	镇江、丹阳、青浦、嘉定、奉贤等县	开封等县 173 区	第二三四五等区
登记机构	各县土地局土地登记处	河南省地政筹备处土地登记事务所	南京市财政局土地登记处
实施年月	1931 年 9 月	1934 年 9 月	1934 年 7 月
主要程序	登记应由土地所有权人或代理人提出，申请时应提交申请书及支持登记的证明文件；如果是首次登记，应将清丈通知书粘贴在申请书上，经审查公告无异议者，即予登记，并发给产权证书	登记应由权利人及相关责任人或代理人提出，公有土地的登记，由其管理机关办理；登记时应递交申请书，以及产权证明文件；如为首次登记，应填写土地他项权利清单；审查公告无异议者即为登记，登记后发给产权证明及产权地图	同河南省
登记费	按《土地法》第二编第四章的规定办理	首次登记收费较《土地法》规定低千分之一，所有权以外的权利价值计算标准，由评价委员会评定；其他情况根据《土地法》第二编第四章规定办理	同江苏省
书状费	按《土地法》第四编第四章、第五章的规定办理	同江苏省	同江苏省
权利种类	土地所有权	同江苏省	土地所有权及他项权利
登记期限	限期三个月，逾期三个月将被罚款	三个月，延期不得逾一月	六个月，延期不得过一个月
公告期限	一个月	六个月	三个月
裁判机关	各县土地评判委员会及省高级土地评判委员会	试办区土地调解委员会及法院	法院

① 《中国土地问题之统计分析》，第 90—91 页，“表 49 各省市土地登记进行状况”。

土地整理完竣，各地会颁发土地权利证书，这些权利证书名称各异，但都是国家对产权的一种有效保护。如浙江土地测量清丈办理完竣，发给土地执照；安徽省发给土地登记证；江西省南昌县发给土地执业证；湖北省土地清查发给方单执照；湖南省的清丈田亩，发给田亩执照；广东省广州市及中山县发给登记证；广西清理田亩发给执业方单；云南清丈田地，发给清丈执照；宁夏清丈田亩，发给所有权证书；上海市土地清丈后，发给土地执业证；青岛市发给查验证书。[①]（参见表 6.1.18）

表 6.1.18　1926—1933 年各省市土地注册发照区域一览 [②]

地域	章则	书照名称	书照费	注册费	注册发照区域	注册发照机关	测丈年月
浙江	浙江省土地整理规程	土地执照		城市宅地测绘费每亩 2 元，乡村宅地坟地田地每亩 0.5 元，无收益者每亩 0.05 元	杭州市及杭县	省政府	1932 年 12 月
安徽	八都湖试办区土地登记暂行规则	土地登记证	按照《土地法》第二编第四章第 135 条规定收费	按照《土地法》第二编第四章的规定办理	东流县八都湖	省政府	1932 年 12 月
江西	江西省各县土地登记暂行规程	土地执业证	登记证收费，地价在 101 元以上者，收 1 元；100—150 元者，逐级递减；在 15 元以下者，收 0.2 元		南昌县	财政厅	1932 年 6 月
湖北	湖北省土地清查大纲	方单执照	方单费宅地每亩收 0.1 元，耕地 0.05，矿地森林地 0.02 元；没有办理升科的土地，加倍收费	清查费每亩收 0.05 元，以宅地、耕地、矿地为限	武昌、汉阳、汉川	县政府	1933 年 7 月

① 《中国土地问题之统计分析》，第 90—91 页。
② 《中国土地问题之统计分析》，第 92—93 页，“表 50 各省市土地注册发照区域一览”。

续表

地域	章则	书照名称	书照费	注册费	注册发照区域	注册发照机关	测丈年月
湖南	湖南省清丈田亩章程	地亩执照	执照费百亩以上者每张2元，100—50亩者1元，49—10亩者收0.5元，不满10亩者收0.1元	每亩缴纳陈报费0.12元	常德、汉寿、沅江、大庸	财政厅	1932年10月
广东	广东各县市土地登记及征税条例	登记证		土地权利登记按照申报地价千分之五纳费	广州市及中山县	土地局	1926年8月—1931年9月
广西	广西清理田亩暂行章程	执业方单	方单费每亩4角	调查期间，每田一坵发调查纸一张，收费0.05元	邑宁、镇结	财政厅	1931年7月
云南	云南省财政厅清丈发照收费暂行规则	清丈执照	每田一亩收执照费0.6元，地一亩收执照费0.3元，新垦田及火田每亩价值不及15元者，每亩收0.3元		昆明、昆阳、宜良、玉溪、安宁、富民、易门等	财政厅	1929年
宁夏	宁夏省清丈地亩条例	所有权证书	每起地在10亩以上者，每张收0.1元；10—100亩，每张收0.5元；100亩以上每张增加0.3元	有赋地每亩收0.02—0.08元，无赋地每亩收0.2—0.8元	中卫、金积	垦殖总局	1933年10月
上海	上海市土地局发给土地执业证规则	土地执业证	地产价值不满500元者，征收图证费每张0.2元；500—1000元者，每张收0.5元；1000元以上者，每张1元；10000元以上者每张5元		沪南、漕泾两区	土地局	
青岛	青岛市清理乡区民有土地暂行规则	查验证书	在清理期间各种证书概不收费		李村、沧口、九水阴岛、薛家岛、水灵山岛	财政局	1933年1月

江苏土地登记先从镇江县试办。①1931—1934年，共登记6587起。（参见表6.1.19）1934年11月镇江县土地局成立，老百姓来此申请者，变得十分踊跃，因为老百姓对于土地登记的意义，已有深刻认识。②截至1936年10月底，计缮就计发产权证87244张，征起登记费15900元，缴解江苏省金库。③

表6.1.19 镇江县土地所有权登记统计表④

时间	土地登记类别	发给清丈通知书号数	登记申请起数	复丈申请起数	复丈完竣起数	公告起数	登记起数	公断起数	发状起数
1931年	10月	133	42	47	12	18			
	11月	20	40	21	34	53			
	12月	24	32	19	20	37			
1932年	1月	10	21	12	12	20			
	2月	10	25	12	29	14			
	3月	2		1	4	16			
	4月			2	3	2	134		
	5月	1	4	1	1	5	23		
	6月	23	26	8	5	22			
	7月	86	72	39	33	26			
	8月	110	99	37	34	106			
	9月	182	124	40	30	87	49		
	10月	68	79	19	30	142			
	11月	124	81	33	33	101		40余起	
	12月	18	64	20	19	71		31	
1933年	1月	37	21	8	4	42	100余起	20余起	
	2月	61	45	16	13	9		10余起	
	3月	304	208	68	28	114	10余起	20余起	

① 参见汤一南：《江苏省土地局实习报告书》，第61230—61271页。
② 参见林诗旦：《江苏省地政局实习调查报告日记》，第59902—59907页。
③ 参见林诗旦：《江苏省地政局实习调查报告日记》，第59902—59907页。
④ 谌琨：《江苏之土地登记》，第16298—16299页。

续表

时间 \ 土地登记类别		发给清丈通知书号数	登记申请起数	复丈申请起数	复丈完竣起数	公告起数	登记起数	公断起数	发状起数
1933 年	4 月	881	672	102	76	370		10 余起	
	5 月	553	555	92	45	310		20 余起	
	6 月	340	413	62	150	255		20 余起	
	7 月	429	455	92	83	241		20 余起	
	8 月	213	221	44	28	192			
	9 月	153	210	25	74	229			
	10 月	109	88	12	46	252			
	11 月	145	218	50	32	616			
	12 月	141	72	20	50	546			
1934 年	1 月	82	68	38	38	154			
	2 月	23	30	4	29	87			
	3 月	178	178	43	15	248	178		
	4 月	816	972	164	46	96	972		
	5 月	547	600	135	114	92	577		196
	6 月		17	1	82	320	16		23
	7 月		49	4	64	244	18		6
	8 月		79	6	41	160			6
	9 月	30	30		21	30	30		7
	10 月	25	28		20	89	88	1	4
	11 月		74		20	24	23	19	1
	12 月	466	475		42	148	154		
总计		6344	6587	1299	1460	5588	2372	211 余起	243

丹阳县于 1933 年 6 月即开始筹备登记。原计划是 1933 年 7 月至 1936 年 7 月，花 3 年时间办理完毕。（参见表 6.1.20）1933 年 9 月，第一区清丈完竣，10 月成立土地局，以第三科专司登记事宜。截至 1933 年底，发出清丈通知书 1199 份，但没有一个人到土地局申请登记。[1] 1934 年，发出

① 参见何梦雷、李范、沈时可：《丹阳县土地局实习总报告》，第 55754—55755 页。

清丈通知书 3471 份，登记起数 234 起。（参见表 6.1.20）

表 6.1.20　江苏省丹阳县各区登记及完成时间 [①]

区别	面积约数（市亩）	登记时间	完成时间	期限
第一区	3300	1933 年 7 月	1934 年 2 月	8 个月
第六区	119740	1933 年 7 月	1934 年 2 月	8 个月
第五区	147190	1933 年 11 月	1934 年 8 月	10 个月
第四区	155030	1934 年 3 月	1934 年 12 月	10 个月
第三区	68940	1934 年 7 月	1935 年 2 月	8 个月
第二区		1934 年 8 月	1935 年 7 月	12 个月
第十二区		1935 年 2 月	1935 年 9 月	8 个月
第十区		1935 年 4 月	1935 年 12 月	9 个月
第十一区		1935 年 7 月	1937 年 6 月	12 个月
第九区		1936 年 1 月	1936 年 9 月	9 个月
第八区		1936 年 4 月	1936 年 12 月	9 个月
第七区		1936 年 7 月	1937 年 5 月	11 个月
总计	1559250	1936 年 7 月	1937 年 5 月	47 个月

总的来看，丹阳县办理登记的成绩并不理想，其主要原因在于：第一，覆丈问题 。丹阳清丈土地时，误差甚大，至开办登记，屡次发生错误。因此老百姓不相信清丈亩分实属正确，于是不愿登记。只是该县土地局一再勒令催促，该县老百姓莫可如何，几度向省局控告，声称清丈错误过甚，若须登记，首先则请覆丈或查丈，省局以关系过大，未便照准，但该县老百姓，极不悦服，相率不申请登记。第二，土地硗薄，老百姓智识落后。丹阳土地素称硗薄，贫苦人家，实居多数。因此，一方面老百姓智识落后，不易了解登记意义，一方面衣食维艰，无力缴纳登记费，不去登记。[②]

---

① 何梦雷、李范、沈时可：《丹阳县土地局实习总报告》，第 55793—55794 页。
② 谌琨：《江苏之土地登记》，第 16303—16304 页。

表 6.1.21　丹阳县土地所有权登记统计表 [1]

土地登记类别／时间		发给清丈通知书号数	登记申请起数	复丈申请起数	复丈完竣起数	公告起数	登记起数	公断起数	发状起数
1934 年	1 月	3471	8						
	2 月		9			9			
	3 月		19	58		20	9		
	4 月		67	53		19	20		
	5 月		36		31	64	19	7	
	6 月		75			88	62	6	
	7 月		15			14	85		
	8 月		6		6	15	11	5	
	9 月								
	10 月		161			22	8		
	11 月		33		3		20		
	12 月		25			9		9	
总计		3471	454	111	40	260	234	217	

青浦县办理登记，1934 年 5 月—12 月间，发出清丈通知书 22082 份，登记 6703 起。（参见表 6.1.22）青浦登记情况较镇江、丹阳两县为佳。因为该县邻近上海，百姓智识较高，且土地肥沃富广者居多，因此推进起来比较容易。当然，这只是相对而言。青浦县土地登记，也并不很顺利。究其原因，其最重要者，约有一端：青浦白契甚多，其数动以千计。青浦县开办登记时，经土地局公布白契可作为有效证明文件，所以开办未久，先后交局作证明者，有百余起之多。省政府认为，白契非经税契后，不能作为登记的证明文件，并严责该县土地局长，只顾登记，不顾国家税收，罔上欺下，殊属荒谬。关于白契争执问题，不独使青浦办理登记困难，并且影响老百姓对于登记的信心，阻碍青浦县土地登记的推进。[2]

① 谌琨：《江苏之土地登记》，第 16305 页。
② 谌琨：《江苏之土地登记》，第 16313—16318 页。

表 6.1.22　青浦县土地所有权登记统计表[①]

时间 \ 土地登记类别		发给清丈通知书号数	登记申请起数	复丈申请起数	复丈完竣起数	公告起数	登记起数	公断起数	发状起数
1934 年	5 月	10891	81	4		19			
	6 月		597	42	10	276	19		
	7 月		1610	69	65	955	276		
	8 月	11191	3042	82	45	1382	953		
	9 月		3079	38	45	1021	1381		
	10 月		2439	41	53	1287	1020	5	
	11 月		2797	35	44	1998	1277		
	12 月		4204	36	30	2435	1777		
总计		22082	17849	347	292	9373	6703	5	

根据表 6.1.23，1934 年 5 月—12 月，嘉定县发出清丈通知书 7538 份，登记起数 800。

表 6.1.23　嘉定县土地所有权登记统计表[②]

时间 \ 土地登记类别		发给清丈通知书号数	登记申请起数	复丈申请起数	复丈完竣起数	公告起数	登记起数	公断起数	发状起数
1934 年	5 月	3292	128	9		59			
1934 年	6 月	873							
	7 月		1154	96	73	228			
	8 月		728	37	28	612			
	9 月								
	10 月	3347	412	226	131	735	150	2	
	11 月		1048	23	66	754	650	7	
	12 月	26	3664	274	39	1549			
总计		7538	7134	665	337	3937	800	9	

① 谌琨：《江苏之土地登记》，第 16318—16319 页。
② 谌琨：《江苏之土地登记》，第 16323 页。

根据表6.1.24，1934年7月—12月，奉贤县发出清丈通知书30177份，登记起数879。奉贤县地价甚低，尤以农地为甚，据申请登记各业主所申报的地价，每亩至多不过五六十元，申报三四十元者，约占80%以上。截至1934年12月止，该县申请登记者，已有19000余起，而征收的登记费，仅6000余元。

表6.1.24　奉贤县土地所有权登记统计表[①]

时间 \ 土地登记类别		发给清丈通知书号数	登记申请起数	复丈申请起数	复丈完竣起数	公告起数	登记起数	公断起数	发状起数
1934年	7月	10482	592			406	19		
	8月		2275				270		
	9月	4285	3189	8	8	2247			
	10月	5228	2472	12	12	1083			
	11月	4703	4792	14	14	980	590		
	12月	5479	5777			1451			
总计		30177	19097	34	34	6167	879		

由表6.1.25可知，青浦、嘉定、奉贤三县土地登记工作效能比较，综其结果，工作效能最迅速者，第一为青浦，第二为嘉定，第三为奉贤。[②]所以就推行顺利而言，奉贤当首屈一指。推行顺利的原因，主要在两个方面：一是人事因素。奉贤县土地局长董金钊，曾于奉贤任职多年，信仰素孚，所以开办登记，各方均能竭力协助，以致推行顺利。二是地价因素。业主不愿登记的重要原因，大都恐将来征收地价税。奉贤地价很低，业主不怕征税，所以多愿登记。并且奉贤大地主很多，每一申请，动辄数十起，或数百起，因此推行更觉迅速。[③]

① 谌琨：《江苏之土地登记》，第16330页。
② 谌琨：《江苏之土地登记》，第16335—16337页。
③ 谌琨：《江苏之土地登记》，第16333—16335页。

表 6.1.25　江苏省青浦、嘉定、奉贤三县办理登记工作效能比较表[①]

项目＼县名	青浦	嘉定	奉贤
申请登记起数	17849	7134	19097
公告起数	9373	3937	6167
登记起数	6703	800	879
公告占申请百分数	52%	55%	32%
登记占申请百分数	37%	25%	0.04%

1935 年 6 月江苏无锡旧第三区土地清丈已告完竣，所有图幅亦已绘制就绪。1935 年 7 月 1 日及 21 日，先后开办旧第三区南桥镇及青祁乡土地登记，民众申请登记者，"甚形踊跃"。计 7 月份南桥镇登记期限为 20 日，每日平均登记起数为 476 起左右，共登记 9530 起，占该镇 13441 起地的为 70.9%。青祁乡于 7 月份亦已登记 2516 起，占该乡 17093 起地的 14.7%，二乡镇共收到申请书 12046 起，成绩"尚蔚然可观"。[②]（参见表 6.1.26）

表 6.1.26　无锡县土地局 1935 年 7 月份工作成绩表[③]

事项＼登记区域	旧第三区南桥镇	旧第三区青祁镇	合计
起地总数	13441	17093	30534 起
申请登记起数	9530	2516	12046
公告起数	2853		2853
更正起数	68		68
异议起数	11		11
公断起数	5		5
覆丈费收入数	476.1		476.2
覆丈费发还数	11.2		11.2

① 谌琨：《江苏之土地登记》，第 16335—16337 页。
② 阮荫槐：《无锡之土地整理（下）》，第 18162—18164 页。
③ 阮荫槐：《无锡之土地整理（下）》，第 18162—18164 页。

续表

事项 \ 登记区域	旧第三区南桥镇	旧第三区青祁镇	合计
编列地号起数	16222	4800	21022 起
校对复制图幅数	16222	2892	19114
覆丈起数	257		257
备考	7 月 1 日开始	7 月 21 日开始	

根据表 6.1.27，截至 1935 年 7 月，江苏省举办土地登记的县份有无锡等 11 县。就成绩而言，以奉贤、青浦、嘉定、无锡、上海等较为理想。

表 6.1.27　江苏各县土地登记起数比较表[①]

县别	已登记起数	每月平均登记起数	登记开始时间	备注
无锡	12046	12046	1935 年 7 月	本表统计至 1935 年 7 月份为止
南汇	3742	3742	1935 年 7 月	
上海	10394	3464	1935 年 5 月	
青浦	41398	2587	1934 年 4 月	
奉贤	50858	2421	1933 年 11 月	
嘉定	26919	1793	1934 年 5 月	
松江	1385	461	1935 年 5 月	
武进	2158	269	1934 年 12 月	本表统计至 1935 年 7 月份为止
吴县	1034	258	1935 年 4 月	
镇江	7311	149	1931 年 7 月	
丹阳	1640	96	1934 年 3 月	

如前所述，在完成了土地测量地方，土地登记也在推进，也取得了一些成绩。

客观地说，土地整理对保护老百姓的土地产权是有利的。通过土地整理，土地位置状况得到进一步明晰。老百姓土地的来源，不外继承、收买及

① 阮荫槐：《无锡之土地整理（下）》，第 18238—18246 页。

赠与数种，因无实测图籍可稽，经界与状况大都不明。往往甲收乙之租，乙耕甲有之田，侵渔隐匿，弊窦丛生，涉讼经年，饱受损失，甚至倾家荡产。一经登记，则图籍分明，考查便利，纠纷自然减少。土地未经清丈登记，业主对于经界，不易分明，加以土地权利之得丧变更，无凭核考，一田数卖，由此而生。后买者收租无着，欲自种而无田，积弊流行，各处皆有。使土地买卖转移受阻，贬损土地价值。登记完成后，办理产权证，所有信息一目了然。权利变更时，向地政局登记，换给新证；既经登记，买主无需调查原有人的权利是否确定、原契据是否真实等情况，便利移转。①

河南南阳在土地清丈完成后，每户土地，包括坵数、地价、登记等项，经公布无疑后，填写"土地登记申请书"，将所有地亩，逐坵填写清楚，经核对无误，再登记到地籍赋额清册，先发给"临时土地管业执照"，嗣后再颁发正式的"土地所有权状"。②

湖北在地籍整理后，各类产权状况有所明确，比如以前一直不清楚的官产数目，已经有一个大概的数字。③ 如长阳县，通过土地清查，确认有官产1294.9亩，其中用于仓储积谷的有176亩，用于学产的有974.5亩，用于维护各处公用渡口的135.6亩，另有少量的庙产。④（参见表6.1.28）

表6.1.28 20世纪30年代湖北长阳县公产简明表

项目	田亩	年纳田赋	年纳亩捐	用途
培善堂田产	164.5	21.38	49.35	此项田场原系育婴堂产业，嗣后呈准拨充县仓储谷
县南义渡田产	24.5	2.93	7.35	系县城南门义渡经费
县西义渡田产	103.6	13.47	31.08	系县西向王庙、隔河岩两义渡经费
县东义渡田产	7.5	0.98	2.25	县东白氏桥义渡经费

① 林诗旦：《江苏省地政局实习调查报告日记》，第60053—60057页。

② 河南南阳县整理田赋委员会：《河南南阳县土地清丈专刊》（1936年），第26页。

③ 参见李铁强：《土地、国家与农民——基于湖北田赋问题的实证研究（1912—1949年）》，第四章第三节。

④ 《湖北省长阳县学产土地减免赋税简明表》，湖北省档案馆藏，档号：LS24-1-770。

续表

项目	田亩	年纳田赋	年纳亩捐	用途
城镇乡仓田产	11.5	1.5	3.45	大慈庵庙产转为乡仓储谷
教育局田产	974.5	126.68	292.35	教育局经费
关岳庙田产	8.8	1.14	2.64	修葺庙宇与举行祀典的费用
合计	1294.9	168.08	388.47	

数据来源：《湖北省长阳县学产土地减免赋税简明表》，湖北省档案馆藏，档号：LS24-1-770。

不过老百姓对于登记事务整体来说并不热心。据调查，就业主方面的原因而言，主要在于以下几个方面：一是怀疑；二是去登记要花时间及金钱；三是土地拿不出产权凭证；四是隐粮地不敢登记；五是为了逃避契税。[①] 如江苏契税原为卖九典六，后为卖六典三，事实上尚须加一倍赋税。业主还担心缴出白契时被罚款。所以对于土地登记，观望不前。[②]

就政府方面的原因而言，一是土地整理不彻底。首先，土地测量存在错误，如本为三起地，因其境界不明，遂误为一起。其次，信息填写不准确，如测绘人员口音不同，交流中常发生误解，引发偏差。[③]

江苏丹阳清丈业务进展甚速，精度很差，业主接得清丈通知书后，每多惊讶其亩分过大，以致对土地登记徘徊观望，或竟因此引起其不信任，干脆置之不理。[④] 武进县由于清丈及登记错误太多，有人甚至说："须再来一次清丈，本县地籍方能澈底清理。"[⑤]

浙江金华同里镇莲浦登记分处主任金鹏飞感慨道："登记时所最感困难者，厥为地号之重复，此有因填写时发生错误者。有因业主误指田地者，但最根本原因，亦即最可笑原因，却在同一腾写图上，各起地地号竟有数起为重复者。推究其因，据谓因省方规定测量工作每日成绩太高，致工作人员不

① 潘沺：《江苏省地政局实习调查报告日记》，第62683—62686页。
② 潘沺：《江苏省地政局实习调查报告日记》，第62683—62686页。
③ 潘沺：《江苏省地政局实习调查报告日记》，第62683—62686页。
④ 何梦雷、李范、沈时可：《丹阳县土地局实习总报告》，第55755—55757页。
⑤ 林诗旦：《江苏省地政局实习调查报告日记》，第60101—60104页。

得不粗制滥造，以塞责也。其他困难则在二幅腾写图之交接处，起地常有未写明亩数地号者。即写明之，亦为最易错误之处，故登记时不可不注意之，此外二县交界地之登记，亦较困难。”①

二是经办人员态度消极。1934 年 2 月，金华县的一份公文指出：“兹查各经征人照章办理者固有，而抗不遵办者颇多。且仍有沿用拔单推单，亦有专用号册或申请书，不经推收所换给户折手续，即将申请书径交业户，作为过割粮号之凭证。似此藐视法令，殊堪痛恨！”究其原因，“盖推收员既由旧庄书充任，换汤不换药，实不易收若何功效也。”②

由于乡村业主对于土地登记并没有表现出应有的热情，基层官吏也多态度消极，土地产权登记的成绩远低于政府的预期。

第二节 对政府财政收入的影响

在进行了土地整理的地区，承粮面积都有所增加，对政府财政收入的影响是积极的。

表 6.2.1 显示，安徽舒城等县土地陈报后赋额增加了 160 余万元，增加了 60%。

表 6.2.1 安徽各县土地陈报前后赋额增加比较表③

县别	陈报前赋额（元）	陈报后赋额（元）	陈报前后增减赋额比较	增减百分比（%）
舒城	236858	254505	+17648	+7.4
潜山	150175	169580	+19405	+12.9
休宁	157846	211248	+53402	+33.8
无为	36542	398260	+32834	+9

① 潘沺：《江苏省地政局实习调查报告日记》，第 62928—62930 页。
② 尤保耕：《金华田赋之研究》，第 9196 页。
③ 《抗战建国史料——田赋征实（三）》，《革命文献》第 116 辑，第 20 页，“安徽省各县土地陈报各项成果表”。

续表

县别	陈报前赋额（元）	陈报后赋额（元）	陈报前后增减赋额比较	增减百分比（%）
宁国	109000	157086	+48086	+45
太平	61929	81423	+19498	+31.5
绩溪	51660	72004	+20345	+39.3
太湖	235609	244475	+8866	+3.7
太和	155605	317291	+161685	+104
黟县	80806	81786	+980	+35
歙县	163761	221442	+57681	+35
立煌	60927	106922	+45994	+75.4
霍邱	129299	332733	+203433	+154
泾县	134990	227211	+92221	+68.3
颍上	63324	276156	+232832	+368
临泉	166103	334123	+168020	+101
阜阳	356048	830099	+474050	+133
岳西	68781	72807	+4026	+5.85
霍山	53780	71232	+17452	+32.4
合计	2801926	4480386	+1678460	+60

根据表 6.2.2，河南各县土地陈报后，赋额增加了 30 余万元，增加了约 6%。

表 6.2.2　河南各县土地陈报前后赋额增加比较表[①]

县别	陈报前赋额（元）	陈报后赋额（元）	陈报前后增减赋额比较	增减百分比（%）
巩县	120748	143706	+23532	+19.5
商水	103068	105902	+2834	+2.7
灵宝	309242	231158	-78084	-25.2
洛宁	122903	75027	-49875	-41
阌乡	202644	79839	-122805	-61

① 《抗战建国史料——田赋征实（三）》，《革命文献》第 116 辑，第 20 页，“河南省各县土地陈报各项成果表”。

续表

县别	陈报前赋额（元）	陈报后赋额（元）	陈报前后增减赋额比较	增减百分比（%）
荥阳	124431	125555	+1124	+0.9
息县	160852	172730	+11878	+7.3
卢氏	58482	59784	+1303	+2.3
新蔡	107852	162306	+54455	+50.4
嵩县	64762	66426	+1664	+2.5
镇平	142174	154724	+12550	+88
上蔡	209364	214639	+5735	+2.5
潢川	155349	160741	+5393	+3.4
光川	138253	140594	+2341	+1.7
遂平	126192	151481	+25289	+20
舞阳	191194	203235	+12041	+6.3
淅川	43021	44173	+1151	+2.6
内乡	77725	85916	+8192	+10.5
鲁山	95602	127311	+31709	+33
宝丰	93258	103031	+9773	+10
泌阳	104632	122627	+17994	+17.2
西华	83302	110158	+26856	+32
邓县	255183	275514	+20331	+8
唐河	165483	246968	+81486	+49
新野	123578	125945	+2367	+1.9
伊阳	44280	45879	-1599	-3.6
渑池	62562	62809	+292	+0.5
扶沟	132050	96796	-35254	-27
鄢陵	206648	206912	+265	+0.13
固始	144769	148283	+3514	+24
商城	60080	62152	+2073	+3.4
郾城	154182	182037	+27855	+18
新安	52938	54762	+1824	+3.4
宜阳	99635	115814	+16179	+16
郏县	141104	153620	+12516	+9
孟津	59359	64393	+5033	+8.5

续表

县别	陈报前赋额（元）	陈报后赋额（元）	陈报前后增减赋额比较	增减百分比（%）
密县	98194	153834	+55640	+57
新郑	84298	123333	+39035	+46
长葛	154320	166899	+12579	+8
临颍	158733	202664	+44331	+28
许昌	249363	296623	+47259	+19
临汝	138435	210764	+72329	+52
伊川	121444	138607	+17163	+14
洛阳	275158	281615	+6456	+2
陕县	192708	96314	-96394	-50
合计	6008434	6351601	+343167	+5.7

根据表6.2.3，陕西各县土地陈报后赋额增加270余万元，增幅约为9%。

表6.2.3　陕西各县土地陈报前后赋额增加比较表[①]

县别	陈报前赋额（元）	陈报后赋额（元）	陈报前后增加比较	增减百分比(%)
长武	24814	77675	52861	+213
华阴	73222	146791	73569	+300
郃县	36306	117240	80934	+223
麟游	4740	19094	14354	+303
白水	69351	145273	75922	+109
盩厔	176804	356564	179760	+102
蒲城	311407	625313	313906	+101
安康	16905	155722	138817	+821
栒邑	24722	51824	27102	+910
永寿	24575	86555	61980	+252
商南	2712	15900	13188	+486
淳化	23897	41741	17844	+75
同官	12425	31816	19391	+156

① 《抗战建国史料——田赋征实（三）》，《革命文献》第116辑，第20页，“陕西省各县土地陈报各项成果表”。

续表

县别	陈报前赋额（元）	陈报后赋额（元）	陈报前后增加比较	增减百分比(%)
郃阳	139836	299412	159576	+114
鄠县	69428	179280	109852	+158
乾县	137133	288470	151337	+101
商县	43470	93335	49865	+115
醴泉	137564	283691	146127	+106
渭南	293630	594559	300929	+102
南郑	103024	208341	105317	+102
临潼	281699	571521	289822	+113
耀县	41892	64002	22110	+53
潼关	27384	50326	22942	+83.8
澄城	128967	261119	132152	+103
岐山	99582	211019	111168	+111
朝邑	81011	195543	114523	+141
大荔	104246	223221	118975	+114
鄠县	260424	231418	-29006	-11
韩城	218516	145638	-72874	-33.3
山阳	82585	38717	-43868	53.1
柞水	13825	8888	-4937	-35
合计	30663366	5819998	2753631	+8.98

表 6.2.4 至表 6.2.6 显示的是浙江衢县原有征额亩分与丈实亩分的对比以及原有赋额与改正赋额数之比较。一般县份的失粮溢管地，多为山地荡，一般来说，田很少，因政府老百姓对于田都较为注意；而衢县却相反，所谓"失粮地"为田地。[①] 表中数据显示，衢县土地查丈后，巨额的"失粮溢管地"被查丈清楚，赋额增加较为明显。报告称，衢县的土地整理获得浙江省政府及社会各界的赞许。[②]

① 董中生：《浙江省办理土地陈报及编造坵地图册之经过》，第 19755—19762 页。
② 董中生：《浙江省办理土地陈报及编造坵地图册之经过》，第 19775—19778 页。

表 6.2.4　浙江衢县一区将官乡一百三十五庄清丈后增加亩分 ①

原有征额亩分	丈实亩分	增加亩分	增加百分数
4671.192 亩	15571.799	10900.007	333%
原有上期银额数	改正上期银赋额数	增加额数	增加百分数
695.249 元	2755.322	2060.073	396%
原有下期银额征数	改正下期银额征数	增加额数	增加百分数
85.934 元	345.857	259.923	402%
原有上下期赋额总银数	改正上下期赋额总银数	增加额数	增加百分数
781.183 元	3101.179	2319.996	397%

表 6.2.5　浙江衢县一区下洲乡一百三十三庄清丈后增加亩分 ②

原有征额亩分	丈实亩分	增加亩分	增加百分数
5438.303 亩	10704.863	5266.560	197%
原有上期银额数	改正上期银赋额数	增加额数	增加百分数
659.972 元	924.565	264.592	114%
原有下期银额征数	改正下期银额征数	增加额数	增加百分数
80.8130 元	115.071	34.258	142%
原有上下期赋额总银数	改正上下期赋额总银数	增加额数	增加百分数
740.7854 元	1039.636	298.8506	140%

表 6.2.6　浙江衢县二区上寺乡一百三十四庄清丈后增加亩分 ③

原有征额亩分	丈实亩分	增加亩分	增加百分数
2594.244 亩	9268.492	6674.248	375%
原有上期银额数	改正上期银赋额数	增加额数	增加百分数
372.8903 元	1368.701	995.8107	367%
原有下期银额征数	改正下期银额征数	增加额数	增加百分数
46.0723 元	172.518	126.4457	374%
原有上下期赋额总银数	改正上下期赋额总银数	增加额数	增加百分数
418.9626 元	1541.219	1122.2564	368%

① 董中生：《浙江省办理土地陈报及编造坵地图册之经过》，第 19755—19762 页。
② 董中生：《浙江省办理土地陈报及编造坵地图册之经过》，第 19755—19762 页。
③ 董中生：《浙江省办理土地陈报及编造坵地图册之经过》，第 19755—19762 页。

浙江黄岩清丈以前，全县田赋，共额征银37612两5钱1分，米9569石7斗6升9合。清丈以后，增加甚多，共额征银38283两3钱1分4毛，米9868石8斗5升1合7勺，较前增加银670两8钱4毛，米299石8升2合7勺。清丈的功效，不仅赋额有所增加，而且征收成数也有好转。在清丈以前，征收常年只及五六成，自清丈后，图册可靠，隐匿不易，催征较便。因此每年收数，除1929年灾荒外，余皆在九成五以上，成绩为浙江省之冠，亦为全国征收成绩较好的县份。[①]

如表6.2.7所示，浙江金华在推收整改后，契税收入每年都有一定的收数。

表6.2.7　浙江金华在推收整改后契税收入[②]

年份	推收费（元）	带征置产捐（元）
1927	310.05	
1928	582.13	27.58
1929	203.93	858.6
1930	95.65	840
1931	490.05	
1932	860.2	
1933	475.8	

表6.2.8显示，浙江省瑞安等5县土地陈报后赋额增加了11万余元，增加了10%以上。

① 陆开瑞：《黄岩清丈经过及其成绩观测》，第19137—19138页。
② 尤保耕：《金华田赋之研究》，第9195页。

表 6.2.8　浙江各县土地陈报前后赋额增加比较表[①]

县别	陈报前赋额（元）	陈报后赋额（元）	陈报前后增减比较	增减百分比
瑞安	361884	384065	22730	+63%
庆元	74976	86107	11314	+15%
平阳	147448	177635	30187	+20%
遂昌	108664	128038	19779	+18%
黄岩	355070	381260	26191	+7.3%
合计	1047492	1157505	110013	+10.5%

如表 6.2.9 所示，江苏武进县经过清丈后，耕地数增加了 74 万余亩，增加了 30% 强。表 6.2.10 显示，从 1933—1935 年，田赋征起成数由七成增加到九成。

表 6.2.9　江苏武进县清丈后面积增加[②]

项目	数值
原有面积	旧亩 1532268 亩
	市亩 1662798 亩
清丈面积	旧亩 2223212 亩
	市亩 2412602 亩
清丈增益面积	增益绝对数 749804 亩
	增益 30% 强
征税面积	旧亩 2176439 亩
	市亩 2361844 亩
地价税总额	市地 129172 元
	乡地 1693590 元
原有田赋额征数	1542938 元
地价税较原有田赋额征之增减	增加绝对数 279824 元，增加 18% 强
每亩平均负担（旧亩）	田赋 1 元
	地税 0.84 元
地价税每亩负担与田赋负担之增减	减低绝对数 0.16 元

① 《抗战建国史料 —— 田赋征实（三）》，《革命文献》第 116 辑，第 20 页，“浙江省各县土地陈报各项成果表”。

② 林诗旦：《江苏省地政局实习调查报告日记》，第 60046—60048 页。

表 6.2.10　江苏武进县 1933—1935 年度田赋额征、实征及实收统计比较表 [①]

年度别	额征数	实征数	实收数	实征占额征之百分比	实收占实征之百分比	实收占额征之百分比	备考
1933	154292934	148843645	112853777	93%	70%	73%	
1934	154293995	103217947	93025956	67%	90%	60%	
1935	138849249	同	125381636	76%	121%	93%	

根据表 6.2.11，广西土地陈报完成后，税额增加 46 万余元，增幅为 18.5%。

表 6.2.11　广西四十七县土地陈报前后赋额比较表（单位：元）

县别	陈报前赋额	陈报后赋额	增溢数	县别	陈报前赋额	陈报后赋额	增溢数
邕宁	223271	243453	20178	义利	13431	14415	1048
扶南	25701	26801	1100	龙茗	23366	31184	7818
绥渌	24921	25072	151	左县	18142	19381	1239
隆安	50597	67792	17195	同正	17881	20780	2899
武鸣	164238	166319	2091	思乐	27334	29765	2431
那马	37341	50220	12878	明江	29360	29473	113
上思	29874	39996	10123	靖西	94534	94746	212
都安	51453	54066	2613	镇边	25000	28590	3590
隆山	58563	58800	237	上金	18665	18831	166
果德	26317	35940	9623	雷平	42856	44865	2009
怀集	143100	169408	26308	宁明	17376	20256	2880
贵县	353560	357284	3724	龙津	30137	32629	2491
郁林	180193	218058	37865	田阳	39201	72974	33773
南丹	54781	56803	2022	万承	17000	19262	2262
百色	92847	99326	6479	乐业	18000	18141	141
凌云	21582	25329	3757	敬德	15819	19453	3634
西林	18882	20562	1680	平治	36096	37565	1469

① 林诗旦：《江苏省地政局实习调查报告日记》，第 60046—60048 页。

续表

县别	陈报前赋额	陈报后赋额	增溢数	县别	陈报前赋额	陈报后赋额	增溢数
西隆	37744	38136	392	田东	81592	82944	1402
东兰	27247	27709	462	河池	65000	66565	1565
天保	47372	49369	1997	田西	20893	20950	57
向都	46000	46203	203	万岗	66515	72208	5693
凤山	16257	239360	223123	镇结	13656	14730	1074
崇善	18599	21939	3340	合计	2515962	2983902	467940

资料来源：关吉玉、刘国明编纂：《田赋会要第三篇：国民政府田赋实况（上）》，正中书局1943年版，第192—194页。

根据表6.2.12显示，湖南常德等五县地籍整理完成后，税收数增加了近17万元，增加了89%。

表6.2.12　湖南常德等五县地籍整理前后正税实收数比较表（单位：元）

县别	地籍整理前实收数	地籍整理收实收数	增溢数
常德	78187	85255	7068
汉寿	25217	48777	23560
沅江	20971	45329	24358
南县	29222	62750	33528
澧县	43735	125167	81433
合计	197332	367278	169946

资料来源：关吉玉、刘国明编纂：《田赋会要第三篇：国民政府田赋实况（上）》，正中书局1943年版，第283页。

说明：澧县采取的土地陈报办法，其他各县采取的土地清丈办法。

福建仙游等22县土地陈报前赋额为2608523元，土地陈报后赋额为3064642元，增加了17%。[1]贵州省各县土地陈报前后赋额比较，陈报前为727624元，陈报后为4977018元，增加4217272元，增加了近6倍。广东省

① 关吉玉、刘国明编纂：《田赋会要第三篇：国民政府田赋实况（上）》，第373页。

原定地价税额为13984620元，1941年征额为28560951元，增加了约1倍。[①]

根据表6.2.13，1943年以前经过土地整理的湖北等省的248县，田赋赋额增加了1300余万元，增加了39%。

表6.2.13 1943年以前各省土地整理前后赋额比较表（单位：元）

省别	统计县数	整理前赋额	整理后赋额	比较	
				增	减
甲 田亩清查					
湖北	17	600738	860932	260195	
广东	95		13984620		
小计	112		14845542		
乙 土地清丈					
江西	9	2444166	2215555	71389	
湖北	3	324492	529512	205020	
湖南	4		1888413		
广西	2	236931	358813	21252	
云南	96	655414	1335549	680135	
	14		86879		
宁夏	7	3271696	2146000		1125696
小计	135	6632699	8459992	977796	
丙 土地陈报					
湖北	6	422305	590695	168386	
湖南	1		477566		
四川	45	13055523	16337318	281795	
山东	1	478633	520657	42024	
河南	16	368126	468080	966952	
陕西	26	843133	2705648	1806515	
福建	22	2608523	3064642	456119	

① 关吉玉、刘国明编纂：《田赋会要第三篇：国民政府田赋实况（上）》，第242页。

续表

省别	统计县数	整理前赋额	整理后赋额	比较	
				增	减
广西	45	2279031	2725719	446688	
贵州	81	727624	4944914	4217272	
	1		32104		
小计	248	26440416	38981689	11766175	
合计	400	33673853	62287233	13004164	

资料来源：关吉玉、刘国明编纂：《田赋会要第三篇：国民政府田赋实况（上）》，正中书局 1943 年版，第 66—68 页。

第三节　对土地税率的影响

湖北咸宁等九县经过地籍整理之后，一些县田赋等则得以析分，如咸宁由 1 则分为 4 则，蒲圻、鄂城、孝感等县由 3 则分为 4 则；另外，上述九县除孝感赋率基本保持不变外，其他各县田赋赋率都有不同程度的减轻。降幅最大者为蒲圻，上田赋率降低了 1 倍，中田赋率降低了三分之一。[①]（参见表 6.3.1）

表 6.3.1　湖北咸宁等县地籍整理前后赋率比较表（单位：分）

县名	比较项目	田地等则			
		上	中		
咸宁	陈报前	16			
	陈报后	16	14	12	3
	前后比较		-2	-4	-13
蒲圻	陈报前	30	30	12	
	陈报后	20	18	12	6
	前后比较	-10	-12		

① 参见李铁强：《土地、国家与农民——湖北田赋问题的实证研究（1912—1949 年）》，第四章第三节。

续表

县名	比较项目	田地等则			
		上	中		
鄂城	陈报前	20	16	14	
	陈报后	18	16	14	6
	前后比较	−2			
孝感	陈报前	12	10	8	
	陈报后	12	10	8	3
	前后比较				
安陆	陈报前	14	12	10	8
	陈报后	12	10	8	4
	前后比较	−2	−2	−2	−4
黄陂	陈报前	14	10	8	
	陈报后	12	10	6	
	前后比较	−2	−2	−2	
武昌	清丈前	13.2			
	清丈后	11.5			
	前后比较	−1.7			
汉阳	清丈前	16.1			
	清丈后	11.3			
	前后比较	−4.8			
汉川	清丈前	14			
	清丈后	11			
	前后比较	−3			

数据来源：《革命文献》，第116辑，第249、254—255页。

注：-表示递减。

浙江黄岩清丈后新定科则，在田赋赋率上作了些调整：田地种类，归并甚多，等则简单，征收便利；旧时不公平科则，作了些调整；新垦之地，旧时无粮，皆加新科。（参见表6.3.2）[①] 时人评论道："黄岩此次清丈，新定科

① 陆开瑞：《黄岩清丈经过及其成绩观测》，第19099—19012页。

则，根据旧章，加以整理，难言改革。如则田则地等，仅增加毛丝之微，而原定科则，皆为数十年前所定，与今之地价收益，相差已多，不能适用于现在者，自不待言。欲为税则之根本整理，当待实行地价税，与增值税。但在此未实行以前，为补救办法者，应将现定科则，依照地价收益，重新订定，以谋改善，较为合理。”①

表 6.3.2　浙江黄岩清丈前后田地山塘科则比较表②

产别	清丈以前		清丈以后	
	等则	每亩科则	等则	每亩科则
田	一、则田	银六分一厘七毛 米一升六合二勺七抄	一、则田	银六分二厘 米一升六合三勺
	二、官学田	银七分四厘三毛 米三升八合七勺	二、山田	银三分八厘 米一升一合正
	三、觉慈寺田	银三分二厘五毛 米一升六合	三、塗田	银四分正 米一升三合正
	四、不差觉慈寺田	银三分九厘七毛 米一升三合	四、溪田	银三分八厘正 米一升一合正
	五、中津利涉田	银一钱二分五厘一毛 米七合零四抄		
	六、东南涂田	银三分八厘九毛七丝 米四合六勺四抄		
	七、西北涂田	银三分二厘五毛 米一升五合零二抄		
	八、西北末等涂田	银三分九厘三毛七丝 米九合四勺二抄		
	九、觉慈寺涂田	银三分九厘二毛 米九合四勺		
	十、民垦沙涂田	银一分一厘七毛 米四合一勺六抄		
	十一、台州卫屯田	银一钱四分四厘 米无		
	十二、县屯田	银九分四厘 米无		

① 陆开瑞:《黄岩清丈经过及其成绩观测》，第 19183—19184 页。
② 陆开瑞:《黄岩清丈经过及其成绩观测》，第 19099—19012 页。

续表

产别	清丈以前		清丈以后	
	等则	每亩科则	等则	每亩科则
地	十三、则地	银二分九厘五毛五丝 米五合五勺三抄	五、则地	银三分正 米五合六勺
	十四、官学地	银二分四厘四毛 米七合九勺三抄	六、山地	银二分正 米四合正
	十五、觉慈寺地	银一分四厘七毛 米四合五勺	七、塗地即涂荡	银一分七厘 米四合六勺
山	十六、则山	银三厘一毛五丝 米无	八、溪地	银二分正 米四合正
	十七、觉慈寺山	银一毛 米无	九、则山	三口一毛五丝 米无
塘	十八、则塘	银二分零九毛 米七合七勺六抄	十、则塘	银二分一厘 米七合八勺
	十九、官学塘	银一分八厘三毛 米一升零二勺		

根据表 6.3.3，浙江瑞安等 5 县土地陈报后，赋率有增减有减，但整体而言，是呈下降趋势。综计 5 县赋率下降了 25%。

表 6.3.3 浙江省各县土地陈报前后赋率减轻情况比较[①]

县别	陈报前税率	陈报后税率	陈报前后税率变化比较	增减百分比（%）
瑞安	0.59	0.37	0.22	37
庆元	0.48	0.34	−0.14	−29
平阳	0.65	0.4	−0.25	−38
遂昌	0.3	0.45	0.15	50
黄岩	0.54	0.34	−0.2	37
合计	0.51	0.38	−0.13	−25

① 《抗战建国史料——田赋征实（三）》，《革命文献》第 116 辑，第 20 页，“浙江省各县土地陈报各项成果表”。

经过地籍整理，四川省田赋赋率有较大幅度的变化。一是各县田赋法定赋率有不同程度的减轻，一是业主之间的赋税负担较整理前要公平点。根据表 6.3.4，四川省温江等 32 县经过土地陈报后，土地税率除了涪陵等 3 县有所增加外，其余都有减少。就整体而言，下降了约 20%。

表 6.3.4　四川温江等三十二县土地陈报前后税率比较表（单位：元）

县别	陈报前每亩税率	陈报后每亩税率	比较	
			增	减
温江	1.133	0.135		0.998
双流	1.209	1.063		0.146
南充	0.863	0.769		0.094
灌县	0.702	0.645		0.057
郫县	1.062	1.060		0.002
崇宁	0.967	0.953		0.013
内江	0.681	0.680		0.001
简阳	0.763	0.464		0.299
永川	0.500	0.499		0.001
巴县	0.489	0.466		0.043
大足	0.535	0.483		0.052
眉山	0.528	0.544		0.016
蒲江	0.662	0.656		0.005
涪陵	0.449	0.451	0.002	
什邡	1.261	0.958		0.276
金堂	0.131	0.621	0.490	
彭县	0.689	0.631		0.058
新繁	1.077	1.063		0.014
资中	0.763	0.779	0.016	
资阳	0.608	0.598		0.010
璧山	0.465	0.459		0.006
彭山	1.143	0.944		0.199

续表

县别	陈报前每亩税率	陈报后每亩税率	比较	
			增	减
夹江	0.982	0.658		0.324
青神	0.825	0.764		0.061
乐至	1.626	0.494		1.132
中江	1.234	0.893		0.341
三台	0.986	0.757		0.229
绵竹	1.124	0.875		0.250
罗江	0.743	0.647		0.096
铜梁	1.226	0.889		0.337
峨嵋	2.915	1.770		1.145

资料来源：关吉玉、刘国明编纂：《田赋会要第三篇：国民政府田赋实况（上）》，正中书局 1943 年版，第 112—115 页。

根据表 6.3.5，贵州各县土地陈报完成后，除了遵义等少数县份外，税率都有所减轻。综计全省最高税率由每亩平均 0.74 元下降到 0.3 元，下降了 60%；最低税率由每亩平均 0.11 元下降到 0.04 元，下降了 64%。

表 6.3.5　贵州省各县土地陈报前后税率比较表（单位：元）

县别	陈报前每亩税率		陈报后每亩税率		增加数		减轻数	
	最高	最低	最高	最低	最高	最低	最高	最低
贵阳	0.68	0.15	0.34	0.07			0.34	0.08
息烽	1.30	0.10	0.30	0.04			1.00	0.06
修文	1.00	0.10	0.30	0.04			0.70	0.06
龙里	0.62	0.15	0.28	0.02			0.34	0.13
贵定	1.60	0.08	0.30	0.04			1.30	0.04
开阳	0.40	0.24	0.30	0.04			0.10	0.20
定番	1.60	0.05	0.30	0.04			1.30	0.01
大塘	0.48	0.07	0.26	0.04			0.22	0.03
广顺	0.40	0.07	0.28	0.04			0.12	0.03
长寨	1.46	0.01	0.26			0.03	1.20	

续表

县别	陈报前每亩税率		陈报后每亩税率		增加数		减轻数	
	最高	最低	最高	最低	最高	最低	最高	最低
罗甸	1.10	0.04	0.30	0.04			0.80	
平越	0.39	0.19	0.30	0.04			0.09	0.15
遵义	0.18	0.02	0.30	0.04	0.12	0.02		
绥阳	0.60	0.12	0.30	0.04			0.30	0.08
桐梓	0.22	0.03	0.30	0.04	0.08	0.01		
都匀	0.37	0.08	0.30	0.04			0.07	0.04
平舟	0.26	0.04	0.30	0.04	0.04			
卢山	0.22	0.11	0.30	0.04	0.08			
瓮安	0.29	0.23	0.30	0.04	0.01			
麻江	0.20	0.02	0.30	0.04	0.10	0.02		
普定	1.50	0.04	0.30	0.04			1.20	
清镇	0.75	0.12	0.30	0.04			0.45	0.08
镇宁	0.60	0.01	0.30	0.04		0.03	0.30	
郎岱	0.90	0.26	0.30	0.04			0.60	0.22
平坝	0.50	0.08	0.30	0.04			0.20	0.04
安龙	0.80	0.10	0.30	0.04			0.50	0.06
普安	0.32	0.08	0.30	0.04			0.02	0.04
兴仁	0.80	0.15	0.30	0.04			0.50	0.11
关岭	0.63	0.17	0.30	0.04			0.33	0.13
安南	1.11	0.18	0.30	0.04			0.81	0.14
盘县	0.66	0.06	0.30	0.04			0.36	0.02
黔西	0.95	0.54	0.30	0.04			0.65	0.50
安顺	1.60	0.05	0.30	0.04			1.30	0.01

资料来源：关吉玉、刘国明编纂：《田赋会要第三篇：国民政府田赋实况（上）》，正中书局 1943 年版，第 144—146 页。

根据表 6.3.6，广西省各县土地陈报前后税率大都有所增加。这可能与以前广西税率较轻有关。平均每亩税率由 0.25 元增减到 0.39 元，增加了 56%。

表 6.3.6 广西各县土地陈报前后税率比较表（单位：元）

县别	陈报前每亩税率	陈报后每亩税率	比较		县别	陈报前每亩税率	陈报后每亩税率	比较	
			增	减				增	减
邕宁	0.15	0.10		0.05	义利	0.25	0.30	0.05	
扶南	0.25	0.34	0.09		龙茗	0.25	0.24		0.01
绥渌	0.25	0.31	0.06		左县	0.25	0.49	0.24	
隆安	0.25	0.41	0.16		同正	0.25	0.58	0.33	
武鸣	0.25	0.30	0.05		思乐	0.25	0.32	0.07	
那马	0.25	0.87	0.62		明江	0.25	0.46	0.21	
上思	0.25	0.30	0.05		靖西	0.25	0.30	0.05	
都安	0.25	0.15		0.10	镇边	0.25	0.59	0.34	
隆山	0.25	0.35	0.10		上金	0.25	0.31	0.06	
果德	0.25	0.59	0.34		雷平	0．25	0.39	0.14	
怀集	0.25	0.30	0.05		宁明	0.25	0.38	0.13	
贵县	0.25	0.30	0.05		龙津	0.25	0.53	0.28	
口林	0.25	0.34	0.09		田阳	0.25	0.44	0.19	
南丹	0.25	0.33	0.08		万承	0.25	0.37	0.12	
百色	0.25	0.56	0.31		乐业	0.25	0.40	0.15	
凌云	0.25	0.42	0.17		敬德	0.25	0.44	0.19	
西林	0.25	0.21		0.04	平治	0.25	0.36	0.11	
西隆	0.25	0.32	0.07		田东	0.25	0.44	0.19	
东兰	0.25	0.51	0.26		河池	0.25	0.43	0.18	
天保	0.25	0.30	0.05		田西	0.25	0.29	0.04	
向都	0.25	0.47	0.22		万岗	0.25	0.54	0.29	
凤山	0.25	0.46	0.21		天峨	0.25	0.30	0.05	
凭祥	0.25	0.60	0.35		镇结	0.25	0.10		
崇善	0.25	0.31	0.06						

资料来源：关吉玉、刘国明编纂：《田赋会要第三篇：国民政府田赋实况（上）》，正中书局 1943 年版，第 194—196 页。

表 6.3.7 显示，福建在土地陈报完成后，大部分县的税率都有所减轻。最高税率平均每亩降低 0.09 元，降低 10%。最低税率平均每亩下降了 0.14

元，下降了59%。

表6.3.7　福建仙游等二十二县土地陈报前后税率比较表（单位：元）

县别	陈报前每亩税率		陈报后每亩税率		每亩增加数		每亩减轻数	
	最高	最低	最高	最低	最高	最低	最高	最低
仙游	0.834	0.119	0.760	0.015			0.074	0.104
永春	1.078	0.180	0.700	0.030			0.376	0.130
德化	1.240	0.200	0.500	0.030			0.740	0.170
同安	0.440	0.170	0.450	0.050	0.010			0.120
莆田	0.830	0.020	0.750	0.010			0.080	0.010
建瓯	0.790	0.400	0.700	0.020			0.090	0.380
永安	0.920	0.520	0.620	0.010			0.030	0.510
南安	0.846	0.241	0.700	0.010			0.146	0.231
长乐			1.320	0.050				
闽侯			0.850	0.100				
古田			1.207	0.050				
永泰			1.000	0.050				
宁德			0.640	0.360				
建阳			0.590	0.010				
金门			0.450	0.150				
惠安			0.800	0.100				
闽清			0.730	0.220				
沙县			0.750	0.120				
长汀			0.790	0.440				
武平			0.800	0.050				
邵武			1.140	0.120				
龙岩			0.960					

资料来源：关吉玉、刘国明编纂：《田赋会要第三篇：国民政府田赋实况（上）》，正中书局1943年版，第374—376页。

表6.3.8显示，安徽各县土地陈报后，除了个别县如立煌县土地税率有所增加外，其余各县都有减少，平均每亩下降0.2元，下降了44%。

表 6.3.8 安徽各县土地陈报前后赋率减轻情况比较[1]

县别	陈报前税率	陈报后税率	陈报前后增减比较	增减百分比
舒城	0.34	0.25	−0.09	−26
潜山	0.8	0.33	−0.47	−58
休宁	0.43	0.45	0.02	4.6
无为	0.21	0.16	−0.05	−23
宁国	0.51	0.21	−0.3	−58
太平	0.66	0.34	−0.32	−48
绩溪	0.45	0.27	−0.18	−40
太湖	0.69	0.38	−0.31	−45
太和	1.43	0.17	−1.26	−0.88
多县	0.54	0.37	−0.12	−31
歙县	0.54	0.37	−0.17	−31
立煌	0.2	0.24	0.04	20
霍邱	0.12	0.12		
泾县	0.64	0.22	−0.42	−65
颍上	0.13	0.2	−0.07	−54
临泉	0.18	0.16	−0.02	−11
阜阳	0.18	0.2	0.02	11
岳西	0.32	0.3	−0.02	−6
霍山	0.23	0.22	−0.01	−4
合计	0.45	0.25	−0.2	−44

表 6.3.9 显示，土地陈报后河南各县土地税率，除了渑池县有增加外，其余都有减少，平均每亩减少了 0.12 元，下降了 40%。

① 《抗战建国史料——田赋征实（三）》，《革命文献》第 116 辑，第 20 页，“安徽省各县土地陈报各项成果表”。

表 6.3.9　河南各县土地陈报前后赋率减轻情况比较[①]

县别	陈报前税率	陈报后税率	陈报前后税率比较	增减百分率（%）
巩县	0.63	0.28	-0.35	-55
商水	0.18	0.12	-0.06	-33
灵宝		0.3		
洛宁	0.56	0.31	-0.25	-45
阌乡	0.49	0.29	-0.2	-40
荥阳	0.27	0.22	-0.05	-18
息县	0.07	0.07		
卢氏	0.43	0.21	-0.22	-52
新蔡	0.18	0.08	-0.1	-53
嵩县	0.3	0.21	-0.09	-30
镇平	0.14	0.19	0.05	35
上蔡	0.25	0.1	0.15	60
潢川	0.27	0.15	-0.12	-44
光川	0.37	0.16	-0.21	-56
遂平	0.47	0.16	-0.31	-66
舞阳	0.26	0.19	-0.07	-27
淅川	0.27	0.18	-0.09	-33
内乡	0.26	0.13	-0.13	-50
鲁山	0.18	0.15	-0.03	-19
宝丰		0.11		
泌阳	0.19	0.12	-0.07	-37
西华	0.18	0.09	-0.09	-50
邓县	0.12	0.12		
唐河	0.63	0.1	-0.53	-84
新野	0.16	0.14	-0.02	-12
伊阳	0.37	0.17	-0.2	-54
渑池	0.2	0.25	0.05	25

① 《抗战建国史料——田赋征实（三）》，《革命文献》第 116 辑，第 20 页，“河南省各县土地陈报各项成果表”。

续表

县别	陈报前税率	陈报后税率	陈报前后税率比较	增减百分率（%）
扶沟	0.12	0.1	-0.02	-16
鄢陵	0.21	0.16	-0.05	-24
固始		0.25		
商城	0.28	0.22	-0.06	-21
郾城		0.13		
新安	0.38	0.23	-0.15	-39
宜阳	0.44	0.21	-0.23	-52
郊县	0.33	0.20	-0.13	-39
孟津	0.35	0.28	-0.07	-20
密县	0.8	0.18	-0.62	-77
新郑	0.34	0.17	-0.17	-50
长葛	0.34	0.24	-0.1	-29
临颍	0.18	0.18		
许昌	0.24	0.22	-0.02	-8
临汝	0.26	0.23	-0.03	-11
伊川	0.18	0.18		
洛阳	0.46	0.21	-0.25	-54
郏县	0.19	0.22	0.03	16
合计	0.30	0.18	-0.12	-40

表6.3.10显示，陕西各县土地陈报后土地税率平均每亩减少了0.04亩，下降了11.4%。

表6.3.10 陕西各县土地陈报前后赋率减轻情况比较[①]

县别	陈报前税率	陈报后税率	陈报前后税率增减比较	增减百分比（%）
长武		0.2		
华阴		0.51		

① 《抗战建国史料——田赋征实（三）》，《革命文献》第116辑，第20页，“陕西省各县土地陈报各项成果表”。

续表

县别	陈报前税率	陈报后税率	陈报前后税率增减比较	增减百分比（%）
邠县	0.26	0.18	-0.02	-6
麟游		0.22		
白水		0.23		
盩厔		0.47		
蒲城		0.35		
安康		0.48		
栒邑		0.14		
永寿		0.14		
商南		0.11		
淳化	0.26	0.26		
同官	0.29	0.29		
郃阳		0.25		
鄠县		0.44		
乾县		0.3		
商县		0.14		
醴泉		0.3		
渭南		0.43		
南郑		0.44		
临潼		0.49		
耀县		0.28		
潼关		0.37		
澄城		0.28		
岐山		0.40		
朝邑		0.27		
大荔		0.29		
鄠县		0.41		
韩城	0.59	0.45	-0.14	-24
山阳	0.51	0.42	-0.09	-176
柞水	0.24	0.24		
合计	0.35	0.31	-0.04	-11

表 6.3.11 显示，湖南常德等 4 县土地清丈完成后，正附税合计平均每亩 0.47 元。根据表 6.3.12，整理后的湖南土地税率增加了 17.5%，在与安徽等 5 省的比较中，仅低于西康。

表 6.3.11 湖南常德等 4 县土地清丈完成后承粮面积赋额及正附税率表

县别	承粮面积（市亩）	赋额（元）	每亩税率（单位：元）			
			正税	省附加	县附加	合计
常德	1593759	556495	0.0655	0.0939	0.1898	0.3492
汉寿	848364	398769	0.0676	0.1023	0.2990	0.4689
沅江	879368	453011	0.0630	0.0910	0.3620	0.5160
南县	871503	480039	0.0642	0.0953	0.3901	0.5308

资料来源：关吉玉、刘国明编纂：《田赋会要第三篇：国民政府田赋实况（上）》，正中书局 1944 年版，第 283 页。

根据表 6.3.12，土地陈报后，安徽等 6 省土地税率平均每亩减少了 0.05 元，减轻了 17%。

表 6.3.12 各省办理土地陈报前后税率比较表 ①

省别	陈报前税率	陈报后税率	陈报前后税率增减	增减百分比（%）
安徽	0.45	0.25	-0.2	-44
河南	0.3	0.18	-0.12	-40
陕西	0.31	0.31	-0.04	-11
浙江	0.51	0.38	-0.13	-25
湖南	0.41	0.47	0.07	17.5
西康	0.56	0.72	0.16	28
合计	0.43	0.38	-0.05	-12

经过土地整理的地方，土地税率整体而言都有所减轻。如河南南阳土地

① 《抗战建国史料——田赋征实（三）》，《革命文献》第 116 辑，第 20 页，“各省办理土地陈报各项成果统计表”。

清丈完成后，按照土质，分等定粮。有田则有赋，有粮则有地。地多而土质肥饶者，粮亦多；地少而土质瘠薄者，粮亦少。[①]

但这并不等于说，政府减轻农民负担的政策目标得到了实现。首先，这里的土地税率指的是政府征收的正附税，各种临时摊派没有计入，这恰好是构成农民负担的重要部分。其次，土地整理只在部分地方进行了，而且大部分县份都是采用土地陈报这样的简易方法，土地整理的成效有限。因此，土地负担畸轻畸重的现象并没有因为土地整理而得到解决。

第四节　开征地价税

在1934年前，在征收地价税方面，除上海、青岛、杭州等三市业已实施外，其他各省市均未见实行。至于土地增值税方面，仅青岛在德国人租借时期，曾一度试办，后不再继续。[②]一些县份在农村土地整理完成后，尝试开征地价税。

根据江苏省所制定的农村地价税征收办法，第一，凡举办地价税各县市其原征田赋应即停止，但历年欠赋，仍依照原章补缴。第二，地价税由土地所有权人缴纳，其有典质抵押或定期租用者，从其契约或习惯办理。第三，各县市地价税，由各县市政府设处征收，其地价税税率规定如下：改良地千分之十；未改良地千分之十五；荒地千分之二十五。第四，各县地价税分两期征收，开征日期规定如下：第一期5月1日，第二期9月1日；第一期6月1日，第二期10月1日；第一期7月1日，第二期11月1日。以上三种方案由县市体察实地情形酌择一种，但各县市在第一次开征地价税日期，得由县市另行拟定，呈省核定。第五，各县市政府应予每期地价税开征半个月至一个月前，将纳税通知单挨户散发纳税人。第六，各县市地价税自开征之

① 参见河南南阳县整理田赋委员会：《河南南阳县土地清丈专刊》（1936年），第26页。

② 《中国土地问题之统计分析》，第109页。

日起，扣定两个月为征收期限，逾期不缴者，视为欠税，得传案追缴。欠税土地不得移转所有权，或设定其他权利，如未经缴清欠税，而移转所有权或设定其他权利时，其所欠税款由现在权利人员负责缴清。第七，地价税之减免，依照土地赋税减免规程及勘报灾欠规程办理。[①]

关于标准地价的确定，有各种意见。时论认为，根据《土地法》，确定地价的方法有两种，一种是业主申报，一种是估计。《土地法》施行法第66条中规定，所估定地价应由老百姓代表机关决定之。但这样的规定常会引起麻烦。有人提出了解决办法：第一，估定地价。申报地价常无根据，参差不齐，或高或低。而欲估价，须先估计一标准地价，使老百姓作为参考，同时因市价（买卖价格）确定困难，虽有来源如契税可加调查，房捐可加调查，但因契税重而其数亦常不确，常降低市价。因此，一方面唯有实行调查地价，一方面调查土地收益，推知其纯收益为多少，而还原其为地价。第二，对于《土地法》施行法第66条，一是与《土地法》相冲突，一是因为百姓代表机关尚付阙如，故可取消此条。估定地价后，可由县府召集各机关团体说明，估计结果，而不取开会及表决仪式。当一区域之土地，其价特低或特高，将如何决定，不能以全区地价平均，如果那样，纳税将不公平。应该有特殊估计，单独估计，如此则较合理。例如每亩地一般为百元，而有一地其价为五百至千元，于是依土地法的方法，平均结果一百多，则与实际相差太远，反之亦然。[②]

标准地价到底如何确定，江苏武进县地政局制定了比较具体的措施：（1）标准地价以调查地价为主，调查地价分初步调查、抽查、复查三种。初步调查于办理登记时进行，抽查于必要时进行，复查则为最终调查。（2）农地每亩不得低于60元；坟地园地不得低于30元；荒地、池荡滩地不得低于20元；亩分须依新测市亩为标准。（3）初步调查完竣，将各乡镇标准地价

① 林诗旦：《江苏省地政局实习调查报告日记》，第60044—60046页。
② 潘沺：《江苏省地政局实习调查报告日记》，第62686—62688页。

互相比较，若发现土地情形相同，而地价悬殊时，应提出抽查酌量增减，但增减额不得超过原价三分之一。复查时应以区为单位，将各该区所有乡镇调查所得的标准地价，划分等级，各级皆得抽样复查。复查时会同各乡镇长或所有权人过半数之代表参酌，如所有权人对标准地价有异议时，得听取其意见，呈报县局，以备采纳。复查后得将各区标准地价分别公告，经公告而无异议方可执行。（4）田地地价区的划分，以各区的乡镇为单位，各乡镇内除市地另行估计外，其农地应规定一标准地价区；如果该乡田地价格悬殊时，得依其灌溉情形、土壤类别、收益丰啬，划分为两个以上的标准地价区。（5）宅地应至少须超过农地原价四分之一以上，坟地不得以荒地无利用之土地视之，其价格应高于荒地。又园地普通价格，应高于荒地及坟地。（6）地价如特别高于标准地价或低于所定标准时，得以特殊地价，估计其值，并查明其地号并注明其特殊原因。①

根据表 6.4.1，无锡有田 127 万余亩，地价总额为 1.7 亿，按千分之六的较低税率征收，可征地价税 104 万余元，田赋额征数为 122 万余元，地价税较之田赋额征数少 18 万元。1932 年田赋实征数为 50 余万元，不足五成。但是经过土地整理，地籍信息清晰准确，征收成数提高，地价税收入当高出田赋实征数 50 余万元。时人评论道："矧改征地价税后，税制简单。在政府因征收便易，费用可省；在老百姓因负担公平，咸乐输将，对于财政上实有其最大利益。虽然此不过就财政上而言，若以推行土地政策之眼光视之，尤有其深长意义。公平之地价税率，系采取累进制，将使地主不耐重税而出售其土地与无地或地少之农民，由是可期土地分配公允。又以不利用之土地，亦照价课税，俾业主不得不利用土地，而促进生产增加，故地价税实为解决土地问题之最好办法。"②

① 林诗旦：《江苏省地政局实习调查报告日记》，第 59969—9972 页。
② 阮荫槐：《无锡之土地整理（下）》，第 18249—18270 页。

表 6.4.1　无锡田赋与地价税比较[1]

项别	数目	备考
平地面积	1663875 亩	
额田总数	1275719 亩	
平均亩价	105 元	
地价总数	174706875 元	
科征千分六之地价税总数	1048241.25 元	
田赋额征数目	1224564 元	
1932 年度田赋实征数目	505159.64 元	因本年为丰年故列
千分六地价税与田赋实征数之比较增加数	543082 元	

江苏省有上海、南汇、清浦、如皋、南通、武进、无锡等县施行了地价税。实行地价税各县，收入较从前田赋为多，而每亩负担，则反而减轻。[2]

根据《江西省办理土地陈报各县地价调查估计规则》："凡办理土地陈报县分，应分区组织地价调查团，由县政府县田赋管理处各委派专员一人，土地所在地之区长、乡镇长暨当地公正士绅一人共五人组织之，并就县政府或县处委派之人员中指定一人为主任。""地价调查以乡镇为单位，其情形特殊者，得分段或分数段为一单位分别调查之。""调查时应将每单位区域内各目坵地照百分之十之比，选择其地位中等者，查明每亩最近地价，求得其平均数，即为该单位区域内之标准地价。必要时并得参照其收获量及人口经济交通水利土质等实际状况估计之。前项每亩最近地价，以估计时前三年内市价平均数为准。""在同一单位区域内之土地，如因其地位之特殊情形，得按该单位区域内标准地价数额为相当之增减，定为特上地价或特下地价。但除城镇宅地外，各种农地之特上地价以土质肥沃灌溉耕作便利者为限，特下地价以傍河滨湖地势低洼易受水患，及傍山或山坳之梯田土质不良易受旱灾者为限。前项特上地价不得超过标准地价三分之一，特下地价不得标准地价三

① 阮荫槐：《无锡之土地整理》，第 18249—18270 页。
② 林诗旦：《江苏省地政局实习调查报告日记》，第 59810—59814 页。

分之一。”[①]

1935 年 5 月—10 月，江西省地价估计委员会讨论南昌各区地价，计开会 10 次，南昌所有土地被分为 34 段，每段的水田、旱地、园圃、荒地的每亩地价，都通过会议作出最后决定。[②]

根据表 6.4.2，江西南昌等 9 县地价税与原有赋额比较，只有安义、清江两县赋额减少，其他各县都有增加，总计增加了 7 万余元，增加了 3.3%。

表 6.4.2　江西省南昌等 9 县增收地价税总额与原有赋额比较表（单位：元）

县别	原有赋额	地价税总额	比较	
			增	减
南昌	527971	543842	16871	
安义	145642	90261		55385
新建	232750	305735	72895	
进贤	253901	265769	11868	
清江	341240	274532		66708
东乡	218880	222629	3749	
新淦	169760	215747	45987	
峡江	83600	110473	26873	
金溪	171418	186567	15149	
合计	2144166	2215555	193482	122093

资料来源：关吉玉、刘国明编纂：《田赋会要第三篇：国民政府田赋实况（上）》，第 340 页。

根据表 6.4.3，江西南昌等 9 县征收地价税后税率，以前税率较低的县份有所增加，较重的县份普遍减轻，整体而言，下降了 25%。

① 关吉玉、刘国明、余钦悌编纂：《田赋会要第四篇：田赋法令》，第 347—350 页。

② 江西省土地局：《江西省土地行政报告书》（1935 年），第 16 页。

表 6.4.3 江西省南昌等 9 县增收地价税总额与原有赋额比较表（单位：元）

县别	征收地价税前每亩平均税率	征收地价税后平均税率	比较	
			增	减
南昌	0.425	0.371		0.054
新建	0.197	0.217	0.020	
安义	0.718	0.278		0.440
进贤	0.505	0.252		0.253
清江	0.494	0.302		0.192
东乡	0.437	0.359		0.078
新淦	0.355	0.378	0.023	
峡江	0.201	0.253	0.052	
金溪	0.283	0.302	0.019	

资料来源：关吉玉、刘国明编纂：《田赋会要第三篇：国民政府田赋实况（上）》，第 340—342 页。

广西在完成土地陈报后，也开始尝试征收地价税。根据《广西省各县估计地价委员会组织规则》，各县估计地价委员会由 11—13 人组成，包括田赋管理处处长、县田赋管理处副处长、县田赋管理处一、二两科科长、县参议会代表 2 人、县政府代表 1 人、商会代表 1 人、农会代表 1 人、富有土地陈报或田赋经验者 1—3 人。[①]

根据《湖南省各县土地陈报地价调查估定暨陈报办法》，“各县举办土地陈报，关于地价之取得与核定采用调查陈报配合之方式，先就全县各目土地作普通调查，根据调查结果划定地价区估定标准地价，并揭示公告，再由各该地价区内之业户依照各该区标准地价举行地价陈报，然后将标准地价与陈报地价参酌核定各个业主所有土地之地价。”各县调查地价“以备查土地所划之段为单位”，“分别调查该段内所有各目土地每亩之市价，及该段之土地位置、交通状况、各目土地之土质、灌溉收益等足以决定地价之条件。”“调查之根据以最近三年各目土地买卖之实例为根据，必要时得调阅业主契据查对

① 关吉玉、刘国明、余钦悌编纂：《田赋会要第四篇：田赋法令》，第 291—292 页。

之。”“各该段内土地如无实例，或有实例而认为不确实时，得调查该目土地纯收益或租金，参用当地同行利率，以还原法求得其地价。”“凡无法调查其市价或纯收益或租金之土地应比照邻地推算其价值。”“将调查所得之最近三年各目土地之价格，分目按年数平均，所得之数，即为该段内各目土地之地价。”如何划分地价区并估定标准地价？该办法指出，应根据调查结果，“选择各目土地地价差额相近之地域划分全县为若干种地价区，同种地价区不必强求地价之连接。”“就同一地价区内各目地价之最高点至最低点之中间各级地价，以高统低，并其差额，划分为若干价等，价等之划分须按照各目土地之土质灌溉收益情形，参用记分分等法之精意，划分其级数，但每类土地所有价等不得超过九级。”[①] 如何核定每亩土地的地价？“核定地价，应先依照各该坵之土质、灌溉、收益等核定各该坵之地等（土地等则），然后根据地等确定该坵在该地价区内，该目土地标准地价中应属之价等（即该坵土地应有之每亩标准地价）。”“各坵之标准地价确定后，然后再依照该坵土地所属之标准地价之陈报地价结果，确定该坵土地应有之每亩陈报地价。”“各坵每亩之陈报地价与标准地价之差额如在百分之十限度内，即以陈报地价为核定地价之基准，如超过此限度，即根据标准地价将其降至百分之十为准。”[②]

根据《宁夏省各县农地地价税征收规则》，全省农地地价依次为：一等区，250 元；二等区，230 元；三等区，200 元；四等区，180 元；五等区，160 元；六等区，140 元；七等区，110 元；八等区，80 元；九等区，50 元；十等区，40 元；十一等区，25 元；十二等区，20 元；十三等区，10 元；十四等区，5 元。地价税以其估定地价税额 10‰为税率，乡村住宅地暂不征税，地价税按年征收，自地价税开征之日起，田赋及其他由土地负担的各项正附税一律取消。地价税除法律另有规定外，向所有权人征收；典地或转典地之地价税，向典权人或转典权人征收。地价税须由纳税人自行向地价

① 关吉玉、刘国明、余钦悌编纂：《田赋会要第四篇：田赋法令》，第 315—317 页。
② 关吉玉、刘国明、余钦悌编纂：《田赋会要第四篇：田赋法令》，第 317—319 页。

税征收处完纳，不得由区乡保甲长或员役经手代交。

土地所有权人有下列情形之一者为不在地主：（1）土地所有权人及其家属离开其土地所在地之县连续满三年者；（2）共有土地其共有人全体离开其土地所在县连续满一年者；（3）营业组合所有土地其组合在其土地所在县停止营业连续满一年者。对于不在地主土地，除改良物外，按其应纳税率逐年增高，但增加税率不得超过应纳土地税率的1倍。①

抗战期间，湖北国统区各县土地陈报先后完竣，遵照第三次全国财政会议的精神，旋即开征地价税。②

各县地价最高者为襄阳县，达9000多万元，最低为咸丰县，仅700多万元。按照地价总额的1%开征地价税，自然也是襄阳最高，咸丰最低；而与土陈前税额比较，均有较大幅度的增加，其中最多者为上文所说的五峰，增加8倍有余，增加最少者为房县，增加了41%，其次为保康，增加73%。（参见表6.4.4）

表6.4.4 湖北宣恩等县地价税总额及土地陈报前后税额比较

科目 县别	1937年田赋正附税亩捐及1941年政教捐附加税额（1）（单位：元）	截至1946年6月底核定征实地价税额（2）（单位：元）	（2）与（1）之比（%）	截至1946年6月底核定各县地价总额（单位：元）
宣恩	61686	124198	201	12419800
来凤	58420	120181	219	12018100
鹤峰	30236	55542	184	5554200
利川	79076	297497	376	29749700
襄阳	424143	922402	217	92240200
咸丰	67296	160376	236	16037600
保康	40878	70899	173	7089900

① 关吉玉、刘国明、余钦悌编纂：《田赋会要第四篇：田赋法令》，第419—422页。
② 参见李铁强：《土地、国家与农民 —— 基于湖北田赋问题的实证研究（1912—1949年）》，第四章第三节。

续表

科目 县别	1937年田赋正附税亩捐及1941年政教捐附加税额（1）（单位：元）	截至1946年6月底核定征实地价税额（2）（单位：元）	（2）与（1）之比（%）	截至1946年6月底核定各县地价总额（单位：元）
房县	98101	138084	141	13808400
自忠	119425	434852	364	43485200
谷城	122626	423520	259	42352000
竹溪	69000	317130	460	31713000
竹山	60720	170736	281	17073600
建始	94515	201837	224	20183700
巴东	80085	225321	281	22532100
五峰	9348	87275	934	8727500
长阳	40157	229020	570	22902000
秭归	36682	165999	453	16599900
兴山	26076	83895	322	8389500
南漳	108791	568872	523	56887200
光化	160409	426777	397	42677700
均县	107633	271092	252	27109200
郧县	168000	319819	190	31981900
陨西	97725	237455	243	23745500

数据来源：《本省（民国）三十五年办理田赋征实征借概述》（1947年3月1日），湖北省档案馆藏，档号：LSE2.31－2。

注：地价总额等于地价税乘100。

但是，地价税征收在1941年后其实已为田赋征实所取代。1941年各省田赋暂归中央接管，并进行田赋征实。[1]《战时各省田赋征收实物暂行通则》第16条规定："各省田赋征收实物依30年度省县正附税总额每元折征稻谷2市斗（产麦区得征等价小麦，产杂粮区得征等价杂粮）为标准。其赋额较重之省份，得请财政部酌量减少"；"征收实物概以市石为计算单位，其尾数

① 参见李铁强：《土地、国家与农民——基于湖北田赋问题的实证研究（1912—1949年）》，第二章第三节。

至合为止，合以下 4 舍 5 入”。[①]

1941 年 12 月国民党第五届中央执行委员会第九次会议通过《土地政策战时纲要》。该纲要指出，土地开征地价税，在战时折征实物征收。另外，“为实施战时经济政策或公共建设之需要，得随时依照报定之地价征收私有土地，其地价之一部并得由国家发行土地债券偿付之。”“私有土地之出租者一律不得超过报定地价百分之十。”“土地之使用应受国家之限制，并得依国计民生之需要限定私有农地之耕作种类。”“农地以归农民自耕为原则，嗣后农地所有权之移转，其承受人均以自为耕作之老百姓为限，不依照前项规定移转之农地，或非自耕农所有之农地，政府得收买之而转售于佃农，予以较长之年限分年偿还地价。”[②]

1942 年 7 月，行政院又颁布《战时田赋征实通则》25 条，对 1941 年公布之“暂行通则”内容略有增删：“战时田赋一律征收实物，其有特殊情形地方经呈准后，得将应征实物按照当地市价折纳国币”；“各省田赋征收实物，依 30 年度省县正附税总额，每元折征稻谷 4 市斗，或小麦 2 市斗 8 升为标准，其赋额较轻或较重之区域由中央酌量增减”。[③] 地价税之征最终有名无实，不了了之。

本章小结

地籍整理工程浩繁，需费甚巨，对于技术与人才的要求也相当高。如此浩大的工程，没有高效廉洁的政府来主持，而能够卓有成效，是难以想象的。地籍整理，必须在一个相对稳定的政治环境中，由有效率的政府来主持，才可能顺利完成。

---

① 《战时各省田赋征收实物暂行规则》（1941 年 7 月），《革命文献》第 110 辑，第 298—299 页。
② 关吉玉、刘国明、余钦悌编纂：《田赋会要第四篇：田赋法令》，第 189—190 页。
③ 赋率增加后各省之额征数可达 3000 万市石之谱。参见《抗战时期之粮政概述》，《革命文献》第 110 辑，第 3 页。

这些条件在当时是不具备的。因此，土地整理虽然持续时间较长，但是成效是有限的。首先，只是部分省县进行了土地整理；其次，土地整理主要不是地籍测量，而是土地陈报，其准确性并不高。没有精确的地籍资料，政府未能掌握土地的准确信息，土地登记进展缓慢。

在进行了土地整理的地方，财政收入有所增长，土地税率也所降低。似乎部分地实现了预期目标。显然，除了少数进行地籍测量的县，用陈报或清丈等简易方式完成土地整理的县，财政收入还有很大的上升空间。由于土地测量没有普遍开展，农民负担畸轻畸重的现象并没有得到根治。

在少数县份，还进行了开征地价税的尝试。显然，这些尝试只具有实验的意义。由于地籍整理并没有最后完成，开征地价税的尝试一开始就有名无实，最后又由于田赋征实而不了了之。但是地价税取代传统的田赋，是中国田赋制度的一次重大变革，其意义不能低估。中国传统赋税主要由人头税与土地税构成，清初“摊丁入亩”，田赋则含有地租与丁银两项，合称地丁，实际上是人头税与地租的融合，反映了广大农民与封建政权之间的人身依附关系。这种依附关系以土地不完全产权为基础，农民所拥有的是土地的使用权，表面上，农民可以任意处置自己的土地，实际上处置的只是土地使用权，国家或者说皇帝是土地的最终拥有者，所谓“溥天之下，莫非王土”，所以获得土地使用权的农民不仅须向国家这一大地主缴纳地租，同时还得以臣民的身份向皇帝缴纳人头税。用地价税取代田赋，田赋成了纯粹的财产税，封建性的田赋被资本主义性质的地价税所取代。

地籍整理并开征地价税，被国民党政府视为解决财政问题并最终解决土地问题的重要途径。以上观之，虽然地籍整理取得了一定的成绩，但整体而言，还只具有探索与实验意义，并没能从根本上解决地籍混乱的情况，因此所谓平均地权的构想，仍然不过是一纸计划而已。

第七章
影响乡村地籍整理的原因分析

影响地籍整理的因素，从客观方面而言，是技术与社会经济发展水平的刚性制约，以及时局的影响；从主观方面而言，是制度对官员的激励与约束水平以及乡村社会的协作意愿。

第一节　人才与经费的制约

地籍整理首先受到两个方面因素的制约：一是专业技术人才缺乏，一是经费不足。

一、专业技术人才缺乏

如前所述，民国时期，现代地籍测量技术已被引入中国。如果这些技术能被广泛采用，可望在较短时间内完成全国范围的土地测绘，但这需要大量懂得现代测量技术的专业人员。

在南京国民政府时期，随着现代技术教育的进步，已培养了一批专业测量人才。

江苏省土地局机关编制包括局长 1 人，秘书室秘书 1 人，科员 3 人，录事 1 人，技正室技正 2 人；第一科科长 1 人，技士 3 人，技佐 2 人，办事员 1

人，录事1人；第二科科长1人，科员1人，办事员1人，录事1人；第三科科长1人，科员2人，办事员2人，录事5人。该局重要职员履历如下[①]：

省土地局重要人员经历：

局长　赵启騄　籍贯　江苏丹徒

经历　兼任民政厅厅长

秘书室

秘书　赖志泉　年龄　30岁　籍贯　江苏武进人

出身　江苏苏州工业专门学校毕业

经历　历任江苏省立丝织模范工场技师兼科长；吴县感化院院长；中央大学工学院苏州职业学校专科教员兼主任；江苏省立苏州工业学校教员

第一科

科长　沈暮□　年龄　46岁　籍贯　浙江绍兴

出身　美国康乃尔大学土木工程科硕士

经历　江西工业专门学校土木科主任；烟台海坝工程会副工程师；南洋政矿学校务务长；省立第二工业学校土木科主任；子牙河测量队副队长；顺直水利委员会正技师；苏州工业专门学校教务主任兼土木科主任；交通部技正购审核委员会委员；全国路线网规划会员；国立中央大学工学院副教授；国民政府救济水灾委员会工财处视察工程师；江苏省土地局技正兼第一课课长测丈总队队长；任技正第一科科长测量队总队长

技正室

技正　沈暮□

唐在贤　年龄　46岁　籍贯　上海

学历　南洋中学毕业由江苏省官费派往日本名古屋高等工业学校土地科毕业

经历　曾经清学部考试最优等给工科进士等学位；历任京□京绥铁

① 汤一南：《江苏省土地局实习报告书》，第61070页。

路分□长、总□长、副处长；江西南浔铁路株钦路工程技师；全国经界局编译；经界学校校长；苏州工业学校土木科主任；北京大学理科预科讲师；北京市政公所管造局局长、工程处处长；江苏省土地整理委员会测丈科科长、测丈队总队长

第二科

科长　周乃文　年龄　45 岁　籍贯　江苏宜兴

学历　前清高等学堂毕业

经历　历充国民代表会议筹备处秘书；参院参政；国务院高等顾问；国税会议参议；民国十六年（1927 年）国民政府成立历充财政部统计处秘书；国有地产管理处第一科科长；赋税司第四科长；江苏沙田总局秘书；山东盐运使署秘书、总务课长兼代缉私课长

第三科

科长　贺伟　年龄　48 岁　籍贯　湖南衡阳

学历　贵州官立法政专校毕业

经历　历充贵州通省模范监狱工务课课长；劝工局主任；安南县府科长兼代□□湖南平民工艺厂厂长；大庸县验契专员；广东澄海地方审判厅书记官；□建南台水公安局局长；山东第七□□经事务局局长；安徽西河口茶厘局长；河南三河尖盐务督销局督征；江苏民政厅一级科员[①]

江苏省土地局几位主要职员的学历与履历，即使用今天的标准来看，都是非常亮眼的。在他们的领导下，江苏省土地局机关风气似乎比较好。“工作极为紧张，有朝气，无早退晚到恶习，且脱尽官僚习气；有读书研究会，使职员灌输新知识，以增加工作之效率，此种研究会极为重要且极有意义，惜各衙门均未实行。纪念周时，使各职员轮流报告，其报告范围，可分为二种，一为读书报告，使本星期读书有心得者，而报之，一为工作报告，使本星期之工作情形，得有切实之了解与探讨。”[②]

① 汤一南：《江苏省土地局实习报告书》，第 61071—61073 页。
② 林诗旦：《江苏省地政局实习调查报告日记》，第 59866 页。

和江苏省类似，安徽省土地处重要人员的学历与履历也颇为可观。如第一课课长焦山，是学测量专业的；第二课课长鲍植，曾留学英国（参见表7.1.1）。

表 7.1.1　安徽省土地整理处重要人员经历表[①]

职别	姓名	籍贯	年龄	经历
主任	何崇杰	安徽	47	曾任西湖博览会副主任，湖北省县长
副主任	李用宾	安徽	34	上海南方大学毕业
第一课长	焦山	安徽	50	北京参谋部高等测量学校毕业，现任安徽省陆地测量局局长
第二课长	鲍植	安徽	46	英国留学生，曾任实业部度量衡局局长及代理安徽省政府秘书长
第三课长	杨慧存	安徽	55	曾任安徽省省议会议员
兼任委员	张清源	江西	30	秘书处科长
	陈言	安徽	46	建设厅秘书
	徐方庭	湖北		民政厅科长
	张穆熙	河北		财政厅秘书
专任委员	丁相灵	安徽	32	上海法学院毕业
	邱光远	安徽	34	
	李晋	安徽	34	
	董公绥	安徽	36	
	龚勋华	安徽	37	
	梅嶙高	安徽	34	
	戚完白	安徽	33	上海法学院毕业
秘书	金胜	安徽	52	曾在湖北省任县长
课员	王思栻	安徽	37	北平法政专门学校毕业
	张梦华	安徽	31	上海南方大学毕业
	林甲第	安徽	48	
	帅润泽	江苏	27	
	孔繁森	浙江	47	

① 金延泽、许振鸾：《安徽省土地整理处实习总报告》，第84593—84596页。

安徽省土地整理处给人的“观感”似不如江苏省土地局。据地政学院学员报告，对职员的管理，从表面观之，似颇严格，一按实际，确得其反。该处虽有“职员请假规则”暨“测量人员奖惩暂行规则及请假规则”，但职员鲜有遵守者，所以规则不过一纸具文。[①] 地籍测量人员的升降，考绩铨叙，国民政府立法院所订“公务员服务章程”内皆有明文规定，但命令是命令，事实犹自事实。“事实所表现者，则为主任之一言，而加官；名流之一言，以升级。取舍任免，仅凭八行书，背境（景）之强弱，安问其资格与能力？是曰土地处人员之任用标准，在视八行书背境（景）之强弱，实不为过当。然而，在今之世，何处不然，吾何独于土地处而责之乎，惟以既言用人标准，不得不举此以对，非敢攻短也。”[②]

安徽省土地整理处所有职员，俱居住处外，除星期例假不办公外，每日上午八时，下午二时，到处办公，上午十二时，下午五时，公毕离处。各职员的日常生活，大部消度于办公厅中，在办公时间内，遇有间暇或围炉谈天，或抽烟消遣，职员生活之苦燥与无聊，于此可以想见。[③]

浙江省杭市县土地测绘队共分 14 个组：（1）大三角分队：大三角分队将各种测量成果交与小三角分队。（2）小三角分队：小三角分队将各种测量的成果交与图根队。（3）图根分队：图根分队的成果交与清丈队。（4）清丈队：每测成一图幅将原图及地籍一览表、户地调查表交与检查组。（5）检查组：收到清丈队交来的原图并所附表格，经检查完毕后交给调查组。（6）调查组：在清丈开始前划定乡镇疆界，制成划界图样交与制图组；收到检查组交来的图表，经校对并检查完毕后交给求积组；由清丈队或复丈班交来的争执地查报及可疑地查报，经调查完毕交与审核室；收到公布处及发照处交来的业户申请复查书，经查竣后，作成复查报告表交与制图组。（7）求积组：收到调查组交来的户地原图及地籍一览表，求定地积填入地籍一览表，一并

① 金延泽、许振鸾：《安徽省土地整理处实习总报告》，第 84597 页。
② 金延泽、许振鸾：《安徽省土地整理处实习总报告》，第 84593—84596 页。
③ 金延泽、许振鸾：《安徽省土地整理处实习总报告》，第 84610—84611 页。

交与制图组。（8）制图组：收到求积组户地原因及地籍一览表，模绘并印制户地图交与发照处。（9）公布处：收到调查组公布图及户地调查簿，经公布后再交与制图组。（10）审核室：收到调查组争执地调查报告书、可疑地调查报告书，经审核后将和解书发给当事人。（11）复丈班：根据公布处或发照处交来的复丈申请书，复丈完毕，作成复丈报告书交与制图组。（12）发照组：填写土地受业执照；将图照逐坵配制妥帖发给业主；将地籍一览表、户地调查簿及审核清单交与造册组。（13）造册组：据发照处交来的审核清单、户地调查簿及地籍一览表编制土地清册。（14）统计组：调集各队组班据报告图表，编制地类地目统计、土地使用状况统计、农民分类统计、测丈成绩统计、人事总务统计。[①]就浙江省杭市县土地测绘队的组织结构来看，分工合作已经达到十分精细的水平。而且每道工序完成，都有相当高的技术要求，没有受过专业训练的人员是难以胜任的。

是故，当时招聘测绘人员的要求还是比较高的。根据江苏省 1931 年 7 月拟定的“征用技术人员章程”，关于各类地籍测量来得人员资格，有如下的规定：（1）各分队队长，国内外大学陆地测量学校或其他专科学校毕业，曾受高等测量的训练，在技术机关服务 5 年以上并负责担任测量事务 2 年者；（2）各分队组长，专科以上学校毕业，曾受高等测量的训练，在技术机关服务 3 年以上，并负责担任测量事务满 1 年者；（3）各县土地局技术员暨各分队组员：专科以上学校毕业，曾受测量训练并在技术机关担任测量技术事务 1 年以上，或在地政机关或其他机关所属测丈人员养成所毕业，暨在高级中学或职业学校所设测量班毕业，曾任测量技术事务 2 年以上者；（4）应征人员受考询科目，均按照省土地局征用人员办理技术事务的需要暨应征人员的学识经验分别核定。在当时的情况下，这样的要求并不算低。1934 年招聘 1 次，应征者达 384 人，经 1935 年考询合格者计 52 人，分别录用，分

① 李显承：《杭市县办理土地陈报之经过及其成绩》，第 19271—19277 页。

发各县土地局或省土地测量队实习，再委派职务。[①]

根据江苏省土地局“任用练习生章程”，练习生由各县清丈分队招考，分发各组服务，受主管人员指导，练习测量技术，助理绘图、计算及造册事务，每6个月考核一次。其不合格者，应予除名，经两次考核及格者，得予进叙升级。第一级，服务且满一年，而成绩复又优良者，得按照“全省测量队职员俸给规则”第四条第四项规定，升序任用。各县招考者，计有嘉定、丹阳、奉贤等县。嘉定于1931年终曾招考录取测量练习生17人送江苏省土地局受训，分发于第二、第三、第四各分队见习，后因“一·二八”事变停顿，各生陆续遣回，多未期满。1932年冬仍由该县遣来分派至第二分队，重行实习。奉贤于1932年秋招收练习生计取10余人。[②]

为培养测量人才，1931年参谋本部设立中央及各省陆地测量学校。1932年于中央政治学校设立的地政学院，则是完全为地政需要而设立，至1940年因战事恶化而停办。据创办人萧铮所言，地政学院所招学生为大学毕业生，第一年完成基本的学科研究训练，然后派往重要地区实习调查三个月，返院时需提交实习报告，并在各教授的指导下，以实习所获得的资料做研究论文。一年后才能毕业，并分派到各省工作。[③]第一届计划招收100名学员，实际录取66人，皆是大学毕业，有的还有政府机关或学校的任职经历。[④]9年间参与完成调查的学员共计168人，完成研究论文166篇。1933年同济大学工学院设立的测量系，也培养了许多高级测量人才。以上机构所培养的均为高级测量或地政人才。[⑤]

1935年9月，全国第一次地政会议审议通过《各省市初级地政人员训

① 汤一南：《江苏省土地局实习报告书》，第61169—61170页。

② 汤一南：《江苏省土地局实习报告书》，第61175—61176页。

③ 参见江伟涛：《南京国民政府时期的地籍测量及评估——兼论民国各项调查资料中的“土地数字”》，《中国历史地理论丛》，2013年4月，第28卷第2辑，第73—74页。

④ 中央政治学校附设地政学院编：《中央政治学校附设地政学院一览》（1933年），第94—99页。

⑤ 江伟涛：《南京国民政府时期的地籍测量及评估——兼论民国各项调查资料中的“土地数字”》，《中国历史地理论丛》，2013年4月，第28卷第2辑，第73—74页。

练方案》，以规范各省市地政人才训练。[①]各省市成立地政机构后，大多先后设立训练机关，分地政、三角、清丈等各班，按照实际需要进行分别训练。据诸葛平的初步统计，各省共培训初级地政人员10967人。[②]

在1932—1934年间安徽省招收和培训具有高中文化水平的测量人员60至80人。1934年年底，阜阳、临泉、颍上、太和4县就地招收和培训具有高中文化水平的测量人员300人，都由陆地测量局抽调测量骨干培训，一年结业颁证任职。[③]河南省招收测量人员的标准为高中毕业，图根班人员为初中毕业，训练期为半年，分5年5期招考培训，总人数达到五六千人。[④]湖北举办土地清丈时，"清查指导员兼查丈课长"的选任必须具备以下之一的条件才有资格：具有测量学科高中以上毕业者，或者测量学校简易科毕业者，或者具有同等学力任测绘工作满一年以上者。各县选送有书算知识者150名进行培训，经考试合格担任正副丈量员。[⑤]

1939年，为适应土地行政不同层次的需要，又于中央政治学校设立地政专修科，以培育中级地政人员为目的。即使如此，各省仍多感中级地政人员不敷需要。地政署又设立地政人员训练所，从事中级地政人员训练事宜，共办理四期，参加培训者共204人，均分派各省工作。1946年，国民党进行军队整编时，所有复员转业军官有志愿从事地政者，均纳入到中央地政训练班训练，共153人。[⑥]

在地籍整理的过程中，大部分测量人员的专业知识还十分浅陋。[⑦]时人

---

① 《抗战前国家建设史料（内政方面）》，《革命文献》第71辑，第271页。

② 江伟涛：《南京国民政府时期的地籍测量及评估——兼论民国各项调查资料中的"土地数字"》，《中国历史地理论丛》，2013年4月，第28卷第2辑，第73—74页。

③ 吴云：《解放前的安徽省土地整理处、土地局、地政局机构设置情况》，《安庆文史资料》第24辑，第8页。转引自程郁华：《江苏省土地整理研究（1928—1936年）》，第20页。

④ 《河南省整理土地简易清丈十年完成计划草案》，第11—12页。转引自程郁华：《江苏省土地整理研究（1928—1936年）》，第20页。

⑤ 湖北省政府民政厅：《湖北土地清丈登记汇编》（1935年），第10页。

⑥ 江伟涛：《南京国民政府时期的地籍测量及评估——兼论民国各项调查资料中的"土地数字"》，《中国历史地理论丛》，2013年4月，第28卷第2辑，第73—74页。

⑦ 陆开瑞：《黄岩清丈经过及其成绩观测》，第19148—19149页。

评论道："惟各级下层工作人员素未经过相当之训练，知识技能，均极浅薄，字尚多属不识，遑论按丘编号，即或以非科学方法随意编造地号，难免不东西颠倒，南北错乱，衔接合拼，茫然莫知所从。"[①]

江苏丹阳测量精度较差的原因就在于，测绘原图时，是由"测夫"丈报，这些测夫，虽然经过训练，"但丈量时因不能随时加以督察，错报及疏忽之弊，在所难免，而清丈员即根据之比绘于原图，其失却也必在意中"。清丈队"用布卷尺丈量，其器械之本身，既已不免伸缩不确之患。且实际丈时，测夫因无督察而比较疏忽，或则牵拉不紧，成为弧形，或则高低不平，含有斜度。致所得结果，并非水平距离，如是者一二次，尚无大患；但至全图丈完，必铸成大错，而在精度上大受其影响"。天阴或大风之时，测夫在远处丈报，清丈员不能跟随计数，所报之数，可能含混不清，也会影响到测量准确度。这种丈量方法，由于事先不绘草图，记载实丈数目，事后则无原图对比，以发现其误差。等到以后发现错误时，缺乏草图作为根据，也无法找到错误所在，要么将错就错，要么重测。除测量以外，在绘图方面，清丈队也存在不足。由于清丈队是直接绘制原图，事先没有画草图，如果一块地跨两幅或者多幅图，各幅图只画出该地块一部分，在各幅图对合的时候，可能会出现接不起来的状况。[②]

浙江黄岩以一县仅 70 余万亩之面积，办理清丈，历经 15 年时间。黄岩清丈展延如此之长久，原因在于，缺乏充分的经费；无专门熟练的人才；无完善的工作计划。[③]

总之，在技术人员方面，虽然已经拥有了一批训练有素的人才，但是，具体到基层，熟悉丈量技术的人才又显得十分匮乏，成为制约地籍整理的一个重要因素。办理各县，不特乡间农民知识缺乏，即负直接责任的乡镇长，亦多目不识丁，临时雇用填写人员。然填写者，亦多不能合用，致整理查报

① 张德先：《江苏土地查报与土地整理》，第 14503—14505 页。
② 何梦雷、李范、沈时可：《丹阳县土地局实习总报告》，第 55828—55838 页。
③ 陆开瑞：《黄岩清丈经过及其成绩观测》，第 19149 页。

单时煞费核对工夫。[①]

财政部1942年1月颁布的《土地陈报计划纲要》指出，土地陈报是整理田赋的治标工作，方法措施是否得宜，是成败的关键。“然徒法不能以自行，仍须得人，始克有济。”[②]

二、经费不足

作为一项规模浩大的政府工程，地籍整理是需要巨额开支的。地籍整理的顺利推进需要有经费保障。

根据《土地法》的要求，地籍整理经费来自土地整理完毕后，业主进行产权登记后的收费。根据广东省“土地测量计划书”，完成广东省土地测量，需要经费2593余万元，“拟征收土地整理印花费以资挹注”[③]。

但是，从各地的实际情况来看，土地整理的经费主要不是来自登记费，原因在于登记费的征收要滞后于需求。

黄岩清丈，原定经费来源主要有三部分：以承粮户折工本费余款2000元，拨充为清丈开办费；每亩带征清丈费1角，全县田亩照以6000顷计算，约可得60000余元；“方单”（即产权登记证明）费征收，约可收得50000余元。总计以上三项来源，全部经费，约可得10万余元。清丈经费预算总支出，共计约11万余元。[④]

黄岩经费筹措实际情形则和原计划有很大出入。1917年11月，第一期丈量完竣，所用经费，超出预算甚多。计一年之内，用去经费50269元，丈量田亩约20余万，仅占全县面积四分之一。按照这一标准，清丈其余四分之三，尚须经费132766元，超过原定预算约80000余元。[⑤]

---

① 张德先：《江苏土地查报与土地整理》，第14468—14472页。
② 关吉玉、刘国明、余钦悌编纂：《田赋会要第四篇：田赋法令》，第172页。
③ 广东陆军测量局：《广东全省土地测量计划书》（1929年），第2页。
④ 陆开瑞：《黄岩清丈经过及其成绩观测》，第18823—18824页。
⑤ 陆开瑞：《黄岩清丈经过及其成绩观测》，第18835—18838页。

为解决经费问题，黄岩不得不多方设法。首先，征收清丈费。浙江黄岩清丈经费，完全取自田地业户。根据黄岩县政府发布的布告："……欲利进行，则不得不先筹经费，所苦比年以来，公款罗掘罄尽，既不能无米为炊，又未便因噎废食。爰经召集城乡耆绅，详慎会议，是项清丈经费，除开办费，以承粮户折手续余款拨充外，仿照江苏南通宝山等县，按期征收清丈费。"[①] 1916年共征得23985元，1917年共征得24877元。[②] 其次，银行借款。1916年11月间，开始清丈，需款浩繁，预算支出，计共10万元。可收得亩捐5万余，方单（即产权证书）费约5万余，但亩捐系分忙带征，1916年已征银2万3千余元。其余亩捐，须到1917年上忙，方能征齐；而方单费，则须全县丈毕后，方有端倪。既均缓不济急，又难因噎废食，如果没有救急的办法，清丈必然停止。只好以清丈后的方单费作抵，向中国银行借款2万元，月息八厘。[③] 第三，借征方单费。1917年11月新定预算，以后清丈经费，尚须13万余元。总计不敷之数，12万9千有零，均应在方单费内取资。但丈量未竣，正册未成，方单无从编造，即便延期，年内经费没有着落。1917年2月，虽有银行借款2万元，然杯水车薪，终属无济。乃于1918年开始预征方单费，计1918年征得银24473元，1919年征得24422元，1920年征得16432元。[④]

1916年3月至1921年4月间，黄岩清丈经费收支实数，以及存余款项如下：（1）总收入共计116937元。内计：收县公署拨交承粮户折摺余款2000元；收1916年随粮带征清丈费23985元；收1917年随粮带征清丈费24877元；收1918年随粮借征方单费24422元；收1919年随粮借征方单费24422元；收1920年随粮借征方单费16432元；收各存户息741元。（2）总支出共计116789元。（3）收支相抵，结存147元。[⑤]

① 陆开瑞：《黄岩清丈经过及其成绩观测》，第18823—18824页。
② 陆开瑞：《黄岩清丈经过及其成绩观测》，第18830—18831页。
③ 陆开瑞：《黄岩清丈经过及其成绩观测》，第18831—18833页。
④ 陆开瑞：《黄岩清丈经过及其成绩观测》，第18838—18840页。
⑤ 陆开瑞：《黄岩清丈经过及其成绩观测》，第18841—18847页。

1926年，黄岩清丈，开始清理工作。经费只有前清丈局结余。因为收入不敷应用，清理处呈请知事转呈会稽道尹借垫海禁局米捐项下积存银7000元，以应急需。延至1927年4月，全县补丈已毕，草图草册亦已完成，钱粮征收，即可改用新册。总支出合共24500元，包括抽查经费约4500元，各乡评议会经费约2000元，清理成绩优良奖金约3000元，正图册绘造装订经费约3000元，储藏图册的器具购造经费约1000元，清理处办事人员薪工约2000元，各种杂费约2000元，连偿还地方公益捐垫款等。黄岩知事召集全县绅士和清理员开会讨论，由于黄岩历经军队过境，民间罗掘俱穷，本来未便轻议增加负担，但清丈为确定老百姓产权，不能再令停顿，可每亩附征银5分，以一年为限，约能征银24000余元，可以支付所需费用。全体表决赞成，并公推士绅朱文劭等为代表，申述意见，函请县长转呈前浙江省财政委员会鉴核在案。旋奉指令，以清丈善后经费，每亩附征5分，计实征银24106元。1931年1月，全县各字正副图册及户领坵册，虽基本核对完竣，然图边修绘，图册装订盖印，县区图缩绘，仍需经费。于是又呈请县政府于米照项下拨补3000元。旋经准照拨2000元，核与预算尚不敷千元，不得已将处内事务兼并，职员减薪。[①]

总计黄岩清丈，耗时15年，总支出165923元，总收入为156070元，收支不敷9853元。

此后浙江陈报经费，根据民政厅"办法大纲"，酌收手续费，每亩纳手续费1角2分，其不及1亩以1亩论。手续费未征起时的补救方法：当经民政厅允许在准备金项下，或其他市县地方公款内垫款，等手续费收起归还；至于贫瘠县份准备金既毫无存留，其他公款又至支绌，可以向大业主预催手续费，或出印收，向商家暂借。手续费收数，最初浙江全省以陈报土地5000万亩概算，约可收600万元：省款4分，为200万元；县款3分，为150万元；村里款5分，为250万元。后以经省政府委员会第243次会议议决：公

① 陆开瑞：《黄岩清丈经过及其成绩观测》，第18847—18851页。

地免收手续费，民政厅又迭令各县市凡荒歉区域，老百姓无力缴纳手续费者，准予先行陈报，复再缴纳，并叠准缓收。截至1930年8月，全部收数，仅300万元左右。[①]

金华在开展土地陈报时，按每亩1角2分收费，全县可收101300余元。[②]由于业主多不愿缴纳，全县实收陈报费仅12900余元，支出估计有70000—80000元。[③]“办理经费，至敷工作人员之伙食。虽经县长呈奉校准在自治附捐项下动拨银3600元，然以240村分派，每村里仅得银15元，实属杯水车薪，无补于事，以致陈报工作，阻滞进行。”[④]

浙江衢县经费来源，名义上不向老百姓直接收费：“凡事业未得老百姓信仰以前，应由政府垫款进行，本县查丈即如此办。”换言之，即衢县办理查丈，经费全由县政府垫款。但是衢县县库空虚，根本不可能有这样一笔巨款。1933年2月4日，衢县县长召集全县各界商议办法：查丈经费，向业主暂借每亩1角，于查丈单发给后，派人征收，而业主应借出查丈经费，可以抵免“失粮溢管地”三年田赋。若有不遵照者，得予下列处分：扣发执业凭证；呈请县政府，依照行政执行法，强制处分。一旦经费足以维持查丈时，以上办法即停止施行。估计全县一次可以预借到7万余元。1933年6月30日，经民、财两厅指令，扩充查丈经费办法，又有下列规定：借款额定3万元，由县政府委托县商会召集各钱庄，分别认定负担，借款以应征“失粮地”近三年田赋为担保，容于征起款内分期拨还。[⑤]

杭市县土地清丈每亩所需经费，计测量部分每亩需洋6分4厘，清丈部分每亩需洋4角9分1厘，整理部分每亩需洋1角4分4厘，共计每亩需6角9分9厘。[⑥]杭市县土地清丈经费，来自向业户征收的测绘费及补征“失

① 董中生：《浙江省办理土地陈报及编造坵地图册之经过》，第19499—19507页。
② 尤保耕：《金华田赋之研究（上册）》，第9120—9121页。
③ 尤保耕：《金华田赋之研究（上册）》，第9125页。
④ 尤保耕：《金华田赋之研究（上册）》，第9116页。
⑤ 董中生：《浙江省办理土地陈报及编造坵地图册之经过》，第19747—19752页。
⑥ 李显承：《杭市县办理土地陈报之经过及其成绩》，第19302—19309页。

粮地溢管地”最近三年的正附粮税等款。这几项的收入数额分别为：测绘费74万元；征收测绘费，不足一亩者以一亩论，约可增加三成，当可收22万元；补征“溢管地失粮地”近三年正附粮税银约93万元。以上三项总共约190万元。①

1931年下半期，浙江省因杭市县土地测量经费紧张，决定由民、财两厅代向银行押借商款。这次借款计款额为72.5万元，承担者为中国、交通、浙江地方、浙江兴业、浙江实业等五个银行。②

江苏丹阳带征清丈费，起于1931年，止于1934年，共3年。每亩带征5分，实征田额计108万亩，每年分上下两期带征，应征数为27万元。③1931年开征时因无保管组织章程可资循，故由县财政局暂为保管，设主任一人专负其责。1932年10月，省局颁布《征起清丈费保管委员会组织章程》，于是成立清丈费保管委员会，指定农民银行为其储存机关。④清丈分队经费，在征起清丈费项下拨给。⑤丹阳带征清丈费共计实征数为35万元，连同溢田补征清丈费及登记费共为52万元，应支各款按照各项概算总数共为53万元。以收抵支，尚不敷1.5万余元。⑥

无锡地政机关的经费，均由清丈费项下拨支。自1932年起，奉命开征，至1934年为止，每亩随粮带征1角，每年额征为12.5万余元，虽年有欠额，但实征数已算可观，为无锡整理土地经费的唯一大宗来源。⑦

表7.1.2显示，江苏省青浦县登记费覆丈费累积积存6071.05元。青浦县1934年登记费增长迅速，情况要远好于丹阳、嘉定两县。

① 李显承：《杭市县办理土地陈报之经过及其成绩》，第19316—19319页。
② 李显承：《杭市县办理土地陈报之经过及其成绩》，第19324—19325页。
③ 何梦雷、李范、沈时可：《丹阳县土地局实习总报告》，第55749页。
④ 何梦雷、李范、沈时可：《丹阳县土地局实习总报告》，第55745页。
⑤ 何梦雷、李范、沈时可：《丹阳县土地局实习总报告》，第55807—55808页。
⑥ 何梦雷、李范、沈时可：《丹阳县土地局实习总报告》，第55797页。
⑦ 阮荫槐：《无锡之土地整理（上）》，第17647页。

表 7.1.2 青浦县登记等费专款统计表[①]

年月＼项目		本月份新收		积存数	附记
		登记费	覆丈费		
1934 年	5 月	23.05		23.05	存青浦农民银行
	6 月	240.83	24.80	288.68	
	7 月	535.32	49.50	873.68	
	8 月	906.64	61.50	1841.82	
	9 月	999.88	51.1	2892.80	
	10 月	1029.77	56.30	3978.87	
	11 月	842.61	51.80	4873.28	
	12 月	1146.17	51.60	6071.05	

表 7.1.3 显示，江苏省奉贤县登记费、覆丈费积存 6150.79 元。和青浦县一样，奉贤县登记费也快速上涨。

表 7.1.3 奉贤县登记等费专款统计表[②]

年月＼项目		本月份新收		积存数	附记
		登记费	覆丈费		
1934 年	1 月	5.40		5.40	
	2 月	2.26		7.66	
	3 月	99.87		107.53	
	4 月	113.09		220.62	
	5 月	43.90		264.52	
	6 月	77.38		341.90	
	7 月	147.63		489.53	
	8 月	580.64		1070.17	
	9 月	999.38		2069.55	
	10 月	763.07		2832.62	
	11 月	1410.49		4243.11	
	12 月	1907.68		6150.79	

① 谌琨：《江苏之土地登记》，第 16319—16320 页。
② 谌琨：《江苏之土地登记》，第 16331—16332 页。

表 7.1.4 显示，1934 年镇江县有些月份登记费收入非常高，主要原因在于镇江开始是在城市试行登记，城市地价较农村要高，故办理成绩虽不见佳，而登记费的征收，已属不少。只是该县所收的登记费，时有挪用，能用于土地整理者，仍属寥寥。①

表 7.1.4　镇江县登记等费专款统计表 ②

年月＼项目		本月份新收		积存数	附记
		登记费	覆文费		
1934 年	1 月	9119.94	912.20	10032.14	此系截至二十三年（1934 年）一月份之总数
	2 月	51.16★	3.50	10086.80	★据登记月报核算为 92.44
1934 年	3 月	258.24	88.50	10433.54	
	4 月	1164.95	213.00	11811.49	
	5 月	1155.16	164.35	13131.00	
	6 月	11.73			自六月至九月无有根据
	7 月	38.28			
	8 月	50.58		2923.64	由八月份累计数中结出，是否有动支，不得而知
	9 月				
	10 月	47.72		3197.18	由林钦辰局长报告
	11 月	215.32		3412.50	
	12 月	1231.75		4644.25	

1935 年末季到 1937 年第一季度，吴江县登记费收入快速增长，1935 年 12 月，收入仅为 206 元，1937 年 4 月，各项收入已增加到 8552 元（参见表 7.1.5）。

① 谌琨：《江苏之土地登记》，第 16300 页。
② 谌琨：《江苏之土地登记》，第 16300—16302 页。

表 7.1.5 吴江县地政局 1935 年 10 月至 1937 年 4 月各种经费收入摘录[①]

年	月	登记费（元）	覆丈费（元）	代书费（元）
1935	10		28.9	19.78
	11	47.38	34.5	50.97
	12	170.47	34.8	68.91
1936	1	22.83	36.7	45.98
	2	62.28	75.5	113.79
	3	327.76	293.3	293.82
	4	422.64	318.5	173.13
	5	611.54	200.6	77.91
	6	213.38	57.6	120.66
1936	7	396.66	124.5	145.74
	8	934.29	309.7	334.23
	9	1892.18	272.80	579.91
	10	1744.04		
	11	717.43	102.1	690.75
	12	1533.41	208.84	435.63
1937	1	3374.43	603.15	589.2
	2	2517.50	278.90	429.48
	3	5234.87	306.50	575.91
	4	7319.49	386.20	846.3

从上述江苏数县的情况来看，在土地整理初步完成后，一些县份的登记费收入快速上涨，说明业主的登记比较踊跃；一些县份收数较少，反映出业主对地籍整理的抗拒与犹疑。时人指出："由上可知收入亦属逐渐增多，若以此收入与局内各种经常费相较，则足够应付而恐有多量之盈余矣。然此种收入，每月皆须缴解省金库，若有需用时，再由省金库按支付书拨发。"[②]

根据江苏省土地整理收支概数总说明书，整理土地经费的筹集，包括各

① 潘沺：《江苏省地政局实习调查报告日记》，第 62903—62909 页。
② 潘沺：《江苏省地政局实习调查报告日记》，第 62903—62909 页。

县应带征清丈费1977万元，溢田补缴清丈费2384万元，登费计908万元，三项总计5262万元。至支出方面，三年完成者省库应负担49万元，各县应负担2645万元，共计2694万元；五年完成者省库应负担62万元，各县应负担2681万元，共计2743万元。[①]（参见表7.1.6、表7.1.7）

表7.1.6　江苏省土地整理三年完成各县征费概数总表[②]

款目	1931年度	1932年度	1933年度	1934年度	1935年度
额田应征清丈费	1008228.800	6952782.900	6120639.600	5691883.900	
溢田补缴清丈费		4115331.130	8230662.260	8030208.270	3464287.580
土地登记费		1586917.085	3173834.170	3070301.420	1176479.775
每年度总收	1008228.800	12655031.115	17525136.030	16792394.590	4640767.255
共收银52621556.89元					
说明	额田应征清丈费　总收19773535.20元 溢田补缴清丈费　总收23840489.24元 土地登记费　总收9007532.45元				

表7.1.7　江苏省土地整理五年完成各县征费概数总表[③]

款目	1931年度	1932年度	1933年度	1934年度	1935年度	1936年度	1937年度
额田应征清丈费	1008228.80	3880826.15	6120639.60	5691883.90	3071956.75		
溢田补缴清丈费		4115331.23	4115331.13	4115331.13	4115331.13	3914877.14	3464287.58
土地登记费		1586917.085	1586917.085	1586917.085	1586917.085	483384.335	1176479.775
每年度总收	1008228.80	9583074.365	11822887.815	11394132.115	8774204.965	5398261.475	4640767.355
共收银51621556.89元							
说明	额田应征清丈费　总收19773535.20元 溢田补缴清丈费　总收23840489.24元 土地登记费　总收9007532.45元						

① 汤一南：《江苏省土地局实习报告书》，第61290页。
② 汤一南：《江苏省土地局实习报告书》，第61292页。
③ 汤一南：《江苏省土地局实习报告书》，第61291页。

无锡航测经费来源，系按亩随粮带征清丈费 1 角。江西南昌航测经费来源，系以每丁 1 两、每米 1 石各摊借测量费 1 元。[①]至于航测经费的数额，南昌共支 218469 元，除购仪器费外，平均每亩合洋 7 分 7 厘 1 毫；无锡共支 112273.4 元，每亩合洋 5 分 5 厘 4 毫。两者亩费相较，无锡比南昌每亩节省 2 分 1 厘 7 毫。

由上面的论述可知，地籍整理经费虽然按照《土地法》的规定，应是地籍整理完成后颁发土地权证的收费。从江苏的几个县来看，开办土地登记后，土地登记费确有一定程度的增长。但是土地登记是土地测量完成后才进行的，土地测量的收入不能指望土地登记费，基本的做法是向业主征收。由于业主的抵制，收数不稳定。为了推进土地测量业务，只好举办借款。借款来源一般是银行和普通商户，这显然也不是件很容易的事。没有财政预算作为支撑，靠临时的征借来筹措经费，其困难是不言而喻的。

经费不足，成为土地整理的最大障碍。江苏省土地测量分 4 期完成。实则除第一期已如期完成外，其他期则视各县由于经费及技术人员缺乏，都没有开始。[②]

浙江土地陈报，耗资 300 万元，仍然深感经费不足。据 1929 年 10 月 18 日兰溪县呈民政厅文："因经费短缺，有给职员多有未能完全担任办理土地陈报。""听讲员多因工作繁重，薪给未能确定，致半途中辍。"据 1929 年 12 月 18 日柱甘区呈兰溪县府文："各村里前筹垫款，虽多少不一，至今支付无余，图簿办藏之村，陈报事宜又迁延不办，手续费因无收入，故各村里经费一项，现颇形拮据。"据 1929 年 12 月 23 日昌葛区呈兰溪县府文："业主陈报者虽有四分之一，而手续费之收入尚属寥寥。"岩山区白沙村委员会呈兰溪县府文："属会奉令办理土地陈报，开始工作以来，迄今已逾数月，伙食开支，措垫浩大。"1930 年 5 月，湖山联合村呈兰溪县府文："属会自办理

① 阮荫槐：《无锡之土地整理（下）》，第 18218—18229 页。
② 潘沺：《江苏省地政局实习调查报告日记》，第 62652—62656 页。

陈报以来，由村长个人维持到今，其他诸委员均各借词推诿，而村长勤劳辛苦，百事独当，似此手段浩繁，独力如何支持……诸业户因目前米珠薪桂，实属无力陈报……而属会对于陈报工作，纯是雇人办理，五成留会之手续费，现已不敷支配，□□钧府令催不容稍缓，派员饬警，又谓村长抗延，村长何辜，遭此困难。”[①] 上录数段，都是兰溪基层员吏的陈述，难免夸大其词，不过运行经费不足应该是事实。

1933 年 11 月，浙江民财两厅通令各县，停办编造坵地图册一文，即“旧欠田赋较多者，自筹费续办，旧欠田赋不多者，暂行停办，未开办者不办”。可知浙江编造坵地图册的最大障碍，仍为经费问题。根据嘉兴七区督促员沈鋆呈县府文：“自逊清三十四年起迄上年止，螟虫为害遍及全县，灾情之重，亘古未有，复加去年丝业失败，农业均贱，委实民生凋敝，十室九空。”根据沈鋆另一篇呈县府文：“自民国十六年（1927 年）二五减租后，业主收入顿减，委实无力负担赋税，遂亦相率拖欠，不数年间，全县旧赋达百余万，故一旦清查，则均赋之惠未沾，而旧欠之累立见。”[②] 因经费发生种种困难，县局长脑海中每日均在打算经费问题，而对于地政事业反无时间计划，阻碍了地籍整理业务的进展。[③]“每月经费一筹莫展，虽亟须进行之事业，亦只得稽延下去。”[④]

综上所述，土地测量需费甚巨，其主要来源是向业主的征敛，这既加重了老百姓的负担，也使得地籍整理经费缺乏有效保障。由于地籍混乱，税收不足且畸轻畸重，因此需要进行地籍整理，但是，在地籍整理启动之初，就要增加一层税负，遭到抵制是理所当然的。无论是陆地测量还是航空测量，都能在较高的精度上完成土地测量。由于经费不充足以及现代测绘人才缺乏，精度较高的地籍测量只在极小的范围内得以施行。土地测量普遍采用的

① 董中生：《浙江省办理土地陈报及编造坵地图册之经过》，第 19518—19522 页。
② 董中生：《浙江省办理土地陈报及编造坵地图册之经过》，第 19703—19705 页。
③ 林诗旦：《江苏省地政局实习调查报告日记》，第 59850—59852 页。
④ 林诗旦：《江苏省地政局实习调查报告日记》，第 60101—60104 页。

方法是土地陈报，虽然以较短的时间在部分地方完成了地籍整理，但准确度是很低的。土地陈报对业主的陈报结果用抽查的方式进行复丈，复丈由乡间稍有知识者完成，采用的方法是传统的步弓丈量。即便如此，中央推行土地陈报8年后，也仅有16省411县办理完竣。[①]

第二节　县域治理状况的影响

南京国民政府成立后，在国家政权建设方面，县地方政权建设，国民政府尤为注重。地籍整理既是县地方政权建设的重要环节，其能否顺利推进，又与县域治理状况密切相关。

一、政权建设的推进

根据《建国大纲》第十八条："县为自治单位，省立于中央与县之间，以收联络之效。"[②]

北京政府时期，基本沿用清末的行省制度和行政区划，全国设22个行省。省行政机关为行政公署。其首长在袁世凯时期先后称民政长、巡按使，1916年后改称省长。省长公署下设政务厅、军务厅、财政厅、教育厅、实业厅、交涉署、警务处等职能部门。在省县之间设道一级行政机构，1924年裁撤。[③]

中华民国成立后，北京政府先后颁布《地方自治施行条例》[④]《县自治法》《县自治法施行细则》。县为基本行政区划，为自治组织。县的行政首长称县知事，主要职权有三，即以行政权为主，兼有立法权、司法权。1921年前

① 关吉玉、刘国明、余钦悌编纂：《田赋会要第四篇：田赋法令》，第172页。
② 《抗战前国家建设史料（内政方面）》，《革命文献》第71辑，第40页。
③ 张宪文等：《中华民国史》第1卷，南京大学出版社2006年版，第228—231页。
④ 胡次威：《县自治法论》，正中书局1947年版，第4页。

后，县知事开始逐步改称县长。县设参事会，作为县自治的辅助机关，参事会长由县知事兼任，职责为议决县议会和县知事交办的事件。县以下行政组织为城、镇、乡，三者平级。1921 年 7 月 3 日，北京政府公布《乡自治制》，规定乡自治会为议决机关，乡自治公所为执行机关，设乡长一人为乡之代表，乡董 1—2 人为辅佐。[①]

1930 年 2 月及 1931 年 3 月，国民政府两度修正省政府组织法，对省政府委员的人选，以及省政府的事权，加以修订。[②]“省政府所属之各厅厅长，依法由各委员兼任。惟各厅主管事务与行政院所属各部有关，为主管部指挥各厅办事便利起见，曾于十九年一月间，由行政院公布省政府各厅长选任规则，俾选任各厅厅长时各部得参加意见。”[③]

1936 年 10 月，国民政府行政院颁布《省政府合署办公暂行规程》：“其主旨在厘定省政府之行政系统，集中政令，以免下级政府无所适从，及缩小省政府及各厅处之整个组织，节缩省行政经费，以扩充县政经费。”[④]

将各省划分为若干个大的行政督察区，如江苏九区、浙江七区、安徽十区、江西十一区、湖北十一区、河北二区等。[⑤]

1936 年 10 月，国民政府行政院颁布《行政督察专员公署办事通则》，及《专员公署经费分等表》，“将各省行政督察专员之编制，分甲乙丙三等。甲等专员公署，分设四科，月支经费 4920 元，乙等专员公署分设三科，月支经费 4070 元，丙等专员公署，月支经费 2900 元。并增设视察、科长、技士、科员等职，以充实其组织，增进其效率”[⑥]。根据行政院颁布的《审查行政督察专员人选暂行办法》及《行政督察专员资格审查委员会规则》，“于院内设行政督察专员资格审查委员会，以内政部长为主任委员，按期开会，严

① 张宪文等：《中华民国史》第 1 卷，南京大学出版社 2006 年版，第 231 页。
② 《抗战前国家建设史料（内政方面）》，《革命文献》第 71 辑，第 40 页。
③ 《抗战前国家建设史料（内政方面）》，《革命文献》第 71 辑，第 46 页。
④ 《抗战前国家建设史料（内政方面）》，《革命文献》第 71 辑，第 328 页。
⑤ 《抗战前国家建设史料（内政方面）》，《革命文献》第 71 辑，第 136—141 页。
⑥ 《抗战前国家建设史料（内政方面）》，《革命文献》第 71 辑，第 328 页。

格审查专员资格以为慎重人选之计，至专员公署秘书其职责最为重要，亦由内政部分别调处各该员履历证件，会同铨叙部严加审查，再行荐请任命，以重铨政”[①]。

根据1928年9月南京国民政府公布的《县组织法》，县实行四级制，即县下为区，区下为村里，村里下编闾，闾内编邻。其中，区由20村里组成；百户以上乡村为村，百户以上市镇为里；25户居民为闾；5户为邻。其系统为：

县—区—【村里】—闾—邻

1930年7月，国民政府公布修正县组织法，对于各级自治团体之组织加以厘定。[②] 根据《中国国民党第三次全国代表大会内政部政治工作报告》："订定县组织法，而将旧有之县佐撤废。并依各地方实在状况，通令全国分别期限，改组县政府，为施行县组织之第一步。其最迟者，不得逾十八年四月。以划定县区成立区公所为第二步，其最迟者不得逾十九年四月，以编制村里闾邻为第三步，其最迟者不得逾十九年十月。"[③]"厘定市长县长及县佐治人员等考试训练任用及奖惩各项办法，并订定各省民政厅长各县县长之各项服务规程，通令各省市县切实遵行。"[④] 并确定了举办县政亟须完成的事项，包括改组县政府；组织县政府各局；设置自治区域；编制村里；整顿土地；等等。[⑤] 建立巡视制度。内政部派视察员赴各省巡视；同时责成民政厅长巡视全省各县，县长巡视全县。[⑥] 筹备自治。一方面，"积极训练区村里长及其他自治人才"；一方面，训练民众，"编印宣讲纲要，令发各省广为散布，责成地方政府人员到处宣讲"。[⑦]

① 《抗战前国家建设史料（内政方面）》，《革命文献》第71辑，第329—330页。
② 《抗战前国家建设史料（内政方面）》，《革命文献》第71辑，第40—41页。
③ 《抗战前国家建设史料（内政方面）》，《革命文献》第71辑，第1—2页。
④ 《抗战前国家建设史料（内政方面）》，《革命文献》第71辑，第2页。
⑤ 《抗战前国家建设史料（内政方面）》，《革命文献》第71辑，第3页。
⑥ 《抗战前国家建设史料（内政方面）》，《革命文献》第71辑，第3页。
⑦ 《抗战前国家建设史料（内政方面）》，《革命文献》第71辑，第4页。

县设县政府，并设县参议会。县政府以下分设公安、财政、建设、教育等局。[①] 原来的村里改称为乡镇，县域行政系统变为：

县—区—乡镇—闾—邻

1932 年，订定《各县市办理地方自治人员考核及奖惩暂行条例》，通令各省市县政府遵照执行。[②] 国民政府为储备自治人才，先后颁布通行《区长训练所条例》《区乡镇理任自治人员训练章程》《自治训练所章程》《自治训练分所规则》。各省先后设立区长训练所者，计有河南等 19 省。办理自治训练所者，有福建、湖南、河南等省。浙江省曾举办地方自治专修学校，江西省举办训政人员养成所，湖北举办训政讲习所，绥远省举办自治讲习所，青海省举办自治训练班。办理乡镇长副训练者有江苏、贵州、云南、河北、山西、甘肃等省。"现查由训练所毕业之人员，出面任自治事务，往往乡望不符，经验缺乏，未著大效，此后对于区乡镇长副领袖人才，应就地方乡望素孚，或有正当职业，而能热心任事者物色之，并加以相当之训练。"[③]

《中国国民党第四次全国代表大会内政部工作报告》指出："依照五权宪法，官吏之考选，应属于考试院，官吏之纠弹，应属于监察院。在考试监察两院尚未成立及未行使职权以前，所有地方行政人员之考试训练任用奖惩诸事，暂由内政部主持办理。该部以地方官吏中，惟县长为亲民之官，欲促内政之进行，应以慎选县长为第一要义。是以曾颁定县长考试暂行条例，委托各省政府在各省举行。""迨考试院成立，各种考试条例陆续公布，并经考试院规定中央举行考试之期间，遂由国民政府颁布明令，内政部所颁之县长考试暂行条例，于十九年三月底废止。"[④]"各省任用县长，经中央政治会议决定，县长考试任用原则交由立法院起草，在任用法尚未公布以前，已于二十年二月十七日，经行政院国务会议决议，县长之资格暂行现任公务员甄别审

① 《抗战前国家建设史料（内政方面）》，《革命文献》第 71 辑，第 52 页。
② 《抗战前国家建设史料（内政方面）》，《革命文献》第 71 辑，第 144 页。
③ 《抗战前国家建设史料（内政方面）》，《革命文献》第 71 辑，第 233 页。
④ 《抗战前国家建设史料（内政方面）》，《革命文献》第 71 辑，第 4 页。

查条例第六条之规定，慎加选择，由省政府咨经内政部，转送铨叙部审查合格，再由内政部呈请荐任。”[①]

1932年，经内政部呈请行政院任命的县长144人，经内政部呈请行政院免职的县长35人，经内政部函送铨叙部审查者258人，经内政部审查不合格者42人。[②]

1932年，“鄂豫皖三省剿匪司令部”，及南昌行营，先后通令剿匪区内各省先行举办保甲，以为治标之策。其他各省，亦以环境需要，相率举办保甲。[③]

保甲制度是清政府基层政权组织形式重要一环，其负责乡村土地与人口的登记，日常管理与治安维持。保甲制将自然村落编入一个严整的体系，每十户为一排，每十排为一甲，每十甲为一保。[④]保甲之外，还有里甲，以协助政府征税。110农户编为一里，里长由纳税大户担任。10户编为一甲，甲长由本甲农民担任。另外，还设立了粮仓，负责向农民借贷或者灾荒赈济。粮仓经理也是由当地人担任。里甲制与粮仓制可以看作是清政府控制乡村经济的工具。[⑤]清政府还通过村学和长老制度来加强对乡村意识形态的塑造。[⑥]通过保甲、义仓、村学等一系列制度设计，清政府控制着乡村。由于这些组织的管理者与参与者都是村里的居民，使其表面上看来像是一种自治，但这并非事实。它是以政府强制权力为保障的一种控制体系，尽管这是一种低水平的管控。[⑦]

根据《豫鄂皖三省剿匪总司令部施行保甲训令》和《剿匪区内各县编查

① 《抗战前国家建设史料（内政方面）》，《革命文献》第71辑，第46页。
② 《抗战前国家建设史料（内政方面）》，《革命文献》第71辑，第147—148页。
③ 《抗战前国家建设史料（内政方面）》，《革命文献》第71辑，第236页。
④ Kung-Ch'uan Hsiao, Rural Control in Nineteenth Century China, *The Far Eastern Quarterly*, Vol. 12, No. 2 (Feb., 1953), p. 175.
⑤ Kung-Ch'uan Hsiao, Rural Control in Nineteenth Century China, *The Far Eastern Quarterly*, Vol. 12, No. 2 (Feb., 1953), p. 176.
⑥ Kung-Ch'uan Hsiao, Rural Control in Nineteenth Century China, *The Far Eastern Quarterly*, Vol. 12, No. 2 (Feb., 1953), pp. 176-177.
⑦ Kung-Ch'uan Hsiao, Rural Control in Nineteenth Century China, *The Far Eastern Quarterly*, Vol. 12, No. 2 (Feb., 1953), pp. 177-178.

保甲户口条例》，每户以家长为户长，负管束其家人男女之责，报告人口异动，实行联保连坐切结；以十户为甲，十甲为保，甲设甲长，保设保长；编组保甲的同时，进行户口调查，先确定户数及户长，以为推定保甲之根据等。各省分3期办理，在1933年3月完成。在编组保甲的过程中，又出现了若干保组成的联保，联保组成后，乡镇政权组织渐被联保所取代。通过保甲制度的推行，农村基层政权系统又一变为：

县—区—联保—保—甲

1933年6月，《县长任用法》经过修订颁布。“惟各省终以修正县长任用法，规定县长任用资格标准，仍不免稍高，纷纷请求变通办理。”1934年，中央政治会议核定“补充县长任用资格标准”，“准各省任用县长，于适用修正县长任用法规定县长任用资格及县长任免程序外，并得参用公务员任用法第三条规定荐任公务员之资格，及剿匪区内县长任用限制暂行办法第二条规定之县长资格。”[①]“各省任用县长，依法咨部审查资格，正式呈请任命者，日益增多，其经部议决不合格者，亦已依法撤换。”[②]

根据1934年制订的《县自治法草案》，县为自治单位机关，县民大会为最高权力机关，大会每年举行一次。县设议会，由县民大会选举。县长由县民大会选举，任期三年，连选得连任。土地税为县财政的主要收入。乡镇以乡民大会或镇民大会为最高权力机关，可以选举罢免乡镇长等。村置村长一人，里置里长一人，由村里居民选举。[③]

但1934年10月，内政部决定停办自治，改办保甲。[④]“区乡镇保甲长之未经训练者应即分别训练，以增效率”；“严密查访，如有土劣参与其间，应予分别斥惩，以安闾阎”；“保甲经费，应即统筹的款以应需要，如须出于摊派，亦应遵照行营公布之《修正保甲经费暂行规程》第四条之规定，妥为办

① 《抗战前国家建设史料（内政方面）》，《革命文献》第71辑，第223—224页。
② 《抗战前国家建设史料（内政方面）》，《革命文献》第71辑，第224页。
③ 参见《县自治法草案·县自治法施行法草案·市自治法草案·市自治法施行法草案》（1934年）。
④ 《抗战前国家建设史料（内政方面）》，《革命文献》第71辑，第263页。

理”；“此后保甲之组织，除注意消极之自卫工作外，尤当极力推进各项公益事务”；“保甲长之职务，应尽量减少，以示体恤”。①

鉴于“各省合格县长人才，不敷应用”，内政部根据中央规定，“分省举办县长考试”。1936年10月，江西省县长考试在南昌举行。考试包括笔试、口试及体检。最后录取赵桓生等9人。1937年1月，四川省县长考试在成都举行。另外，根据《补充县长任用标准实施办法》，内政部组织县长检定委员会，确定1200人，作为县长考试为普遍推开前县长人选。②

1936年9月，国民政府颁布《县行政人员官等官俸表》，“一面使县行政人员待遇提高增进县行政之效率，一面使省会集中之人才，渐次分散于各县”③。

1936年10月，国民政府行政院颁布《县政府裁局改科暂行规程》。④又颁布《各县分区设署暂行规程》。每县以内划分若干自治区，区设区公所及区监察委员会。每区划分若干乡镇，乡设乡公所及乡监察委员会，镇设镇公所及镇监察委员会。乡镇以下，以二十五户为闾，五户为邻。⑤“近年来共匪窜扰，地方不靖”，“有以保甲制度，代替现行地方自治组织者”。⑥

内政部还设立“县市行政讲习所”，培训在任行政督察专员、县长、专员公署秘书科长。1936年12月第五期培训情况来看，共调训江苏等14省相关人员108人。⑦县市行政讲习所自1936年2月至12月，共举办5期培训班，培训专员29人，县长399人，省市公安局长或分局长45人，县公安局长科长警佐46人，其他24人，合计543人。⑧

抗战全面爆发以后，施行新县制，基层政权组织又作了较大的调整。裁

① 《抗战前国家建设史料（内政方面）》，《革命文献》第71辑，第335页。
② 《抗战前国家建设史料（内政方面）》，《革命文献》第71辑，第330页。
③ 《抗战前国家建设史料（内政方面）》，《革命文献》第71辑，第331页。
④ 《抗战前国家建设史料（内政方面）》，《革命文献》第71辑，第329页。
⑤ 《抗战前国家建设史料（内政方面）》，《革命文献》第71辑，第52页。
⑥ 《抗战前国家建设史料（内政方面）》，《革命文献》第71辑，第159—160页。
⑦ 《抗战前国家建设史料（内政方面）》，《革命文献》第71辑，第331页。
⑧ 《抗战前国家建设史料（内政方面）》，《革命文献》第71辑，第401—405页。

减区署，建立乡公所，将基层政权体系改变为：

县—乡镇公所—保—甲

国民党还在基层社会推行党军政教一体、管教养卫合一体制，各类基层员吏，特别是县、乡、保、甲长都要由国民党党员担任。①

民国鼎革，县域行政体系由传统的行政体系转换而来，组织架构趋向复杂化，但基本性质并没有改变，都是为了加强对基层社会的控制。

如浙江金华，“在唐初设有二十四乡，乡各有里。其后累经并省，至宋则为十乡，乡各有都，都各有保。元承宋制，而其详未闻。明则在城曰坊隅，近城曰关界，郊野曰都图，而总括以乡里。乡分十三，每乡一里或二里，辖都四十，图一百六十九，加城厢十六坊隅，合八百五十里。清康熙元年，行均里法，改存一百五十二图为一百八十三里。雍正十一年行顺庄法，以村落之相近者比而顺之，编号为一百八十九庄，而坊隅乡都之数仍其旧。”②

金华“都图，编有字号，其乡坧依千字文编排，市地依八卦八音编字，每图一字或二字，字之顺序，各依都号。”③经过太平天国运动的冲击，金华仅存 143 图 2 庄 6 隅 7 坊。（参见表 7.2.1）“民国以来，悉仍旧制，但都图坐落何乡，已难稽考，且乡制屡更，乡名屡易。清代原设十三乡，鼎革后改设一百五十五乡，但民廿四年又合并为五十五乡镇。”④

表 7.2.1　金华都图字号

都图	字号	都图	字号
一都一图	天地	一都二图	元黄
二都一图	宇宙	二都二图	洪荒
三都一图	日	三都二图	月

① 国民政府内政部：《内政部等拟具运用保甲组织防止异党活动办法致国民精神总动员会函》，见《中华民国史档案资料汇编》第五辑第二编，“政治（1）”，第 104—105 页。
② 尤保耕：《金华田赋之研究（上册）》，第 9011—9012 页。
③ 尤保耕：《金华田赋之研究（上册）》，第 9019 页。
④ 尤保耕：《金华田赋之研究（上册）》，第 9018—9019 页。

续表

都图	字号	都图	字号
三都三图	盈	三都四图	昃
三都五图	辰	四都一图	宿
四都二图	列	四都三图	张
四都四图	寒	四都五图	来
四都六图	暑	五都一图	往
五都二图	秋	五都三图	收
五都四图	冬	五都六图	藏
五都七图	闰	六都一图	余
六都二图	成	六都三图	岁
六都四图	律	六都五图	吕
七都一图	调	七都二图	阳
七都三图	云	七都四图	腾
七都五图	致	八都一图	雨
八都二图	露	八都三图	结
九都一图	为霜	九都二图	金生
十都一图	丽水	十都二图	玉
十都三图	出	十都四图	昆
十都五图	岗	十都七图	剑
十一都一图	号	十一都二图	巨阙
十一都三图	珠	十一都四图	称
十一都五图	夜	十一都六图	光
十二都一图	果珍	十二都二图	李奈
十三都三图	菜重	十三都二图	芥姜
十三都三图	海	十三都四图	咸
十三都五图	河	十三都五图	淡
十三都七图	鳞	十四都一图	潜
十四都二图	羽	十四都三图	翔
十四都四图	龙	十四都六图	师
十四都七图	火	十四都八图	帝
十四都九图	鸟	十四都十图	官

续表

都图	字号	都图	字号
十五都一图	人	十五都二图	皇
十五都三图	始制	十六都一图	文
十六都二图	字	十六都三图	乃服
十七都一图	衣裳	十七都二图	推
十七都三图	位	十八都一图	让
十八都二图	国	十八都三图	有
十八都四图	虞	十九都一图	陶唐
十九都二图	吊民	十九都三图	伐
十九都四图	罪	二十都一图	周发
二都二图	殷	二十都三图	汤
廿一都一图	坐	廿一都二图	朝
廿一都三图	问	廿一都四图	道
廿一都五图	垂拱	廿二都一图	平
廿二都二图	章	廿二都三图	爱
廿三都一图	育	廿三都二图	黎
廿三都三图	首	廿四都一图	臣
廿四都二图	伏	廿四都三图	戎
廿四都四图	姜	廿五都二图	遐迩
廿五都三图	一体	廿六都一图	率
廿六都二图	宾	廿七都一图	归
廿七都二图	王	廿七都三图	鸣
廿七都四图	凤	廿七都五图	在
廿八都一图	竹白	廿八都二图	驹
廿九都一图	食场	三十都一图	化被
三十都二图	草	卅一都一图	木
卅二都一图	赖	卅二都二图	及万
卅三都一图	方盖	卅四都一图	此
卅四都二图	身	卅四都三图	发
卅四都四图	四	卅五都一图	大
卅五都二图	五	卅六都一图	常

续表

都图	字号	都图	字号
卅六都二图	恭	卅六都三图	维
卅六都四图	鞠	卅七都一图	养
卅七图二图	岂	卅八都一图	敢
卅八都二图	毁	卅八都三图	伤
卅八都四图	女慕	卅八都五图	贞
卅八都六图	洁	卅九都一图	男
卅九都二图	效	四十都一图	才
四十都二图	良	四十都三图	知
四十都四图	过	东一隅	干
东二隅	坎	北三隅	艮
北四一坊	震	北四二坊	
西五隅	离	西六隅	坤
南七隅	兑	南八一坊	金
南八二坊	石	东关庄	丝
北关庄	竹	溪下一坊	
溪下二坊	土	水南二坊	革木

资料来源：尤保耕：《金华田赋之研究（上册）》，第 9019—9027 页，“第二表 金华都图字号”。

在地籍整理的制度设计中，基层政权是被置于重要环节的。县长是决策者与指挥者，各科局及区乡镇长要居中督导，保甲长则要积极执行。[①] 在前面叙述中，我们也看到了这一点，在各地地籍整理中，基层员吏都被赋予重要责任。事实上，由于财政经费的严重制约，地籍整理的效果很大程度上取决于基层官员的努力程度。

二、基层官吏的行为选择

当国家将其权力的触角伸向乡村的时候，县域治理体系也变得繁复起

① 河南南阳县整理田赋委员会：《河南南阳县土地清丈专刊》（1936 年），第 19—20 页。

来。大体而言，这一治理体系由正式的行政人员与非正式的行政人员两部分组成。正式的行政人员是指以县长为核心，包括各科局长、区乡镇长及所属的公职人员；非正式行政人员包括县直与区乡镇机关聘请的临时人员、与政府有联系的地方社团，以及不支薪的册书、保甲长等。

当国民政府推进地籍整理时，这些代表着国家权力的人员将会采取怎样的态度呢？概而言之，无非有三种可能性：第一，采取合作态度，忠实地履行国家赋予的职责，服务国家的政策目标；第二，不合作，利用国家赋予的权力牟取私利；第三，有限合作，一方面服务于国家的政策目标，一方面牟取私利，当二者发生冲突时，优先考虑个人利益。县域治理体系中的基层官吏作何选择，取决于两方面的考量，一是其现实利益的满足程度，一是其对新政权的服膺程度。

处于县域治理体系权力中枢的县长、科局长及区乡镇长人等，倾向于采取合作的态度。首先，这些人与新政权有较强的共生关系；其次，县长及科局长等薪水都比较优渥，县土地局长的月薪都在百元以上，这在当时来讲已是不错的工资收入；第三，作为一方面的行政首长，也面临着被问责的风险。所以，许多县长及科局长人等，对地籍整理基本是支持的。

如前所述，为保证土地陈报的顺利进行，各地都制定有针对基层员吏的奖惩办法。兹引若干案例予以进一步说明。按浙江省民政厅规定，在考核方面，各县市政府有周报表，有月报表，将每周或每月各村里办理实况、工作情形详细表报，以凭考核。所派各级人员，亦将督促、视察、助理、指导经过情形，暨区域内各市县或村里办理实况，按周详报，其有特别事故时，另文呈报。在奖惩方面，除各县市长、督促专员、视察专员、新政指导员由民政厅直接考核成绩，随时奖惩外，所有所派帮办员、助理员，及县市政府工作人员，村里工作人员，均由县市长在陈报结束后，核明呈请奖惩。其设有督促专员区域，则会同考核之，并得另订惩奖规则，呈请核准办理。奖惩办法：分申戒、记过、撤职、嘉奖、记功、录用等项，各市县大体相同。倘遇有舞弊及不法情事，须依法惩办者，则随时移送法院办理，其有特殊劳绩，或因公致伤致死者，均由县市长随时呈请分别奖恤，办理结果，工作人员受奖惩者甚多。①

在浙江办理土地陈报过程中实施奖惩的情况如表 7.2.2 所示。从中不难窥见，在国民政府掌控较好的省份，对各县负有地籍整理责任的各级人员的管理还是很严格的。

表 7.2.2　浙江各属办理土地陈报人员奖惩人数表②

奖惩	数目	备考
嘉奖	708	县长 3 人，所派助理员 37 人，各县办理陈报人员及村里长副有给职员等共 681 人，合计如上数
记功	179	县长 4 人，所派助理员 8 人，各县办理陈报人员及村里长副有给职员等 168 人，合计如上数
记大功	37	所派助理员 1 人，各县 36 人，合计如上数
存记录用	241	由所录用及存记录用者 79 人，由各县录用及存记录用者 166 人，合计如上数
奖金	426	所派助理员 7 人，各县办理陈报人员 419 人，合计如上数
救济	27	因公受伤而给医药费者 9 人，因房屋家具等被毁而给损失费者 18 人，合计如上数
给恤	18	因公殒命者 11 人，因公病故者 6 人，因受公伤者 1 人，合计如上数
申斥	345	县长 15 人，所派助理员 31 人，各县工作人员及村里长副有给职员等 299 人，合计如上数
记过	129	县长 8 人，所派助理员及自治服务生 15 人，各县办理人员 106 人，合计如上数
记大过	82	县长 5 人，所派助理员及自治服务生 6 人，各县办理陈报人员及村里长副等 71 人，合计如上数
撤职	246	所派助理员 52 人，各县办理陈报人员及村里长副有给职员等共 194 人，合计如上数
移送法办	54	所派助理员 5 人，各县陈报办事处职员及村里长副有给职员等 49 人，合计如上数

地政学院学员张德先在考察江宁自治实验县的土地陈报过程后，认为江宁自治实验县之所以成功的原因在于，“江宁因新政府成立朝气蓬勃权大而人才备，又得老百姓信仰”，实施过程中，“规定期内不取老百姓分文”，

① 董中生：《浙江省办理土地陈报及编造坵地图册之经过》，第 19453—19456 页。
② 董中生：《浙江省办理土地陈报及编造坵地图册之经过》，第 19453—19456 页。

“陈报兼及承粮户名，故得据以编造征册，于是征税不复借手胥吏矣”。江宁土地陈报虽仍有欠缺之处，但“剔除中饱一步却已做到，故土地陈报以后收入即较前激增一倍有余，此即为表现成绩之明证”[①]。张德先指出，土地查报本为新创政令，全赖负责县长，有无毅力与手腕及耐苦硬干的精神。办理土地查报的县长，如不亲赴乡间指导监督区乡镇长工作，而只深居官邸，发号施令，办理结果必然是成绩毫无，耗财费时之余，使预定目标成为泡影。[②]

无锡县土地局报告指出：“土地登记，事属创举，民众未有此种习惯，举办之初，不无疑虑观望。地方自治人员，系民众领袖，平时多有信仰，协助每易为力。”在举办登记时，即拟订“各区自治人员协助办理土地登记考绩规程”，呈请县政府公布施行：第一，各区自治人员协助办理土地登记。第二，自治人员包括区长、乡镇长副（即乡镇长及副乡镇长）、保甲长、各机关及区书图正，予以协助。第三，各区自治人员协助办理土地登记之考绩，区长由土地局长呈报县长转呈省土地局考核，乡镇长、保甲长由区长呈报县长考核，根据考核结果奖励或惩戒。第四，奖励包括嘉奖、记功、记大功。第五，惩戒分为申戒、记过、记大过、停职。第六，考核内容主要包括两个方面：一是对于土地登记确能切实协助负责办理者；对于下级自治人员确能认真指挥依限完成土地登记者；奉行功令始终不懈无因循玩忽潦草塞责情事者；有其他特殊成绩者。二是对于土地登记未能切实协助负责办理者；对于下级自治人员未能认真指挥，依限完成土地登记者；对于土地登记有因循玩忽潦草塞责或从中舞弊情事者；有其他渎职情形者。第七，各区自治人员协助办理土地登记的成绩，都依事实分别奖惩。[③]

无锡登记区域，以乡镇为单位。[④]关于登记过程中遇到的各种问题，无

① 张德先：《江苏土地查报与土地整理》，第 14163—14164 页。
② 张德先：《江苏土地查报与土地整理》，第 14468—14472 页。
③ 阮荫槐：《无锡之土地整理》，第 18071—18075 页。
④ 阮荫槐：《无锡之土地整理》，第 18151—18152 页。

锡县土地局也都有比较详细的说明。[①]登记开始前，县长偕同局长前赴登记区域，召集保甲户长等开会，详为指示，命其负责宣传，并领导老百姓登记。又派登记主任率领登记员书记等出发各村落演说，广事宣讲，并令张贴各种标语。[②]

无锡土地登记的顺利进行，得益于该县政府与地政局互相信任，区长热心襄助，办事人员对民众态度和蔼。另外，登记手续简单。《土地法》上的土地登记自申请以至发状，手续繁杂，民众视为畏途，多裹足不前，以致登记业务，无法推进。自无锡改变办法后，登记手续，至为简便，自申请登记以至发状，中间不出二月，故民众甚乐于登记。无锡土地登记，证件当场发还。单契为土地执业的凭证，业主异常重视，高阁深藏，不肯轻易取出。若照《土地法》上的土地登记，业主于申请登记呈验证件后，往往以审查之名积压至十数月之久，土地因而不能买卖转移，且给审查员敲诈之机，利民之政，反以扰民，民众多不愿前往登记。自无锡施行改变办法后，业主申请登记时，所有证件随即审查，当场发还，中间至多不出十五分钟，民众比较满意。过去业主申请登记，务在办公时间内，否则即不收受。乡民起身甚早，若必待八时始办公，殊感不便，兼以农民不知所谓星期例假，远道而来，无结果而去，时间既属浪费，恶感因以招成，于登记工作影响很大。无锡施行改变办法，不拘办公时间，早自上午六时，暮至下午七时，除用膳食调班轮值外，中间不休息；即星期例假，亦照常工作。民众颇觉方便，登记之人，遂形踊跃。[③]

武进县地政局，“职员对于工作有苦干之精神，虽在曦炎溽者之中，上午八时至十二时，下午一时至五时，均在努力工作之中，有早到无早退。尤其登记人员，须申请登记人退尽，方有休息机会；有时被申请登记人包围，连吃饭之时间，都被剥夺。至于业务方面，有错误固须扣薪记过，每

---

① 阮荫槐：《无锡之土地整理》，第 18152—18153 页。
② 阮荫槐：《无锡之土地整理》，第 18076—18079 页。
③ 阮荫槐：《无锡之土地整理（下）》，第 18238—18246 页。

日工作未达标准件数，更须扣薪记过，在此种种条件之下，各人员均振作精神，认真工作，不期然中现出朝气。予认为地政事业之前途，荆棘正多，有待吾人之开发，办地政之人员，当较办其他事业之人，格外难苦，方有成功之希望。”①

镇江地籍整理伊始，县长陆续召集各区长及负责办理人员开会，内容包括查报的进行及解释各项查报上的疑问与手续等。②由区长偕指导员前往各乡指导宣传，督促查报事宜。总办事处函县党部转各区分部，切实宣传土地查报事宜，以释乡民误会。又令教育局分发宣传书于各区乡小学校长，切实宣传，并于课暇时，对于学生详明解释土地查报的好处，让学生转告其家属。③

当然，没有必要夸大县长及所属员吏的热忱。虽然国民政府制定了县长考选办法，但并没有严格执行。根据王奇生的研究，民国时期县长的遴选，很大程度上基于裙带关系，并且任期较短，去留没有常规，使县长缺乏任事的积极性。④他们对于地籍整理，盼其成功，但这并不意味着他们就会竭尽全力地去推进，敷衍应付可能是许多县长的一般态度。

镇江征册编造后，县政府上呈土地查报后各则田地清册，财政厅以为是项清册所载田亩数额殊欠明晰，应予发还，并指示注意之点：“该县奉令办理土地查报，阅时数月，所费不赀，而查得隐田，为数疏微。并据该县来员面称，乡间仍有无主荒山荒地等情，足证该县办理殊欠努力。合再宽期一月，仰该县长派员下乡切实查清。照乡镇为单位，依村庄自然地形，分丘编号，先造地号清册。再将各业户所缴查报单逐一核对，以明有无隐匿遗漏事情，并将无主山地，查明收归该管区乡镇公所公有，以资结束，所有经费，由该县长自行筹措。”但该县县长对于此项指令，并未遵命照办，财政厅也

① 林诗旦：《江苏省地政局实习调查报告日记》，第60101—60104页。
② 张德先：《江苏土地查报与土地整理》，第14215页。
③ 张德先：《江苏土地查报与土地整理》，第14220页。
④ 王奇生：《民国时期县长的群体构成与人事嬗递——以1927至1949年长江流域省份为中心》，《历史研究》1999年第2期。

没有再追问。[①]

区乡镇长作为地方势力的代表，他们对于地籍整理的态度要更加复杂。各区长及指导员为此次土地查报的关键人物，直接与各乡镇长发生关系，举凡整个筹划及反对意见的应付，疑难解析，进展督促，都靠区长及指导员具体推进。如果县长“能苦干耐劳，以身作则”，常亲赴各区乡镇视察督促，那么，各区乡镇长多能努力工作，不敢随意怠玩。[②]另外，各参事类皆地方耆硕，为一般民众所信赖，如“能一致协助，宣传解释，排难解纷，破除障碍”，区乡镇长也就会“顺应民意”，积极推进。[③]在缺乏监督的情况下，这些基层员吏就或者消极怠工，或者假借办理公务的名义牟取私利。

吴江县土地局所举办登记，共有三种：一为普通登记，一为流动登记，一为补行登记。在震泽镇，设有二登记分处，一为震泽登记分处，一为曹村登记分处，二处皆在同一地址，为流动登记。县土地局设一专员专管这里的流动登记事宜。业主登记十分踊跃。[④]登记事务，于开办之初，先召集乡长开会，相讨推进办法。办理程序为：根据所记未登记地号，调查未登记土地业主及使用人姓名、住所及原因；根据调查结果，实行催告，对自耕农大都用口头催告，对业主因有不住于本地者大都用书面催告；调查地价，分全乡为东西南北中五处，每处又分宅园地、农地、荒地、坟墓、池塘地、特价区等区，分别择数地估定；将已登记而经土地局审查不合，发回补登的申请书，交于乡长，限几日内通知业主更正；将已登记经局审查合格者，订成一册，放于乡公所内，实行公告，任老百姓查阅有无错误，以便提出异议。影响登记的最主要原因是测丈过速，发生错误，比例尺太小，致使地小者看不清楚，而蓝晒图又模糊不清。因为职员待遇过薄，每日工作标准过高，能力稍差职员不能完成，致使其敷衍塞责，只问是否能合标准数，而不问其是否

① 张德先：《江苏土地查报与土地整理》，第14238—14240页。
② 张德先：《江苏土地查报与土地整理》，第14348页。
③ 张德先：《江苏土地查报与土地整理》，第14287—14291页。
④ 潘沺：《江苏省地政局实习调查报告日记》，第62939—62944页。

真确，则错误自然就发生了。①

类似的情形在江苏奉贤县也存在。“职员薪金过少，大都一面工作，一面另谋职务。如有相当机会，则舍而他去。局内另换新手，不知办理手续，于登记事业，大有妨害。”审查为登记最重要的工作，产权能否确定，与审查时的精细程度有关，如设置人员过少，审查必定粗率，难免发生纠纷。②在奉贤县土地登记过程中，还发生地政局与乡镇长争收代书费的事情。地政局报告指出：“因征收代书费过重，去岁曾有地方滥人，勾同当地乡镇长，另行组织秘密代书处，凡该乡镇业主有请代书处代填者，由该伪代书处，减价代书。因此，本局代书处之收入，大为减少。惟该伪代书处所填之申请书，其中不少错误，凡错误者，悉经本局收件处一一驳回，业主经驳回后，前往该伪代书处询问，该处大为不满，认为本局故意刁难，去岁曾向省局控告，当时省局以为果有刁难情事，嗣经本局陈明原由，真象乃白，而此项风波，始告敉平。”③

中央和各地方政府规定土地陈报不直接向业主收费。但是各县乡镇长，及册书催征吏等于查报期中，多暗中向人取费。因为乡镇公所查报经费太少，枵腹从公，谈何容易。所以命令难严，仍无效力，这是地方政府毫未顾及事实有以致之。且受此种非法苛索之辈，大都为无知农民；拥有庞大土地的地主，因洞悉法令，反无丝毫负担。政府施行政令，而难见信于民众，并非没有原因。④

湖北南漳土地陈报处第七分队队长尹与诗，1943 年 4 月率队至太平乡办理土地陈报。由于该乡共十八保，地面辽阔，又多崇山峻岭，尹与诗“苟图安逸，对于一、二、五、七保工作，略往督视。其余各保，疏尽职责”。并且借机贪污，如以“擅拔界桩毁坏丘标”为名，罚保长宁金阶 500 元，敲

---

① 潘沺：《江苏省地政局实习调查报告日记》，第 62944—62948 页。
② 谌琨：《江苏之土地登记》，第 16364—16366 页。
③ 谌琨：《江苏之土地登记》，第 16349—16353 页。
④ 张德先：《江苏土地查报与土地整理》，第 14472—14475 页。

诈乡干事王培楚300元。被前往检查工作的田粮处副处长林恩科知道，尹随即被拘押。土陈人员周叶在李庙乡第26保丈量业户刘某田亩时，遗漏数丘，后为掩盖工作错漏，责成刘某匿田不报，同时，借办理土陈之机，敲诈钱款2000余元。郧县田粮处科长萧望三、科员李华馥等在办理土地陈报时，索贿舞弊，被省高等法院第五法院检举，萧望三畏罪潜逃，田粮处处长张光远因有纵逃嫌疑，被撤职查办。[①]

县党部作为国民党的基层组织，理应积极响应中央的号召，为地籍整理的推进作出努力。但是，国民党的基层组织实际上为地方士绅所把持，代表的是地方士绅的利益，对于地籍整理倾向于消极的态度。

江阴县党部曾致电省政府及行政院反对查报办法。县党部认为，地籍整理“惟兹事体大，应由中央订定章程，统一办理，断非少数省份县份单独建议，操切进行，而能生效。此种清赋办法，在自治办理完毕后，尚须宽以时日，期以经年，方能办理完善。在此自治未备，诸事草创之际，乃以最短一月时期，遽欲责令办理完毕，事非虚伪塞责，即属草索从事，挂一漏万，头绪纷繁。”他们认为，政府所定土地查报的目的，可能在两个方面：一是弄清业主情况；二是对于申报的土地促其申报。其实对于第一项，只须由县饬令各乡“经办”，分段造册具报即得。已征未因凭串收粮，均由经办等分发各户，所有今业名户该经办等均得深悉。对于第二项只须政府准免隐粮费，由县府一纸布告，在限期之内荒田陈报升科者，概免隐粮费。一面责成区书，造册据报即得。因为已征未征，区册上均载明甚详。农民之所以不肯陈报的原因，在于每亩须缴四元隐粮费，无力担负。基上两点，则宽以时限就可办好，不须多费周章。[②]县党部显然是站在士绅地主的立场上来反对土地陈报的。

册书人等及村里组织，虽然属于一种非正式的行政系统，是政府权力的

① 参见李铁强：《土地、国家与农民——基于湖北田赋问题的实证研究（1912—1949年）》，第四章第三节。

② 张德先：《江苏土地查报与土地整理》，第14382—14387页。

最末端，但在地籍整理过程中却扮演着极为重要的角色。

据阮荫槐报告，在无锡土地登记过程中，保甲制度发挥了重要作用。因民众智识低下，保甲长在当地稍具声望，而智识程度亦较高，为官民中间有力的沟通人。土地登记新政，如果离开保甲制度，想顺利推展，无疑缘木求鱼。江苏过去各县办登记成绩，未能达到预期，即有此重要原因存在。无锡竭力利用保甲长以推动登记，效果较好。据无锡登记处主任严保滋云："各保内土地登记之成绩，全视该保保甲长努力之程度为断。"①

但这些人的行为更类似于经纪人，游走于政府与百姓之间，以牟取个人利益。

江苏册书的阻扰破坏作用已如前述。根据对浙江的调查，黄岩拟定1928年改征新粮之际，各处的旧庄书，皆恐清丈完成后废弃旧册，对于他们生活及前途产生影响。于是借口山场未丈，从中阻止。捏造山民代表卢崇矩、公民代表赵持休等，电请省政府，以山未丈量，山民受苦，请求继续丈山，以全丈务，而后再征新粮。浙江省政府即委派专员丁琮到黄岩，调查丈山问题。丁琮于1928年2月27日在清丈清理处召集全县各公团及城乡士绅，并传知山民代表等开会，集议编新及丈山办法。这天只到有县党部代表郑咸享等36人，而所谓山民代表及公民代表，并无一人到会，各处寻找，亦无其人。②

浙江嘉兴五区督促检查员严季明呈县府文："各庄书对于本案主旨及查编方法，犹未充分明了。"嘉兴二区塘渭组绘图员报告："乡警圩长及乡公所人员，均置之不理，故意为难，佯狂不知其所知。庄书等均云政府津贴微微，不能维持生活。"③

据兰溪溪西区书龙村委员会呈县府文："因与土地陈报利害冲突者得挑拨……属村村民藐视新政，延缓至今，不肯陈报。究其原因，实由本村庄书叶培林从中反抗有以致之。查该庄书非惟自不陈报，抑且时造谣言，谓

① 阮荫槐：《无锡之土地整理（下）》，第18238—18246页。
② 陆开瑞：《黄岩清丈经过及其成绩观测》，第19002—19004页。
③ 董中生：《浙江省办理土地陈报及编造坵地图册之经过》，第19701—19703页。

陈报早已停止，尔等尽可仍照老册管业，毋须另行陈报，此种话语，影响甚大。”[①]

由于保甲长与业主关系比较密切，与政府关系最为疏远，对于地籍整理，往往态度消极。

调查称，在浙江，实际办理土地陈报的，是区以下的村里委员会，即村里长、村里副与邻长。因为村里的范围较小，对于该村里土地情形，当然较为熟悉；本村里的人，办理本村里的事，自当较为容易。同时并可测验老百姓对于自治的能力若何，并令村里委员，不畏艰难，努力工作，将土地陈报视为个人私事去做；若有事烦人少时，可以用支薪职员帮助；若遇经费不足时，可联合附近村里办理，只于造册时将各村里分开编造，如此，人财均可节省。根据以上理由，故土地陈报大部分工作，主要依靠村里委员会办理。[②]

不过来自浙江的一些报告反映，村里长等对于地籍整理并不热心。据绍兴县民政厅文：“各乡公所组织尚未健全，即闾邻各长虽经选定，而对于饬办事项均多推诿，虽经谆加劝告，固执抗违者仍居多数，致业主或佃户，使用人姓名探询为难。”[③]

根据1929年10月28日兰溪县呈民政厅文：“各村里职员多半缺乏自治能力，不识陈报意义，虽经一再指导督促，而办理实况努力者固不乏人，迟滞者仍居多数。”根据1929年10月28日柱甘区向县政府报告：“本区办理土地陈报，多由村长副主持，其间邻长，大都置诸不问，即召之亦不至。”根据1930年4月渡读村里会呈县府文：“因经费关系，只得由村长副与听讲员暂尽义务，至于绘图工作，均遵照土地定章，按照实在地形绘画，不敢了草塞责，然此种人才，非具有科学知识与熟悉地形者不办！且属村山多田少，地势迂回凹凸，更加一种困难。”根据从善区土地陈报指导员呈县府文：

① 董中生：《浙江省办理土地陈报及编造坵地图册之经过》，第19544—19545页。
② 董中生：《浙江省办理土地陈报及编造坵地图册之经过》，第19436—19438页。
③ 董中生：《浙江省办理土地陈报及编造坵地图册之经过》，第19701—19703页。

"各村里委员会，皆视村长副为当然之办事职员，即任何事宜，责成于村长副单独办理，而其余之村委会职员，竟至丝毫不加与闻！于是在工作方面，尔为尔，我为我，不能互相协助！"据1930年4月26日兰溪县长呈民政厅文："讵奈各村长副，多存观望，延不进行，迨至上月，县长亲至各乡，同时又委派多员，调用学警，加以匪共余党朱树庭等，潜回四乡，私密活动，每以米贵问题，及反对土地陈报为号召，民间知识固陋，为之煽惑者不少！幸随时令饬军警，严缉查拿，匪徒逃逸，未致骚扰。县长行至一村，各村里长，为日常感情所缚，敷衍场白，无不允为赶办；奈至离开之后，而又疲玩如前，置之不理，助不胜助，催不胜催，拘又不可，惩又不能，若云严厉执行，又恐易起纠纷！"兰溪从善区土地陈报指导员呈县府文："各村长副众口一词，据称经费无着，不能着手，各听讲员暨诸委员皆不肯枵腹从公，碍难勉强。且从善区地势低下，前次水灾，全区漂没，继以稻虫为害，颗粒无收，十室九空，哀鸿遍野。南方一带，瘟疫流行，蔓延甚速，全家卧病，子哭妻啼，人患天灾，两相交迫。"据柱甘区土地陈报指导员报告："厚仁村之组织，全由潘胡两姓为主体，而两姓居民又素相冰炭，即该村委第六章员会成立至今，其间每次开会，大都不到，对村会工作，尤多漠视。"[①]兰溪县溪西区陈报委员会呈县府文："石塘张村邻长陆某，迭次违抗土地陈报。虽由土地陈报指导员亲自往询，依然无效。窃查该村共计有地六百号，该邻长占有一百六十余号，每号一角二分计，须缴洋十五元。不料该邻长不特分文不缴，抑且恶言相报，一般弱小民众，认为土地陈报无足轻重，纷纷借词推诿。"[②]

根据1930年5月兰溪嵩山区新岭村委员会呈县府文："本村全境皆山，钧长已亲驾经过，打划草图，填写草簿，非常困难。故自钧长亲自下乡恳切嘱咐之后，本会即漏夜忙劳，积极赶办。办事人员，虽不辞劳苦，无奈为风

---

① 董中生：《浙江省办理土地陈报及编造坵地图册之经过》，第19529—19533页。

② 董中生：《浙江省办理土地陈报及编造坵地图册之经过》，第19533—19539页。

雨飘零，为崎岖跋涉，以致积劳成疾，又愁工作难停，抱病复起，其中曲折苦不胜言。迄今清册虽未完成，工作实无荒废。蒙钧长迭派警严催，守提清册，急如星火，会中职员，欲速无由。不得已将造成清册送府，其余未完备册，由本会十日内亲自送府，乞勿派警守提。”① 这封出自村里领袖的陈情报告，看似言辞恳切，其实反映了村里领袖对于地籍整理消极应付的一种疲玩态度。

根据《金华县编造旧都图坵地图册实施办法大纲》，县政府设“土地整理办事处”，“内设主人 1 人，助理 2 人，督促检查员 10 人，书记 1 人，勤务 1 人，递送工人 3 人。主任由县长遴选熟悉土地与田赋者委任之，助理及督促检查员须具有测验核算或由相当技能者由县长委充之，书记以善于缮写者由县长委充之，勤务及递送工人由主人派充之。”“乡镇长副闾邻长专任就地引导及协助调查业户等事宜。”“土地陈报既由村里委员会直接办理，而村里长副等识字而能胜任者有限，遂由县府召集各村里长一百七十余人，有给职员一百四十余人，先后由办事处各训练二日，遣回工作。”②

从《办法大纲》可以看出，村里长、村里副是实施土地整理的直接责任人。“然若辈多系乡曲愚民，不识陈报意者，且类赖农工度日，责令担任此项重务，而无相当代价，坐是裹足不前，意存观望。”③

据浙江金华南华区万安联合村村长向县政府呈文：“属村山田错杂，田可按坵查询，山则浅山丛抱，荒芜无甚收益，而住民又程度不齐，不知个中利益，问津无从，查编殊感困难。”④ 1930 年 1 月 18 日，朱岩联合村村长余福枬呈文县政府：“窃村长本应早日开始，奈经费未经筹备，又天雪阻搁。因本村田地缺少，尽皆高山。自天雪之后，数尺未退，云雾山岗，目视

① 董中生：《浙江省办理土地陈报及编造坵地图册之经过》，第 19522—19526 页。
② 尤保耕：《金华田赋之研究》，第 9103 页。
③ 尤保耕：《金华田赋之研究》，第 9110—9111 页。
④ 尤保耕：《金华田赋之研究》，第 9115 页。

不清，故延搁至今。”[①] 另外，金华“湖荡并无整个亩分，类皆附入田税完粮（例如买契田若干亩附荡粮若干），自数十户至数百户不等，各村里长对于查报离荡稍远之田亩时并未查及，即在荡边之田亩亦不免遗漏。”[②] 从这些言之凿凿的呈文中，我们不能窥见基层员役对土地陈报的消极态度。

浙江金华白沙区双十联合村村长叶如和于1929年11月25日向县政府报告：“对于土地陈报事宜，迭奉钧令严催，遵于十一月一日开始工作，购买应需器具、纸张、笔墨、员役薪食等费，执行职务，迄未匝月，开支已垫六十余元。奈何闾邻长辈裹足不前，各业户等互相观望，经职根据土地陈报办法大纲，力饬村警鸣锣催告，咸置若罔闻。”[③] 东华区岩东联合村委员会常务委员张毓璠于1929年12月20日向县政府报告：“属会对于土地陈报工作，所有插标、绘图、登簿、编查坵口、发放陈报单种种手续，前已函照鞋塘警务分驻所请其派警向各邻长分别催促在案。惟杜店闾长郑有土，属会每月一次之常会，从未出席，对于陈报工作，丝毫不肯协助。故该村邻长郑让选拥田数百石，曹新兴拥田数十石，亦置若罔闻，无一来陈报者。”[④] 白沙区乌云村村长陈顺村于1931年11月7日向县政府报告：“该村村副申世芬、闾长宋炳根，非惟二次开会迭请不到，反敢暗中私造谣言，谓土地陈报早已取消，尔等黑户毋须缴纳等语阻扰。”[⑤] 据1930年7月16日《金华新闻报》报道：“查丈员钱华乡于前月二十四日往芙峰区通玄村委员会，催缴陈报。奈该村闾长姚元兴，故意延宕，致全闾老百姓效尤闾长而未报。钱查丈员乃着警登户催缴，元兴躲避在外，迨二十六日始请保人翁绍贻出具限结，谓自己名下陈报费，定翌日送到云云。查丈员此番处置，系奉令强制执行，讵该闾长姚兴元诉伊妨害自由罪，已由地方法院票传原被二造，定昨日讯问。此案

① 尤保耕：《金华田赋之研究》，第9115页。
② 尤保耕：《金华田赋之研究》，第9119—9120页。
③ 尤保耕：《金华田赋之研究》，第9111页。
④ 尤保耕：《金华田赋之研究》，第9111—9112页。
⑤ 尤保耕：《金华田赋之研究》，第9112页。

发生，亦可谓土地陈报前途之困难与？”[①]1932年5月21日，已被解职的通玄村村长翁绍贻联合16人写信指责并威胁县长：“近闻钧长特派专员带同武装警察，分向前村长暨业主缴款结束，岂前村长闾长邻长暨业主以往所受之侮辱与损失为未足，而欲重演拍桌大骂捆绑拘捕之故技于今日耶？绍贻等回忆民国十九年各专员带同木壳枪队下乡催办之淫威，不寒而栗！但当时一心期望土地陈报成功，虽收侮辱与损失，亦能忍气吞声，今已恍悟彼时遵谕办理之盲从，并念民生之贫苦，安可一误而再误。倘复非法再迫，定将经过详情，呈诉上级政府。”[②]

黄岩清丈以后，较前实增之数，仅12493亩，增幅并不大，其中则田数，较前亩数仅少10000余亩。原因之一，在于清丈所用弓尺，较前放大，按黄岩旧时各地弓尺，各处不一，平均一弓，总不出五尺七八寸以上。而此次清丈，概以五尺九寸为一弓，每弓至少较前宽大一寸。单位既大，面积当小，至此次清丈，弓尺之所以放大，因为负责陈报的保甲长，不愿溢亩过多，使老百姓负担加重。[③]村里保田长等常将责任推到一般业主身上。根据绍兴县政府电呈民政两厅陈补查户粮困难情形文：“补查书经闾邻长分给佃户或使用人后，往往延至数月仍将原单缴还，诿称业主不肯填写。当由委员询明业主姓名住址，直接查填，但业主散居各乡：东至曹娥，西至临浦；或僻居山乡，往返跋涉，既需时日；且有拒绝收受，或家仅妇女无法检觅产证，或产属共有，或经抵押，又须辗转访问，动至费时经旬，仍无着落，匪特工作困难，且进行尤感濡滞。”“补查单虽经分交佃户或使用人，但因业主远在他方，或不明现居地址，致该佃户无法访寻者，事亦数见，凡遇此等情形，补查更难着手。”[④]据村里工作人员介绍，向业主收取手续费的困难，实非言词所能形容；因为不交费的人太多，村里委员会对不交费的也代为陈

① 尤保耕：《金华田赋之研究》，第9112—9113页。
② 尤保耕：《金华田赋之研究》，第9126—9127页。
③ 陆开瑞：《黄岩清丈经过及其成绩观测》，第19042—19046页。
④ 董中生：《浙江省办理土地陈报及编造坵地图册之经过》，第19707—19712页。

报。若遇省县催解手续费火急时，村里委员会只得设法应付催缴。“大家都是邻舍，情面要紧，罚起来不好意思，就是过期，亦是没有办法的！”[①]

村里领袖们对于地籍整理不热心，对由此带来的利益却是锱铢必较，各地出现的村界县界纠纷便是由此而起。[②]湖北阳新等县亦均有因村界争执未决，致陈报停止进行者。[③]湖北建始县石马乡九保四甲甲长邓锡荣贿赂土陈人员，将自家的田亩减少。[④]1929年9月，兰溪县政府呈民政厅文：“这一村如多了些土地，就多了些陈报费，村里的留着五成经费，就因之增多。加以办法大纲内间有荒地归村里委员会陈报之规定，而村里委员会有误会即归其营业，可以增加财产，致邻村或县村里委员会借词界限不明而实为荒地之争执者时有发现且颇激烈，后面就有几个例子：村界纠纷，为办理土地陈报阻碍之一，各村里委员会多所借口，而不陈报。”衢县政府呈民厅文：“责令村里职员首先陈报乡间，工作始日形紧张而村界争执又继之纷起，各村囿于地域观念，坚持不下。”温岭县政府呈民所文：“村界争执案件计十余起。”“其他若杭县有六十村里，先后均因村界发生争执，若东无锡土地登记暂不征收费用。依《土地法》规定，业主申请登记时，应缴额定费用，始准登记。业主心理，以为发证时始确定产权，先行出费，实所不愿，以故相率不前，况过去政府每举办一事，则搜刮以去，对于老百姓信用已失，故登记虽为福国利民之政，倘产权未定，而即加以负担，纵舌敝唇焦，其谁之信？此所以《土地法》上之土地登记进行迟滞者。”[⑤]

浙江省民政厅长朱家骅指出：“临（安）、余（杭）、於（潜）、昌（化）各县村里委员会对于陈报者往往借端欺诈，其方法：一、若业主少报亩分，村里委员会理应加以查核，饬令纠正，乃扬言复查，另有所求，捏造罚则，

① 董中生：《浙江省办理土地陈报及编造坵地图册之经过》，第19499—19507页。
② 《南漳等县办理土陈人员违法贪污》（1943年），湖北省档案馆藏，档号：LS24-1-1028。
③ 董中生：《浙江省办理土地陈报及编造坵地图册之经过》，第19527—19529页。
④ 邓世燕：《呈报甲长邓锡荣贿庇兵役违禁酿酒种种不法情形祈惩办由》（1943年5月），湖北省档案馆藏，档号：LS3-1-133。
⑤ 阮荫槐：《无锡之土地整理》，第18238—18246页。

来相恫吓。其伪报之业主，自知违法，固不惜少加润饰以求免于推敲。而懦弱之业主，即忠实填写，亦难免于压迫，而任其所求。二、业主不谙坵形，往往误会，村里委员会接到坵形不确之陈报单，理应加以研究，饬令更正，乃谓业主有意朦混舞弊。往往滥加苛罚，竟使贫苦业主，呼告无门。三、地价一项，民众不顾多报，村里委员会可就地方时价估计，嘱令更正，以昭详实。乃竟有借此吓诈乡愚，私行滥罚者。四、更有莠民出入村里委员会，自称与村里长副友善，并在民众前往往从事反宣传，谓亩宜少报，价宜低填，村里长副有所推敲，吾可为□说，因而索酬者有之。”①

农村基层组织能力薄弱，大都不明了陈报的意义和办理的手续，致费力多而成功少，偏僻之处为尤甚，或以主持乏人，互相推诿。虽迭经派员指导助理，进展仍不免迂缓。②林诗旦在其实习报告中写道，保甲长对于地籍整理的开展影响至巨，但这些人往往利用地位营私舞弊，阻挠业务的进行。“善良之保甲长，直属凤毛麟角，盖实际上保甲长多属乡下土劣，成事不足，败事有余。”因此对保甲长的选择必须谨慎，若得善良能干保甲长帮助地政的推行，可扫除一大部分困难。③

面对中央政府推进地籍整理的政策目标，基层官吏给予了有限的支持，所以，地籍整理在条件较好的时候，也只取得了有限的进展。因为对于许多基层官吏而言，其占优策略仍然是借国家权力牟取个人利益。国民党政权并不在任何基本方面对这个或那个社会—经济的阶级负有责任。在许多方面，国民党政权就是它本身。当然，国民党政权的有些成员是开明、能干、具有献身精神的。然而，大多数成员却利用这个政权的制度性质来尽量扩大自己的权力、声誉和财富，而不是为国家的幸福而奋斗。④

---

① 董中生：《浙江省办理土地陈报及编造坵地图册之经过》，第19550—19552页。
② 董中生：《浙江省办理土地陈报及编造坵地图册之经过》，第19429—19435页。
③ 林诗旦：《江苏省地政局实习调查报告日记》，第60101—60104页。
④ 〔美〕费正清、费维恺：《剑桥中华民国史（1912—1949年）》下卷，第140—141页。

第三节　乡村业主的抵制

如果乡村业主能很好地配合政府，那么地籍整理就会容易很多。但实践表明，在大多数情况下，乡村业主的占优策略是如何规避地籍整理。

一、乡村大户的策略

时论以为，对于土地整理，地方士绅沉静者抱不合作态度，急躁者肆意攻击，责任在县长一方。因为这样的要政，务宜事先就商于当地绅士，纵有误会，亦可极力将政府态度向他们说明。事关政府与民众利益，开明士绅绝不会作无谓之反对，即有一二不良分子从中作梗，亦难博民众之同情。官绅合作，则政令推进起来就要容易多了。①

在实践中，确实不乏地方士绅与政府积极合作的案例。江苏宝山、南通两县清丈，全赖士绅张尚通等的努力。②无锡清丈后的土地登记，民众也不无疑虑观望。地方自治人员系民众领袖，平时深得信赖，协助办事容易成功。无锡登记处举办登记时，召集当地区乡镇长保甲长及公正人士，组织土地登记协助委员会，借此沟通官民情感，每周开会一次，来解决各种问题，使新政得以推行无碍。③

吴江黎里镇共有十二乡，登记成绩较好。因为这里的大业主明了登记与产权有密切关系，事先组织协助土地登记，自动雇用人员重行调查；当登记开始时，即向登记分处登记。④

陆开瑞分析道："黄岩清丈之所以能成功，亦全赖乎地方人士之热心，

① 张德先：《江苏土地查报与土地整理》，第14468—14472页。
② 陆开瑞：《黄岩清丈经过及其成绩观测》，第19156页。
③ 阮荫槐：《无锡之土地整理》，第17631页。
④ 潘沺：《江苏省地政局实习调查报告日记》，第62931—62932页。

其发起也，出于邑绅毛宗澄等；其主持也，十九为本地人士，或出于义务，或出于薄酬，服务精神，殊为难得。其间虽因丈员学识经验缺之，造成丈而不清弊病，然皆能继续工作，厥底于成，此予吾人以良好印象，而足为他县之仿效者也。”①

但更常见的情形是大户对地籍整理的不合作态度。

江苏宜兴县在进行土地查报时，士绅徐志鹏等三百余人致电各级政府反对，册书、一部分豪绅、地痞流氓、柜书、图书等也联手捣乱。②

江苏省溧阳县土地查报，开始进行未久，县旅京同乡会即代电请省府暂缓举办，并胪陈三大理由：一是查报的期限太短；二是需索太苛罚则太重；三是此时举行土地查报实害农事。“办理土地查报，原属要政，而春夏之交，尤为农民生命寄托之时，今以属邑员吏之措施失当，致引起全邑农民之惊惶骚扰。”③ 士绅葛怀文等六人呈请省府及财厅请谓该县县长办理土地查报不当，请撤职查办。周伯达等三人，亦以土地查报单填写重复，未经更正即行科粮起征，以及土地查报不尽不实等理由，向南昌行营控告。县党部所办的《民众报》，将这一消息披露出来，引起县政府与党部的冲突。④

江苏省财政厅因为溧阳县举办土地查报后，控告叠起，于是派第一科长亲往调查。⑤ 财政厅根据调查报告饬令县长：“查该办理土地查报纠纷甚多，迭据各方报告及呈控，并经财厅派员澈查有案，姑念该县长改革征收事务尚属努力，免予置议。所有该县重报纠纷之土地，仰迅速查明更正，妥慎办理，以杜纠纷，漏报土地，应俟财厅另令饬遵。至查报后田额总数，究竟实溢若干亩，仰该县长确切覆核后径呈财厅核办。”⑥

地籍整理，务必使全体老百姓了解地籍整理的利益。各县虽订定有宣传

① 陆开瑞：《黄岩清丈经过及其成绩观测》，第 19156 页。
② 张德先：《江苏土地查报与土地整理》，第 14326—14327 页。
③ 张德先：《江苏土地查报与土地整理》，第 14399—14402 页。
④ 张德先：《江苏土地查报与土地整理》，第 14433—14435 页。
⑤ 张德先：《江苏土地查报与土地整理》，第 14440 页。
⑥ 张德先：《江苏土地查报与土地整理》，第 14447—14448 页。

方法，令学校党部协助参加，但实际上从未见学校党部给予帮助。江阴溧阳两县的极力反对者，即为县党部。[①] 各县反对土地查报的最为集中的理由，是查报期限问题。政府认为如果期限短促，可以消除老百姓之观望心理及反对者的阻扰破坏。不料因时间短促，观望者更多，反对者更烈，仓促填报的结果，纰缪百出。[②]

在浙江金华土地陈报过程中，“富户为一乡表率，抗不陈报”，“甚有宣传陈报之害而加以捣乱者”。[③] 芙峰区干溪村村长郑载杰向县政府报告：“兹有富户翁荫畴、郑品□等抗不遵令陈报，以致贫户效尤观望。”[④] 文星区中柔村委员会常务委员孙世和、孙耀文向县政府报告：“窃属村有大地主孙恭昌者，富甲全村，豪强盖世。其子俭省，逾于其父，全村民众尽畏之。此次办理土地陈报，孙恭昌首倡不报，其子孙俭省到处宣传陈报之害，谓土地陈报已废除、手续费不必纳等语。兹又于本月二十六日在本会开会讨论如何限令业主陈报及纳费等，以本会委员有提令大地主先行陈报否则呈请县府核办一语，而孙俭省闻之大怒，随即带同流氓多人来会暴行捣乱，以致本会未议而散。”[⑤]

据兰溪县嵩山区钟徐村委员会呈县府文：“属村地方辽阔，加之村民素称强悍，对于土地陈报之宣传工作非常努力，才得将草图草册实地清查完毕。不意有自称金华县中毕业生为无上之知识者钟纯生，因其家产宏富，诚恐土地陈报完成后，以陈报费纳出浩大，情有不甘，所以煽动无知农民，极力造谣推翻职会工作，不遗余力。今又乘办理土地陈报将成未成之际，该钟纯生发一种不伦不类之宣传品，张贴四通八达之墙边及寄发各处学校机关，故意毁坏职会名誉，阻挠土地陈报。”[⑥]

① 张德先：《江苏土地查报与土地整理》，第 14472—14475 页。
② 张德先：《江苏土地查报与土地整理》，第 14472—14475 页。
③ 尤保耕：《金华田赋之研究》，第 9113 页。
④ 尤保耕：《金华田赋之研究》，第 9113 页。
⑤ 尤保耕：《金华田赋之研究》，第 9113—9114 页。
⑥ 董中生：《浙江省办理土地陈报及编造坵地图册之经过》，第 19533—19539 页。

据兰溪大塘村村里委员会呈县府文："属村业主滕玉桂于四月七日将自己缮就陈报单念二份来会呈报，业经审查，编次汇造，共计陈报费洋五元一角六分。属会会计主任即将收据填就，向伊索交陈报费。而该业主滕玉桂，非特陈报费不肯交出，反云尔等备员坐食我之陈报费，该费由尔等薪水项下筹垫可也。"①

据兰溪从善区石岩村委员会呈县府文："属村办理土地陈报，因境内土地多属在城业主，村愚无知，每视在城业主之陈报与否为转移。查有任大来者在属村置有田产约有百亩左右，现任大来已故，由居住在城之陈思余承管，所有收租等事均由陈思余亲往属村赵锡林家坐收，属会已于上年十二月初将陈报单一百六十张交送陈思余填报，并经属村长副闾邻长等迭次亲往陈思余家而催陈报。讵该陈思余心存违抗，不但不肯缴费陈报，且敢反动宣传，据谓城区现已不办，尔等乡村何必亟亟，此言传至乡村，因之村民致多观坐不报。"②

据兰溪城东指导员郑深夫呈县府文："板桥区业主赵奶仪，居住垄塘村曹家埠地方，在洞源等村，约有土地三百余亩，以前经职与洞源村村长向之劝解，不派专警赴家催促，兹复据洞源村村长来称，该业主口是心非，终是不肯陈报，其他业主多受影响。"③

据兰溪城东区棠源村委员会呈县府文："有西乡地方，业主卢有为，初将陈报单六十张收下，并将应缴之预征手续费，亦已交清，讵至今日下午四时，该业主之子卢根林，悍然将所收下之陈报单，退回属会办事处，而所缴之费，一概取回，并口称：我的产业，不愿陈报等语。属村殷户胡凤阳家田产约有150余亩，当发给陈报单时，本委员会派胡□芝邻长前往伊家申明土地登记事件，并预收登记手续费，讵料该殷户胡凤阳非但不允而且阻挠，散

① 董中生：《浙江省办理土地陈报及编造坵地图册之经过》，第19533—19539页。
② 董中生：《浙江省办理土地陈报及编造坵地图册之经过》，第19539—19542页。
③ 董中生：《浙江省办理土地陈报及编造坵地图册之经过》，第19539—19542页。

发谣言，煽惑民众，群起反抗。”[①]

据兰溪城东区棠源村委员会常委祝锡圭呈县府文：“属村各业主均在外大言不惭，或言将职谋害，或言将职枪击。兹有未发陈报单数庄均云不受，已发陈报单数庄仍不来会陈报，尤以恶言纷纷入耳，窃思职遵章办理土地陈报，并非私情，而属村业主，均以职为仇敌。”[②]

据兰溪诸葛里委员会呈县府文：“属里自一月一日开始陈报，所有各项工作，刻不容缓，不料属里诸葛子贤散发种种反动传单，申请此项呈报，均是属会私人用意，劝令各户停止陈报等语。”[③]

江苏南汇县在开征地价税的时候，遭到该县大户的联合反对。地价税自1936年开征，该县第一区乡绅二十人在镇长胡庚九的率领下呈文反对，所陈述的理由是：“土地丈而不准，纠纷时起，农村经济衰落，不胜重负，骤行评价征税，窒碍滋多，恳请顾念事实，准予令饬分别覆丈，展期评价。”陈兆虞等纠合三十九人陈情：“农田评价过高，恳请令饬减低，以轻负担，并将清丈错误部分，速予免费覆丈，以明产权，而便征税。”调查人员指出：“自该县决定实行地价税后，其老百姓遂群以请求加推评价委员，核实重估，以轻负担，而苏民困为由，欲行延缓地价税之实施。关于此种控诉卷宗，积达四寸余之厚，而每页签名之人名达40人以上。其数可观，其用心良苦矣。”[④]

这样一些别有用心的阻扰行径遭到了江苏省土地局的申斥：“查土地登记完竣后，按照规定应即依法估定地价，开征地价税，借以实行总理土地政策，平均老百姓负担，事在必行，不容稍缓。至估价如有问题，应俟该县地政局将标准地价及特殊土地地价正式公告通知后，依法向该县地政局提出异议，以凭核办。又查南汇县清丈工作早经完竣，如有丈量不准，亩分错误情事，各该业户关系切身产权，自应于登记期间，依照规定手续，申请覆丈。至覆

① 董中生：《浙江省办理土地陈报及编造坵地图册之经过》，第19533—19539页。
② 董中生：《浙江省办理土地陈报及编造坵地图册之经过》，第19539—19542页。
③ 董中生：《浙江省办理土地陈报及编造坵地图册之经过》，第19539—19542页。
④ 潘沺：《江苏省地政局实习调查报告日记》，第62652—62656页。

丈费之缴纳，如错误情形属于技术者，仍应退还，现在借口阻挠殊属不合。”①

这显示出地主集团利益与南京国民政府利益的冲突。地主集团希望维持乃至增强对地方的控制。形成对照的是，南京国民政府竭力扩大其控制范围，不断地把它的行政、财政和军事权力推行到村。税制改革预示要恢复征收地主拥有的土地的税收，而长期以来，这些土地不为税收官员所掌握，中央政府试图把官员安置在地方政府的职位上，同样预示着要把地方士绅逐出能带来权力和财富的位置。因此，南京政权和这些地主在利益和目标上有着根本的矛盾。政府和地方士绅的关系，只能维持在相互容忍和有限的合作水平上。②

二、普通农户的策略

普通农户基于其长期被剥夺的经历，对于政府的地籍整理政策倾向于采取抵制态度。但是，如果面临强大的压力，农民会采取顺从的策略，毕竟，与乡村大户相比，他们借以与政府对抗的力量要差许多。

当时的调查报告反映，普通民众对于土地整理的抗拒情绪比较普遍。但是作为无权无势的普通农户，其土地大都会施行登记。③不过，农民的抵制行动也是时有发生。

董中生的报告写到，浙江“乡民智识暗陋，狃于故习，举办新政，本不易使之了解；而况地政紊乱，相沿既久，习非成是，遂多观望。业主则仅知拥产收息，其土地之确实面积四至，往往不明，或仅凭租人为之调度，或任听佃户主张，于是土地状况逾久而益混乱，终至不可究诘，坐是清理费时。”④

据 1930 年 4 月显湖村委员会呈兰溪县府文：“属会忽于是月八日夜被盗

① 潘沺：《江苏省地政局实习调查报告日记》，第 62652—62656 页。
② 〔美〕费正清、费维恺：《剑桥中华民国史（1912—1949 年）》下卷，第 140 页。
③ 潘沺：《江苏省地政局实习调查报告日记》，第 62925—62926 页。
④ 董中生：《浙江省办理土地陈报及编造坵地图册之经过》，第 19429—19435 页。

撞门劫掠，办理土地陈报各职员，虽未遭有生命之虞，实已饱受凶危之险。又所有工作成绩又被毁坏，非污损即失落，整理竟至无策。”①

关于兰溪土地陈报，董中生写道：“民众无知而起之阻挠：彼等根据以往经验，以为政府办理一事，即向彼等剥削一次，土地陈报当不能例外。加以土地陈报之目的在实行吾党土地政策，一般无知民众，以为政府将根据此次陈报而没收其土地，或征其土地以重税，一言以蔽之，将于彼等以不利，阻挠因之而起！”②

董中生写道：“下户因水灾赀米无着，无力报缴，上户因陈报费太大而不缴纳，中户因上户填就报单，迁延顽抗，亦多存观坐。政府不明此中原委，唯知严厉催缴，阻挠遂以发生！”③

在浙江金华山区，“有等山价每亩不过数角，而陈报费需银一角二分，遂致业主延不缴纳。”④ 另外，“陈报手续繁重，民智浅薄，缺乏绘丈智识，甚有不能举其田地之坐落处所者。”⑤ 农户还有种种消极抵制的办法，如来村里委员会陈报时不携带证明物件；“契据只指四至，并不缮明如何地形，刁滑者绘图时或裁湾取直，或化整为畸”；等等。⑥ 在金华土地陈报过程中，因陈报亩分与旧册不符而发生的纠纷达25起，村界纠纷26起，产权纠纷6起，伤害案2起。⑦

浙江省衢县办理查丈，经费由政府筹垫，工作人员系采包工制，开始办理时，与老百姓不发生密切接触，还算顺利。等到发丈单而向业主暂借每亩1角的丈单费，困难就出现了。当时是收获时期，农忙于田，至各业户家，在家者少。农村老百姓强悍，多不肯顺从。⑧

① 董中生：《浙江省办理土地陈报及编造坵地图册之经过》，第19529—19533页。
② 董中生：《浙江省办理土地陈报及编造坵地图册之经过》，第19539—19542页。
③ 董中生：《浙江省办理土地陈报及编造坵地图册之经过》，第19533—19539页。
④ 尤保耕：《金华田赋之研究》，第9115页。
⑤ 尤保耕：《金华田赋之研究》，第9116页。
⑥ 尤保耕：《金华田赋之研究》，第9116—9117页。
⑦ 尤保耕：《金华田赋之研究》，第9117页。
⑧ 董中生：《浙江省办理土地陈报及编造坵地图册之经过》，第19775—19778页。

1935年4月，萧县第四区乡民因反对土地陈报，组织千余人与当地军警对抗，致农民死者数十人。[①]

一些老百姓对于地政观念不明了，不肯明确指出自己起地的范围。[②]潘泗报告称，江苏吴江五、七两区因起地过小，地价过低，大半又为桑地，业主以登记时又须纳费，竟抱宁可被充公而不登记之意。[③]

丹阳旧时风俗，颇尚勤俭，老百姓非常淳朴。全县老百姓大都以务农为业，近年以来，客民渐多，刁风以起，习气大变。[④]老百姓智识幼稚，对于登记认识极浅，每漠视忽略，或惑于谣言，畏缩不前，或因手续太烦，无暇及此。[⑤]

张德先指出，江苏登记困难的原因：一是老百姓不来登记。因过去办理地政，老百姓多不明了，当政府命令老百姓来登记时，老百姓多不敢来或不肯来。二是地权凭证因年湮日久，遗失无存，不能登记，且民间漏税者极多，恐登记后被发现，所以多不敢来。三是契税方面老百姓多执有白契，即民间土地的买卖大多数无官契，因契税过高，卖六典三之外，尚有附加税。老百姓恐对己不利，致不肯来。此外手续烦多，耗费太大，亦为不来登记之原因。[⑥]江苏宜兴举办土地查报时，农民都认为政府又将增加田赋了。农民相信谣言，反映出老百姓对政府的观念。[⑦]

江苏省各县开征地价税时，各县多有反对，当中以上海县反对最为激烈。民间执业的证据以前是田单，新颁的称所有权状。北桥开始发给新状，一个月期满，各业户群赴领取，但北桥地政局办事员却办理迟缓，民间所执者仍为旧单。新税法以地价为标准，地政局所拟之地价，无不超过市价，

① 张德先：《江苏土地查报与土地整理》，第14505页。
② 林诗旦：《江苏省地政局实习调查报告日记》，第59941—59943页。
③ 潘泗：《江苏省地政局实习调查报告日记》，第62757页。
④ 何梦雷、李范、沈时可：《丹阳县土地局实习总报告》，第55707页。
⑤ 何梦雷、李范、沈时可：《丹阳县土地局实习总报告》，第55755—55757页。
⑥ 林诗旦：《江苏省地政局实习调查报告日记》，第59841—59846页。
⑦ 张德先：《江苏土地查报与土地整理》，第14502页。

多者至十余倍，少者亦每亩超过二三十元。上海县赋额，每亩约征银1元8分，全县的义务教育费、保安费、水利费、党务费、农业改良费，皆取给于内。现改行地价税，则此各项地方费，是否包括在内，未经明示，老百姓不无疑虑。[①]

安徽省土地处成立之初，老百姓咸不以为然。直到该处指定八都湖为试办区的决议传出后，老百姓深感震惊。又见该处派队实地测丈，于是惶恐起来，进谋反抗。于是盗窃标杆，妄指经界，谎报业主姓名，诟骂寻衅，捏词控告，不一而足，此犹仅就测丈方面言。其办理登记时，所遭老百姓消极的与积极的反抗，尚不仅此。举办土地登记之初，各业户咸观望不前，虽经该处再四规劝，老百姓终置若罔闻，后虽有少数业户前往申请登记，但对于缴纳登记费及呈验红契，即认为有意刁难或另具作用，故一般业户，多方留难，以冀停止举办。[②]

湖北各县举办土地清丈的时候，“乡愚狃于积习之沓泄，惑于刁劣之勾扇，误疑度田，将已厉己，纠众阻扰者，所在多有。武昌青山至聚众千余人，辱丈量员，殴毙丈量夫。”[③]

可见，对于地籍整理，乡村业主有选择襄助政府者，但更多业主则采取了抵制的态度，乡村大户通常通过其广泛的影响直接给县政府施压；普通农户更容易采取比较激烈的暴力对抗。

汤一南认为，土地陈报困难的原因在于土豪劣绅阴谋作祟，书吏阻碍进行。从普通农户来讲，我国教育尚未普及，民智未开，识字者既不多，能书者更稀少，而预查主旨，须由地主自动呈报，以亲自填报表格为宜。若欲老百姓自由呈报，顾请人代书，实不易得。土地整理，在在与老百姓发生直接关系，业主因不明真义，疑窦丛生，其随在皆有，虽经宣传，一再解释，终难完全相信。调单验契，手续繁重，引起老百姓之怀疑；制书列表，项目林

① 林诗旦：《江苏省地政局实习调查报告日记》，第59806—59808页。
② 金延泽、许振鸾：《安徽省土地整理处实习总报告》，第84735—84736页。
③ 湖北省民政厅：《湖北土地清丈登记汇编目录》（1935年），第3页。

立，难期民众明了。军阀政府，以行政为名，行聚敛之实，办事向不彻底；老百姓对于政府，毫无信仰。无知百姓或疑调查土地，尽归公有，或谓将重收赋税。[①]

第四节 动荡时局的干扰

对于土地整理影响最大的应该是动荡的时局，持续的社会动荡不仅影响了地籍整理的进展，并导致了其最后的失败。

一、军阀割据的影响

南京国民政府成立，只是在形式上完成了国家的统一，许多地方仍然在新军阀的控制中。它在 1927 年取得权力时，仅控制了江苏、浙江及安徽的一部分。由于 1929—1931 年的内战，中央政府的势力威震各省军阀，从而保证了南京国民政府的生存。但是，中央政府的政令仍然被限制在浙江、江苏、安徽、河南、江西、湖北及福建等省。直到 1936 年末，南京国民政府才建立起对全国较大地区的政治控制，中国本土 18 个省中，有 7 个保持基本自治。[②]

在这种形势下，当南京国民政府中央推行土地整理时，虽然没有省表示反对，但是由于军阀割据的存在，南京国民政府中央政令的推行形成了一种“中心—边缘”格局。比如抗战前的土地整理，执行中央政令比较认真的是江苏、浙江等省，江西、湖北、安徽、福建等省也能比较积极地开展工作。其他各省，根据其与中央政府的关系，执行状况各有不同。土地整理是一项不会触及地方政府利益的政策，一些地方政府也会持积极态度，比如抗战前云

① 汤一南：《江苏省土地局实习报告书》，第 61123—61124 页。
② 〔美〕费正清、费维恺：《剑桥中华民国史（1912—1949 年）》下卷，第 147—149 页。

南举办过颇具规模的简易清丈；抗战期间，贵州的土地整理也颇有成效。不过，中央与地方的所关注的重点是不同的。中央旨在促进农村土地问题的解决；对于地方而言，特别在新军阀控制下的各省，不过是借此增加政府的财政收入。

二、土地革命的影响

随着中国共产党领导的武装斗争的发展，一系列根据地建立起来，对国民政府形成割据之势。1927 年年底，中国共产党领导的武装力量先后在井冈山、大别山、洪湖地区、川北和广西左右江地区建立起根据地。至 1930 年，13 个苏维埃约有 300 个县在共产党不同程度领导或影响之下。[①]

这对国民政府的地籍整理势必会造成不利影响。如安徽金溪县曾被红军攻陷数次。红军占领时进行了分田分地运动，红军退出后，昔日豪绅地主纷纷还乡，由于土地文契大半散失，从而引发纠纷。[②]

浙江省也受到了土地革命的影响。 有报告称："浙省为军事后方重地，饷糈供应之所资。一年来，'共匪'勾结，屡谋暴动，攻□城池，洗劫村落，不知凡几，政府忙于兜剿，老百姓亟于自卫。富有之家，谈虎色变，无赖饥民，相率入帮，到处滋扰。""土地陈报，既系新政之一，尤为国民党实行土地政策——平均地权的第一步工作，共产党借为反对政府，鼓惑乡愚之唯一手段，自在意中。如青田广元泰顺永嘉临海等县，土地图册之屡被焚毁，工作人员之时遭掳赎，以致新政推行，大受阻碍，此亦致令陈报延期之主要原因也。上述种种原因，几为全省普遍之现象。'匪'多灾重而距省较远，如温台处府属各县，则影响尤巨。"[③]

时任浙江省民政厅厅长朱家骅在一份报告中指出："尚有庆元等二十一

① 〔美〕费正清、费维恺：《剑桥中华民国史（1912—1949 年）》下卷，第 188—189 页。
② 周炳文：《江西旧抚州府属田赋之研究》，第 3356 页。
③ 董中生：《浙江省办理土地陈报及编造坵地图册之经过》，第 19429—19435 页。

县内少数村里，因其时‘匪共’尚未肃清，查编困难，或图册被毁，尚待重编，都约二千余册。此外，其他各县之因水旱风虫的天灾，‘土匪共党’之捣乱，而使陈报发生困难者，亦比比皆是，即以兰溪为例，亦复不少。”[①]

三、日本侵华战争的影响

1931 年，日本关东军入侵东北，接着便开始向华北渗透。使本来处于分裂状态的中国进一步被分割，南京国民政府的政令所能影响的范围大大缩小。

1937 年，日本大举侵华，中国东部地区大部沦陷。南京国民政府移都重庆，以重庆为中心，国民政府统治的“中心—边缘”结构发生了变化。四川等抗战大后方省份成为国民政府的治理中心。与此同时，中央政府的财政收入结构也发生了变化。因为东南沿海地区沦陷，中央财政赖以维系的关、盐、统三税的税源丧失，不得不转而依靠田赋。为加强对粮食这样的战略资源的控制，国民政府在 1941 年开始田赋征实。这时，田赋已成为战时财政的重要支撑。为了充裕财政收入，国民政府积极推进地籍整理。不过在抗战时期，主要是进行土地陈报。这显然是在战时环境影响下的权宜之计。

四、解放战争的影响

抗战胜利后，国民党一意孤行，发动大规模内战。失道寡助，国民党军队在战场上节节失利。不过，地籍整理依然为国民党所重视。1948 年，在风雨飘摇的政治环境中，《土地改革》创刊。其“创刊词”中写道：“我国目前土地问题的严重，已经是世所共知的事实。国家与民族有没有前途，每一个同胞的生活与生命有没有希望，一切系于土地问题之能否获得迅速而合理

① 董中生：《浙江省办理土地陈报及编造坵地图册之经过》，第 19529—19533 页。

的解决。”[①] 萧铮指出：“我们的经济改革，系以土地改革为基础，现存的土地制度，是地主和金融资本家所以产生的原因，土地制度不加改革，地主和金融资本家无法推翻，新经济和新社会制度亦无从产生，我们要从土地制度上根本废除地主制度。”[②]

但是地籍整理已很难取得实质性进展，随着国民党的全面溃败，持续了近 20 年的地籍整理也告终结。

民国时期动荡的时局重创了地籍整理的进程，借地价税来实现平均地权的政策目标终无法格地。首先，战争打破了地价税制度变革的内生路径。没有稳定的环境，新制度难以试错完善，更难以渐进施行，制度改革将不再切合实际。其次，战争对制度变革实施的权威性提出了挑战。尽管制度变革推动者主体的权威有利于降低新旧观念交替中的成本，但是抗日战争、军阀混战等都削弱了民国时期政府的权威，威权式制度变革难以施行。[③]

本章小结

影响地籍整理的因素，首先是技术因素。当时虽然已有比较现代的地籍测量技术，能够比较精准地进行土地测量。但是，地籍测量技术不仅需要现代仪器设备，更需要一大批能熟悉使用技术的人员。这都是当时不具备的。因此，土地测量普遍采用的比较简易的办法，如土地陈报，这样获得的地籍资料是很不准确的，不能借此开征地价税并实现平均地权的政策预期。

其次，财政支付能力。政府财政难以支付改革地籍制度所需要的巨额成本。地籍整理的经费实际上由地方政府设法筹措。尽管在地籍整理过程中，经费的使用已属有章可循，但经费不足已成为阻碍地籍整理顺利开展的极其

① 《土地改革·创刊词》，《土地改革》1948 年 4 月第 1 卷第 1 期。
② 萧铮：《我们揭出社会革命的旗帜——创造新中国的前途》，《土地改革》1948 年 4 月第 1 卷第 1 期。
③ 参见熊金武：《近代中国地价税思想立法与实践研究》，《福建论坛》2015 年第 5 期。

重要的因素。

第三，基层官员的负责精神。国民政府不断推进县域政治的现代化建设，不能说是毫无成效。在地籍整理过程中，县长及县直机关的首长们是希望地籍整理能顺利推行，并也愿意为此付出努力。但整体上而言，仍然是一种应付塞责的态度。在县长态度比较积极的地方，区乡镇长不敢懈怠，地籍整理顺利推进；在县长态度消极的地方，区乡镇长也怠惰因循，甚至不乏借此贪污的情形。至于不在正式体制内的基层员役如保甲长、册书等，更倾向于消极敷衍，乘机牟利。

第四，乡村业主的合作意识。如果乡村业主愿意合作，地籍整理将是一件很简单的事情。但是，政府的政策方针没有得到乡村社会意识形态的支持。乡村业主的占优策略是不合作，这无疑会提高地籍整理的成本，从而影响到地籍整理的效果。

第五，动荡时局的影响。国民党统治时期，内忧外患，因其维护大地主、大资产阶级利益，实行独裁统治，不可能创造一个和平稳定的环境来完成地籍整理。

结　语

南京国民政府时期的乡村地籍整理，是由国家所主导的制度变迁。这一过程，不仅受到现实经济与技术水平的制约，还受到国家与社会互动过程中各种因素的影响。当然，国家的制度供给能力是最为关键的因素。

国家不仅是阶级统治的工具，同时，它又是社会赖以存在的制度与秩序的主要供给者。民国时期的地籍管理，是古代中国地籍管理的延续与某种形式的转换。在前近代社会，国家对乡村的控制通过地籍管理集中体现出来。国家通过其日趋严密的地籍管理系统将国家权力的触角伸及每家每户，所谓“皇权不下乡”不过是一些历史叙事中的诗意幻想。近代以来持续的社会动荡破坏了传统的地籍管理体系，地籍整理意在借助现代测绘与管理技术重建地籍管理制度。

在与乡村社会有关的所有制度安排中，土地产权制度居于核心位置。地籍整理可以看作是农村土地产权制度的完善。这一强制性的制度变迁，势必诱发政府、基层官吏与乡村社会的利益冲突。

南京国民政府希望通过地籍整理以增加财政收入、加强对乡村社会控制并借此解决农村土地问题。平均地权是孙中山三民主义的重要内容，是国民党民生政策的重要方面，因此也是国民政府地籍整理的努力方向。但是，在实践过程中，各级政府更加关心的是财政收入的增长，平均地权的愿景实际上被束之高阁。来自地主士绅阶层的国民党基层党员，对地籍整理实际上是持反对态度的，而省县政府显然倾向于向地主士绅妥协。

基层官吏作为国家政策的执行者，其行为选择决定着制度变迁的成本与绩效。如果他们能服务于政府的目标，地籍整理就会顺利推进；如果他们以牟取私利为目的，地籍整理就会受到阻碍。基层权力系统可以分为正式与非正式两部分。与政府联系密切的县长人等，需要应付来自上层的压力，尚能关心政府方针的执行；来自乡村社会的保甲长等，倾向于维护乡村业主的利益。大部分基层员吏，更像精于算计的经纪人，游走于国家与乡村社会之间，以实现个人利益最大化。

近代市场制度与工业化的发展，型塑出城市部门与乡村部门的二元经济格局。在城市部门的作用下，各种生产要素的相对价格发生了显著的变化。农村土地不再是社会资本竞逐的目标，农村精英也不再安心于田园生活，而是纷纷迁往城市。小农经济仍然是一种生存经济，不同于传统农业经济，近代小农生计的均衡很大程度上受到了市场状况的影响。

这些变化都深刻地影响到乡村社会。传统士绅隐退，乡村共同体趋向瓦解。在一种失序状态下，乡村领导权的获取漫无标准。虽然在一些农村也能看到正直绅士获得了权力，但是更多的是依靠财富、黑色暴力、政治投机等各种手段攫取权力。一旦获得权力，就可以通过各种贪腐行为进一步敛括财富。以前，权力与财富或有部分重叠，现在则变得高度同一。传统士绅是联系国家与社会的纽带，豪绅地主则可能为了一己私利对抗政府。由于缺乏对新政权的认同，一般农户在地籍整理过程中则会采取各种机会主义的策略，以规避政府的管控。不过，尽管政府的土地"确权"政策没有获得乡村业主的一致拥护，在地籍整理的过程中，鲜见有组织的抵抗，这是因为，一方面，国民政府的地方政权建设初见成效；一方面，对国家威权的表面遵从仍然是乡村业主的占优策略。

近代以来，国家治理体系也发生了深刻的变化，一个重要的表现就是政府财政收入基础由传统的农业税转向工商业税收，国家治理的重心也随之转向城市与工商业部门。纵观南京国民政府时期，农业税在政府财政收入中的权重有着时空方面的差异。在前期，亦即抗战爆发前，中央财政主要依靠关、盐、统三税，田赋划归地方；田赋主要为县财政所依赖。抗战爆发后，随着沿海地区以及大城市的沦陷，关、盐、统三税锐减，田赋由中央与地方共享。地籍整理的政策目标随着中央财政对田赋的依赖程度而调整。抗战爆发前，整理地籍的主要目标在于完善乡村治理；抗战爆发后，夯实政府财政基础已成为工作的重心。

土地测量采用的方法有利用现代测量技术所做的地籍测量、采用传统方法进行的简易清丈、业主自行陈报等。第一种方法比较精准，但技术要求高，投入大；第二种方法可以由基层政权组织实施，但旷费时日，并且精准度较低；第三种方法最为简单易行，但需要基层政权与农民积极配合才能有效果。国民党统治下的中国国家治理呈现出一种"中心—边缘"格局。贯彻中央政策较好的地区是中心地区，在边缘地区则常常执行得较差或者根本无法推行。在抗战爆发前，国民党统治中心在长江中下游地区；抗战期间，国民党控制的区域是以重庆为中心的大后方。因此，抗战爆发前，地籍整理在江浙地区推进积极；抗战爆发后，中央所在的四川等地方执行得较好。总之，地籍整理只是在局部地区得以推行。就效果来看，实施整理的地方承粮面积都有所增加，地方财政收入有所增长。但开征地价税、均平并减轻税负的目标却没有实现，平均地权更无从说起。

国民政府力倡地籍整理，政策预期与实践效果之间却存在巨大落差，其原因大致如下：第一，受到国家控制能力的制约。国家控制能力是实现制度供给的前提。国民政府中央控制能力的薄弱使这一时期国家与地方之间的关系呈现出典型的"中心—边缘"格局。在这样的政治格局下，地籍整理只在中央政府控制得较好的地区才能顺利实施，在其他地区则难以推行。第二，受到土地测量技术的制约。在当时的技术水平下，短时间内完成全国规模的土地测丈是一项不可能完成的任务。第三，国家财力不足以支付制度变迁的成本。就在江浙的实验来看，完成一个县地方的精准测量成本高昂，对于捉襟见肘的政府财政而言，是难以承受之重。第四，受到地方官僚系统的掣肘。地籍整理严重依赖地方官员的努力程度，但地方官员多视之为增加财政收入的手段，或牟取私利的机会，使制度变迁陷入低效率状态。第五，未能得到乡村社会的支持。减轻赋税并平均地权的理想最终为增加财政收入的目标所取代，并进一步为基层员役的营私舞弊所扭曲。地籍整理偏离了国家与乡村社会之间的利益均衡点，因此得不到乡村社会的配合，类似于土地陈报的简易办法成效并不显著，增加了制度变迁的成本。

国民政府地籍整理的最终失败缘于中国社会的又一次“奥尔森振荡”。如前所述，尽管城市部门已获相当发展，但土地问题仍然是中国社会的焦点。孙中山平均地权的主张迥异于土地革命，但并非没有可行性。只是受制于国民党统治的社会阶级基础，平均地权的主张在国民党的地政方针中不过是一个漂亮的“幌子”而已，从国民党中央到县党部，似乎没有人当真。显然，国民党统治下的农村社会变革已被锁定在一种低效率状态中，国民党已没有可能通过土地改革赢得农民的支持，这决定了其在与中国共产党的最后对决中不可避免的失败，持续二十多年的乡村地籍整理也戛然终止。

参考文献

一、资料

胡焕宗编：《湖北全省实业志》，中亚印书馆1920年版。

国民政府内政部：《全国土地测量调查登记计画书草案》，1928年。

广东陆军测量局：《广东全省土地测量计划书》，1929年。

广东省政府民政厅：《广东省地籍测量计划》，1932年。

湖北省财政厅编：《湖北县地方财政沿革汇刊》，1933年。

湖北省建设厅编：《湖北建设最近概况》，1933年。

《土地测量实施规则》，1934年。

国民政府内政部土地司编：《中国土地行政概况》，1934年。

湖北省民政厅编：《湖北县政概况》，汉口国华印务公司1934年版。

湖北省政府民政厅：《湖北省土地测量规则》，1934年。

孔祥熙编：《全国各省市减轻田赋附加废除苛捐杂税报告书》，1934年。

吴醒亚：《湖北省政府民政报告书》。

国民政府财政部财政年鉴编纂处编：《财政年鉴》，商务印书馆1935年版。

国民政府内政部编：《一年来中国土地行政之进展》，1935年。

国民政府实业部中国经济年鉴编纂委员会编：《中国经济年鉴》，商务印书馆1935年版。

湖北省民政厅编：《湖北土地清丈登记汇编》，1935年。

江西省土地局编：《江西省土地行政报告书》，1935 年。

中央大学经济资料室编：《田赋附加税调查》，商务印书馆 1935 年版。

《豫鄂皖赣四省之租佃制度》，金陵大学农学院农业经济系 1936 年编印。

国民政府陆地测量总局编：《陆地测量总局办理土地测量经过报告书》，1936 年。

国民政府内政部：《内政年鉴（第 C 册）》，商务印书馆 1936 年版。

河南南阳县田赋整理委员会编：《河南南阳县土地清丈专刊》，1936 年。

江苏省地政局编：《江苏省土地行政报告》，1936 年。

浙江省民政厅编：《浙江省一年来的土地行政》，1936 年。

湖北省政府编：《湖北省田赋粮食法令汇编》。

《湖北省地政概况报告》，1937 年。

国民政府土地委员会编：《全国土地调查报告纲要》，1937 年。

湖北省政府秘书处统计室编：《湖北省年鉴・第一回》，1937 年。

湖北省政府秘书处统计室编：《湖北省农村调查报告》，1937 年。

中国统计学会湖北省分会：《湖北省统计提要》，1937 年。

四川省土地陈报办事处编：《四川省土地分类调查报告》，1939 年。

国民政府主计处统计局编：《中国土地问题之统计分析》，正中书局 1941 年版。

四川省地政局编：《四川省地政概况》，1942 年。

甘肃省政府编：《甘肃省之土地行政》，1942 年。

程滨遗等编：《田赋会要第二篇：田赋史》，正中书局 1943 年版。

郭垣、崔永楫编：《田赋会要第一篇：地税理论》，正中书局 1943 年版。

湖北省政府秘书处统计室编：《湖北省统计年鉴》，1943 年。

关吉玉、刘国明、余钦悌编：《田赋会要第四篇：田赋法令》，正中书局 1944 年版。

关吉玉、刘国明编：《田赋会要第三篇：国民政府田赋实况》，正中书局 1944 年版。

中国农民银行土地金融处编：《中国各重要市县地价调查报告》，1944年印行。

绥靖区乡镇干部训练委员会编：《土地登记与测量教授纲要》，1947年。

国民政府主计部统计局编：《中华民国统计年鉴》，中国文化事业公司1948年版。

《中国近代农业史资料》第1、2、3辑，生活·读书·新知三联书店1957年版。

萧铮主编：《民国二十年代中国大陆土地问题资料》，台湾成文出版社1977年版。

冯和法编：《中国农村经济资料》，台湾华世出版行1978年版。

冯和法编：《中国农村经济资料续编》，台湾华世出版行1978年版。

中国第一历史档案馆、中国社会科学院历史研究所编：《清代地租剥削形态》，中华书局1982年版。

薛暮桥、冯和法主编：《〈中国农村〉论文选》，人民出版社1983年版。

陈翰笙等编：《解放前的中国农村》第1辑，中国展望出版社1985年版。

陈翰笙等编：《解放前的中国农村》第2辑，中国展望出版社1986年版。

陈翰笙等编：《解放前的中国农村》第3辑，中国展望出版社1986年版。

秦孝仪主编：《革命文献》，台湾裕台公司中华印刷厂1988年版。

浙江省中共党史学会编印：《中国国民党历次会议宣言决议案汇编》。

《中华民国史料长编》，南京大学出版社1993年版。

《中华民国史档案资料汇编》，江苏古籍出版社1994年版。

湖北省地方志编纂委员会编：《湖北省志·经济综述》，湖北人民出版社1994年版。

湖北省地方志编纂委员会编：《湖北省志·财政》，湖北人民出版社1995年版。

李文海主编：《民国时期社会调查丛编》，福建教育出版社2009年版。

二、专著

卜凯：《芜湖一百零二农家之社会的及经济的调查》，1928 年。

贾士毅：《民国财政史》，商务印书馆 1928 年版。

朱执信等：《井田制有无之研究》，上海华通书局 1930 年版。

黄通编：《土地问题》，中华书局 1930 年版。

王先强：《中国地价税问题》，神州国光社 1931 年版。

朱采真：《土地法释义》，世界书局 1931 年版。

熊道瑞：《湖北田赋概要》，新昌印书馆 1932 年版。

孟普庆：《中国土地法论》，南京救济院印刷厂 1933 年印。

陈翰笙：《农村经济》，商务印书馆 1933 年版。

卜凯：《中国目前应有之几种农业政策》，金陵大学农学院 1934 年印。

冯和法：《农村社会学》，黎明书局 1934 年版。

贾士毅：《民国续财政史》，商务印书馆 1934 年版。

万国鼎：《土地改良法》，商务印书馆 1934 年版。

谢无量：《中国古代田制考》，商务印书馆 1934 年版。

殷震夏：《中国土地新方案》，正中书局 1934 年版。

千家驹：《农村与都市》，中华书局 1935 年版。

吴尚鹰：《土地问题与土地法》，商务印书馆 1935 年版。

徐振麟：《湖北财政概况》，现代书局 1935 年版。

卜凯：《中国农家经济》，商务印书馆 1936 年版。

陈伯庄：《平汉铁路沿线农村调查》，中华出版社 1936 年版。

陈登原：《中国田赋史》，商务印书馆 1936 年版。

陈正谟：《中国各省的地租》，商务印书馆 1936 年版。

千家驹：《中国农村经济论文集》，中华书局 1936 年版。

千家驹：《中国乡村建设批判》，新知书店 1936 年版。

万国鼎：《中国田赋鸟瞰及其改革前途》，1936年。
薛暮桥：《中国农村问题》，大众文化社1936年版。
何汉文：《中国国民经济概况》，神州国光社1937年版。
孙冶方：《战时的农民运动》，黑白丛书社1937年版。
万国鼎：《中国田制史》，正中书局1937年版。
薛暮桥：《中国农村经济常识》，新知书店1937年版。
贾士毅：《湖北财政史略》，1938年。
贾士毅：《中国经济建设中之财政》，中国太平洋国际学会。
俊瑞：《中国经济问题讲话》，新知书店1938年版。
马寅初等：《抗战与生产》，独立出版社1938年版。
萧铮：《民族生存战争与土地政策》，中国地政学会1938年版。
黄通编：《民生主义的土地政策》，独立出版社1939年版。
吴尚鹰：《平均地权》，中央文化教育馆1939年版。
薛福德著，胡子霖译：《地价税论》，商务印书馆1939年版。
李振：《土地登记概论》，新建设出版社1940年版。
张建新：《土地测量概论》，新建设出版社1940年版。
卜凯：《中国土地利用》，金陵大学农学院农业经济系1941年印。
傅角今、邹序儒：《土地行政 土地使用》，中央训练委员会1941年印。
祝平：《四川省土地整理业务概况》，明明印刷局1941年版。
陈柏心：《地方自治与新县制》，商务印书馆1942年版。
万国鼎：《地税论》，1942年。
黄通：《土地金融问题》，商务印书馆1943年版。
史尚宽：《立法程序及立法技术》，中央训练团1943年印。
王晋伯：《地价税要论》，文信书局1943年版。
王晋伯：《土地行政》，文信书局1943年版。
张继、萧铮等撰：《平均地权与土地改革》，商务印书馆1943年版。
张维翰：《新县制实施问题》，1944年。

贾德怀编：《民国财政简史》，商务印书馆 1946 年版。

史尚宽：《民法总则释义》，上海法学编译社 1946 年版。

萧铮：《平均地权本义》，建国出版社 1947 年版。

郑震宇：《土地制度与土地行政》。

胡次威：《县自治法论》，正中书局 1947 年版。

黄桂：《航空测量之回顾与前瞻》。

黄桂：《土地行政》，江西省地政局 1947 年印。

练天章：《土地测量》。

马寅初：《财政学与中国财政》，商务印书馆 1948 年版。

诸葛平：《地籍测量》，地政部地政研究委员会 1948 年印。

《马克思恩格斯全集》第 25 卷、第 26 卷、第 46 卷上，人民出版社 1974 年版、1972 年版、1979 年版。

梁方仲编著：《中国历代户口、田地、田赋统计》，上海人民出版社 1980 年版。

《孙中山全集》，中华书局 1981 年版。

杨荫溥：《民国财政史》，中国财政经济出版社 1985 年版。

（元）马端临：《文献通考》，中华书局 1986 年版。

《梁漱溟全集》，山东人民出版社 1989 年版。

陈钧、张元俊、方辉亚主编：《湖北农业开发史》，中国文史出版社 1992 年版。

张海瀛：《张居正改革与山西万历清丈研究》，山西人民出版社 1993 年版。

吴慧等：《清代粮食亩产量研究》，中国农业出版社 1995 年版。

秦晖、苏文：《田园诗与狂想曲 ——关中模式与前近代社会的再认识》，中央编译出版社 1996 年版。

李宗正等：《西方农业经济思想》，中国物资出版社 1996 年版。

王铭铭：《村落视野中的文化与权力：闽台三村五论》，生活 · 读书 · 新知三联书店 1997 年版。

赵秀玲：《中国乡里制度》，社会科学文献出版社 1998 年版。

何平：《清代赋税政策研究（1644—1840）》，中国社会科学出版社 1998 年版。

费孝通：《乡土中国 生育制度》，北京大学出版社 1999 年版。

张五常：《佃农理论 —— 应用于亚洲的农业和台湾的土地改革》，商务印书馆 2000 年版。

郑学檬主编：《中国赋役制度史》，上海人民出版社 2000 年版。

赵冈编著：《农业经济史论集 —— 产权、人口与农业生产》，中国农业出版社 2001 年版。

赵冈：《中国传统农村的地权分配》，新星出版社 2006 年版。

姜良芹：《南京国民政府内债问题研究（1927—1937）—— 以内债政策及运作绩效为中心》，南京大学出版社 2003 年版。

侯杨方：《中国人口史》，复旦大学出版社 2005 年版。

朱伯康、施正康：《中国经济史（上、下卷）》，复旦大学出版社 2005 年版。

单胜道等：《农村集体土地产权及其制度创新》，中国建筑工业出版社 2005 年版。

高王凌：《租佃关系新论 —— 地主、农民和地租》，上海书店出版社 2005 年版。

卢现祥、朱巧玲：《新制度经济学》，北京大学出版社 2007 年版。

唐文金：《农户土地流转意愿与行为研究》，中国经济出版社 2008 年版。

盛洪主编：《现代制度经济学（上、下卷）》，中国发展出版社 2009 年版。

王奇生：《革命与反革命：社会文化视野下的民国政治》，社会科学文献出版社 2010 年版。

吴运来：《农村宅基地产权制度研究》，湖南人民出版社 2010 年版。

刘一民：《国民政府地籍整理 —— 以抗战时期四川为中心的研究》，上海三联书店 2011 年版。

中国社会科学院近代史所：《中华民国史》，中华书局 2011 年版。

耿元骊：《唐宋土地制度与政策演变研究》，商务印书馆 2012 年版。

袁庆明：《新制度经济学》，复旦大学出版社 2012 年版。

三、译著

〔美〕阿瑟·恩·杨格：《中国财政经济情况（一九二七至一九三七年）》，中国社会科学出版社 1981 年版。

〔美〕费正清、刘广京：《剑桥中国晚清史（1800—1911 年）》（上、下卷），中国社会科学出版社 1985 年版。

〔美〕黄宗智：《华北的小农经济与社会变迁》，中华书局 1986 年版。

〔美〕道格拉斯·C. 诺思著，陈郁、罗华平等译：《经济史中的结构与变迁》，上海三联书店 1994 年版。

〔美〕费正清：《剑桥中华民国史（1912—1949 年）》（上、下卷），中国社会科学出版社 1994 年版。

〔俄〕A. 恰亚诺夫著，萧正洪译，于东林校：《农民经济组织》，中央编译出版社 1996 年版。

〔美〕Y. 巴泽尔著，费方域、段毅才译：《产权的经济分析》，上海三联书店 1997 年版。

〔美〕施坚雅主编，叶光庭等译：《中华帝国晚期的城市》，中华书局 2000 年版。

〔法〕克劳德·梅纳尔编，刘刚等译：《制度、契约与组织 —— 从新制度经济学角度的透视》，经济科学出版社 2003 年版。

〔冰岛〕思拉恩·埃格特森著，吴径邦等译：《经济行为与制度》，商务印书馆 2004 年版。

〔美〕白凯著，林枫译：《长江下游地区的地租、赋税与农民的反抗斗争（1840—1950）》，上海书店出版社 2005 年版。

〔英〕弗兰克·艾利思著，胡景北译：《农民经济学：农民家庭农业和农业发展》，上海人民出版社2006年版。

〔美〕埃里克·弗鲁博顿、〔德〕鲁道夫·芮切特著，姜建强、罗长远译：《新制度经济学——一个交易费用分析范式》，上海三联书店2007年版。

〔美〕西奥多·W.舒尔茨著，梁小民译：《改造传统农业》，商务印书馆2007年版。

〔英〕约翰·希克斯著，厉以平译：《经济史理论》，商务印书馆2007年版。

〔美〕道格拉斯·C.诺思著，刘守英译：《制度、制度变迁与经济绩效》，上海三联书店2008年版。

〔美〕李怀印著，岁有生、王士皓译：《华北村治——晚清和民国时期的国家与乡村》，中华书局2008年版。

〔美〕道格拉斯·诺思、罗伯斯·托马斯著，厉以平、蔡磊译：《西方世界的兴起》，华夏出版社2009年版。

〔美〕杜赞奇著，王福明译：《文化、权力与国家：1900—1942年的华北农村》，江苏人民出版社2010年版。

四、论文

《丰满归休之直鲁难民》，《农业周报》1929年第2期。

《荒旱灾互为因果之河南》，《农业周报》1929年第2期。

《南阳灾情》，《农业周报》1929年第2期。

《陕灾奇重》，《农业周报》1929年第2期。

《吴县被灾田亩统计》，《农业周报》1929年第2期。

《浙省灾况之今昔》，《农业周报》1929年第2期。

汝真：《目前农民最困难之两问题》，《农业周报》1930年第14期。

姜君辰：《一九三二底中国农业恐慌新姿态——丰收成灾》，《东方杂志》1932年第29卷第7号。

千家驹：《救济农村偏枯与都市膨胀问题》，《新中华杂志》1933 年第 1 卷第 8 期。

孙晓村：《现代中国土地问题》，《教育与民众》1934 年第 8 卷第 3 期。

孙晓村：《关于米谷商品化的一个分析》，《中国农村》1935 年第 1 卷第 12 期。

孙晓村：《现代中国的农业经营问题》，《中山文化教育馆季刊》1936 年夏季号。

《新省会土地初步整理之商榷》，《地政通讯》1938 年第 2 期。

《修正永嘉县政府地政处办法土地权利书状规则》，《永嘉地政月刊》1938 年第 1 期。

《永嘉县政府布告》（1938 年 5 月 10 日），《永嘉地政月刊》1938 年第 1 期。

丁洪范：《由抗战财政转为建国财政》，《财政评论》1939 年第 2 卷第 6 期。

《第三次全国财政会议及全川绥靖会议开幕典礼训词》，《新湖北季刊》1941 年第 1 卷第 4 期。

方铭竹：《整理田赋之实际问题 —— 考察江西田赋后之意见》，《财政评论》1942 年第 7 卷第 4 期。

苏日荣：《行宪后国地税收划分问题》，《财政评论》1948 年第 18 卷第 4 期。

乌廷玉：《北宋大土地所有制的发展和“千步方田法”》，《松辽学刊（社会科学版）》1985 年第 1 期。

马先彦：《宇文融检田括户述评》，《贵州教育学院学报（社会科学版）》1988 年第 1 期。

王水：《评珀金斯关于中国国内贸易的估计 —— 兼论 20 世纪初国内市场商品量》，《中国社会科学》1988 年第 3 期。

李裕民：《北宋前期方田均税考》，《晋阳学刊》1989 年第 6 期。

吴易风：《马克思的产权理论与国有企业产权改革》，《中国社会科学》1995 年第 1 期。

张兆茹、张怡梅：《抗战时期国民政府的财金政策研究》，《河北师范大学学报（社会科学版）》1996年第3期。

栾成显：《明代黄册制度起源考》，《中国社会经济史研究》1997年第4期。

栾成显：《洪武鱼鳞图册考实》，《中国史研究》2004年第4期。

臧知非：《刘秀“度田”新探》，《苏州大学学报》1997年第2期。

叶美兰：《1912—1937年江苏农村地价的变迁》，《民国档案》1999年第1期。

董长芝：《宋子文、孔祥熙与国民政府的税制改革》，《民国档案》1999年第3期。

〔韩〕金志焕：《南京国民政府时期时期关税改订的性质与日本的对策——兼论1933、1934年度中国关税改订与棉业的关系》，《抗日战争研究》2000年第3期。

赵伯雄：《〈周礼〉胥徒考》，《中国史研究》2000年第4期。

杨天宇：《〈周礼〉的内容、行文特点及其史料价值》，《史学月刊》2001年第6期。

林红玲：《西方制度变迁理论述评》，《社会科学辑刊》2001年第1期。

张泰山：《南京国民政府时期湖北田赋问题研究（1927—1937）》，武汉大学硕士学位论文，2001年。

官互进：《民国前中期湖北租佃关系研究》，武汉大学硕士学位论文，2001年。

曹金华：《刘秀“度田”史实考论》，《史学月刊》2001年第3期。

郭于华：《“道义经济”还是“理性小农”——重读农民学经典论题》，《读书》2002年第5期。

易继苍：《南京国民政府时期的盐税与统税改革》，《杭州师范学院学报（社会科学版）》2002年第5期。

吴毅：《村治变迁中的权威与秩序——20世纪川东双村的表达》，华中师范大学博士学位论文，2002年。

徐旭阳：《抗战期间湖北国统区社会研究》，苏州大学博士学位论文，

2003 年。

孙瑞：《〈周礼〉中版图文书制度与人口、土地资源管理探析》，《人口学刊》2003 年第 3 期。

蔡云辉：《城乡关系与近代中国的城市化问题》，《西南师范大学学报（人文社会科学版）》2003 年第 5 期。

董振平：《论 1927 ～ 1937 年国统区食盐专商制与自由贸易制之争》，《盐业史研究》2003 年第 4 期。

潘国旗：《第三次全国财政会议与抗战后期国民政府财政经济政策的调整》，《抗日战争研究》2004 年第 4 期。

叶青：《从厘金始末看税制变迁的规律》，《地方财政研究》2004 年第 1 期。

赵冈：《永佃制下的田皮价格》，《中国农史》2005 年第 3 期。

黄道炫：《一九二〇—一九四〇年代中国东南地区的土地占有 —— 兼谈地主、农民与土地革命》，《历史研究》2005 年第 1 期。

杨勇：《北魏均田制下产权制度变迁分析》，《史学月刊》2005 年第 8 期。

冯小红：《乡村治理转型期的县财政研究（1928—1937）—— 以河北省为中心》，复旦大学博士学位论文，2005 年。

刘杰：《南京国民政府关税自主述评》，《中共郑州市委党校学报》2006 年第 5 期。

武艳敏：《统一财政：1928 年国民政府第一次财政会议之考察》，《史学月刊》2006 年第 4 期。

辛德勇：《〈周礼〉地域职官训释 —— 附论上古时期王官之学中的地理学体系》，《中国史研究》2007 年第 1 期。

凌鹏：《近代华北农村经济商品化与地权分散 —— 以河北保定清苑农村为例》，《社会学研究》2007 年第 5 期。

石莹、赵昊鲁：《从马克思主义土地所有权分离理论看中国农村土地产权之争 —— 对土地“公有”还是“私有”的经济史分析》，《经济评论》2007 年第 2 期。

郭丹：《1927—1937年国共土地政策比较》，东北师范大学硕士学位论文，2007年。

王昉：《中国近代化转型中的农村地权关系及其演化机制——基于要素—技术—制度框架的分析》，《深圳大学学报（人文社会科学版）》2008年第2期。

罗衍军：《民国时期华北乡村土地占有关系刍论》，《晋阳学刊》2008年第4期。

张立杰：《南京国民政府盐税整理与改革述论》，《民国档案》2008年第1期。

程郁华：《江苏省土地整理研究：1928—1936年》，华东师范大学博士学位论文，2008年。

聂鑫：《传统中国的土地产权分立制度探析》，《浙江社会科学》2009年第9期。

邢胜忠、刘刚、田芳：《现代西方产权理论简评》，《中国商贸》2009年第9期。

黄正林：《民国时期甘肃农家经济研究——以20世纪30—40年代为中心》，《中国农史》2009年第1期。

陈天勇：《近代以来地政工作的现代化发展》，厦门大学硕士学位论文，2009年。

马学强：《“民间执业全以契券为凭”——从契约层面考察清代江南土地产权状况》，《史林》2010年第1期。

马盈盈：《论万国鼎在地政研究方面的贡献》，南京农业大学硕士学位论文，2010年。

汪庆元：《从鱼鳞图册看徽商故里的土地占有——以歙县〈顺治十年丈量鱼鳞清册〉为中心》，《江淮论坛》2010年第3期。

袁延胜：《东汉光武帝“度田”再论——兼论东汉户口统计的真实性问题》，《史学月刊》2010年第8期。

冯新舟、何自力：《马克思国家理论与新制度经济学国家学说 —— 一个比较分析的视角》，《社会科学》2010 年第 9 期。

叶麒麟：《生产力、阶级与国家：马克思制度变迁的机理分析》，《河南大学学报（社会科学版）》2011 年第 3 期。

曹树基：《传统中国乡村地权变动的一般理论》，《学术月刊》2012 年第 12 期。

刘克祥：《永佃制下土地买卖的演变及其影响 —— 以皖南徽州地区为例》，《近代史研究》2012 年第 4 期。

刘克祥：《20 世纪三四十年代的租佃结构变化与佃农贫农雇农化》，《中国经济史研究》2016 年第 5 期。

江志伟、汪萍：《“鱼鳞图册”传奇》，《中国税务》2012 年第 9 期。

李金铮：《相对分散与较为集中：从冀中定县看近代华北平原乡村土地分配关系的本相》，《中国经济史研究》2012 年第 3 期。

王昉、熊金武：《民国时期地价税思想研究 —— 中国传统经济思想现代化变迁的一个微观视角》，《复旦学报（社会科学版）》2012 年第 1 期。

马卫东：《〈周礼〉所见地图及其地图管理制度》，《档案学通讯》2012 年第 5 期。

闫坤、崔潮：《我国近现代财政体制演进轨迹及其现实框架》，《改革》2012 年第 4 期。

张少筠：《民国福建永佃制的分布 —— 从对〈全国土地调查报告纲要〉中福建永佃比例的质疑说起》，《中国社会经济史研究》2012 年第 4 期。

张广杰：《20 世纪二三十年代土地分配中的权力因素》，《苏州大学学报（哲学社会科学版）》2012 年第 4 期。

王伟：《论河南近代时期人口因素对地权分配的影响》，《兰州学刊》2012 年第 3 期。

石攀峰：《民国时期我国地政机关组织的变迁》，《宜宾学院学报》2012 年第 10 期。

胡英泽：《近代华北乡村地权分配再研究 —— 基于晋冀鲁三省的分析》，《历史研究》2013 年第 4 期。

江伟涛：《南京国民政府时期的地籍测量及评估 —— 兼论民国各项调查资料中的“土地数字”》，《中国历史地理论丛》2013 年第 28 卷第 2 辑。

吴晓亮：《晚清民国云南地籍整理与税费征收研究 —— 基于云南省博物馆馆藏契约文书的考察》，云南大学硕士学位论文，2013 年。

崔光良：《1927—1937 年安徽农村土地整理研究》，安徽大学硕士学位论文，2013 年。

隋福民、韩锋：《20 世纪 30—40 年代保定 11 个村地权分配的再探讨》，《中国经济史研究》2014 年第 3 期。

张君蕊：《〈左传〉礼制与〈周礼〉合异探析》，《中州学刊》2014 年第 12 期。

张亮、杨清望：《民国时期永佃制的结构与功能新探》，《学术界》2014 年第 12 期。

赵攒茜纾：骸《睹民踅国 逼期谡浙憬江 卣政 芯究浚（1927—1949）罚，憬江 笥学 妒士垦学 宦论畚文模，2014 年辍。

王瑞庆：《论南京国民政府开征地价税过程中地方财政与地政的纠葛》，《中国社会经济史研究》2015 年第 1 期。

曲柄睿：《〈周礼〉诸图研究》，《孔子研究》2015 年第 2 期。

张建辉：《〈末日审判书〉的形成及现代翻译》，《黑龙江史志》2015 年第 3 期。

熊金武：《近代中国地价税思想立法与实践研究》，《福建论坛（人文社会科学版）》2015 年第 5 期。

林源西：《民国时期两湖乡村的地权分配》，《中国经济史研究》2015 年第 6 期。

孟延庆：《土地、剥削与阶级：陈翰笙华南农村研究再考察》，《学术交流》2016 年第 2 期。

曹金祥：《北洋政府时期周自齐的财政改革思想与实践》，《广东社会科学》2016 年第 2 期。

五、英文著述

Li Huaiyin, Fiscal Cycles and the Low-Level Equilibrium under the Qing: A Comparative Analysis, *Social Science in China*, Vol. 36, No. 1,?-??, http://dx.doi.org/ 10. 1080/.

Li, From Revolution to Modernization: The Paradigmatic Transition in Chinese Historiography in the Reform Era, *History and Theory* 49 (October 2010), 336- 360, Wesleyan University, 2010 .

Kung-Ch'uan Hsiao, Rural Control in Nineteenth Century China, *The Far Eastern Quarterly*, Vol. 12, No. 2 (Feb., 1953).

Julie Mumby, The Descent of Family Land in Later Anglo-Saxon England, *Historical Research*, Vol. 84, No. 225 (August 2011).

Higham, N.J., The Domesday Survey: Context and Purpose, *History*, Feb 93, Vol. 78，Issue 252.

附录一　20世纪初叶中国农村经济增长制约因素的计量分析

一、变量与数据说明

本文以农业生产总值作为被解释变量。解释变量包括农业生产技术水平、生产资料和劳动投入状况、市场机制及工业与城市部门的影响、政府的作用等。

农业生产技术状况，用农村劳均（REN）与亩均产出（MU）表示。农户生产资料包括土地和资本两个方面，近代农业生产工具及基础设施的变化较小，又由于缺乏系统的统计资料，因此以耕地规模（AREA）作为生产资料投入的替代性指标。劳动投入由农业劳动人口规模（POP）决定。

农业生产受到了市场机制及工业与城市部门的深刻影响，这种影响可由农产品价格（API）、工业品价格（IPI）、牲畜价格（CAI）、劳动力工资（WA）、国际贸易规模（TRADE）以及农村土地价格（LPI）来说明，农村土地价格更是两部门经济中农村经济发展状况的重要表征。

本文用田赋（TAX）水平来说明政府在农业生产中的作用。时局动荡，官吏腐败，田赋加重，政府在农业生产中的作用趋向消极；当政治统一初步完成，社会初步安定，政府可能会采取积极措施来发展农业生产，如减轻田赋等。

吴承明曾利用统计资料对农业生产总值进行过估计。[①] 莫曰达在以往研究基础上，对1840—1949年间重要时间节点上农业生产总值进行了估算。[②] 根据这些节点数据，求出年均增长率，并推算出每年农业生产总值规模。农业劳动人口等于农村人口乘以劳动人口系数。由相关统计数据推算出农村劳动人口系数为0.55。[③] 由于农业生产的单位是家户，虽然田间劳作主要靠成年劳力，家庭副业或手工业几乎是全员参与，上述系数值未免偏低。因此，用农村人口作为农村劳动人口的替代指标，根据统计资料与相关研究，可求出农村人口规模的时间序列数据[④]，由此推算出农村人均产值的时间序列数据。

根据《中国人口与土地统计分析》、《中华民国统计年鉴（1948年）》以及相关研究，梳理出各时间节点的耕地规模。[⑤] 根据这一数据，可以得出耕地规模的时间序列数据。又根据莫曰达给出的若干重要年份的种植业总产值，求出种植业总产值的时间序列数据。以各年度的种植业生产总值除以各年度的耕地规模，即为亩均产出。

卜凯《中国土地利用》中，有1906—1933年间农产品价格、工业品价格、农业劳动力工资价格、牲畜价格、土地价格、政府赋税指数。卜凯调查因其采

---

① 吴承明：《中国近代资本集成和工农业及交通运输业产值的估计》，《中国经济史研究》1991年第4期。

② 莫曰达：《1840—1949年中国的农业增加值》，《财经问题研究》2001年第1期。

③ 〔美〕费正清主编：《剑桥中华民国史（1912—1949年）》上卷，第39页。《全国土地调查报告纲要》（1934年），第22页，“第十一表 农民占总人口数之百分率”；《中华民国统计年鉴（1948年）》，“表87 耕地与农民”。在1933年，全国农业就业人口2.0491亿人，农村人口3.7亿，由此求得农村劳动人口系数为0.55。

④ 侯杨方：《中国人口史（第六卷）》，第443页；《中国经济年鉴第三编（1936年）》，B61-62、B62-63、B63-64；《中华民国统计年鉴（1948年）》，“表87 耕地与农民”。

⑤ 吴承明：《中国近代农业生产力考察》，《中国经济史研究》1989年第2期；莫曰达：《1840—1949年中国的农业增加值》，《财经问题研究》2000年第1期；《中国人口与土地统计分析》，第9—10页，“表6 中国各省土地面积与耕地面积”。耕地面积为931760平方公里，每平方公里合1500亩；《中华民国统计年鉴（1948年）》，“表87 耕地与农民”。综计近代以来耕地面积，1840年，9.68亿亩；1894年，11.9亿亩；1911年，12.68亿亩；1920年，12.8亿亩；1933年，13.3亿亩；1936年耕地约为13.98亿亩；1946年耕地14.1亿余亩。

用方法科学、投入精力大、时间跨度长，为研究者所信赖。为分析便利，本文采用水稻地带的数据作为代表。[①] 贸易数据来自《中华民国贸易年鉴》。[②]

抗日战争及解放战争时期，中国社会受到严重冲击，影响经济发展的因素发生很大改变，所以将分析限定在 1937 年前。具体为 1906—1933 年，这主要因为是有部分变量的数据集中在这一时期。各变量数据皆以 1926 年为 100 编制成指数形式。

表 1　描述统计量

变量名称	均值	标准差	最大值	最小值
NDP	98.5357	10.9290	126	11
API	73.6786	20.1550	108	44
AREA	98.7142	1.7817	102	96
CAI	84.4285	23.0224	122	50
IPI	84.6071	23.5046	130	37
LPI	80.3571	16.2462	101	51
MU	101.2706	11.5844	126	82
POP	98.3214	2.1782	102	95
REN	99.7527	10.304	123	83
TAX	95.7857	22.5345	76	22
TRADE	74.25	29.382	128	37
WA	86.75	26.0378	135	40

二、计量分析

本文将在因子分析的基础上进行回归分析。首先，对因子分析的适用性进行 KMO 检验和 Bartlett 检验。测量所选取样本的适当性指标 KMO 值为

① 〔美〕卜凯：《中国土地利用》，第 431 页，“第四表 水稻地带各种田场价格之关系，一九〇六至一九三三年”。

② 中国贸易年鉴社：《中国贸易年鉴》（1948 年），“进出口贸易额统计表”。

0.836，说明因子分析效果较好；而 Bartlett 球形检验的 Sig 值为 0，说明选取的样本来自多元正态总体，可以做进一步的分析。

表 2　KMO 和 Bartlett 的检验

	取样足够度的 Kaiser-Meyer-Olkin 度量	.836
Bartlett 的球形度检验	近似卡方	800.763
	df	55
	Sig.	.000

将原始数据标准化后，用 Eviews 7.2 软件进行因子分析，结果如表 3、表 4 所示。前 3 个因子的特征值较高，累积可以解释 11 个解释变量所包含信息的 99%，其他因子的特征根与对总方差贡献率均较小，因此，提取 3 个因子较为合适。

表 3　旋转前因子载荷矩阵

Unrotated Loadings					
	F1	F2	F3	F4	F5
ZAPI	0.932732	−0.091875	−0.272024	0.185770	0.046583
ZCAI	0.975831	−0.135740	0.111370	−0.076298	−0.011416
ZIPI	0.979636	−0.099504	0.017244	−0.038871	0.139441
ZLPI	0.887878	−0.420733	0.084839	0.111417	−0.040772
ZMU	0.174817	0.954151	0.091047	0.127979	0.022134
ZPOP	0.977833	−0.075375	0.172765	0.013660	−0.060210
ZREN	0.467082	0.860605	0.111256	0.002482	−0.006563
ZTAX	0.755112	0.461071	−0.375679	−0.167767	−0.042942
ZTRADE	0.940008	−0.126703	−0.298447	0.027781	−0.034985
ZWA	0.969498	−0.060639	0.191119	−0.115117	0.058202
ZAREA	0.971445	0.024554	0.200675	0.016078	−0.067684

表 4 主成分分析结果

Factor	Variance	Cumulative	Difference	Proportion	Cumulative
F1	8.112572	8.112572	6.009143	0.749826	0.749826
F2	2.103429	10.21600	1.652017	0.194415	0.944241
F3	0.451413	10.66741	0.338157	0.041723	0.985964
F4	0.113256	10.78067	0.074655	0.010468	0.996432
F5	0.038601	10.81927	—	0.003568	1.000000
Total	10.81927	50.59593		1.000000	

表 3 中的数据显示，在提取出公共因子后，公共因子的经济含义还不明显，因此需要进行因子旋转，运用方差最大法旋转后的因子载荷矩阵结果如表 5 所示。正交旋转之后，得到的公共因子具有命名的可解释性。F1 中载荷较大的变量包括耕地面积、农村劳动人口、土地价格、农产品价格、工业品价格、农村劳动力工资、牲畜价格、国际贸易规模，可以解释农业生产投入、市场环境、城市与工业部门的发展状况对农业生产的影响，命名为农业生产条件。F2 中土地亩均产出、农村劳动力人均产出载荷较大，故命名为农业产出水平。F3 中田赋因子载荷较大，命名为政治因素。

表 5 正交旋转后的因子分析结果

指标类型	指标名称	公因子 F1 上的载荷	公因子 F2 上的载荷	公因子 F3 上的载荷
农业生产条件	ZAPI	0.782344	0.091798	0.557280
	ZCAI	0.954453	0.099483	0.250284
	ZIPI	0.919123	0.124334	0.329459
	ZLPI	0.945741	−0.182628	0.199346
	ZPOP	0.961630	0.174406	0.191218
	ZTRADE	0.785829	0.042335	0.603870
	ZWA	0.954875	0.180386	0.181843
	ZAREA	0.938276	0.273325	0.171328
农业产出水平	ZMU	−0.064877	0.978227	0.040206
	ZREN	0.228664	0.946748	0.136253
政治因素	ZTAX	0.431762	0.535913	0.678240

采用回归法计算上述 3 个因子的因子得分，如表 6 所示。另外，公因子的有效系数都在 0.9 以上，其单一性系数在 0.00—0.06 之间（表略），说明因子得分分析结果比较理想。

表 6 因子得分相关系数矩阵

Factor Coefficients			
	F1	F2	F3
ZAPI	0.003066	0.199538	0.327617
ZCAI	0.010527	−0.038483	0.377360
ZIPI	0.113644	−0.075265	−0.145619
ZLPI	0.348006	−0.284437	−0.762855
ZMU	0.021403	0.399482	−0.403903
ZPOP	0.380541	0.341503	−0.414336
ZREN	−0.099064	0.505923	0.248684
ZTAX	−0.083739	0.003666	0.301771
ZTRADE	−0.330429	−0.279351	1.447399
ZWA	0.339355	−0.033733	−0.332527
ZAREA	0.191772	0.054324	−0.411890

用表 4 中各公共因子对应的得分系数分别乘以变量标准化后的序列，即可计算出各公因子对应的得分序列，如表 7 所示。

表 7 公因子 F1、F2、F3 得分序列

年份	F1	F2	F3	年份	F1	F2	F3
1906	−2.00187	0.686903	0.375234	1920	79.43906	797.0963	−814.722
1907	−1.81311	0.529767	0.387697	1921	79.42523	797.6219	−814.883
1908	−1.7502	0.532712	0.580722	1922	79.52597	798.2648	−815.193
1909	−1.24363	0.581191	−0.288478	1923	79.786	798.0626	−815.554
1910	−1.23734	0.576091	−0.13716	1924	79.91421	798.6338	−815.995
1911	−1.18695	0.560364	−0.11674	1925	80.03023	799.1422	−816.43
1912	−1.01809	0.188239	−0.11763	1926	79.11426	798.7351	−815.557
1913	−0.62793	0.027538	−0.5681	1927	78.2799	797.813	−814.625
1914	−0.49791	−0.16417	−0.72377	1928	77.38376	797.3483	−813.978
1915	−0.29117	−0.44901	−0.95126	1929	76.56733	796.8778	−813.35
1916	−0.16003	−0.77467	−0.82184	1930	75.77884	796.5975	−812.631

续表

年份	F1	F2	F3	年份	F1	F2	F3
1917	0.126404	−0.92272	−1.04772	1931	74.79103	796.0257	−811.296
1918	0.112893	−1.21645	−0.48806	1932	74.05767	795.9637	−810.589
1919	0.126436	−1.45963	−0.21614	1933	73.15159	795.7953	−809.762

根据表7中的数据绘出公因子得分趋势，如图1所示。从图1中可以看出，在3个因子中，农业生产条件因子得分序列是单调增加的，这说明在1906—1933年间，农业生产的宏观经济环境在改善。农业产出水平因子得分序列从晚清到1920年前呈下降趋势，1920年后呈上升趋势，表明这一时期农业产出水平并没有一直处于倒退或停滞状态。政治因素因子得分序列在1930年前一直呈上升趋势，1930年后急剧下降。这说明政治纷扰对农村经济产生了消极影响。但南京国民政府成立后，这一状况开始发生变化。

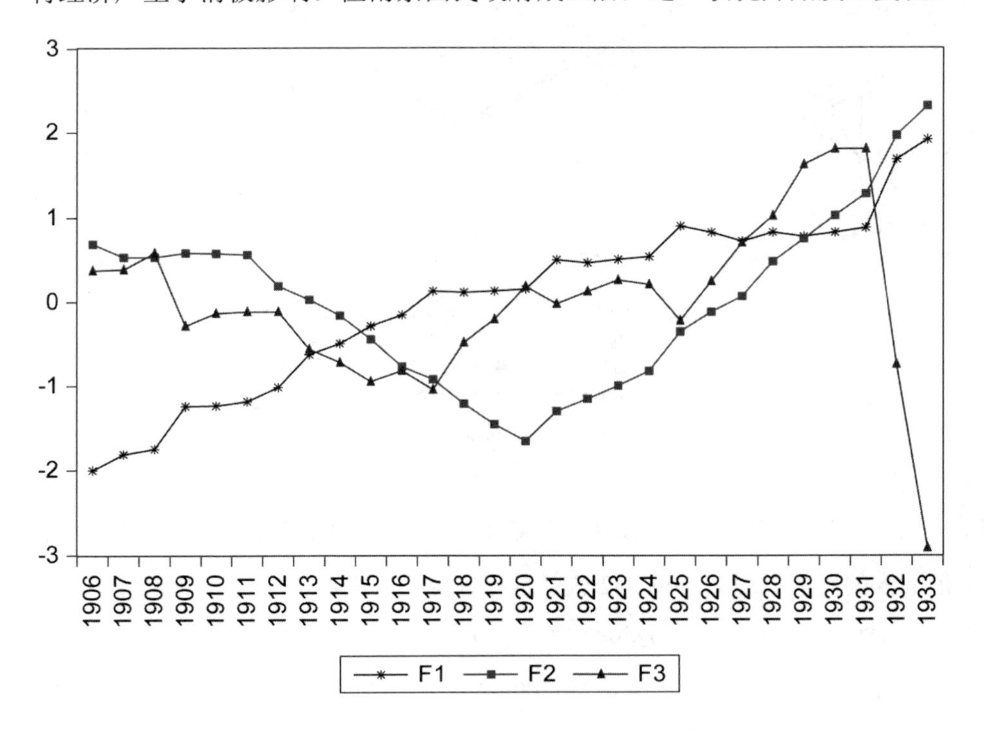

图1　公因子得分序列F1、F2、F3趋势

图 1 中的变化趋势，在图 2 中可以得到进一步说明。图 2 描绘了 1906—1933 年间各变量的变化趋势。在图中，部分属于农业生产条件的变量一直都是单调增加的。1930 年后，在世界经济危机的冲击下，农产品价格、工业品价格、牲畜价格以及国际贸易规模转呈下降趋势。土地亩均产出与劳均产出水平在 1920 年有所下降，1920 年后又呈上涨趋势。赋税在 1930 年上涨，1930 年后下降。

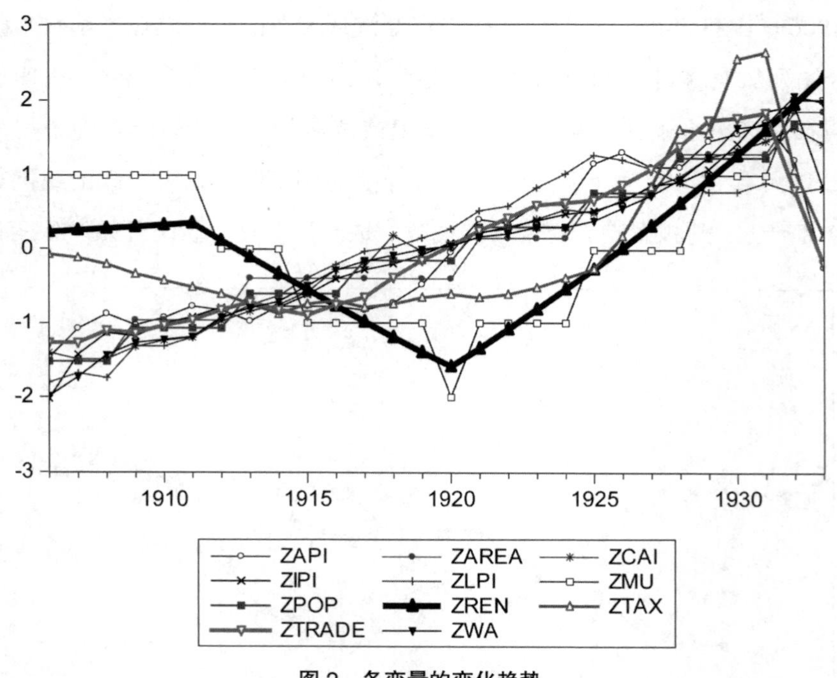

图 2　各变量的变化趋势

构建基于因子分析的线性回归模型，分析公共因子的变动对农业生产总值 ndp 的影响。用 Eviews 7.2 软件进行分析，模型如下：

NDP= 98.50344+ 3.924944F 1+ 9.594712F 2+ 1.116672F 3

Se=（0.230290）***（ 0.227709）***（0.232370）***（0.246091）***

R^2= 0.988950 DW= 1.789101

*** 表示在 1% 的水平上显著

结果显示，R^2约为0.99，表明模型拟合程度很好，相关系数在1%水平上显著。DW值约为1.8，说明不存在严重的自相关问题。另外，White检验也表明不存在异方差问题。方差膨胀因子分别为1.000114、1.000046、1.000021，远小于10，显示不存在多重共线性问题。因此，这里所构建的多元线性回归模型是合理的。

分析表明，农业生产条件因子每变动1个单位，农业生产总值将变动3.92个单位。农业产出水平因子每变动1个单位，农业生产总值将变动9.59个单位。政治因素因子每变动1个单位，农业生产总值将变动1.12个单位。并且，三个公共因子与农业生产总值都是同方向变动。其中，农业产出水平对农业生产总值的增长影响最为显著；宏观经济环境的变化，对农业发展也是有利的；政府在农业发展过程中的作用，整体而言是积极的。

附录二　20世纪上半叶中国农村地权分配与贫富分化的计量分析

我们用中等收入农户在总农户中的比重作为被解释变量（Y），用来说明农村贫富分化状况。中等收入农户占比越高，分化度越低；反之则反是。

其解释变量包括：

农户经营收益：用田场经营收支平衡农户在农户中的占比来表示（eq），收支平衡农户占比越高，意味着农户经营收益状况越好。

农业耕作方式：民国时期农业生产主要采取的是传统的精耕细作方式，农业生产的自然条件具有决定性的作用，稻作区的产量一般要高于小麦地区，因此用稻米总产量在粮食总产量中的比重来表示农业精耕细作程度（cm）；

地主土地所有制规模：用地主在总农户中的占比表示（lord）；

地租负担：用地租与土地收益比来表示（rent）；

赋税负担：用田赋正附税之比来表示（tax），附税与正税之比越高，意味着农业赋税越苛重；

人口与土地之间的关系：用人口密度表示（pop）。

表1中第（1）列数据根据1934年南京国民政府全国土地委员会编纂的《全国土地调查纲要》，“第三十三表 各省农户收入多寡各组户数百分率”，第（2）列数据根据“第二十三表 各省十类地权形态户户数百分率”，第（3）列数据根据“各省租额占地价及收益之百分率”，第（4）列数据根据“表三十四 各省农家收支相抵与否户数百分率”，第（5）列数据根据“表

四十五 各省田赋正附税额及其比率”；第（6）列根据国民政府主计处统计局编纂的《中国人口问题之统计分析》，“表五 各省食粮产量”，第（7）列根据“表七 各省户口之分布”。

表 1　主要统计数据

省别	（1）100—400元中等收入组占比（%）	（2）地主占比（%）	（3）租金 / 收益	（4）收支相等农户占比（%）	（5）正附税百分比（%）	（6）大米产量 /（大米产量 + 小麦产量）	（7）人口密度（人数 / 平方公里）
苏	58	2.9	34.7	45.3	146.57	0.519	373.72
浙	52	1.36	35.29	36.46	111.11	0.855	204.07
皖	42	1.53	30.77	33.82	106.64	0.494	166
赣	54	10.1	41.12	50.95	59.37	0.857	91.31
湘	53	1.63	29.61	43.84	337.54	0.931	137
鄂	49	0.97	35.09	35.86	123.13	0.642	187
冀	41	1.89	53.67	28.38	1.13	0.046	23.75
鲁	26	1.46	49.82	48.75	15.77	0.003	63.39
豫	29	2.42	47.27	36.62	180.3	0.038	11.15
晋	29	0.16	39.54	25.64	48.88	0.004	74.17
陕	55	1.02	39.78	41.25	33.41	0.118	53.28
察	8	2.59	38.7	12	100.55	0.000	7.3
绥	46	0.1	37.42	28.93	100.55	0.000	5
闽	77	4.17	34.91	55.76	129.8	0.858	99
粤	76	0.01	38.7	13.32	100.55	0.981	46.64
桂	61	0.16	35.48	40.34	40.34	0.988	61.14

表 2　变量基本统计描述

统计值变量	Y	EQ	CM	LORD	RENT	POP	TAX
Mean	47.25000	36.07625	0.458332	2.029375	38.86688	100.2450	109.9019
Median	50.50000	36.54000	0.506359	1.495000	38.06000	68.78000	103.5950
Maximum	77.00000	55.76000	0.988392	10.10000	53.67000	373.7200	337.5400
Minimum	8.000000	12.00000	0.000355	0.010000	29.61000	5.000000	1.130000
Std. Dev.	18.08683	12.33400	0.415456	2.436846	6.537212	96.26251	79.42227
Observations	16	16	16	16	16	16	16

影响农村贫富分化的因素首先是农户生产经营状况，在生产技术没有取得进步的情况，农业产出决定于自然条件以及精耕细作程度；农民农场收入扣除支出后盈亏状况，是决定小农再生产能否持续的关键；人地之间的紧张关系，导致农村劳动力边际产出很低甚至为零，是农民贫困的重要原因；地主土地所有制的规模以及地租额，是导致农村贫富差别的制度性因素；政府的苛捐杂税，使农民不堪重负，加剧了小农的贫困，反映出国家对乡村社会的实际影响。基于上述假设，建立计量方程：

$$\ln y = \alpha + \beta \ln eq + \gamma \ln cm + \theta \ln lord + \delta \ln rent + \vartheta \ln pop + \phi \ln tax + \mu$$

其中 y 为中等收入农户在总农户中的百分比，eq 为收支平衡农户农户在农户中的百分比，cm 为水稻总产量与粮食总产量比，lord 为地主在农村居民中的占比，rent 为租额与收益比，pop 为人口密度，tax 为田赋正附税比。

为避免多重共线性问题，本文首先对各解释变量进行相关性分析。表 3 中的相关系数矩阵显示，大部分解释变量间的偏相关系数小于 0.5。另外，各解释变量的方差膨胀因子（VIF）为：EQ，1.583280557；CM，1.884261144；LORD，1.440695914；POP，1.605051418；RENT，2.494953956；TAX，1.770519435，也都远小于 10。这表明多重共线性问题并不严重。

表 3　解释变量间的相关系数矩阵

	EQ	CM	LORD	POP	RENT	TAX
EQ	1.000000	0.297942	0.476518	0.370420	−0.087719	0.163730
CM	0.297942	1.000000	0.223304	0.400903	−0.591709	0.493611
LORD	0.476518	0.223304	1.000000	0.102425	0.093705	−0.074986
POP	0.370420	0.400903	0.102425	1.000000	−0.506060	0.268230
RENT	−0.087719	−0.591709	0.093705	−0.506060	1.000000	−0.616930
TAX	0.163730	0.493611	−0.074986	0.268230	−0.616930	1.000000

为了消除可能存在的异方差的影响，提高方程拟合程度，对各变量取对数，并用加权最小二乘法进行估计。回归分析结果如表 4 所示。

表 4　关于民国乡村贫富分化问题的回归分析

Variable	Coefficient	Std. Error	t-Statistic	Prob.
C	6.400007	2.005883	3.190619	0.0110
LNEQ	0.876423	0.140905	6.219948	0.0002
LNCM	0.148949	0.022770	6.541324	0.0001
LNLORD	−0.203823	0.032517	−6.268123	0.0001
LNPOP	−0.170775	0.066695	−2.560527	0.0307
LNRENT	−1.128179	0.533547	−2.114490	0.0636
LNTAX	−0.143239	0.053865	−2.659210	0.0261
R-squared	0.988046	Mean dependent var		3.297486
F-statistic	123.9778	Durbin-Watson stat		1.635985
Prob(F-statistic)	0.000000	Weighted mean dep.		2.619027

由表 4 可知，判别系数 R^2 为 0.988，方程拟合程度较好。变量系数分别在 1%、5%、10% 的水平上显著。DW 值约等于 1.64，说明不存在严重的自相关问题。

在其他变量保持不变的情况下，经营收支平衡农户占比提高 1 个百分点，中等收入农户比重提高 0.88 个百分点；水稻产量在粮食总产量的比重提高 1 个百分点，中等收入农户比重将提高 0.15 个百分点。说明农业产出的增加与农户经营收益状况的改善，对农村贫富分化能产生显著的抑制作用。

在其他变量保持不变的情况下，地主比重提高 1 个百分点，中等收入农户比重将下降 0.2 个百分点；地租提高 1 个百分点，中等收入农户比重将下降 1.128 个百分点。说明地主制经济是导致农村社会贫富分化的显著性因素。

在其他变量保持不变的情况下，人口密度增加 1 个百分点，中等收入农户占比将下降 0.17 个百分点。说明紧张的人地关系是农村贫富分化的重要原因。

在其他变量保持不变的情况下，政府税收每增加 1 个百分点，中等收入农户占比将下降 0.14 个百分点。说明政府的苛捐杂税会导致农民的贫困程度加深，加剧农村的贫富分化。

附录三　20 世纪上半叶中国农村地价的影响因素分析

民国时期的农村地价发生了怎样的变化？影响地价变化的因素又是什么？鉴于民国时期，已有大量的统计资料，可利用这些统计资料，对这一问题进行计量分析。

一、变量与数据说明

农村土地的供给来自于两个方面：破产小农、绅商地主，需求也来自两方面：为满足家庭生产生活需要的农民家庭、为获取地租的投资者。农地价格由农地的供给与需求共同决定。影响农地供需的因素主要有收成、价格、生产成本、税收、地租、利率、农业生产风险以及商业产权的比较收益等等。

用于计量分析的数据来源于两个方面：一是学术机构的调查研究。卜凯（J. L. Buck）对中国七省十七处的 2866 个农家进行了调查，所著《中国农家经济》与《中国土地利用》，资料翔实丰富。陈正谟所著《中国各省的地租》，记述了 1930 年代各省地租的形态、租率、地价等。 二是政府部门的调查统计资料。中国农民银行土地金融处编著：《中国各重要市县地价调查报告》（1944 年）；国民政府主计处统计局：《中国人口问题之统计分析》；《中国经济年鉴第三编（1936 年）》，《中华民国统计年鉴（1948 年）》；土地委员会：《全国土地调查报告纲要》（1934 年）；中国贸易年鉴社：《中国贸易年鉴》（1948 年）；等等。

表 1　变量与数据说明

变量名称	定义	计量指标	样本数	均值（标准误）	取值范围	数据来源
lpi	土地价格	Lpi_index 地价指数	38	377.6（1039.9）	51 5782	《中国土地利用》，表 4，表 5；《中国各重要市县地价调查报告》（1944 年）
		Lpi 农地价格	19	47.3（15.8）	24.42 73.37	《中国各省的地租》，表 42
		lpi_water 水田价格	19	61.3（14.98）	29.72 93.54	《中国各省的地租》，表 43
		lpi_dry 旱地价格	19	33.7（17.695）	11.12，73.14	《中国各省的地租》，表 44
		lpi_high 上等田价	19	77.566（23.545）	36.79，116.38	《中国各省的地租》，表 45
		lpi_middle 中等田价	19	56.55（17.256）	25.83 86.34	《中国各省的地租》，表 46
		lpi_low 下等田价	19	37.28（12.84）	15.83 63.66	《中国各省的地租》，表 47
		fpi_high 上等地价	19	44.63（19.61）	12.94 96.39	《中国各省的地租》，表 48
		fpi_middle 中等地价	19	29.99（14.03）	7.79 65.93	《中国各省的地租》，表 49
		fpi_low 下等地价	19	18.78（9.45）	5.67 44.45	《中国各省的地租》，表 50
Price(pi)	综合物价	物价指数	38	371.7105（1360.692）	44 8232	《中国土地利用》，表 4；《中华民国统计年鉴（1948 年）》，表 65。
Rent	租佃土地须支付的租金	Rent 平均地租	19	5.622（1.291）	3.72 8.02	《中国各省的地租》，表 26
		lrent_high 上等田租	19	7.354737（1.553785）	4.78 9.9	《中国各省的地租》，表 28
		lrent_middle 中等田租	19	5.88（1.295）	3.67 8.06	《中国各省的地租》，表 29
		lrent_low 下等田租	19	3.982（1.022）	2.25 6.1	《中国各省的地租》，表 30
		frent_high 上等地租，	19	4.322（1.415）	1.59 6.8	《中国各省的地租》，表 31
		frent_middle 中等地租	19	3.277（1.13）	1.18 5.22	《中国各省的地租》，表 32
		frent_low 下等地租	19	2.091（0.7975）	0.68 3.82	《中国各省的地租》，表 33

续表

变量名称	定义	计量指标	样本数	均值（标准误）	取值范围	数据来源
Rate	农村借贷的平均利率	年利率	19	3.379（0.43）	2.7 3.9	《农情报告》（1934年1月1日），见徐雪寒：《中国农村中底高利贷》，《国民公论》第3卷第8号，1940年4月16日
Tax	政府征收的田赋	农业税指数	27	95.851（22.961）	76 155	《中国土地利用》，表4
Trade	中国进出口贸易	国际贸易指数	28	74.25（29.382）	37 128	《中国贸易年鉴》
Agricultural product price(APP)	粮食价格	农产品价格指数	27	74.778（19.665）	52 108	《中国土地利用》，表4
Industrial products price (IPP)	非农产品价格	非农产品价格指数	27	86.37（21.985）	51 130	《中国土地利用》，表4
Labor cost(LC)	劳动力成本	农民工资指数	27	88.481（24.837）	46 135	《中国土地利用》，表4
Production capital(PC)	生产资料价格	畜力价格指数	27	83.667（ 24.332）	53 138	《中国土地利用》，表4
Disaster	农村社会安定程度	用匪患作为识别指标	17	4.529（9.132）	0 38	《中国经济年鉴第三编（1936年）》第十九章
Migration	农村人口流动	农家人口迁移占比	15	4.28（1.821）	2.1 9.1	《中国人口问题之统计分析》表87
Pi_ commerce	商业产权价格	pi_commerce 城市房地产价格	227	21012.052（61894.668）	9 444362	《中国各重要市县地价调查报告》
Lord	地主制经济水平	地主户数在农户中的占比	15	2.185（2.485）	10.1 0.01	《全国土地调查报告纲要》表23
Land_rent	农村社会的不均等程度	租佃土地面积在农村土地面积中的占比	13	36.46（18.874）	12.63 76.95	《全国土地调查报告纲要》表25

二、计量分析过程

（一）时局与物价变化对农村地价的影响

为进一步考察时局与物价变化对地价的影响，设地价指数为lpi, 物价指数为 pi；同时引入一个虚拟变量 D，1937 年之前为 0，1937 年及以后记 1。建立计量方程 I：

$$\ln lpi_t = \alpha + \beta_1 \ln pi_t + \beta_2 D + \varepsilon_t$$

利用 1906—1943 年地价指数与物价指数的时间序列数据进行回归分析，结果如表 2 所示。

表 2　物价对地价影响的回归分析

变量	lnpi	D	Constant
估计系数	0.644***	1.232***	1.659***
	（0.043）	（0.114）	（0.187）
Observations	38	R-squared	0.968

注：小括号内为稳健标准误，*、** 和 *** 分别表示显著性水平为 10%、5% 和 1%。

如表 2 所示，在 1% 的显著性水平上物价对地价有显著的影响，物价每提高 1 个百分点，地价提高 0.644 个百分点。从虚拟变量的估计系数中看出，1937 年前后地价指数有显著的变化，前后相较，增长了 1.232 倍。由此可以认为，在市场经济的影响下，农产品价格持续上涨，土地的平均收益不断增加，提高了地价。同时，时局的变化也予地价以重要影响。抗战爆发直接诱发通货膨胀，使土地的名义价格大幅上扬。另一方面，大方后土地供求关系的变化也是地价上涨的助推器。

（二）农户生产的成本、收益与国际贸易对地价的影响

如前所述，近代以来，农村部门也卷入到现代资本主义市场体系中，农户生产不仅受到产品市场的影响，也受到了生产要素市场的影响。如果不考虑亩产量提高的因素，农户生产的收益受农产品价格影响应该会非常大。而国内市场的价格与国际市场又紧密勾连，因此国际贸易对农民收益可能会产

生较大影响。另外，在排除技术进步导致农业亩产量提高的可能性之后，土地的自然肥力，也就是农业生产的区域差异对农户收益的影响就必须予以考虑。农户生产的成本包括工人工资、牲畜使用、生产工具的购置与维护等方面的费用。另一项大宗支出就是政府税收。政府的苛捐杂税为时人所诟病，在以往的研究中也被阐释为导致1930年后地价下跌的重要原因之一。显然，农户田场的收益减去生产费用和税收，才是农民的所得部分。一般而言，农民所得越多，土地的价值也就越高。为考察上述因素对地价的影响，建立计量方程Ⅱ：

$$\ln lpi_{it} = \alpha + \beta_1 rd + \beta_2 \ln X_{it} + \varepsilon_{it}$$

其中，rd为虚拟变量，水稻地带为0，小麦地带记为1。X包括农产品价格指数（app）、国际贸易指数（trade）、非农产品价格指数（ipp）、农民工资指数（lc）、农业税指数（tax）、畜力价格指数（pc）等。农产品价格指数（app）代表土地总收益，对单位土地上的产量而言，价格越高，货币化收益就越大。农民工资指数（lc）、农业税指数（tax）、畜力价格指数（pc）、非农产品价格指数（ipp）构成农业生产总支出。国际贸易指数（trade）反映了加入世界资本主义体系后市场机制对农民收益的影响。

根据《中国土地利用》《中国贸易年鉴》的相关资料建立时间序列数据。其中农业税指数缺失值根据农产品价格指数进行线性趋势填补，其他缺失值采用相应指标其他地区数值进行线性趋势填补。为避免多重共线问题，采取逐步回归的方法进行，回归分析结果如表3所示。

表3　1906—1933年农户生产的成本、收益与国际贸易对地价影响的回归分析

变量	（1）	（2）	（3）	（4）
rd	-0.0435	-0.0698**	-0.0443	-0.0740*
	（0.0691）	（0.0306）	（0.0308）	（0.0385）
lnapp		0.253**		0.264**

续表

变量	（1）	（2）	（3）	（4）
		（0.111）		（0.127）
lntrade		0.387***		0.0561
		（0.101）		（0.157）
lnipp			0.205	0.0329
			（0.170）	（0.124）
lnlc			0.106	0.0649
			（0.224）	（0.168）
lntax			0.0417	-0.0370
			（0.144）	（0.215）
lnpc			0.523*	0.413
			（0.293）	（0.299）
Constant	4.365***	1.648***	0.506	0.921
	（0.0414）	（0.140）	（0.439）	（0.741）
Observations	56	56	56	56
R-squared	0.007	0.857	0.867	0.893

注：小括号内为稳健标准误，*、** 和 *** 分别表示显著性水平为 10%、5% 和 1%。

上述回归分析结果表明，区域农业发展水平以及农产品价格对地价影响显著。国际贸规模、非农产品价格、劳动力价格、畜力价格对地价有一定的影响，但并不显著。政府税收的影响也不显著，原因可能就是政府的名义税收较低，而非正式的税负尽管构成了农民的沉重负担，但并没有计入。

（三）地租、利率、资产安全性等因素对农村地价的影响

对于广大农民来讲，购买土地的目的主要满足生产生活的需要，是否购买土地，主要看购买能力。但是，对于地主、商人等投资者来讲，购买土地就存在一个比较收益的问题。投资农村土地的收益主要是地租，地租与货币借贷的利率比较怎样？购买农村土地与购买城市商业产权比较，哪个收益更高？这都是一个精明的投资者，需要认真考虑的。另外，投资的安全性问

题，也是一个十分重要的问题。为考察地租、利率、财产安全性、与商业产权获利状况等因素对农村地价的影响，建立计量方程Ⅲ：

$$\ln lpi_i = \alpha + \beta X_i + \gamma_1 D_1 + \gamma_2 D_2 + \varepsilon_i$$

其中，被解释变量有田地价格（lpi）、旱地价格（lpi_water）、水田价格（lnlpi_dry）、上等田价（lnlpi_high）、中等田价（lnlpi_middle）、下等田价（lnlpi_low）、上等地价（lnfpi_high）、中等地价（lnfpi_middle）、下等地价（lnfpi_low）。解释变量 X 包括地租（rent）、年利率（rate）、匪灾频次（disaster）、平均每农民耕地面积（ploughp）、农村人口迁移占比（migration）、地主比重（lord）、租佃土地面积占比（land_rent）、商业地价（lpi_commerce）等投资需求影响因素。D_1 为虚拟变量，珠江流域为 1，其他记为 0；D_2 为虚拟变量，黄河流域为 1，其他记为 0。缺失值采用相应指标年份平均值进行线性趋势填补。利用 1930 年左右的截面数据进行回归分析，结果如表 4 所示。

从回归结果看，第一，地租对地价的影响是显著的，土地租金每上升一个百分点，地价就会上升 0.658 个百分点。再看各类田地，水田地租对水田地价的影响尤为突出。第二，资金年利率与地租显著负相关。资金年利率越高，地主商人投资土地的热情越低。第三，匪灾对农村地价具有显著性影响。为了规避农村社会动荡所带来的风险，地主商人等会减少对农村土地的投资。所以，匪灾频次与农村地价呈现出负相关。第四，人均耕地面积与地价负相关。在稻作区表现显著。这进一步说明地价变动的区域差异。南方稻作区耕作条件较好，人口密度较大，人均耕地面积少，地价相对北方旱作区要高。第五，人口的迁徙对地价的影响具有不确定性。在需要更多劳动投入的稻作区，农村人口的流出会比较显著地降低地价；在旱作区，农村人口的流出会提高地价。总体而言，人口迁徙与地价呈正相关，尽管并非显著性因素。第六，地主在乡村人口中的比重与地价负相关。这可以解释为，地主的比重越高，对土地的需求更容易受到社会环境及比较收益的影响，如果存在更好的投资渠道，地主就不会增加对农村土地的投资，这会对农村地价产生

表 4　地租、利率、资产安全性等对地价影响的回归分析

变量	（1）	（2）	（3）	（4）	（5）	（6）	（7）	（8）	（9）
	lnlpi	lnlpi_water	lnlpi_dry	lnlpi_high	lnlpi_middle	lnlpi_low	lnfpi_high	lnfpi_middle	lnfpi_low
lnlrent	0.658*	0.639**	1.175						
	（0.333）	（0.265）	（0.867）						
lnlrent_high				1.010***					
				（0.131）					
lnlrent_middle					1.196***				
					（0.129）				
lnlrent_low						0.934***			
						（0.117）			
lnfrent_high							0.508		
							（0.307）		
lnfrent_middle								0.695**	
								（0.274）	
lnfrent_low									1.039**
									（0.356）
rate	−0.0907	−0.0160	−0.725	−0.0510	−0.247	−0.199	−0.0306	−0.0476	−0.366
	（0.343）	（0.240）	（0.890）	（0.167）	（0.199）	（0.168）	（0.294）	（0.194）	（0.322）
disaster	−0.0130	−0.0110*	−0.0283*	−0.0183***	−0.0190***	−0.0193***	−0.0109	−0.0133**	−0.0178**
	（0.00859）	（0.00581）	（0.0136）	（0.00399）	（0.00405）	（0.00347）	（0.00677）	（0.00570）	（0.00725）
ploughp	−0.0306	−0.0126	−0.0628	−0.102**	−0.0664*	−0.0809**	−0.00505	−0.0305	0.00632

续表

变量	（1）	（2）	（3）	（4）	（5）	（6）	（7）	（8）	（9）
	lnlpi	lnlpi_water	lnlpi_dry	lnlpi_high	lnlpi_middle	lnlpi_low	lnfpi_high	lnfpi_middle	lnfpi_low
	（0.0821）	（0.0562）	（0.125）	（0.0305）	（0.0325）	（0.0284）	（0.0648）	（0.0512）	（0.0689）
migration	0.00205	0.0260	-0.0433	-0.0728**	-0.0536	-0.0863***	0.0225	0.00300	0.0273
	（0.0524）	（0.0353）	（0.0964）	（0.0304）	（0.0300）	（0.0221）	（0.0390）	（0.0311）	（0.0468）
lord	-0.0413	-0.0602*	-0.0547	-0.0219	-0.0430	-0.0165	-0.0618*	-0.0564*	-0.0729*
	（0.0374）	（0.0278）	（0.0692）	（0.0197）	（0.0267）	（0.0188）	（0.0306）	（0.0260）	（0.0369）
land_rent	0.00219	0.00930	-0.0105	0.000848	-0.00194	-0.00607	0.0106*	0.00882	0.00670
	（0.00588）	（0.00518）	（0.00978）	（0.00460）	（0.00588）	（0.00425）	（0.00532）	（0.00566）	（0.00763）
lnlpi_co-mmerce	0.146	0.210	0.169	0.207*	0.238*	0.171*	0.241	0.238	0.262
	（0.150）	（0.122）	（0.261）	（0.0939）	（0.105）	（0.0763）	（0.132）	（0.132）	（0.175）
D1	0.0752	0.0737	-0.334	-0.190	-0.214	-0.0219	0.143	0.0692	0.129
	（0.218）	（0.163）	（0.392）	（0.136）	（0.146）	（0.109）	（0.195）	（0.150）	（0.208）
D2	0.140	0.471	0.232	0.445	0.506	0.255	0.497	0.520	0.701
	（0.433）	（0.346）	（0.720）	（0.283）	（0.321）	（0.281）	（0.362）	（0.384）	（0.492）
Constant	2.193	1.334	3.884*	1.873*	1.913*	2.749***	1.421	1.261	1.331
	（1.186）	（1.076）	（1.781）	（0.850）	（1.007）	（0.690）	（1.157）	（1.200）	（1.427）
Observations	19	19	19	19	19	19	19	19	19
R-squared	0.649	0.768	0.518	0.936	0.941	0.955	0.738	0.812	0.746

注：小括号内为稳健标准误，*、** 和 *** 分别表示显著性水平为 10%、5% 和 1%。

一定的抑制作用。第七，租佃面积的比重并非影响地价的显著性因素，对地价的影响也存在不确定性。总的来讲，租佃面积与地价存在正相关。因为一般来说，租佃面积比重越大，说明缺地的农民越多，对农村土地的刚性需求越大。第八，商业产权价格与农村地价正相关，在稻作区相对显著。商业地价每上升一个百分点，农村地价就会上升 0.146 个百分点。第九，在控制其他变量不变的情况下，珠江流域比其他地方的地价高出 0.0752 个百分点，同样，在控制其他变量不变的情况下，黄河流域比其他地方的地价高出 0.14 个百分点。

（四）商业地产与农村地价

为了进一步考察城市化进程对农村地价的影响，建立计量方程Ⅳ：

$$\ln lpi_{ii} = \alpha + \beta \ln lpi\_commerce_{ii} + \gamma D + u_i + \eta_t + \varepsilon_{ii}$$

其中，lpi 为城郊农村地价，commerce 为商业地产价格，α 为截距项，β、γ 为待估参数，μ_i 为不随时间变化的非观测效应，η_t 为代表时间趋势的非观测效应，ε_{ii} 为残差。D 为虚拟变量，1937 年之前为 0，1937 年及以后记为 1。

我们将中国农民银行土地金融处编著《中国各重要市县地价调查报告》所提供的重庆等 13 市县 1931—1943 年城乡地价资料，整理成面板数据。衡阳、柳江缺失值太多，被剔除，其余缺失值采用线性插值法和相应指标年份平均值进行线性趋势填补。回归分析结果如表 4.2.12 所示。

表 5　商业地产价格对农村地价影响的回归分析

变量	（1）	（2）	（3）
	POSL	FE	RE
lnlpi_commerce	0.715***	0.605***	0.669***
	（0.0234）	（0.0808）	（0.0535）

续表

变量	（1）	（2）	（3）
	POSL	FE	RE
D	0.515*	2.053***	1.716***
	（0.271）	（0.456）	（0.327）
Constant	−0.635***	−0.0623	−0.395
	（0.225）	（0.435）	（0.339）
Observations	156	156	156
R-squared	0.935	0.957	
Number of county		12	12
F test	21.33***		
B-P test	344.04***		
Hausman test	1.12		

注：小括号内为稳健标准误，*、** 和 *** 分别表示显著性水平为 10%、5% 和 1%。

根据表 5，F 检验、B-P 检验、Hausman 检验的结果显示，F 检验拒绝了采用混合的 OLS 模型的原假设，应采用固定效应模型；同样 B-P 检验拒绝了采用混合 OLS 估计的原假设，应采用随机效应模型；Hausman 检验检验的结果是接受原假设，即确定采用随机效应模型估计。从第三列的估计结果可以看出，商业地产价格每上升 1 个百分点，农村地价就上升 0.669 个百分点，并且在 1% 的显著性水平上显著。1937 年之后的农村地价比 1937 年之前高出 1.716 倍。关于时局的影响，与前面的分析基本一致。

附录四　民国时期政府间财政关系的计量分析

一、变量与数据说明

中央集权下财政分权体制的实践效果考察，可以从两个方面着手。一是中央财政对于地方的分权程度，一是地方财政的自给能力。在时局动荡、社会经济发展正处于转型中的民国时期，中央财政对地方的分权程度由其财政收入与支出结构、转移支付规模等所决定。地方政府的自给能力则受制于由财政收入来源所决定的财政收入状况。由于这一时期县财政收入主要来自与省财政在税收方面的分享比例，省县间财政收入有一种共生关系。

以中央财政收入与省地方财政收入之比（SP）代表国家财政对地方财政的分权程度。SP 值越大，意味着中央财政对省地方的控制强度越高，国家对地方分权程度则越低。以县财政收入规模（CIN）代表地方财政的自给能力。SP、CIN 为被解释变量。

解释变量包括：中央财政对省财政转移支付规模（TP）对国地财政分权程度的影响；军费在中央财政支出中的比重（WF），代表中央财政支出结构对国地财政分权程度的影响；国税收入（TA）在中央财政收入中的比重，代表中央财政收入结构对国地财政分权程度的影响；工商业投资规模（IN），代表经济发展对国地财政分权程度的影响；各省财政收入规模（PIN）；粮食总产量（RICE），代表地方经济发展状况对地方财政收入的影响。

所有数据来自民国时期的相关统计资料。有关中央财政的数据根据贾德怀《民国财政简史》，“民国二年度至四年度岁入岁出总预算表”“民国十七年度至二十年度岁入岁出总预算表”“民国二十一年度至二十三年度中央岁入报告表”“民国二十一年度至二十三年度中央岁出报告表”；《中华民国统计年鉴（1948 年）》，“表 151 国家岁入总预算（民国二十六年度至三十六年度）”“表 152 国家岁入总预算（民国二十六年度至三十六年度）”“表 156 国税收入（民国元年度至三十六年六月）”。各种比率由本人进行整理后计算所得，缺失值根据线性趋势或均值补齐。

公司资本数见中华民国第一次至七次“农商统计表”，“各种公司数及资本金比较表”“公司营业类别累年比较”；《中华民国统计年鉴（1948 年）》，“表 108 公司登记数（民国十七年至三十六年上半年）”。

分省财政收入见贾德怀著《民国财政简史》“二十五年度各省省地方岁入预算分类统计总表”；各省县财政收入见贾德怀著《民国财政简史》“二十五年度各省县地方岁出预算分类统计总表”。各省粮食总产量来自国民政府主计处统计局编《中国人口问题之统计分析》“表 5 各省食粮生产量”。

表 1　变量基本统计描述

变量名称	观测数	均值	标准差	最大值	最小值
中央与省财政收入比（SP）	34	11.83518	31.34702	164.8410	0.415873
军费支出在中央财政支出中占比（WF）	34	38.05882	15.02108	86.00000	8.000000
中央财政对地方转移支付规模（TP）	34	76.00000	173.9371	986.0000	0.000000
公司注册资本（IN）	34	5468.412	26198.57	153306.0	86.00000
国税在中央财政收入中的比重（TA）	34	42.73529	22.19379	99.00000	9.000000
各省财政收入（PIN）	16	19584412	11959236	43736544	1125048
各县财政收入（CIN）	16	8520176	7807104	30201666	111894.0
各省粮食总产量（RICE）	16	49.34375	40.59153	125.0000	0.4

二、计量分析

（一）中央与地方财政关系

民国期间中央与省地方财政收入变化趋势如图 1 所示。民国时期，中央财政与省地方财政收入的变化，大体可分为三个阶段。在 1930 年前，大部分时间里中央财政与省地方财政收入规模变化都不大；1930 年前后至抗战爆发前，省地方财政收入增速超过中央财政，两者之间的收入差距在缩小；1937 年以后，中央财政收入规模与省财政收入规模都在增大，中央财政增加速度更快，导致两者之间的差额也不断扩大。

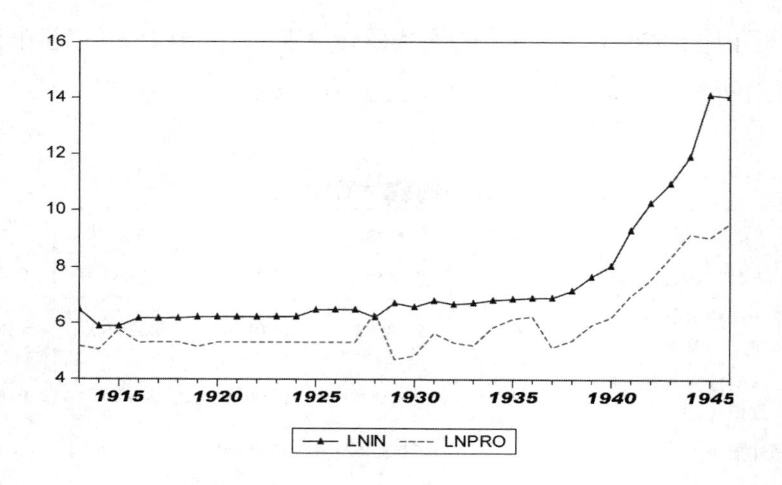

图 1　1913—1946 年国家与省地方财政收入规模变化比较

说明：将 1913—1946 年国家与省地方财政收入进行对数化处理后绘制。LNIN 为对国家财政收入取对数，LNPRO 为对省地方财政收入取对数。

设 SP 为中央财政收入与省地方财政收入之比，WF 为军费在中央财政支出中的比重，TP 为中央财政对省财政转移支付规模，TA 为国家税在中央财政收入中的占比，IN 为工商业投资规模。虚拟变量 D 代表 1927 年前后中央与地方间财政关系的变化，1927 年前为 0，1927 年后为 1。

建立计量方程如下：

$$SP = \alpha + \beta TP + \gamma WF + \theta TA + \delta \ln IN + \phi D + \mu \quad (1)$$

各解释变量的相关系数基本在 0.5 以下；又各解释变量的方差膨胀因子依次为 1.523137517，1.193723259，1.362244914，1.418671392，均远小于 10，说明不存在严重的多重共线性问题。

利用 1913—1946 年间相关数据进行回归分析，结果如表 2 所示。

表 2　民国时期中央与省地方财政关系的回归分析

解释变量	（1）	（2）	（3）	（4）	（5）
C	−0.511837	−25.36188***	−24.27503***	−55.53288***	−57.50720***
TP	0.162461***	0.151365***	0.148511***	0.105276***	0.113984***
WF		0.675096***	0.738831***	0.921333***	0.741367***
TA			−0.077118	−0.303841***	−0.180255*
LNIN				6.107952***	7.426533***
D					−9.250146**
R^2	0.812623	0.913483	0.915464	0.961446	0.966871
F	138.7790***	163.6549***	108.2933***	180.7964***	163.4364***
DW	1.015712	1.336118	1.456016	1.826386	1.890518

R^2 为 0.97，说明方程拟合程度较好。DW 值约等于 2，说明不存在自相关。对残差的 white 检验也表明，不存在异方差问题。

回归分析结果表明，各解释变量系数分别在 1%、5%、10% 水平上显著。在其他条件保持不变的情况，财政支付转移每提高 1 个单位，中央财政控制强度将增加 0.114 个单位。军费在中央财政中的占比每提高 1 个单位，中央财政控制强度将增加 0.387 个单位。国家税收在中央财政收入中的占比增加 1 个单位，中央财政对地方的分权程度将提高 0.18 个单位。公司注册资本增加 1%，中央财政控制强度将增加 0.07 个单位。虚拟变量系数表明，和北京政府时期比较，南京国民政府时期中央财政对地方财政的分权程度有了很大的改善。

（二）省县间财政关系

图2为1936年度各省县预算收入比较，左列为县预算，右列为省预算。除江苏省县收入略高于省收入外，其他各省省财政收入皆远高于县财政收入，广东广西差别尤其显著。

就各省财政支出来看，非生产性支出约占58%，用于民生方面的支出约为42%。在县财政收入中，仅有约9%的收入来自上级财政的转移支付。省财政攫取了大量地方收入，但是用于支援县地方的部分却十分有限。县财政在在财政收入竞争中处于劣势，却很难从相对充裕的省财政获得足够的支持，使县财政呈现出不完全财政特征，即财政收入不敷支出，不能严格执行财政收支预算决算制度。

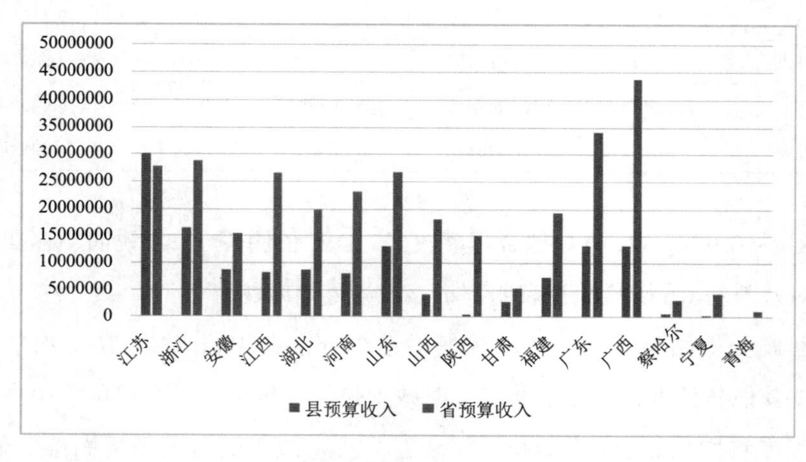

图2　1936年各省省县预算收入比较（单位：元）

设县财政收入为CIN，作为被解释变量。省财政收入为PIN，粮食总产量为RICE，为解释变量。

建立计量方程：

$\ln CIN = c + \ln PIN + \ln RICE + \varepsilon$ （2）

采用1936年的截面数据进行回归分析，结果如下：

表3　民国时期省县间财政关系的回归分析

Variable	Coefficient	Std. Error	t-Statistic	Prob.
C	−5.319131	3.314929	−1.604599	0.1326
LNPIN	0.890924	0.318511	2.797151	0.0151
LNRICE	0.399100	0.201539	1.980256	0.0692
R-squared	0.825992	Mean dependent var		15.23739
F-statistic	30.85457	Durbin-Watson stat		2.307469
Prob(F-statistic)	0.000012			

从 R^2 值来看，方程拟合程度较好。对残差的White检验也说明，不存在异方差问题。

由表3可知，各解释变量分别在5%、10%的水平上显著。省财政每收入增加1%，县财政可增加0.9%。可见，由于省县财政共享多项税收收入，省县财政有一种共生关系，省财政收入规模加大，县财政收入规模也将增加。粮食总产量增加1%，县财政收入增加0.4%。说明经济发展状况对县财政收入增长有显著影响。